现代工程光学

主　编　李大海　曹益平
副主编　张启灿　王琼华

科学出版社

北　京

内 容 简 介

　　本书以几何光学作为主要内容,共 12 章.第 1~5 章介绍了几何光学的基础理论;第 6 章介绍了光度学和色度学的基础知识;第 7 章介绍了光学系统的像差,包括几何像差、波像差、像差特性曲线及其计算方法;第 8~10 章概述了常见光学仪器的基本原理;第 11 章介绍了光学系统的初始结构计算;第 12 章扼要介绍了像质评价方法和检验等.几何光学的基础理论和像差概论是本书的重点.

　　本书可作为高等院校光电信息科学与工程、仪器仪表、测控技术及仪器、生物医学工程、电子科学与技术及其他相近专业的本科生和研究生教材,也可作为光学专业的选修课教材或参考书,以及从事光学和光电技术、仪器仪表技术和精密计量及检测技术的工程技术人员的参考书.

图书在版编目(CIP)数据

现代工程光学/李大海,曹益平主编. —北京:科学出版社,2013.9
(2023.2重印)

ISBN 978-7-03-038493-5

Ⅰ.①现… Ⅱ.①李…②曹… Ⅲ.①工程光学 Ⅳ.①TB133

中国版本图书馆 CIP 数据核字(2013)第 203344 号

责任编辑:李小锐 / 责任校对:邹慧卿
责任印制:邝志强 / 封面设计:墨创文化

科学出版社 出版
北京东黄城根北街 16 号
邮政编码:100717
http://www.sciencep.com

成都锦瑞印刷有限责任公司印刷
科学出版社发行　各地新华书店经销
*
2013 年 9 月第　一　版　　开本:787×1092 1/16
2023 年 2 月第四次印刷　　印张:26
字数:579 000

定价:48.00 元
(如有印装质量问题,我社负责调换)

前　言

为了满足理论和工程实际相结合的需要,反映现代工程光学的发展和应用,结合国内现有的"应用光学"或"工程光学"教材,我们编写了本书,这也是与国际上光学工程学科发展相适应的需要. 相比国内现有的同类教材,本书在内容上没有大的变化,主要包括几何光学、光度学与色度学、像差概论、常见光学仪器这四个部分,但更注重基础理论的掌握、实际应用以及各部分内容的内在联系. 其不同之处是,引入了当今欧美发达国家对工程光学的处理方法. 具体是:第一,本书采用了有别于现国内教材的符号法则和坐标系统来介绍工程光学的基础理论,它与当今流行的光学设计软件一致,此外,采用了 ynu 近轴光线追迹方法而非小 l 公式光线追迹,它使近轴像点位置的追迹计算和共轴理想光学系统性质的分析更加简洁和更具可操作性,而且正反向光线追迹均易实现;第二,将光线和波前这两个概念置于同等重要的地位,从波像差和几何像差这两个角度讨论了光学系统的像差以及它们之间的内在联系,并更注重像差概念的理解和实际光线的行为,便于像差理论的掌握;第三,本书中有关 Cooke 物镜例题的近轴光线追迹和像差分析表格数据,都来自本书介绍的理论和公式,并由本书编写组编程计算完成,该 Cooke 物镜的绝大多数分析计算结果以及部分习题答案均得到了相应 Zemax 软件模型的验证,因此便于读者掌握工程光学的基础理论和光学设计软件;第四,本书引入了当前光学设计软件常用的像质评价方法,并在附录部分增加了工程光学的常用公式、专业术语中英文对照表及关键词索引,便于读者对国外文献的阅读和对国外相关软件的掌握. 因此,本书不仅注重了工程光学的基础理论,而且能与当今应用软件配合学习使用.

本书的部分资料来自于 University of Arizona 的 John Greivenkamp 教授、Jose Sasain 教授和 James Burge 教授的笔记以及他们提供的资料,全体编者向他们致以衷心的感谢!

本书的编写完成,得到了四川大学苏显渝教授、周煜副教授、陈祯培教授、李继陶教授、陈文静教授的大力支持. 四川大学赵悟翔博士编写了第 10 章. 本书中的插图、计算、翻译、文字录入和稿件校对由研究生赵霁文、章辰、李萌阳、鄂可伟、陈盈锋、李洪、张充、吕虎、薄健康、刘曦、李水艳、陈志洁、代贞强、郭广饶、王雪敏等完成,全体编者向他们致以衷心的感谢!

本书得到了国家"211 工程"三期建设项目的资助,由李大海、曹益平主编,张启灿、王琼华合作编写完成.

工程光学历史悠久,内容丰富,由于编者水平有限,书中不妥之处在所难免,敬请读者指正.

编　者

2013 年 8 月

目　　录

第 1 章 几何光学基本原理

16 世纪中叶,光具有波动性被提出. 惠更斯(C. Huygens,1690 年)和菲涅耳(A. Fresnel,1818 年)创立了光的波动说,该原理对衍射现象进行了解释. 1882 年,基尔霍夫(G. R. Kirchhoff)提出的标量衍射理论为惠更斯-菲涅耳原理提供了完善的数学基础. 1801 年,杨氏(T. Young)双缝干涉实验证实了光的波动性. 1864 年,麦克斯韦(J. C. Maxwell)的电磁理论指出光是一种电磁波,但是它不能解释光电效应. 1905 年,爱因斯坦(A. Einstein)提出了光的粒子说. 随着量子理论的发展,光的发射、吸收和光电效应等现象均得到了圆满的解释. 事实上,许多实际光学问题并不需要很复杂抽象的理论进行解释. 经典的电磁理论可以看成量子理论的近似,能成功地解释光的反射、折射、偏振、衍射和干涉现象. 同样,光波的标量理论是电磁理论的近似,也能处理光的干涉和衍射问题.

若仅以光的直线传播定律、独立传播定律以及光的反射和折射定律为基础,利用光线的概念研究光在各种介质中传播途径的学科,就是广为熟知的几何光学. 几何光学以实际观察和实验而得到的基本定律为基础而建立,是光的传播规律在一定条件下的近似,故几何光学有一定的近似性. 显然,如果研究对象的几何线度与光波波长相近,则由几何光学得出的结果与实际情况有显著的差别,因此必须用波动光学来进行研究. 只有当研究对象的几何线度远大于光波波长时,几何光学和波动光学的结论才一致. 几何光学是波动光学当波长趋于零时的极限. 在实际应用中,大多数光学零件的线度比光波波长大很多,所以几何光学的理论仍是严密的、正确的. 它在应用上比波动光学简单,是光学设计和像差分析的理论基础.

1.1 几何光学的基本概念

1.1.1 光波、光线与波前

狭义上说,光波是可以引起人的视觉的电磁波. 光波是横波,其振动方向和传播方向垂直. 在真空中的传播速度 $c=2.997\,924\,58\times10^8\,\mathrm{m/s}$,在介质中的传播速度小于 c,且随波长的不同而不同. 把电磁波按其波长或频率的顺序排列起来形成电磁波谱,如图 1.1.1 所示. 电磁波谱的波长范围分布很宽,短波段 γ 射线的波长可达到 0.1Å(1Å=10^{-10} m),而长波段的无线电波波长可达数英里(1mi=1.609 344km). 电磁波谱中的长波端电磁辐射主要表现为波动性,而短波端主要表现为粒子性. 因此,在电磁波谱中间的光波段将体现出粒子性和波动性,被称为波粒二象性. 光波波长极短,可见光在真空中的波长范围介于 380~760nm. 波长大于 760nm 的光称为红外光,而波长小于 380nm 的光称为紫外光. 不同波长会引起不同的颜色感觉,具有单一波长的光称为单色光,由若干波长混合而成的光称为复色光. 单色光是一种理想光源,现实中并不存在,激光可以被近似看成单色光. 太阳光由无限多种单色光混合而成,在可见光部分可以分解为红、橙、黄、绿、青、蓝、紫七色光.

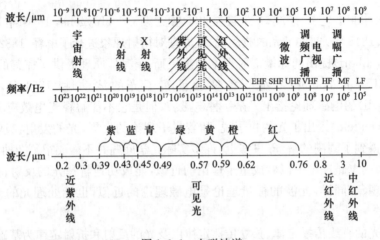

图 1.1.1　电磁波谱

辐射光能的物体称为发光体或光源. 几何光学中的光源包括本身发光的物体和本身不发光但被其他光照明的物体,并假设发光体是由许多发光点或点光源组成,且发出的光不相互作用. 发光点所发出的光子在空间中沿某方向传播而形成的轨迹是物理意义上的光线,如果衍射效应被忽略,它就被抽象为几何光线. 简言之,几何光学中的光线就是携带能量并带有方向的几何线. 在各向同性均匀介质中,发光点发出的光波而形成的光程为常数的面(等位相面)与光线垂直,若忽略衍射效应,该物理波前即等相位面就称为几何波前. 几何波前除了在衍射现象明显的边界处与物理波前有差异外,其他性质是一致的. 如果不特别指出,本书中的波前均指几何波前,光线与几何波前垂直.

利用几何光线的概念我们可以确定像的位置、几何像差和与波前畸变相关的光瞳函数,而利用波前的概念可以通过物理光学中对光瞳函数的衍射积分来评价光学系统的成像质量,如点扩展函数(PSF)、调制传递函数(MTF)和包围能量比等.

在折射率为常数的各向同性介质中,物点发出的光线沿直线传播,相应的波前是球心位于物点的球面波. 无限远处的光源发出的光线为平行线. 当光源的几何线度比观察点到光源的距离小很多时,我们也把该光源称为点光源.

1.1.2　光束

光波波前的法线束称为光束,分为同心光束和非同心光束. 光束所对应的波前为球面的光束称为同心光束. 同心光束又分为发散同心光束、会聚同心光束和平行光束. 由一点发出或光线反向延长通过一点的光束称为发散同心光束,如图 1.1.2(a)和(b)所示. 会聚于一点或延长线会聚于一点的光线束称为会聚同心光束,如图 1.1.2(c)和(d)所示. 当某一点光源足够远时,对应球面波的曲率半径可看成无限大,波前变成了平面波,光线彼此平行,所对应的光束称为平行光束,如图 1.1.2(e)所示.但来自两个不同点光源的光线一般不平行.同心光束或平行光束经过实际光学系统后,由于像差的作用,将不再是同心光束或平行光束,对应的光波则为非球面光波.图 1.1.2(f)所示的非球面波前对应的光束为像散光束.

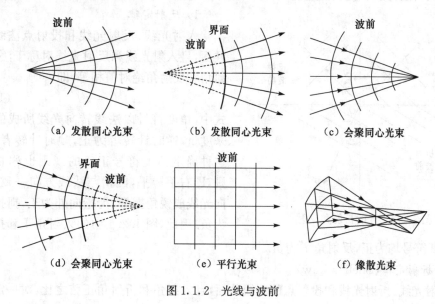

图 1.1.2　光线与波前

1.2　几何光学的基本定律

1.2.1　基本定律

从光线的概念出发,几何光学把光的传播现象归纳为四个基本定律.

1. 光的直线传播定律

在各向均匀同性介质中,光是沿着直线传播的,这就是光的直线传播定律.这里要注意,各向均匀同性介质和不受阻碍两个前提条件.

2. 光的独立传播定律

从不同光源发出的光线以不同的方向通过空间某点时,各光线的传播不受其他光线的影响,称为光的独立传播定律.几束光会聚于空间某点时,其作用是强度在该点的叠加,当然必须是来自不同光源的光束,否则有干涉现象发生.

3. 光的折射定律与反射定律

当一束光投射到两种介质的分界面上,如图 1.2.1 所示,将有一部分光被反射,另一部分光被折射,光线与波前垂直,两者分别遵守反射定律和折射定律.

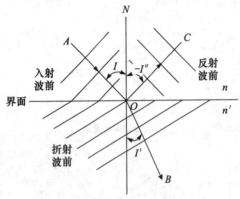

图 1.2.1　光的折射和反射

1) 反射定律

入射光线、反射光线和投射点法线三者共面,且入射光线和反射光线对称于法线,入射角和反射角绝对值相等,即

$$I = -I'' \tag{1.2.1}$$

式中,角度符号以法线转向光线所成的锐角来度量,逆时针转者为正,顺时针转者为负. 这种确定角度符号正负的规则也称右手规则,即右手展平,四指与法线方向一致,再转向光线成锐角握拳,拇指向外为正,拇指向里为负. 因此,图 1.2.1 中的入射角 I 和折射角 I' 的角度符号均为正,反射角 I'' 为负.

2) 折射定律(Snell's Law)

入射光线、折射光线和投射点的法线共面,且入射角和折射角正弦之比,对一定的波长为常量,即

$$n\sin I = n'\sin I' \tag{1.2.2}$$

式中,n 和 n' 为两种透明介质的折射率,是表征透明介质光学性质的重要参数. 光在真空中传播速度与介质中传播速度的比值就是该介质的折射率,表示为

$$n = \frac{c}{v} \tag{1.2.3}$$

该式也表明,介质中光的传播速度和波长均以折射率大小为倍数减小,原因在于光波频率保持不变. 因此,不同波长的光在相同介质中的传播速度 v 各不相同,波长越长的光,传播速度就越快. 普通玻璃中光的传播速度大约是真空中光速的 2/3.

真空中的折射率为 1,因此我们把介质相对于真空的折射率称为绝对折射率. 在标准条件下(大气压强 $p = 101\ 275\mathrm{Pa} = 760\mathrm{mmHg}$,温度 $t = 293\mathrm{K} = 20℃$),空气的折射率 $n = 1.000\ 273$,与真空的折射率非常接近. 因此,为方便起见,常将介质对空气的相对折射率作为该介质的绝对折射率,简称折射率.

相对折射率定义为在第一种介质中光的传播速度与在第二种介质中光的传播速度之比,即

$$n_2^1 = \frac{v_1}{v_2} = \frac{c/v_2}{c/v_1} = \frac{n_2}{n_1} \tag{1.2.4}$$

3) 反射定律是折射定律的一种特例

在式(1.2.2)中,若令 $n' = -n$,得 $I' = -I$,即为反射定律,表明反射定律是折射定律

的一种特例. 这是几何光学中一项有重要意义的推论.

4) 光路的可逆性

由图 1.2.1 可知,当光线从 B 点或 C 点投射到分界面 O 点时,由反射定律和折射定律可知,折射光线或反射光线必沿 OA 方向射出,这就是光路的可逆性. 根据光的可逆性,当研究光线传播时,我们可以按实际光线进行的方向来研究它的传播路线,也可按与实际光线相反的方向进行研究,二者结果是完全相同的.

1.2.2 矢量形式的折射定律和反射定律

折射定律和反射定律的内容说明入射光线、法线、折射光线和反射光线位于同一平面内,以及入射角、折射角和反射角之间的数量关系. 当介质的分界面在空间的分布形式很复杂时,这种形式的折射定律和反射定律对于今后研究一些复杂的光线传播问题很不方便. 由于光线是几何线,可以使用矢量形式表示. 因此,折射定律和反射定律可以用一个矢量公式表示出来. 在直角坐标系中,任一矢量 A 可表示成

$$\boldsymbol{A} = A_x\boldsymbol{i} + A_y\boldsymbol{j} + A_z\boldsymbol{k} \tag{1.2.5}$$

式中,$\boldsymbol{i}$、$\boldsymbol{j}$、$\boldsymbol{k}$ 为坐标 x、y、z 方向的单位矢量;A_x、A_y、A_z 为矢量 $\boldsymbol{A}$ 在相应坐标轴上的投影值.

1. 矢量形式的折射定律

如图 1.2.2 所示,以 $\boldsymbol{a}$ 和 $\boldsymbol{a}'$ 分别表示入射光线和折射光线的单位矢量,n 和 n' 分别表示折射面两边介质的折射率. 矢量 $\boldsymbol{a}$ 和 $\boldsymbol{a}'$ 指向右为正方向,反之为负. $\boldsymbol{N}$ 为光线入射点法线的单位矢量,顺着光线传播方向为正,反之为负. 折射定律可表示为

$$n(\boldsymbol{a} \times \boldsymbol{N}) = n'(\boldsymbol{a}' \times \boldsymbol{N}) \tag{1.2.6}$$

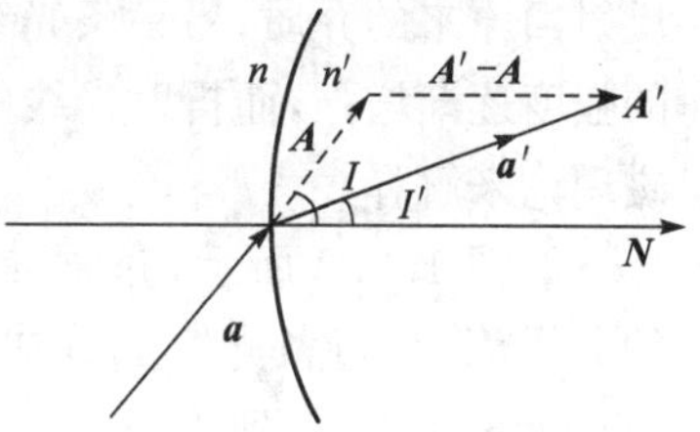

令

$$\boldsymbol{A} = n\boldsymbol{a}, \quad \boldsymbol{A}' = n'\boldsymbol{a}'$$

即把入射光线矢量 $\boldsymbol{A}$ 和折射光线矢量 $\boldsymbol{A}'$ 的长度取为 n 和 n',于是式(1.2.6)可写成

图 1.2.2 光的矢量折射定律

$$\boldsymbol{A} \times \boldsymbol{N} = \boldsymbol{A}' \times \boldsymbol{N} \quad 或 \quad (\boldsymbol{A}' - \boldsymbol{A}) \times \boldsymbol{N} = 0$$

即矢量 $(\boldsymbol{A}' - \boldsymbol{A})$ 和 $\boldsymbol{N}$ 的方向保持一致,故可写成

$$\boldsymbol{A}' - \boldsymbol{A} = \varGamma\boldsymbol{N} \tag{1.2.7}$$

式中,$\varGamma$ 称为偏向常数. 用 $\boldsymbol{N}$ 对式(1.2.7)两边作点乘可得

$$\varGamma = \boldsymbol{N} \cdot \boldsymbol{A}' - \boldsymbol{N} \cdot \boldsymbol{A} = n'\cos I' - n\cos I \tag{1.2.8}$$

又

$$\begin{aligned}
n'\cos I' &= n'\sqrt{1 - \sin^2 I'} = \sqrt{n'^2 - (n'\sin I')^2} \\
&= \sqrt{n'^2 - n^2\sin^2 I} = \sqrt{n'^2 - n^2(1 - \cos^2 I)} \\
&= \sqrt{n'^2 - n^2 + (\boldsymbol{N} \cdot \boldsymbol{A})^2}
\end{aligned}$$

由此可得

$$\Gamma = \sqrt{n'^2 - n^2 + (N \cdot A)^2} - N \cdot A \qquad (1.2.9)$$

求出 Γ 值之后,便可由式(1.2.7)求得折射光线的方向

$$A' = A + \Gamma N \qquad (1.2.10)$$

这就是矢量形式的折射定律,它与式(1.2.8)会在第 7 章中实际光线光路的计算中被用到.

2. 矢量形式的反射定律

我们知道,在折射定律中,若令 $n' = -n$,可得 $I' = -I$ 的反射定律. 现用此关系推导矢量形式的反射定律. 由式(1.2.8)得偏向常数

$$\Gamma = -n\cos(-I) - n\cos I = -2n\cos I = -2N \cdot A$$

所以,由式(1.2.10)可得反射定律

$$A'' = A - 2N(N \cdot A) \qquad (1.2.11)$$

该形式的反射定律可用于计算入射光经多次反射后出射光线的方向.

1.2.3 全反射及其应用

1. 光的全反射

在一般情况下,入射到两介质分界面上的每一条光线都分成两条:一条光线从分界面反射回原来的介质;另一条光线经分界面折射入另一介质. 随着入射角的增大,反射光线的强度逐渐增强,而折射光线的强度逐渐减弱(几何光学不能说明光的强度问题,应由电磁理论来解释).

如图 1.2.3 所示,介质 n 内的发光点 A 向各个方向发出光线,入射到介质 n 和 n' 的分界面上,每条光线都分成一条折射光线和一条反射光线. 若 $n > n'$,则由折射定律 $n\sin I = n'\sin I'$,得到 $I' > I$,当入射角 I 增大时,折射角 I' 也相应增大. 同时,反射光线的强度也随之增强,而折射光线的强度则逐渐减弱. 当入射角增大到一定程度时,折射角 $I' = 90°$. 这时,折射光线掠过两介质的分界面,并且强度趋近于零. 若入射角进一步增大,这时折射光线将不复存在,入射光线全部反射,这样的现象称为光的全反射. 发生全反射时,折射角 $I' = 90°$ 所对应的入射角 I_m 被称为临界角. 此时,按折射定律有 $n\sin I_m = n'\sin 90° = n'$,于是得到

$$\sin I_m = \frac{n'}{n} \qquad (1.2.12)$$

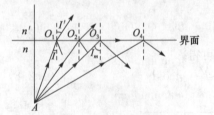

图 1.2.3　光的全反射现象

只有当光线由折射率高的(光密)介质射向折射率低的(光疏)介质时,才可能发生全反射.

2. 全反射的应用

全反射现象广泛应用于光学仪器中,利用全反射原理可以制成全反射棱镜,用它来代替镀反射膜的反射镜,能减少光能损失.这是因为,一般镀膜反射镜不可能使光能全部反射,如镀银反射镜大约有 10% 的光能被吸收,此外反射膜也容易变质和损伤.利用全反射棱镜必须满足入射角大于临界角的条件,否则仍需镀反射膜.玻璃的折射率不同,由玻璃到空气的临界角也不同.当玻璃折射率由 1.5 增至 1.7 时,相应的临界角也由 41.8° 减至 36.03°,见表 1.2.1.

表 1.2.1 部分材料的折射率与临界角($n'=1$)

n	1.3	1.4	1.5	1.6	1.7	1.8	1.9	2.0
$I_m/(°)$	50.3	45.6	41.8	38.7	36.0	33.7	31.8	30.0

传光和传像的光学纤维也利用了全反射原理.对一条光纤而言,将低折射率的玻璃包在高折射率的玻璃纤芯的外面,如图 1.2.4 所示.

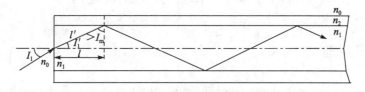

图 1.2.4 光纤的全反射传光原理

由于纤芯的折射率 n_1 大于包层的折射率 n_2,纤芯的入射角大于临界角的光线将在界面上发生全反射.设 I_m 为临界角,n_0 为空气的折射率,则 $n_0 \sin I_1 = n_1 \sin I_1'$,由全反射定律式(1.2.12)和图 1.2.4 得

$$\sin I_m = \frac{n_2}{n_1} = \sin(90° - I_1') = \cos I_1'$$

保证全反射发生的条件为

$$n_0 \sin I_1 = n_1 \sin I_1' = n_1 \sqrt{1 - \cos^2 I_1'} = \sqrt{n_1^2 - n_2^2} \tag{1.2.13}$$

当在光纤端面上的入射角小于 I_1 时,光线在光纤内部才能不断地发生全反射,而从光纤的另一端射出.我们定义 $n_0 \sin I_1$ 为光纤的数值孔径,即 $NA = n_0 \sin I_1 = \sqrt{n_1^2 - n_2^2}$,它表示光纤接收能量的多少.因此,增大光纤的数值孔径就可以提高通过光纤的能量.设光纤的直径为 D,总长度为 L,光线在光纤中每反射一次,沿轴线通过的长度为 $2l$,由图 1.2.4 得

$$2l = \frac{D \cos I_1'}{\sin I_1'} = \frac{D \sqrt{n_1^2 - n_0^2 \sin^2 I_1}}{n_1 \sin I_1'} = \frac{D \sqrt{n_1^2 - n_0^2 \sin^2 I_1}}{n_0 \sin I_1}$$

在图 1.2.4 所示的光纤截面内,若光纤不发生弯曲时,光纤出射端面的光线出射角是

不变的,但出射方向由光线在光纤内的反射次数确定.偶数次时,出射方向与原入射方向相同;奇数次时,入射与出射方向对称于光纤的光轴.当一束平行光或会聚光入射在光纤的端面时,其出射的光已不再是一束平行光或会聚光,平行光束变成一锥面平行光束,会聚光变成一锥面发散光束.

光线通过长度为 L 的光纤发生的反射次数由下式求出

$$N = \frac{L}{2l} = \frac{L n_0 \sin I_1}{D \sqrt{n_1^2 - n_0^2 \sin^2 I_1}} \tag{1.2.14}$$

若光纤长 $L = 0.5\text{m}$,直径 $D = 0.05\text{mm}$,纤芯折射率 $n_1 = 1.70$,入射角 $I_1 = 30°$,则由式(1.2.14)算得光线在其中反射的次数 $N = 3077$ 次.

若光线在光纤中反射一次通过的折线长度为 $2l'$,则由图 1.2.4 可知

$$2l' = \frac{2l}{\cos I_1'} = \frac{D}{\sin I_1'} = \frac{n_1 D}{n_0 \sin I_1}$$

光线通过长度为 L 的光纤所走过的折线总长度 L' 为

$$L' = N \cdot 2l' = \frac{L n_0 \sin I_1}{D \sqrt{n_1^2 - n_0^2 \sin^2 I_1}} \cdot \frac{n_1 D}{n_0 \sin I_1} = \frac{n_1 L}{\sqrt{n_1^2 - n_0^2 \sin^2 I_1}} \tag{1.2.15}$$

1.3 费马原理与马吕斯定理

1.3.1 费马原理

费马原理是 1657 年由法国数学家费马提出的,它从光程的角度出发来阐述光的传播规律,是几何光学最重要的基本理论之一.虽然它不像折射定律一样被用于光学设计,但它可以得到其他方法不能得出的结果,而且几何光学的基本定律,如光的直线传播、折射和反射定律等均可包含在其内.

给定两点 A 和 B 以及连接它们的曲线 C,我们可以把两点间的几何路程 l 定义为位于两点之间的曲线长度,即 $l = \int_{\substack{A \to B \\ C}} dl$,式中积分沿曲线 C 从 A 到 B 进行.光程 OPL(optical path length)被定义为折射率函数与相应的几何路程的乘积,即

$$OPL = \int_{\substack{A \to B \\ C}} n(x, y, z) dl \quad \text{或} \quad OPL = \sum_i n_i s_i \tag{1.3.1}$$

式中,$n(x, y, z)$ 是折射率函数,它仍沿曲线 C 由 A 到 B,如图 1.3.1(a)所示.在均匀介质这种简单情形中,光程就等于介质的折射率常数乘以几何路程,它在数值上等于光在介质中传播路程 l 所需的时间内光在真空中传播的距离.在多层均匀介质中的光程可表示为分段和的形式,如图 1.3.1(b)所示.当光线通过不同介质的界面或非均匀介质时,要确定光程长度,将有许多独立变数.费马原理说,光线从一点传播到另一点的光程为稳定值(极小、极大或恒定值).为了表述光程为稳定值的费马原理,光线从一点传播到另一点所走的真实路线的光程长度与它邻近的各个可能路径的光程长度比较,可用变分原理表述为

$$\delta OPL = \delta \int_{A \xrightarrow{C} B} n(x,y,z)\mathrm{d}l = 0 \qquad (1.3.2)$$

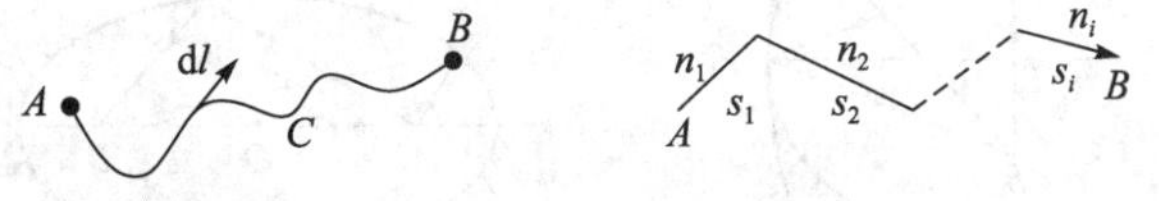

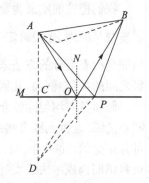

（a） （b）

图 1.3.1　非均匀介质中的光线与光程

因光程 OPL 是路径 l 的函数,而 l 本身又是空间坐标(x,y,z)的函数,所以 OPL 是函数的函数,在数学中称为泛函.这种泛函的微分称为变分,粗浅一点理解,也可当成微分来处理.应当指出,费马原理要求光程为稳定值,它可以是极小值(这是经常遇到的情况)、极大值或恒定值,而且这种比较应当只是在光线的某正则邻域内进行.所谓正则邻域,是指可以被光线覆盖的一个邻域,其中每一点有一条(且只有一条)光线通过.如图 1.3.2 所示,光源 A 的光线在均匀介质边界上受到折射或反射时,正则邻域将止于各光线所形成的包络面处.在该图中,A、B 两点位于平面反射镜 M 的同一侧,当光线从 A 发出传播到 B 时,可有两种方式,一种是直接从 A 到 B,另一种是由反射镜单次反射之后经由路线 AOB 由 A 到 B.如果费马原理要求是绝对的极小值,那么 AOB 路线将被禁止.但实际情况并非如此,在包含着如 APB 这样一些路线的邻域内,AOB 同样是极小值.所以惯常说"某一路线的正则邻域"将意味着这些路线位于所考虑的路线附近并且和它相似.例如,APB 位于 AOB 附近并且与它相似,两条光线都受到平面镜的一次反射.这是实际光线的路径在其正则邻域内光程取极小值的情况.

图 1.3.2　光程为极小值

下面再研究光线在传播过程中光程为极大值和恒定值的情况.如图 1.3.3(a)所示,考虑一凹球面镜反射,光线通过的路径为均匀介质,O 是顶点,C 为球心,OC 是光轴.设 A、B 是与光轴等距离的两点,AB 连线通过球面曲率中心 C 并与光轴垂直.显然,从 A 点发出的光线将沿着路线 AOB.如果 P 表示反射镜上的另外一点,则对某一路线 APB,入射角和反射角不能相等,因此 APB 不表示光线.容易证明,APB 的长度的确小于 AOB 的长度.为此,通过 O 点构造一个椭圆 E,它的焦点为 A 和 B,因椭圆在 O 点的曲率半径大于 OC,所以椭圆必在圆的外面.延长 BP 交椭圆于 Q,连接 A 和 Q,显然 $AP+PB<AQ+QB$,即 $AP+PB<AO+OB$.也就是说,实际光线的光程长于邻近光路的光程.

为了说明在光的传播过程中光程为恒定值的情况,研究图 1.3.3(b)所示的椭圆反射器,其中为均匀介质.从焦点 A 发出的光线经椭圆内表面上任一点 P 反射到另一焦点 B,由于椭圆的性质,两个焦点至椭圆上任意点的两个向径之和为常数.因此,有 $AP+PB=AQ+QB=$ 常数,即光程为恒定值.

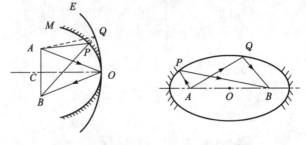

（a）光程为极大值—凹球面镜　　　（b）光程为恒定值—椭圆

图 1.3.3　光程为极大值和恒定值情况

1.3.2　马吕斯-杜平定理

我们把波前定义为物体上一点发出光波形成的等光程面,光线定义为波前的法线束,而按费马原理,光线被定义为线积分 $\int ndl$ 具有稳定值的曲线. 在这种表述下,几何光学可以完全沿着变分的方法来发展. 变分的分析方法十分重要,因为它常揭示出物理学不同学科之间的类似. 例如,几何光学和质点力学有密切的相似性.

假如各向均匀同性介质中的一束光线发自于一点源,从而就说这些光线形成了一个同心光锥. 这种光锥自然地就构成了一法线束,因为同心球面(波前)与该光束的各条光线都是正交的. 1808 年,马吕斯证明直线光线的同心光束经曲面折射或反射后,所形成的光束将仍旧构成一法线束(但一般不再是同心光束). 1916 年杜平等推广马吕斯的结果,后人称为马吕斯-杜平定理,即一法直线束经任意次折射或反射后仍然是一法线束. 如图 1.3.4 所示,处于各向均匀同性介质中的 A 点发出同心光锥,因此形成的波前 Σ 是以 A 点为中心的球面,其中 B_1、B_2、B_3 是从 A 点发出波前上的等光程点,它们与该处的波前垂直. 该同心光锥经介质折射或反射后,出射光线在各向均匀同性介质中形成的出射光束一般不再是同心的,C_1、C_2、C_3 表示的出射波前 Σ' 也不再是球面波前. 但马吕斯-杜平定理告诉我们,出射波前 Σ' 依然与出射光线互相垂直,并且入射波前与出射波前对应点之间的光程为常数.

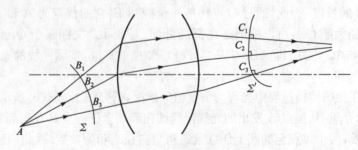

图 1.3.4　等光程原理

也就是说,由 B_1 点到 C_1 点的光程等于 B_2 点到 C_2 点的光程,也等于 B_3 点到 C_3 点的光程,即光线束中光线的任何两个对应波前之间,所有光线的光程都是相等的. 这一结果在多次折射和反射情况下仍然成立,并且也适用于折射率连续改变介质中的光线. 该结论被称为等光程原理.

折射及反射定律、费马原理、马吕斯定理三者中任一个均可作为几何光学的基本定律,其余两个可视为推论,三者之间可以互相推导出来. 在本教材中,马吕斯-杜平定理被用来计算光学系统的波前像差. 而在非均匀各向同性介质中,如双折射晶体,因其折射率与光束的偏振方向有关,光线与波前垂直的结论一般将不再成立.

1.4　成像的概念

光学系统通常是由一个或多个光学元件组成,而每个光学元件都是由具有旋转对称性的表面(如球面、平面或非球面),包围一定折射率的介质而组成. 组成光学系统的各光学元件表面的曲率中心在同一直线上的光学系统称为共轴光学系统,该直线称为光轴. 相应地,也有非共轴光学系统,如棱镜光谱仪系统等. 我们着重讨论有旋转对称性的共轴光学系统.

1.4.1　点物的理想成像条件

在未经光学系统变换之前,入射同心光束的会聚点称为物点. 若这个会聚点是入射光线本身的真实交点,则称为实物点,如图 1.4.1(a)中的 A 点;若会聚点是入射光线延长线的交点,则称为虚物点,如图 1.4.1(b)中的 A 点. 入射光束经光学系统变换之后出射的同心光束的会聚点称为像. 若这个会聚点是出射光线本身的真实交点,则称为实像点,如图 1.4.1(a)中的 A' 点;若会聚点是出射光线延长线的交点,则称为虚像点,如图 1.4.1(b)中的 A' 点.

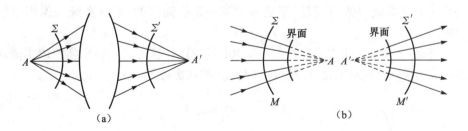

图 1.4.1　点物理想成像的等光程条件

由 A 点发出的同心光束(发散球面波)经光学系统后出射仍为同心光束(会聚球面波)会聚于 A' 点,则 A' 点是 A 点的理想像点(或完善像点). 现在我们来研究一个能成完善像的光学系统必须满足的条件. 首先分别以 A 和 A' 为中心作两个球面 Σ 和 Σ',它们是光束的波前,分别与入射和出射光线正交. 根据马吕斯-杜平定理,Σ 和 Σ' 之间的所有光线都是等光程的,同时 A 到 Σ 和 Σ' 到 A' 也是等光程的.因此,由物点 A 到像点 A' 的所有光线都是等光程的.由此得出结论:物点 A 通过光学系统成完善像(理想像)于 A' 点时,则物点 A 和像点 A' 之间所有光线为等光程,称为物点成理想像的等光程条件.

如由 A 到 A' 的光程用 $[AA']$ 表示,则物点成理想像的等光程条件可写为

$$[AA'] = 常数 \tag{1.4.1}$$

也就是说,一个能使任何同心光束(球面波)保持同心性(球面波),或使任何物点和对应像点之间所有光线为等光程的光学系统,就被称为理想光学系统(或称理想光组).理想光学系统将每个物点和相应的像点组成一一对应关系.

式(1.4.1)是由实物点和实像点导出的.为了把物像之间的等光程条件推广到虚物或虚像的情形,需要引入"虚光程"的概念.例如,图 1.4.1(b)中 A 和 A' 为一对虚物点和虚像点,为计算由 A 到 A' 的光程,光线被看成是从 A 点出发到达入射等光程面 Σ 上的 M 点,再到达出射等光程面 Σ' 上的 M' 点,最后由 Σ' 到达像点 A'.于是,由图可得

$$[AA'] = [AM] + [MM'] + [M'A'] \tag{1.4.2}$$

其中,$[AM]$ 和 $[M'A']$ 是实际光线的延长线,或者说是逆着光线传播方向的光程,它们的值是负数,光程取负值就被称为"虚光程",即 $[AM] = -nAM$,$[M'A'] = -n'M'A'$.其中,AM 和 $M'A'$ 代表线段的几何长度,恒为正.因此,式(1.4.2)写为

$$[AA'] = -nAM + [MM'] - n'M'A' = 常数 \tag{1.4.3}$$

1.4.2　实物与虚物　实像与虚像

由实物点构成的物称为实物,由虚物点构成的物称为虚物;由实像点构成的像称为实像,由虚像点构成的像称为虚像.实像可由各种各样的光能接收器(如照相底片、屏幕、光电探测器等)所接收.虚像能被眼睛观察,而不能被屏幕、照相底片等接收,但可通过另一光学系统使虚像转换为实像,让光线到达接收屏,被任何接收器所接收.虚物一般是另一光学系统的像,物和像都是相对某一系统而言的,前一系统的像则是后一系统的物.

一般情况,光学系统的成像有图 1.4.2 中所示的四种情形,(a)表示实物成实像,(b)表示虚物成实像,(c)表示实物成虚像,(d)表示虚物成虚像.

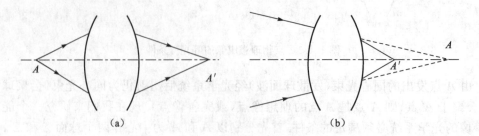

　　　　　(a)　　　　　　　　　　　　　　　　　(b)

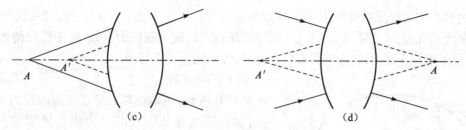

图 1.4.2　光学系统的物像及虚实

1.4.3　物空间与像空间　物与像的共轭性

任何光学表面会产生两个光学空间,一个是物空间(物方),另一个是像空间(像方),并且分别与各自的折射率相关联. 多个光学表面构成的光学系统,如仅考虑整个系统的物空间和像空间,则每个表面形成的中间光学空间可被忽略. 任何光学空间都由实际光线构成的实际空间部分和延长光线构成的虚拟空间部分构成. 因此,实物空间(虚物空间)不仅是光学系统的前面(后面)那一部分空间,它还延伸到光学系统之后(之前). 同样地,实像空间(虚像空间)也不仅是光学系统后面(前面)的那一部分空间,它还延伸到光学系统之前(之后). 所以,物空间和像空间实际上是重叠在一起的. 因此,为了区分空间某点是处于物空间还是像空间,不是看它在光学系统之前还是之后,而要看它是与入射光线相联系还是与出射光线相联系. 实际上,在多光学元件构成的光学系统中,前面元件形成的像空间对后面光学元件而言就变成了物空间,即 N 个光学表面将产生 $N+1$ 个光学空间.

物空间和像空间不仅一一对应,而且根据光的可逆性,如果将物点移到原来像点位置上,使光线沿反方向射入光学系统,则它的像将成在原来的物点上. 这样一对相应的点称为共轭点.

1.5　反射等光程面与折射等光程面

设计对有限大小的物体成理想像的光学系统是非常困难的,但对一个特定点成理想像只需单个反射面或折射面即可实现. 根据点物理想成像的等光程条件,现在我们来寻求符合等光程条件的反射面和折射面.

给定 A 和 A' 两点,若有这样一个曲面,凡是从 A 点出发经它反射或折射后到达 A' 点的光线都是等光程的,这样的曲面称为等光程面. 显然,对于等光程面,A 和 A' 是物像共轭点. 以 A 为中心发出的同心光束经等光程面反射或折射后,将严格地被转换为以 A' 点为中心的同心光束.

1.5.1　反射等光程面

1. 椭球反射面对它的两个焦点符合等光程条件

图 1.5.1 所示为一个反射面的子午面(包含物点和光轴的平面)截面图. 假设从 A 点

发出的同心光束经反射面上任一点 M 反射后成为会聚于 A' 点的同心光束,经一次反射,光线所走的光程为 $[AM]+[MA']$. 按等光程的要求,该光程应为常数. 对于反射情形,A 和 A' 位于同一介质内,物像空间折射率相同,等光程条件可写为

$$[AM]+[MA']= 常数 \tag{1.5.1}$$

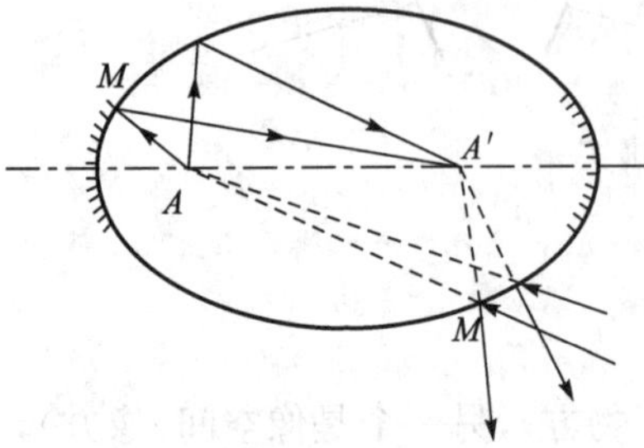

由解析几何知,一动点与二定点之间的距离为常数,动点的轨迹是以二定点为焦点的旋转椭球面,它就构成 A 和 A' 的等光程面,A 和 A' 即为椭球面的两个焦点,为物像共轭点.

当光程为正时,物点和像点都是实的,对应的反射面为凹面,如图 1.5.1 中的光轴上半部分所示. 如果光程为负,则物点和像点都是虚的,对应的反射面是凸面,如图 1.5.1 中的光轴下半部分所示.

图 1.5.1　椭球反射面的等光程条件

2. 抛物面反射镜对它的焦点和无穷远轴上点满足等光程条件

子午面是包含物点和光轴的截面,图 1.5.2 为抛物面反射镜的子午截面图. A 为轴上实物点,位于焦点上. A' 为无穷远轴上点,与 A' 点对应的光束平行于光轴,该光束的波前就垂直于光轴的平面,记为 W,它与子午面的交线则为一直线. 显然,从波前 W 上的任一点到无穷远点 A' 的光程是相等的. 如果使点 A 和无限远轴上点 A' 间的所有光线满足等光程条件,就只需 A 到波前 W 上任一点满足等光程条件即可,即

$$[AM]+[MN]= AM-MN = 常数$$

若把波前 W 作平移,则光程常数自然会发生变化. 因此,我们可找到某一波前位置,使 $AM-MN=0$,即

$$AM = MN \tag{1.5.2}$$

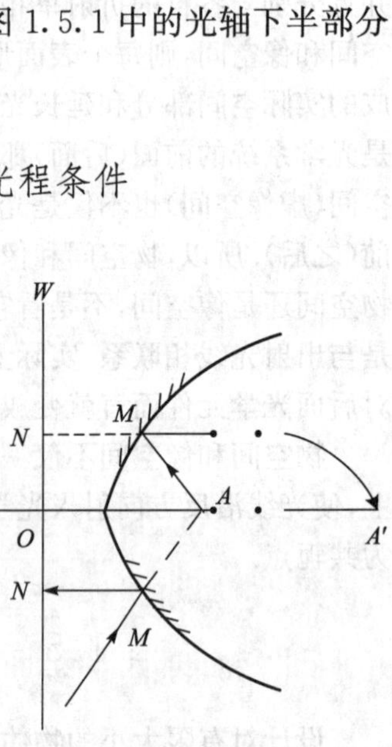

图 1.5.2　抛物面反射镜的等光程条件

由式(1.5.2)可知,从 A 点发出的光线经反射面上 M 点的反射而到达 N 点的光程为常数的条件转化为了 AM 与 MN 相等. 由解析几何可知,这样点的轨迹是以 A 为焦点,W 为准线的抛物面. 因此,整个反射面就是以 OA 为轴的旋转抛物面. 图 1.5.2 中的光轴上半部为实物点的情形,光轴下半部对应于 A 为虚物点的情形.

3. 双曲面反射镜对它的内焦点和外焦点满足等光程条件

图 1.5.3 是双曲面反射镜的子午截面. 若 A 为实物点,则 A' 点为虚像点,如图 1.5.3 中的光轴下部分所示. 由于反射面位于空气中,则等光程条件为

$$[AM]+[MA']=AM-MA'=常数 \qquad (1.5.3)$$

反之,若 A 为虚物点,则 A' 就为实像点,如图 1.5.3 中的光轴上部分所示. 也就是说,双曲面反射镜中的物点和像点必有一个是实的,另一个则是虚的. 此时,等光程条件为

$$[AM]+[MA']=-AM+MA'$$

$$=-[AM-MA']=常数$$

因此,无论物点为实或为虚,同样要求式(1.5.3)成立.

由解析几何知,到两定点距离之差为常数的点的轨迹,就是以 A 和 A' 为焦点的双曲线. 因此,整个反射面是以 AA' 为轴的旋转双曲面.

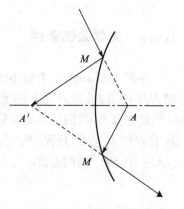

图 1.5.3 双曲面反射镜的等光程条件

1.5.2 折射等光程面

一般地说,折射等光程面是四次曲面,由于这种形状的加工不易,实际意义不大,下面只讨论折射球面,分析它能否成为某对共轭点的等光程面.

如图 1.5.4 所示,设球的半径为 r,C 为球心,球内外介质的折射率分别为 n 和 n',并设 $n'<n$,M 为球面上光线的折射点. 第 7 章的像差理论表明,存在一对共轭点 A 和 A',它们离球心的距离分别为

$$AC=\frac{n'}{n}r, \quad A'C=\frac{n}{n}r \quad (1.5.4)$$

由式(1.5.4)可知,三角形 AMC 与三角形 $MA'C$ 相似(因 $MC/A'C=AC/MC=n'/n$,$\angle C$ 为公共角),故

$$\frac{AM}{MA'}=\frac{MC}{A'C}=\frac{n'}{n} \quad (1.5.5)$$

即 A 和 A' 之间各光线的光程可以表示为:

$$[AMA']=nAM-n'MA'=0=常数. \ 该结果$$

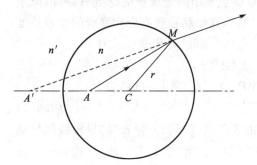

图 1.5.4 折射球面的等光程条件

表明,A 和 A' 之间各条光线的光程相等,是一对特殊的等光程共轭点,被称为折射球面的不晕点或齐明点,它的相关性质将在第 7 章中阐述.

1.6 微小线段理想成像条件

前面我们讨论了单个物点理想成像的等光程条件,这里将从计算光程的方式来研究一微小线段(光线倾角任意)理想成像所必须满足的条件.

1.6.1　光学余弦条件

在图 1.6.1 中，P 为微小线段上的点. 假设从 P 点发出的光线，经过光学系统理想成像为点 P'. 如果将 P 和 P' 分别移动一个微小位移量 dr 和 dr'，得到 Q 点和 Q' 点，Q' 也是 Q 的理想像点. 我们可以通过分段路径与相应折射率的乘积进行求和或积分的方式，求得从 P 点到 P' 点的光程 $[PP']$，以及从 Q 点到 Q' 点的光程 $[QQ']$. 下面我们计算光程 $[QQ']$ 与 $[PP']$ 间的差值.

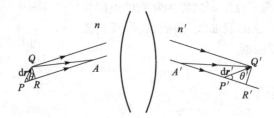

图 1.6.1　光学余弦条件

在图 1.6.1 中，光线从 Q 到 Q' 的路径可认为接近于光线从 P 到 P' 的路径，但不是完全相同. 先在原光线上分别选择距离 P 和 P' 有限远的两点 A 和 A'，分析中我们用路径略有不同的另一光线代替直接从 Q 到 Q' 的光线，即 Q 点发出的光线先从 Q 到 A，再沿原来光线从 A 到 A'，然后从 A' 到达 Q' 点. 根据费马原理，这个路径稍有变化光线的光程长度应等于从 Q 到 Q' 的实际光程长度. 因此，$[QQ']$ 与 $[PP']$ 间的光程差表示为

$$[QQ'] - [PP'] = [QAA'Q'] - [PAA'P']$$
$$= ([A'Q'] - [A'P']) - ([PA] - [QA])$$
$$= [P'R'] - [PR] \qquad (1.6.1)$$

其中，R 和 R' 分别是 Q 点和 Q' 点在 PP' 光线上的投影点，得到 dr 和 dr' 的投影线段分别是 PR 和 $P'R'$. 由于 $\angle QAP$ 和 $\angle Q'A'P'$ 通常是无限小，因此式(1.6.1)成立. 设 θ 和 θ' 是光线 PR 和 $P'R'$ 与位移矢量之间的夹角，dr 和 dr' 记作位移矢量的长度，于是得到 $[QQ']$ 与 $[PP']$ 间的光程差为

$$[QQ'] - [PP'] = n' dr' \cos\theta' - n dr \cos\theta \qquad (1.6.2)$$

现在我们关心的是，Q' 成理想像点应满足什么条件. 前面假设 dr 和 dr' 是微小的移动量，因此可以认为从 Q 点到 Q' 点的光线与光线 PP' 接近. 假如选择从 P 点到 P' 点的是另一条光线，通常此时 θ 和 θ' 会发生变化，但这种变化不会改变式(1.6.2)左边的数值，因为物点和其理想像点之间所有光线的光程必须相同. 即 Q 点到 Q' 点的所有光线为常数，P 点到 P' 点间的所有光线的光程也应为常数，因此式(1.6.2)的右边也必须保持不变. 因此，可以得到

$$n' dr' \cos\theta' - n dr \cos\theta = c \qquad (1.6.3)$$

这一关系被称为微小线段理想成像的光学余弦条件，若对从 P 点发出到 P' 点的任一条光线利用式(1.6.3)就能计算出常数 c 的值.

1.6.2 阿贝正弦条件

前面导出微小线段以任意倾角理想成像的光学余弦条件时,并没有对光学系统加以任何限制,因此它对一切光学系统均适用.如果我们将它用于共轴成像光学系统,就能得出下面的光学正弦定理、阿贝正弦条件和赫谢尔条件.

如图 1.6.2 所示,假设 A 点在透镜的光轴上,A' 是 A 的理想像点.高度为 h 的微小线段 AQ 垂直于光轴,且 Q 能够理想成像在 Q' 点,像 $A'Q'$ 的高度为 h',也垂直于光轴,否则将违背共轴系统的轴对称性质.因此,微小线段 AQ 理想成像时需满足的光学余弦条件可以写为

$$n'h'\cos\theta' - nh\cos\theta = c$$

为了得到上式中常数 c 的大小,我们考虑一条沿着光轴的光线,此时的 θ 和 θ' 都为 $90°$,由于它们的余弦值为 0,常数值 c 也就为 0.

我们通常将光线与光轴的夹角用符号 U 和 U' 表示,如图 1.6.2 所示.因此,垂直于光轴的微小线段理想成像应满足下面的关系

$$nh\sin U = n'h'\sin U' \tag{1.6.4}$$

此即光学正弦定理(正弦条件).如果满足上述关系,对于共轴光学系统而言,垂直于光轴的微小面元上的任一点均能理想成像,而且光线能以任意大小的入射角进入光学系统.由式(1.6.4),得到 $h'/h = n\sin U/n'\sin U' = M$,其中 M 被定义为进入光学系统边光线的垂轴放大率.

如果入射角足够小,则 $\sin U$ 和 $\sin U'$ 分别被 u 和 u' 代替,这时的光学正弦定理就变为

$$nhu = n'h'u' \tag{1.6.5}$$

由式(1.6.5),同样可得 $h'/h = nu/n'u' = m$,其中 m 被定义为进入光学系统近轴光线的

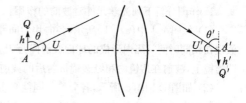

图 1.6.2 阿贝正弦条件

垂轴放大率.如果边光线的垂轴放大率与近轴光线的垂轴放大率相等,于是得到下面关系,即

$$\frac{\sin U}{\sin U'} = \frac{u}{u'} \tag{1.6.6}$$

式(1.6.6)被称为阿贝正弦条件.阿贝正弦条件指出,当边光线的垂轴放大率与近轴光线的垂轴放大率相等时,校正了球差的光学成像系统将没有彗差.阿贝的这一发现对显微物镜的设计产生了十分重要的影响.

1.6.3 赫谢尔条件

在图 1.6.3 中,对于光轴上的另一点 R,它与 A 点的距离为 $\mathrm{d}z$,下面研究它的理想成

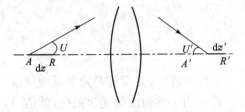

图 1.6.3　赫谢尔条件

像的条件. 根据共轴系统的对称性,像点应位于光轴上的 R' 点处,与 A' 点的距离为 $\mathrm{d}z'$. 这种情况下的光学余弦条件为

$$n'\mathrm{d}z'\cos U' - n\mathrm{d}z\cos U = c$$

对一条沿着光轴的光线,U 和 U' 都为 0,因此常数 $c = n'\mathrm{d}z' - n\mathrm{d}z$. 用 $\overline{m}$ 表示轴向放大率为 $\mathrm{d}z'/\mathrm{d}z$,于是得到

$$\overline{m} = \frac{\mathrm{d}z'}{\mathrm{d}z} = \frac{n}{n'}\left(\frac{1-\cos U}{1-\cos U'}\right) = \frac{n}{n'}\left(\frac{\sin U/2}{\sin U'/2}\right)^2 \tag{1.6.7}$$

式(1.6.7)即为赫谢尔条件,它是保证沿轴微小线段理想成像的条件. 式(1.6.7)表明,只有当 $U = \pm U'$ 时,赫谢尔条件和光学正弦定理才同时满足,此时轴向和横向放大率相同并都等于 $\pm n/n'$. 这说明,只有在这种非常特殊的情况下,光学系统才能同时对垂直于光轴微小面元和沿光轴微小线段理想成像.

当角度很小时,赫谢尔条件可以写成

$$\overline{m} = \frac{nu^2}{n'u'^2} \tag{1.6.8}$$

式(1.6.8)表明,在没有反射镜或有偶数个反射镜的系统中,由于 n 和 n' 比值是正的,所以像的移动与对应物的移动是沿同方向的;而在有奇数个反射镜的系统中,它们的方向则是相反的.

习　题

1. 作图分析下列光学元件对波前的作用:

(1) 如图 1.1 中(a)、(b)所示,各向均匀同性介质中的点光源 P 发出球面波,P' 为其共轭理想像点. 假设在相同时间间隔内形成的球面波前间距为 d. 求该波前入射到折射率大于周围介质的双凸透镜或凹透镜上,波前在透镜内和经透镜折射后的波前传播情况.

(2) 如图 1.1 中(c)所示,各向均匀同性介质中的无限远点光源发出平面波,求该波前入射到折射率大于周围介质的棱镜上,波前在棱镜内和经棱镜折射后的波前传播情况.

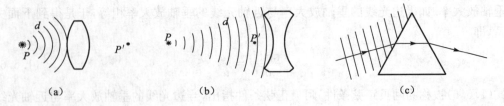

|(a)|(b)|(c)|

图 1.1

2. 当入射角很小时,折射定律可以近似表示为 $ni = n'i'$,求下述条件的结果:

(1) 当 $n = 1, n' = 1.5$ 时,入射角的变化范围为 $0 \sim 65°$. 入射角每增加 $5°$,分别由实际与近似公式求出折射角,并求近似折射角的百分比误差. 请用表格的形式列出结果.

(2) 入射角在什么范围时,近似公式得出的折射角 i' 的误差分别大于 0.1%、1% 和 10%.

3. 由一玻璃立方体切下一角制成的棱镜称为三面直角棱镜或立方角锥棱镜,如图 1.2 所示. 用矢量形式的反射定律试证明:从斜面以任意方向入射的光线经其他三面反射后,出射光线总与入射光线平行反向.同时,说明这种棱镜的用途.

4. 已知入射光线 $A = \cos\alpha i + \cos\beta j + \cos\gamma k$,反射光线 $A'' = \cos\alpha'' i + \cos\beta'' j + \cos\gamma'' k$,求此时平面反射镜法线的方向.

5. 发光物点位于一个透明球的后表面,从前表面出射到空气中的光束恰好为平行光,如图 1.3 所示,求此透明材料的折射率的表达式.当出射光线为近轴光线时,求得的折射率是多少?

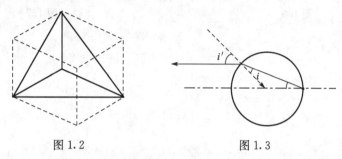

图 1.2　　　　　　　　　　　图 1.3

6. 设光纤纤芯折射率 $n_1 = 1.75$,包层折射率 $n_2 = 1.50$,试求光纤端面上入射角在何值范围内变化时,可保证光线发生全反射通过光纤.若光纤直径 $D = 40\mu m$,长度为 100m,求光线在光纤内路程的长度和发生全反射的次数.

7. 如图 1.4 所示,一激光管所发出的光束扩散角为 $7'$,经等腰直角反射棱镜($n' = 1.5163$)转折,是否需要在斜面上再镀增加反射率的金属膜?

8. 一厚度为 200mm 的平行平板玻璃 $n = 1.5$,下面放一直径为 1mm 的金属片,如图 1.5 所示.若在玻璃板上盖一圆形纸片,要求在玻璃板上方任何方向上都看不到该金属片,求纸片的最小直径.

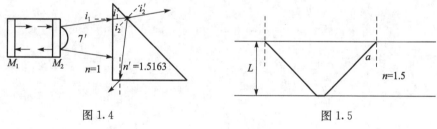

图 1.4　　　　　　　　　　　图 1.5

9. 折射率为 $n_1 = 1.5$,$n_1' = n_2 = 1.6$,$n_2' = 1$ 的三种介质,被两平行分界面分开,试求当光线在第二种介质中发生全反射时,光线在第一种界面上的入射角 I_1.

10. 如图 1.6 所示,有一半径为 R、厚度为 b 的圆板,由折射率为 n,沿径向变化的材料构成,中心处的折射率为 n_0,边缘处的折射率为 n_R.用点物理想成像的等光程条件推导出圆板的折射率 n_r 以何种规律变化时,在近轴条件下,平行于主光轴的光线将聚焦.此时的焦距 f' 又为多少?

11. 试用费马原理推导光的折射定律.

12. 已知空气中一无限远点光源产生的平行光从左入射到形状未知的凹面反射镜上,该光束经会聚后在凹面镜顶点的左方能成一理想像点,请用等光程原理确定该凹面镜的形状.

13. 举例说明正文中图 1.4.2 所示四种成像情况的实际光学系统.

14. 如何区分实物空间、虚物空间以及实像空间和虚像空间? 是否可按照空间位置来划分物空间和像空间?

15. 假设用如图 1.7 所示的反射圆锥腔使光束的能量集中到极小的面积上.因为出口可以做到任意小,所以射出的光束能流密度可以任意大.验证这种假设的正确性.

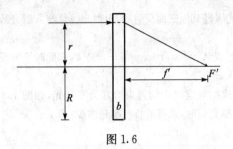

图 1.6

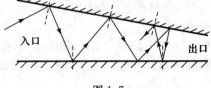

图 1.7

第2章 球面成像系统

绝大部分光学系统可分为共轴球面系统和平面系统两大类. 各球心在一条直线上的系统被称为共轴球面系统, 连接各球心的直线称为光轴. 在光学系统中, 单个折射球面不能构成光学元件, 但透镜是由折射球面组成的, 在光学设计时必须对各个折射球面进行计算和分析. 因此, 单个折射球面的折射和反射是研究光学系统成像的基础. 我们首先对单个球面进行讨论, 然后过渡到整个系统的计算.

2.1 球面折射的光路计算公式

如图 2.1.1 所示, OP 为折射球面, 它是折射率为 n 和 n' 的两种介质的分界面. C 是折射球面的球心, OC 是球面半径, 用 r 表示. 对于单个折射球面, 通过球心的直线就是光轴. 光线 EPA 入射到该折射面的 P 点, 经表面折射后的光线相交于光轴上的 A' 点, 它可以看成沿轴折射光线 OA' 与折射光线 PA' 相交而形成的像点. 延长入射光线与光轴相交于 A 点, A 就是折射球面的物点. 若能在数学上确定 A 点发出的任意光线经球面折射后交于 A' 点的位置, 得到的就是 A 点像的位置, 所以成像问题实质上就是光线的传播问题, 只要能求出由物点发出的光线的传播路径, 这一问题就可解决. 图 2.1.1 所示的是虚物成实像的情况, 其他成像情况也类似.

在已知折射面结构参数 n、r、n' 的情况下, 由 A 点就能确定 A' 的位置. 由于球面的轴对称性, 因此只需讨论几条光线即可. 在图 2.1.1 中, 我们选择一条沿光轴入射、入射角为零的光线 OA 与另一条任选

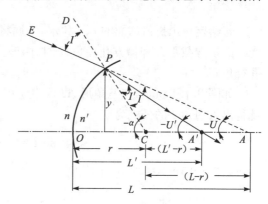

图 2.1.1 光线经单球面的折射

光线 PA. 包含物点与光轴的截面称为子午面(显然, 若物点在光轴上, 则子午面有无穷多个), 也称含轴面. 在子午面内, 入射光线 PA 的位置可用两个参量表示, 即物方截距 L 和物方孔径角 U. 物方截距(物距)为入射光线与光轴交点(物点 A)到球面顶点 O 的距离, 物方孔径角为入射光线与光轴的夹角. 同样, 折射光线 PA' 也可用两个相应的参量表示, 即像方截距 L'(像距)和像方孔径角 U', 它们分别是折射光线 PA' 与光轴的交点 A' 至顶点 O 的距离, 以及折射光线 PA' 与光轴的夹角. 通常, 在几何光学与光学设计领域, 像方参量符号与其对应的物方参量符号用相同的字母表示, 并用撇号"′"加以区别.

显然, 上述对光线位置的规定是不明确的, 如光线与光轴的交点是在折射面顶点的左方还是右方, 光线是在光轴的上面还是下面, 折射球面是凸还是凹等均未区分. 为准确描

述光路中各种量值和光组结构参数,并使导出的公式在各种情况下均适用,必须对各种量值规定其正负.本书定义光线传播方向为从左到右,所用符号法则或规则如下所述.

(1) 沿轴线段.例如,L、L'和r,以折射面或反射面的顶点为原点,如果由顶点到光线与光轴的交点或球心的方向与光线传播方向相同,其值为正,反之为负.所以,图 2.1.1 中的 L、L'和r 的量值本身均为正.

(2) 垂轴线段.以光轴为参考,在光轴以上为正,以下为负.

(3) 光线与光轴的夹角 U 和 U'.角度以光轴转向光线且成锐角来度量,其符号由右手规则确定,即顺时针为负,逆时针为正.所以,图 2.1.1 中的角度 U 和 U' 本身均为负.

(4) 光线与法线间的夹角.角度以法线转向光线且成锐角来度量,其符号由右手规则确定,即顺时针为负,逆时针为正.所以,图 2.1.1 中的角度 I 和 I' 本身均为正.

(5) 光轴与法线的夹角 α.角度以光轴转向法线且成锐角来度量,其符号由右手规则确定,即顺时针为负,逆时针为正.所以,图 2.1.1 中的夹角 α 本身为负.

此外,折射面之间的间隔以符号 t 表示,规定由前一折射面顶点到后一折射面顶点的方向与光线的传播方向相同者为正,反之为负.在折射光学系统中,t 值恒为正.

图 2.1.1 中所示的有关参量均按上述符号规则进行了标注.必须注意,光路图上只写出线段或角度的绝对值,所以,在光路图中本身为负的线段或角度量必须在其字母前加一负号.

2.1.1 单折射球面的光路计算公式

若给定单个折射球面的 r、n 和 n',下面将导出实际光线的光路计算公式,在已知入射光线的物方截距 L 和物方孔径角 U 时,由该公式即可求得出射光线的像方截距 L' 和像方孔径角 U'.

如图 2.1.1 所示,在三角形 APC 中应用正弦定理得,$\sin I/(L-r)=\sin(-U)/r$,由此得出入射角 I 的公式为

$$\sin I = \frac{r-L}{r}\sin U \qquad\qquad (2.1.1)$$

由折射定理即可求得折射角 I',则

$$\sin I' = \frac{n}{n'}\sin I \qquad\qquad (2.1.2)$$

由图 2.1.1 可知,$-\alpha=I-U=I'-U'$,于是像方孔径角 U' 为

$$U' = U - I + I' \qquad\qquad (2.1.3)$$

对三角形 $A'PC$ 再应用正弦定理得,$\sin I'/(L'-r)=\sin(-U')/r$,因此像方截距为

$$L' = r - r\frac{\sin I'}{\sin U'} \qquad\qquad (2.1.4)$$

式(2.1.1)~式(2.1.4)就是子午面内实际光线的光路计算公式,也称大 L 计算公式.按大 L 计算公式,由已知的 L 和 U 即可求得光线折射后的 L' 和 U'.对于含多个表面的共轴球面系统,从 L' 中减去两表面光轴间距离就能得到作为下一表面计算的物距 L,再利用大 L 公式以及后面将介绍的过渡公式来计算光线实际光路的过程,称为光线追迹.

当物距 L 为定值时,像距 L' 是孔径角 U 的函数,即由轴上物点 A 发出的同心光束,

不同光线有不同的孔径角 U, 经球面折射后将有不同的像距 L'. 也就是说, 在像方的光束不再和光轴交于一点, 失去了同心性. 所以, 轴上一点以较大的孔径角经单球面成像时, 一般是不完善的, 这种现象被称为"球差", 如图 2.1.2 所示. 球差的产生是由于球面面形仅由一个参数 r 决定. 当多个折射球面合理组合时, 某一孔径光线的球差可以消除或减小. 当然, 正如在 1.5 节中所指出的, 非球面可以使某些特定轴上物点发出的宽光束成完善像.

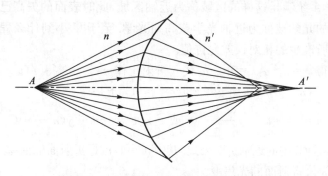

图 2.1.2　宽光束经单折射球面产生球差

若物点位于物方光轴上无限远处, 此时发出的光束可认为是平行于光轴的平行光, 即 $L=-\infty$, $U=0$, 如图 2.1.3 所示. 该入射光线经折射面上 P 点交光轴上于 A' 点, 过 P 点作光轴的垂线, 垂足到球面顶点 O 之间的距离被称为该光线入射点的矢高 z. 矢高的概念在光线追迹和像差计算等内容中会被经常用到.

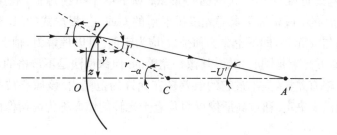

图 2.1.3　平行光经单折射球面的折射

显然, 要追迹这种光线的光路, 计算入射角 I 的公式 (2.1.1) 是无法应用的. 但是, 由于这时入射光线的位置由高度 y 所完全决定, 因此, 当给出高度时, 由图 2.1.3 看出, 光线的入射角就可按下式计算

$$\sin I = \frac{y}{r} \tag{2.1.5}$$

由式 (2.1.5) 求得光线入射角 I 以后, 下面的计算可由式 (2.1.2)~式 (2.1.4) 来完成. 为了保证计算精度, 一般光学计算的位数至少用六位有效数.

上述的光线计算公式是最简单的一种, 而且只能用于计算子午面以内的光线. 由于它需要在每个表面计算三次三角函数, 因此不适合现在的计算机计算. 现在的光学设计主要使用代数方法进行光线追迹, 它可以使空间光线的追迹变得简单, 避免了物或像在无限远 (平行光线入射) 以及折射面为平面 ($r=\infty$) 的麻烦. 该方法的具体过程将在本书第 7 章中介绍.

2.1.2 近轴区域的光路计算公式

在图 2.1.1 中,若 U 很小,与其相应的角 I、I'、α 和 U' 也很小,则这些角度的正弦值或正切值可用弧度值来代替,为区别起见,可用小写字母 u、u'、i、i' 表示. 这样的光线被称为近轴光线,光学系统满足这样的区域称为近轴区域,此时表面的矢高已被忽略. 研究近轴区域物像关系的光学被称为近轴光学或高斯光学. 至于 U 小到什么程度,取决于用弧度值代替角度值所产生的相对误差允许值.

由图 2.1.1 得,$i = u - \alpha$,$i' = u' - \alpha$,代入折射定律 $n'i' = ni$,得 $n'(u' - \alpha) = n(u - \alpha)$,所以有 $n'u' = nu + (n' - n)\alpha$,再由 $\alpha = -y/r = -yC$,于是得

$$n'u' = nu - y\frac{n' - n}{r} \quad \text{或} \quad n'u' = nu - y(n' - n)C \tag{2.1.6}$$

这就是近轴区光路计算中的近轴折射公式. 其中,$C = 1/r$,是折射面的曲率;$\phi = (n' - n)C = (n' - n)/r$,定义为该折射面的光焦度.

再由图 2.1.1 可得到关系式

$$-l'u' = -lu = y \tag{2.1.7}$$

由式(2.1.6),于是有

$$\frac{n'}{l'} - \frac{n}{l} = \frac{n' - n}{r} \tag{2.1.8}$$

式(2.1.8)也是光线近轴计算公式的另一形式. 对于单个折射球面,利用式(2.1.6)或式(2.1.8),由已知的 l 或 u 即可求得光线折射后的 l' 或 u'. 根据式(2.1.8),其结果表明 l' 仅是 l 的函数,与 u 无关,即不论 u 为何值,l' 均为定值. 可以理解为,轴上物点以细光束成像时,形成的像方光束是同心光锥,其像是完善的. 但该说法是不严格的,实际上每条光线的计算结果会略有差异,只不过它的误差是在允许的范围内. 该像点被称为高斯像点,高斯像点的位置由 l' 决定. 通过高斯像点而垂直于光轴的像面称为高斯像面. 构成这种物像关系的一对点称为共轭点.

在近轴区的情况下,$\sin U = u$,$\sin I = i$,$\sin I' = i'$,$\sin U' = u'$,近轴光线的光路计算公式可由式(2.1.1)~式(2.1.4)得到,即

$$\left.\begin{array}{ll} i = \dfrac{r - l}{r}u, & u' = u - i + i' \\[2mm] i' = \dfrac{n}{n}i, & l' = r - r\dfrac{i'}{u'} \end{array}\right\} \tag{2.1.9}$$

式(2.1.9)也被称为小 l 计算公式. 它与式(2.1.6)、式(2.1.8)相比,其计算结果是通过光线追迹的方式得到的,但本质相同.

实际上,若把正弦函数展开成级数形式,即

$$\sin\theta = \theta - \frac{1}{3!}\theta^3 + \frac{1}{5!}\theta^5 - \frac{1}{7!}\theta^7 + \cdots$$

忽略展开式的 θ^3 及其之后的项,近轴区公式(2.1.6)~公式(2.1.9)实际上就是只取三角函数展开式第一项的近似结果,因此由它们计算得到的成像位置和大小是实际像的一阶近似,

产生的误差由后边项之和引起.θ 越大误差越大,只有当 θ 比较小时,上述近似才有足够的精度.注意:$\sin\theta$ 经近似后被称为角度 θ,与前面提到的 u、u'、i、i' 等参量一样,它们的本质含义是这些角度的三角函数值,是没有量纲的物理量.因此,在一定精度范围内,成像系统的近轴区是从角度的正弦或正切值来理解,而不是从这些角度值本身.例如,$\theta=0.1\mathrm{rad}$,其含义是 $1\mathrm{in}(1\mathrm{in}=2.54\mathrm{cm})$ 的高度与 $10\mathrm{in}$ 距离的比值,$\sin\theta$ 的二阶项就约为 $1.667\times10^{-4}\mathrm{rad}$.

此外,在近轴区取 $\tan U\approx u$,$\cos U\approx 1$,实际上也是取三角函数展开式的第一项

$$\tan\theta=\theta+\frac{1}{3}\theta^3+\frac{1}{15}\theta^5+\frac{17}{315}\theta^7+\cdots$$

$$\cos\theta=1-\frac{1}{2!}\theta^2+\frac{1}{4!}\theta^4-\frac{1}{6!}\theta^6+\cdots$$

因此,近轴光学可以看成是通过光线追迹的方式来确定光学系统的一阶成像特性和成像系统基本性质的光学.

2.2　单折射球面的成像放大率

当折射球面对有限大小的物体成像时,只讨论其成像位置是不够的,还有放大率问题以及像的虚实和倒正问题,下面在近轴区内予以讨论.

1. 垂轴放大率

如图 2.2.1 所示,在折射球面的近轴区垂轴小线段 AB,通过球面折射成像为 $A'B'$,由于共轴系统的轴对称性,$A'B'$ 也一定和光轴垂直.在近轴区物高和像高分别以 h 和 h' 表示.h' 与 h 之比称为垂轴放大率,用 m 表示,即

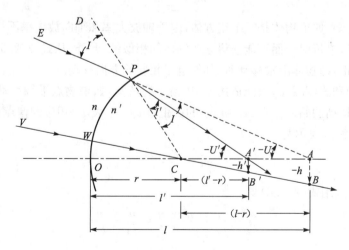

图 2.2.1　单折射球面的近轴成像

$$m = \frac{h'}{h} \tag{2.2.1}$$

由三角形 ABC 与三角形 $A'B'C$ 相似得，$h'/h = (l'-r)/(l-r)$. 又由式(2.1.8)得，$nl'/n'l = (l'-r)/(l-r)$. 于是垂轴放大率最后写成

$$m = \frac{h'}{h} = \frac{nl'}{n'l} \tag{2.2.2}$$

式(2.2.2)表明，在近轴区域内，垂轴放大率 m 与物体的大小无关，仅取决于介质的折射率(为已知常数)和物像共轭面的位置，在一个共轭面上 m 为常数，故像和物必然相似. 当物体位置改变时，像的位置和大小也跟着改变. 若 $m<0$，倒像，l 与 l' 异号，物像位于折射球面的两侧，像的虚实与物一致，实物成实像，虚物成虚像；若 $m>0$，正像，l 与 l' 同号，物像均位于折射球面的同一侧，像的虚实与物相反，即实物成虚像，虚物成实像.

2. 轴向放大率

对于有一定大小的物体，通常沿轴也有一定的大小，沿轴尺寸经球面成像后的大小如何变化，这就是轴向放大率问题. 轴向放大率是指轴上一对共轭点沿轴移动量之间的比例关系. 设物点沿轴移动一微小 $\mathrm{d}l$ 距离，相应的像移动 $\mathrm{d}l'$，则轴向放大率 $\bar{m}$ 定义为

$$\bar{m} = \frac{\mathrm{d}l'}{\mathrm{d}l} \tag{2.2.3}$$

对式(2.1.8)两边微商得，$\mathrm{d}l'/\mathrm{d}l = nl'^2/n'l^2$，于是有

$$\bar{m} = \frac{\mathrm{d}l'}{\mathrm{d}l} = \frac{nl'^2}{n'l^2} \tag{2.2.4}$$

利用式(2.2.2)，$\bar{m}$ 还可写成

$$\bar{m} = \frac{n'}{n} m^2 \tag{2.2.5}$$

由式(2.2.5)可知，如果物体是一个正方体，因垂轴放大率和轴向放大率不相等，其像不再是正方形. 所以，单折射球面不能获得立体物体的相似像. 此外，从式(2.2.5)还可看出，轴向放大率恒为正，即物体沿轴移动时，其像也以相同的方向移动.

式(2.2.4)和式(2.2.5)只能适用于 $\mathrm{d}l$ 很小的情况，如果物点沿轴移动有限距离，此距离可用物点移动的始末二点 A_1 和 A_2 的截距差 $l_2 - l_1$ 表示，相应的像点移动 $l_2' - l_1'$. 这时的轴向放大率 $\bar{m}$ 表示为

$$\bar{m} = \frac{l_2' - l_1'}{l_2 - l_1} \tag{2.2.6}$$

对 A_1 和 A_2 两点用式(2.1.8)得

$$\frac{n'}{l_2'} - \frac{n}{l_2} = \frac{n'-n}{r} = \frac{n'}{l_1'} - \frac{n}{l_1}$$

移项整理后得

$$\frac{l_2' - l_1'}{l_2 - l_1} = \frac{n}{n'} \frac{l_2' l_1'}{l_2 l_1} = \frac{n'}{n} \frac{nl_1'}{n'l_1} \cdot \frac{nl_2'}{n'l_2} = \frac{n'}{n} m_1 m_2$$

所以有

$$\overline{m} = \frac{n'}{n} m_1 m_2 \tag{2.2.7}$$

3. 角放大率

在近轴区域内,通过物点的光线经过折射后,必然通过相应的像点. 这样一对共轭光线与光轴的夹角 u' 和 u 之比称为角放大率,用 γ 表示为

$$\gamma = \frac{u'}{u} = \frac{l}{l'} \tag{2.2.8}$$

式(2.2.8)的后一步利用了关系式 $lu = l'u'$. 将式(2.2.8)与式(2.2.2)相比较,可得

$$\gamma = \frac{n}{n'} \frac{1}{m} \tag{2.2.9}$$

4. 三个放大率之间的关系

利用式(2.2.5)和式(2.2.9)可得三个放大率之间的关系为

$$m = \overline{m} \gamma \tag{2.2.10}$$

2.3　共轴球面系统

前面我们对单折射球面的成像问题进行了讨论,并导出了子午面内光线的光路计算公式和放大率公式. 但是,除反射镜之外,单折射球面不能作为一个基本成像元件,基本成像元件至少应由两个球面或非球面构成(如透镜). 为了加工方便,绝大部分成像系统都是由球面组成,本节我们将讨论共轴球面系统的成像问题. 要解决这个问题,只需重复应用单个折射球面的公式于球面系统的每一个面即可. 为此,应当首先解决如何由一个面到下一个面的过渡计算问题.

2.3.1　过渡公式

1. 共轴球面系统的结构参数

由 k 个折射球面组成的共轴球面系统,必须先给定系统的结构参数,才能进行计算. 系统的结构参数如下:

(1) 各个球面的曲率半径 $r_1, r_2, r_3, \cdots, r_k$.

(2) 各个球面顶点之间的距离 $t_1, t_2, t_3, \cdots, t_{k-1}$. 其中,$t_1$ 为第一个球面顶点至第二个球面顶点之间的距离,t_{k-1} 为第 $k-1$ 个球面顶点至第 k 个球面顶点之间的距离.

(3) 各球面间介质的折射率 $n_1, n_2, n_3, \cdots, n_k, n_{k+1}$. 其中,$n_1$ 为第一个球面之前的介质折射率,n_k 为第 k 与第 $k-1$ 个球面间的介质折射率,n_{k+1} 为第 k 个球面之后的介质折射率.

2. 过渡公式

图 2.3.1 表示一个在近轴区内的物体经光学系统前几个面的成像情况. 显然, 第一面的像空间就是第二面的物空间; 第一面的像就是第二面的物; 第一面的像方孔径角就是第二面的物方孔径角; 第一面的像方折射率就是第二面的物方折射率. 以此类推, 即得

$$
\left.
\begin{array}{l}
n_2 = n_1', n_3 = n_2', \cdots, n_k = n_{k-1}' \\
u_2 = u_1', u_3 = u_2', \cdots, u_k = u_{k-1}' \\
h_2 = h_1', h_3 = h_2', \cdots, h_k = h_{k-1}'
\end{array}
\right\}
\tag{2.3.1}
$$

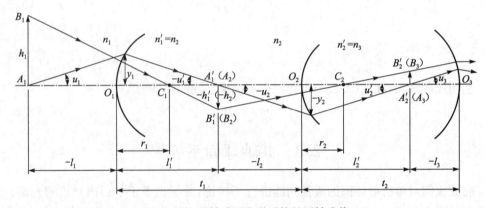

图 2.3.1　共轴球面光学系统的近轴成像

由图 2.3.1 可直接得出截距的过渡公式

$$
l_2 = l_1' - t_1, l_3 = l_2' - t_2, \cdots, l_k = l_{k-1}' - t_{k-1}
\tag{2.3.2}
$$

以上各公式组中的最后一个公式是过渡公式的一般公式, 利用它们和单折射球面的近轴折射公式, 就可对由 k 个面组成的共轴球面系统进行光路计算和有关量的计算.

注意, 上述过渡公式(式 2.3.1)和式(2.3.2)对与光轴成较大角度的远轴光线也是同样适用的, 此时公式用大写字母表示, 即

$$
\left.
\begin{array}{l}
U_2 = U_1', U_3 = U_2', \cdots, U_k = U_{k-1}' \\
L_2 = L_1' - t_1, L_3 = L_2' - t_2, \cdots, L_k = L_{k-1}' - t_{k-1}
\end{array}
\right\}
\tag{2.3.3}
$$

必须指出, 在应用近轴折射公式(2.1.6)对共轴球面系统进行计算时, 要解决光线与各球面交点高度 y 的过渡问题. 于是, 我们将 $l_k = l_{k-1}' - t_{k-1}$ 与 $u_k = u_{k-1}'$ 相乘, 得

$$
l_k u_k = l_{k-1}' u_{k-1}' - t_{k-1} u_{k-1}'
$$

由于

$$
-l_k u_k = y_k, \quad -l_{k-1}' u_{k-1}' = y_{k-1}
$$

故得各折射面上光线高度 y 的过渡公式, 即

$$
y_k = y_{k-1} + t_{k-1} u_{k-1}' = y_{k-1} + t_{k-1} \frac{n_{k-1}' u_{k-1}'}{n_{k-1}'}
\tag{2.3.4}
$$

利用近轴折射公式(2.1.6)和高度过渡公式(2.3.4)，就可以解决这个光学系统内近轴光线的光路计算问题，该计算过程被称为 ynu 光线追迹. 也可以利用近轴物像关系式(2.1.8)或式(2.1.9)，以及过渡公式(2.3.1)和公式(2.3.2)进行近轴光线的光路计算问题，但式(2.1.8)不能直接得出出射光线的像方孔径角，无法求解共轴光学系统的基点和基面问题.

2.3.2　ynu 光线追迹

近轴光线经过光学系统包括发生在两光学空间界面上的折射(含反射)以及两界面上光线高度的传播过渡这两个过程. 近轴折射发生在过折射面顶点的平面上，折射面的矢高被忽略. 折射过程由近轴折射公式(2.1.6)确定，光线的折射程度取决于折射面的光焦度 ϕ 和光线高度 y；光线在界面上的高度则由公式(2.3.4)确定，其大小取决于光线角度和两表面间的距离，而轴上物点的像的位置就是高度过渡公式(2.3.4)为零的解. 该光路计算方法即 ynu 光线追迹. 物点发出的所有近轴光线在像空间的出射情况皆由这两个公式所确定；反之亦然，也可由像空间向物空间进行反方向的 ynu 光线追迹.

现举一例说明如何用 ynu 光线追迹方法来确定物经共轴光学系统所成像的位置和大小.

有一双胶合透镜，如图 2.3.2 所示. 假设物方截距 $l=-240\text{mm}$，物方孔径角 $U_1=1.432\,54°(\sin U_1\approx u_1=0.025)$.

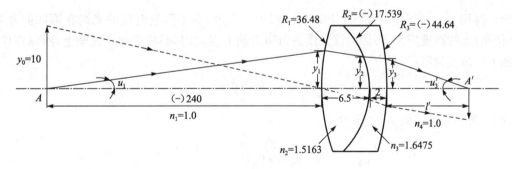

图 2.3.2　ynu 光线追迹求物点经双胶合透镜的成像举例

其结构参数如下：

$y_1=+6\text{mm}$　$t_0=240\text{mm}$　$n_1=1.0$

r/mm	C	t/mm	n
			$1.0(n_1)$
$+36.48$	$+0.027\,412\,3$	6.5	$1.5163(n_1'=n_2)$
-17.539	$-0.057\,015\,8$	2.0	$1.6475(n_2'=n_3)$
-44.64	$-0.022\,401\,4$		$1.0(n_3')$

我们现在介绍 ynu 光线追迹求解像位置和高度的一般计算过程.

1) 轴上点发出近轴光线的像位置计算

根据已知参数,轴上点发出的光线与第一面的交点高度由式(2.1.7)得 $y_1 = -lu = -(-240 \times 0.025) = 6$(mm). 该光线经第一面♯1折射后的 $n_1'u_1'$ 由式(2.1.6)得

$$n_1'u_1' = n_1u_1 - y_1(n_1'-n_1)C_1 = 0.025 - 6 \times (1.5163-1) \times 0.027\,412\,3 = -0.059\,917\,8$$

该光线在第二面♯2上的高度由式(2.3.4)计算得

$$y_2 = y_1 + \frac{t_1(n_1'u_1')}{n_1'} = 6 + \frac{6.5 \times (-0.059\,917\,8)}{1.5163} = 5.743\,147\,3\text{(mm)}$$

注意到 $n_2u_2 = n_1'u_1'$,该光线经第二面♯2折射后的 $n_2'u_2'$ 为

$$\begin{aligned} n_2'u_2' &= n_2u_2 - y_2(n_2'-n_2)C_2 \\ &= -0.059\,917\,8 - 5.743\,147\,3 \times (1.6475-1.5163) \times (-0.057\,015\,8) \\ &= -0.016\,956\,3 \end{aligned}$$

同理,光线在第三面♯3上的高度计算结果为

$$y_3 = y_2 + \frac{t_2(n_2'u_2')}{n_2'} = 5.743\,147\,3 + \frac{2 \times (-0.016\,956\,3)}{1.6475} = 5.722\,563\,0\text{(mm)}$$

因 $n_3u_3 = n_2'u_2'$,该光线经过第三面♯3折射后的 $n_3'u_3'$ 为

$$n_3'u_3' = n_3u_3 - y_3(n_3'-n_3)C_3$$
$$= -0.016\,956\,3 - 5.722\,563\,0 \times (1-1.6475) \times (-0.022\,401\,4) = -0.099\,961\,5$$

于是得到 $u_3' = n_3'u_3'/n_3' = -0.099\,961\,5/1 = -0.099\,961\,5$,它对应的光线在第四面♯4 (像面)上的高度应为零. 因为该光线是由物方轴上点发出,必将成像于光轴上,所以在像面上的高度为零,于是有

$$y_4 = y_3 + \frac{t_3(n_3'u_3')}{n_3'} = 0$$

因此,像点到第三面♯3的距离为

$$t_3 = \frac{y_4 - y_3}{u_3'} = \frac{0 - 5.722\,563\,0}{-0.099\,961\,5} = 57.247\,670\,4\text{(mm)}$$

注意,计算得出的距离 $t_3 > 0$,根据符号法则可知,物的像点就位于第三面♯3的右方 57.247 670 4mm 处.

2) 轴外点发出近轴光线的像高度计算

我们现在追迹高度为 10mm 的轴外物点发出的一条斜入射光线. 因上一步骤已经求出像面到该双胶合透镜最后面的距离,通过 ynu 光线追迹得到经最后表面♯3折射之后的 $n_3'u_3'$,就可求出该物点在像面的高度.

假设该光线与透镜第一面的交点高度为 0,即 $y_0 = +10$mm,$y_1 = 0$. 由式(2.3.4)得该光线在第一面♯1上的 n_1u_1,即

$$y_1 = y_0 + \frac{t_0(n_1u_1)}{n_1} \Rightarrow n_1u_1 = (y_1 - y_0)/(t_0/n_1) = (0-10)/240 = -0.041\,666\,7$$

注意,t_0 与 l 所指对象虽然相同,但含义不同. t_0 一般为正,而 l 需视具体情况而定. 由式(2.1.6),光线经第一面 $\sharp 1$ 后折射的 $n_1'u_1'$ 为

$$n_1'u_1' = n_1u_1 - y_1(n_1'-n_1)C_1$$
$$= -0.041\ 666\ 7 - 0 \times (1.5163-1) \times 0.027\ 412\ 3 = -0.041\ 666\ 7$$

由式(2.3.4),光线在第二面 $\sharp 2$ 上的高度为

$$y_2 = y_1 + \frac{t_1(n_1'u_1')}{n_1'} = 0 + \frac{6.5 \times (-0.041\ 666\ 7)}{1.5163} = -0.178\ 614\ 8(\text{mm})$$

注意到 $n_2u_2 = n_1'u_1'$,因此,光线经第二面 $\sharp 2$ 后折射的 $n_2'u_2'$ 为

$$n_2'u_2' = n_2u_2 - y_2(n_2'-n_2)C_2$$
$$= -0.041\ 666\ 7 - (-0.178\ 614\ 8) \times (1.6475-1.5163) \times (-0.057\ 015\ 8)$$
$$= -0.043\ 002\ 8$$

同理,光线在第三面 $\sharp 3$ 上的高度为

$$y_3 = y_2 + \frac{t_2(n_2'u_2')}{n_2'} = -0.178\ 614\ 8 + \frac{2 \times (-0.043\ 002\ 8)}{1.6475} = -0.230\ 818\ 5(\text{mm})$$

同样由 $n_3u_3 = n_2'u_2'$,光线经第三面 $\sharp 3$ 后折射的 $n_3'u_3'$ 为

$$n_3'u_3' = n_3u_3 - y_3(n_3'-n_3)C_3$$
$$= -0.043\ 002\ 8 + 0.230\ 818\ 5 \times (1-1.6475) \times (-0.022\ 401\ 4) = -0.039\ 654\ 8$$

最后,光线在像面上的高度为

$$y_4 = y_3 + \frac{t_3(n_3'u_3')}{n_3'} = -0.230\ 818\ 5 + \frac{57.247\ 670\ 4 \times (-0.039\ 654\ 8)}{1}$$
$$= -2.500\ 963(\text{mm})$$

注意,计算得出的像高 $y_4 < 0$,根据符号法则可知,像位于光轴的下方.

　　为简化起见,上面的计算过程被总结为表 2.3.1. 其中,描述表面性质和表面上的数据,如 r、C、ϕ、y 被写在对应表面的下方;而描述表面间的数据,如 t、n、u 则被写在两面之间. 表中的第一行,除了列出实际的折射面外,物面和像面也被增加为表面,这两个增加表面的曲率半径通常被认为是无穷大,但它们不是真正意义上的光学表面. 该表可认为由三部分构成,光学系统的结构参数首先被填写在表的第一部分即前四行,也就是 r、C、t、n;有了这些结构参数,表的第二部分就填写与计算相关的中间数据,它使运算过程更简明;而表的第三部分就填写被追迹光线的光路计算结果. 如需追迹更多的光线,表的第三部分还可以任意增加. 表 2.3.1 中绘出的箭头方向表明了运算过程,而箭头上的运算符号则表示计算方式. 该表内共有三个计算过程,它们均从圆点线"●—"开始,完成前一个三角形状的计算路径后,就得到下一计算过程所需的值,以此类推,得到该光线光路计算的最终结果. 例如,表中按从 n_1 开始,到 n_2 再到 C_1 的路径,先计算第一折射面光焦度的负值 $-\phi_1$,其他面类似;其次,再按从 y_1 到 $-\phi_1$ 再到 n_1u_1 的路径计算某光线经第一面折射后的数据 n_2u_2 值;最后,按从 n_2u_2 开始,到 t_1/n_2 再到 y_1 的路径计算该光线在第二表面上高度 y_2.

到此为止,就完成了第一折射面上光线的光路计算. 重复第二和第三步骤的计算过程,我们能得到光线经每个折射面后的折射数据 nu 和下一面上的高度 y. 该计算过程可以重复至像面,即最后表面,但在该面上光线不发生折射. 因此,由计算公式 $y_4 = y_3 + t_3(n_3'u_3')/n_3' = 0$,就可求出 t_3,即可求出像方截距 $l_3' = t_3 = -y_3n_3'/n_3'u_3' = -y_3/u_3'$,该结果被填写在表 2.3.1 中 t_3 所在位置.

为了执行上面的光线追迹过程,还需事先已知相关初始数据. 对于轴上点发出的光线 ($y_0 = 0$),通常已知 y_1 及 l_1 或 u_1 的数值,从而可得出 n_1u_1;对于轴外点发出的光线,物高 y_0 及 y_1 和 t_0,或 u_1 为已知,由公式 $y_1 = y_0 + t_0(n_1u_1)/n_1$ 可求出 n_1u_1 的值. 然后,将它们填写在表 2.3.1 中对应的位置.

如上所述,对于轴上或轴外点发出的任意多条光线,即使这些光线需经任意复杂多面构成近轴光学系统的折射,它们的光路计算过程都可以按表 2.3.1 所示的方式进行,唯一需要做的是延长和增宽该表格.

表 2.3.1 表格形式的 ynu 近轴光线追迹计算过程

	物面	面#1	面#2	面#3	像面
r	∞	R_1	R_2	R_3	∞
C	0	C_1	C_2	C_3	0
t	t_0	t_1	t_2		t_3(像方截距)
n	n_1	$n_2(n_1')$	$n_3(n_2')$	$n_4(n_3')$	
$-\phi$		$-\phi_1$	$-\phi_2$	$-\phi_3$	
t/n	t_0/n_1	t_1/n_2	t_2/n_3	t_3/n_4	
y	y_0	y_1	y_2	y_3	0
nu	n_1u_1	n_2u_2	n_3u_3	n_4u_4	

这里重新将上例中双胶合透镜的近轴光线追迹计算过程写成表格形式,如表 2.3.2 所示. 具体过程是,我们先将该双胶合透镜的结构参数 $(r(C),t,n)$ 对应填入表中的前四行;其次将折射面光焦度的负值 $-\phi$ 和 t/n 的值对应填入表中的第二部分;然后,分别将轴上点光线的初始数据 ($y_0 = 0\text{mm}, n_1u_1 = 0.025, y_1 = 6\text{mm}$) 和轴外点光线的初始数据 ($y_0 = 10\text{mm}, n_1u_1 = -0.041\,666\,7, y_1 = 0\text{mm}$) 填入表中第三部分的对应位置. 为了与轴上点光线区别开来,我们用符号 $\bar{y}$ 和 $\overline{nu}$ 表示轴外点发出的光线,而且特指近轴主光线(详见第 5 章). 之后,我们就可按表 2.3.1 所示的计算过程将这两条光线的光路计算结果填入表中相应的位置,最后得出轴上点和轴外点发出的这两条光线经双胶合透镜成像后的位置(见表 2.3.2 方框中的数据). 如果追迹该两点发出的任意其他角度的光线,也会得到同样的结果. 这是近轴光学的成像性质所决定的.

下面我们将表 2.3.2 中的计算与实际光线的光路计算结果作一简单比较.

根据该例中已知的初始物距 $L_1 = -240\text{mm}$ 和物方孔径角 $U_1 = 0.025\text{rad}$,通过利用子午面内实际光线追迹计算公式(2.1.1)~公式(2.1.4)以及截距过渡公式(2.3.3),计算得出像方截距为 $L_3'=57.2303\text{mm}$. 与近轴光线追迹得到的像距 57.247 670 4mm 比较,可见 L_3' 与 $l_3'(t_3)$ 的数值接近,可以认为光学系统对 A 点发出的小角度光线的成像是近乎完善的.

表 2.3.2　双胶合透镜的表格形式 ynu 两条近轴光线追迹计算过程

	物面	面♯1	面♯2	面♯3	像面
r	∞	36.48	-17.539	-44.64	∞
C	0	0.027 412 3	-0.057 015 8	-0.022 401 4	0
t	240	6.5	2	$\boxed{57.247\ 670\ 4}$	
n	1	1.5163	1.6475	1	
$-\phi$		-0.014 153 0	0.007 480 5	-0.014 504 9	
t/n	240	4.286 750 6	1.213 960 5	57.247 670 4	
y	0	6	5.743 147 3	5.722 563 0	0
nu	0.025	-0.059 917 8	-0.016 956 3	-0.099 961 5	
$\bar{y}$	10	0	-0.178 614 8	-0.230 818 5	$\boxed{-2.500\ 963}$
$n\bar{u}$	-0.041 666 7	-0.041 666 7	-0.043 002 8	-0.039 654 8	

2.3.3　共轴球面系统的放大率

1. 垂轴放大率

整个系统的垂轴放大率定义为像高与物高之比,即

$$m=\frac{h_k'}{h_1} \tag{2.3.5}$$

由于 $h_1'=h_2,h_2'=h_3,\cdots,h_{k-1}'=h_k$,所以可将式(2.3.5)写成

$$m=\frac{h_k'}{h_1}=\frac{h_1'}{h_1}\cdot\frac{h_2'}{h_2}\cdots\frac{h_{k-1}'}{h_{k-1}}\cdot\frac{h_k'}{h_k}=m_1m_2\cdots m_k \tag{2.3.6}$$

式(2.3.6)表明,整个系统的垂轴放大率等于各个折射面垂轴放大率的乘积. 若将式(2.2.2)用于式(2.3.6),可得 m 的另一形式

$$m=\frac{n_1l_1'l_2'\cdots l_k'}{n_k'l_1l_2\cdots l_k} \tag{2.3.7}$$

通常,计算垂轴放大率的另一种更为方便的形式可由式(1.6.5)变换而得,即

$$m=\frac{h_k'}{h_1}=\frac{n_1u_1}{n_k'u_k'} \tag{2.3.8}$$

2. 轴向放大率

整个系统的轴向放大率 $\bar{m}$ 定义为

$$\overline{m} = \frac{\mathrm{d}l'_k}{\mathrm{d}l_1} \tag{2.3.9}$$

因为

$$l_2 = l'_1 - t_1, l_3 = l'_2 - t_2, \cdots, l_k = l'_{k-1} - t_{k-1}$$

微分上列各式,可得

$$\mathrm{d}l_2 = \mathrm{d}l'_1, \mathrm{d}l_3 = \mathrm{d}l'_2, \cdots, \mathrm{d}l_k = \mathrm{d}l'_{k-1}$$

因此,式(2.3.9)可改写成

$$\overline{m} = \frac{\mathrm{d}l'_k}{\mathrm{d}l_1} = \frac{\mathrm{d}l'_1}{\mathrm{d}l_1} \frac{\mathrm{d}l'_2}{\mathrm{d}l_2} \cdots \frac{\mathrm{d}l'_k}{\mathrm{d}l_k} = \overline{m}_1 \overline{m}_2 \cdots \overline{m}_k \tag{2.3.10}$$

说明整个系统的轴向放大率同样是各折射面的轴向放大率的乘积. 将式(2.2.5)代入式(2.3.10)并稍加变换,可得

$$\overline{m} = \frac{n'_k}{n_1} m_1^2 m_2^2 \cdots m_k^2 = \frac{n'_k}{n_1} m^2 \tag{2.3.11}$$

由此可以看出,该公式的形式与式(2.2.5)完全相同.

3. 角放大率

根据定义,整个系统的角放大率 γ 为

$$\gamma = \frac{u'_k}{u_1} = \frac{u'_1}{u_1} \frac{u'_2}{u_2} \cdots \frac{u'_k}{u_k} = \gamma_1 \gamma_2 \cdots \gamma_k \tag{2.3.12}$$

把表示单个折射球面的角放大率公式(2.2.9)代入式(2.3.12),得

$$\gamma = \frac{n_1}{n'_1} \frac{1}{m_1} \cdot \frac{n_2}{n'_2} \frac{1}{m_2} \cdots \frac{n_k}{n'_k} \frac{1}{m_k} = \frac{n_1}{n'_k} \frac{1}{m_1 m_2 \cdots m_k} = \frac{n_1}{n'_k} \frac{1}{m} \tag{2.3.13}$$

4. 三个放大率的关系

由式(2.3.11)和式(2.3.13)可得

$$m = \overline{m}\gamma \tag{2.3.14}$$

由此可见,在共轴球面系统中,三种放大率的关系与单个折射球面完全一样. 这说明,近轴区单个折射球面的成像特性具有普遍意义.

2.4　球面反射镜

球面反射镜也称球面镜,分为两类:一类是曲率半径 r 为正的凸球面镜,另一类是曲率半径 r 为负的凹球面镜. 在 1.2 节中曾指出,反射定律可视为折射定律在 $n' = -n$ 时的特殊情况(因为光的传播方向相反,速度为负). 因此,在折射球面的公式中,只要将 $n' = -n$ 代入就可导出反射球面的相应公式. 和球面折射一样,当光轴上某点以有限大小的同心光束入射时,经球面反射后不再会聚于一点,即不再保持光束的同心性,用物像关系来

说,就是轴上的物点经球面反射后,反射光线不再交于轴上一点,即不能得到理想像点.因此,和折射球面成像一样,为了得到理想像,仍然需要对入射光束的大小加以限制.下面只在近轴区内讨论球面反射镜的成像规律.

2.4.1 球面反射镜的物像位置公式

在折射球面的近轴公式(2.1.8)中,令 $n' = -n$,即可得到近轴区球面反射镜的物像位置公式

$$\frac{1}{l'} + \frac{1}{l} = \frac{2}{r} \tag{2.4.1}$$

图 2.4.1(a)和(b)分别表示凸、凹球面镜对有限距离的物体的成像情况.

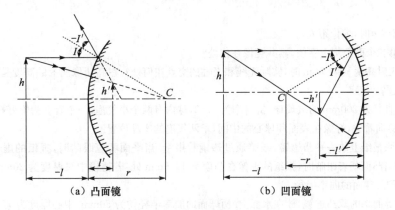

图 2.4.1 球面镜的近轴成像

当无穷远的轴上点以平行于光轴的平行光线入射时,$l = -\infty$,由式(2.4.1)得球面反射镜的像方焦距 f'.同样,当 $l' = \infty$ 时,可得物方焦距 f,且它们的大小相等,即

$$f' = f = \frac{r}{2} \tag{2.4.2}$$

焦点位于球面反射镜和它的曲率中心的中间点上.对于凸球面镜,$f' > 0$,焦点在顶点右方;对于凹球面镜,$f' < 0$,焦点在顶点左方.

2.4.2 球面反射镜的成像放大率

将 $n' = -n$ 代入式(2.2.2)、式(2.2.5)和式(2.2.9),即得球面反射镜的三种放大率公式

$$m = -\frac{l'}{l}, \quad \bar{m} = -m^2, \quad \gamma = -\frac{1}{m} \tag{2.4.3}$$

由式(2.4.3)可知,球面反射镜的轴向放大率 $\bar{m}$ 恒为负,即物和像的移动总是相反,但在偶数次反射时,$\bar{m}$ 恒为正.与赫谢尔条件得出的结论一致.

当物点位于球面镜球心,即 $l = -r$ 时,由式(2.4.1)得 $l' = -r$.再根据式(2.4.3),有

$$m = \bar{m} = -1, \quad \gamma = 1$$

可见,此时球面镜成倒像. 由于反射光线与入射光线的孔径角相等,即通过球心的光线沿原光路反射,仍会聚于球心. 因此,球面镜对于球心是等光程面,成完善像.

习　　题

1. 用近轴光学公式计算像的位置具有什么实际意义?

2. 有一光学元件,其结构参数如下:

r/mm	t/mm	n
100		
	300	1.5
∞		

(1) 当 $l = \infty$ 时,求像距 l'.

(2) 在第二个面上刻十字线,其共轭像在何处?

(3) 当入射高度 $y = 10\text{mm}$ 时,实际光线和光轴的交点在何处? 在高斯像面上的高度是多少? 该值说明什么问题?

3. 一个直径为 200mm 的玻璃球,折射率为 1.53,球内有两个小气泡,一个看上去恰好在球心,另一个从最近的方向看去,好像在表面和球心的中间,求两气泡的实际位置.

4. 在一张报纸上放一平凸透镜,眼睛通过透镜看报纸. 当平面朝着眼睛时,报纸的虚像在平面下 13.3mm 处;当凸面朝着眼睛时,报纸的虚像在凸面下 14.6mm 处. 若透镜中央厚度为 20mm,求透镜材料的折射率和凸球面的曲率半径.

5. 一个等曲率的双凸透镜,放在水面上. 两球面的曲率半径均为 50mm,中心厚度为 70mm,玻璃的折射率为 1.5,透镜下 100mm 处有一个物点 Q,如图 2.1 所示,试计算最后在空气中成的像.

6. 直径为 100mm 的球形玻璃缸中有一条金鱼,当金鱼游到中心时,我们所观察到的像的大小如何(不计玻璃缸的折射作用,水的折射率为 4/3).

7. 一凹球折射面是水和空气的分界面,球面的半径 r 为负值,当近轴的发散光从水到空气折射时,试求该系统成虚像的条件. 设水的折射率为 4/3.

8. 有一个双胶合物镜,其结构参数为:

r/mm	t/mm	n
		$n_1 = 1$
$r_1 = 83.220$		
	$t_1 = 2$	$n_2 = 1.6199$
$r_2 = 26.271$		
	$t_2 = 6$	$n_3 = 1.5302$
$r_3 = -87.123$		
		$n_4 = 1$

采用 ynu 光线追迹的方法计算两条实际光线的光路. 设入射光线的数据分别为:

$$L_1 = -300\text{mm}; \quad U_1 = -2°$$
$$L_1 = \infty; \quad y = 10\text{mm}$$

9. 有一双胶合透镜系统,其结构参数如图 2.2 所示. 该系统放置在折射率 $n = 1.0$ 的空气中. 假设物体位于物空间无穷远处,采用 *ynu* 光线追迹方法完成表 2.1 中的空白,求它经过该系统后的成像位置(单位:mm).

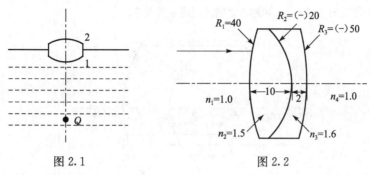

图 2.1　　　　　　　　　　　　　　图 2.2

表 2.1

	物面	面♯1	面♯2	面♯3	像面
r					
C					
t					
n					
$-\phi$					
t/n					
y					
nu					

10. 一个物体位于半径为 r 的凹球面镜前什么位置时,可分别得到放大 4 倍的实像、放大 4 倍的虚像、缩小 4 倍的实像和缩小 4 倍的虚像.

11. 有一正弯月形薄透镜,两个表面的曲率半径分别为 $r_1=-200\text{mm}$、$r_2=-150\text{mm}$,透镜材料的折射率 $n=1.5$.今在 r_2 的凸面镀银,在 r_1 面的左方 400mm 处的光轴上置一高为 10mm 的物.试求最后成像的位置和大小.

12. 一束平行细光束入射到 $r=30\text{mm}$、$n=1.5$ 的玻璃球上,如图 2.3 所示,求经玻璃球折射后会聚点的位置.如果在凸面(第一面)镀反射膜,其会聚点应在何处? 说明会聚点的虚实.

13. 已知一曲率半径均为 20mm 的双凸透镜,置于空气中.物 A 位于第一球面前 50mm 处,第二面镀反射膜.设透镜所成实像 B 位于第一球面前 5mm 处,如图 2.4 所示.若按薄透镜($d=0$)处理,求该透镜的折射率 n.

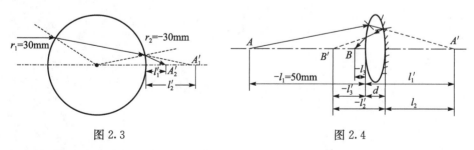

图 2.3　　　　　　　　　　　　　　图 2.4

14. 马路的十字路口有一个凸球面反射镜 $r=1\text{m}$,身高 1.7m 的人路过,求其在凸球面反射镜前 11m 处,所成像的大小和正倒?

15. 由两个同心的反射球面(两球面的球心重合)构成的光学系统,按照光线反射的顺序,第一个反射球面是凹的,第二个反射球面是凸的,要求系统的像方焦点恰好位于第一个反射球面的顶点,如图 2.5 所示,求两个球面的半径 r_1、r_2 和两者之间的间隔 d 的关系.

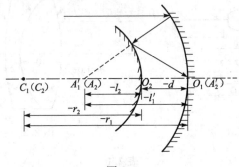

图 2.5

第 3 章　理想光学系统

3.1　理想光学系统及其成像理论

光学系统多用于物体成像. 显微镜是使近距离的细小物体成像,望远镜是使远距离的目标成像. 为了保证成像的绝对清晰,就必然要求由一物点发出的全部光线,经光学系统后仍然相交于一点,每一物点都应对应唯一的一个像点,这就是前面提到过的理想成像. 从前两章的讨论可知,一个光学系统,若物体以有限大小的孔径角成像,通常会产生各种像差,因而成像是不完善的. 但是,如果把物体和成像光束限制在一个近轴范围内,那么可以认为成像是完善的. 在这样的条件下,本章推导出了一系列公式,并论证了近轴区的成像规律. 近轴成像的范围和光束宽度均趋于无限小,虽然没有实用价值,但仍有实际意义. 这是因为,第一,近轴区成像可作为衡量实际光学系统成像质量的标准. 以近轴区成像质量为依据,衡量实际光学系统的像差大小,以确定实际光学系统的不完善程度,进而通过不断改变光学系统的结构参数(r, t, n),使其在非近轴情况下仍具有近轴成像的质量;第二,用近轴区成像近似地表示实际光学系统所成像的位置和大小. 在设计光学系统或者分析光学系统的工作原理时,往往首先需要近似地确定像的位置和大小,能够满足实际使用的光学系统,它所成的像应当近似地符合理想. 由此可见,研究近轴区的成像特性是非常重要的.

为了更好地探索光学系统的成像规律,在近轴光学的概念上把光学系统成完善像的范围扩大到任意空间. 也就是说,有这样一个光学系统,它使空间任意大小的物体以任意宽的光束均能成完善像,这样的光学系统称为理想光学系统. 理想光学系统的理论是高斯于 1841 年提出的,因此理想光学系统理论又称为高斯光学.

3.1.1　理想光学系统的成像特性

如果光学系统的物空间和像空间都是各向同性均匀介质,根据光的直线传播定律,物空间和像空间的光线必为直线,又根据理想成像系统点物成点像的要求,则理想光学系统还具有如下特性.

1. 直线成直线像

如图 3.1.1 所示,假定物空间的 A、B、C 三点位于一直线上,按理想成像的要求,在像空间形成三个对应的像点 A'、B'、C'. 由于光在各向同性均匀介质中按直线传播,可以把 ABC 直线看成一条光线. 这条光线可看成是由 A 点发出,也可看成是由 B 点或 C 点发

出. 物空间发出一条光线经过光学系统后,在像空间必然出射一条光线. 这是因为由物点

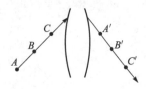

图 3.1.1　直线成直线像

A 发出的所有光线出射时必有一条通过像空间的像点 A',由物点 B 发出的所有光线出射时也必有一条通过像空间的像点 B'. 因为该图中由物点 B 发出的光线也就是由物点 A 发出的同一条光线,而且出射光线只能有一条,故这条光线就是过 A' 和 B' 的同一条直线. 同理可证,C' 也在此直线上. 过物空间 A、B、C 三点的入射光线,射出光学系统时必过像空间的 A'、B'、C' 点,即 A'、B'、C' 三点在同一直线上. 由此可知,点物对应点像也符合直线对应直线像的关系.

2. 平面成平面像

如图 3.1.2 所示,假定物空间两条相交的直线 AB 和 AC 确定了一个平面 P,根据前面点对应点,直线对应直线的成像关系,它们的像 $A'B'$ 和 $A'C'$ 也同样是两条相交的直线,交点 A' 即为 A 点的像. $A'B'$ 和 $A'C'$ 两直线在像空间确定了一个平面 P'. 为了确定平面 P' 就是平面 P 的像,还须进一步证明,凡是位于平面 P 上的其他物点对应的像点都位于平面 P' 上. 为此,我们在平面 P 上任取一直线 EF,它和直线 AB、AC 的交点分别为 E、F,其对应的像点为 E'、F'. 因 E、F 分别在 AB、AC 直线上,则 E'、F' 也分别在 $A'B'$ 和 $A'C'$ 直线上. 两点决定一直线,则连接 E'、F' 的直线 $E'F'$ 必是直线 EF 的像. 该直线是平面 P' 上的两点 E'、F' 的连线,所以该直线在平面 P' 上. 平面 P 上任一直线的像均在 P' 平面上,所以平面 P' 就是平面 P 通过光学系统所成的像. 由此得出结论,平面成平面像.

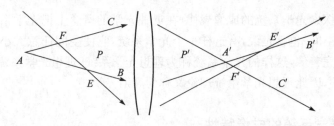

图 3.1.2　平面成平面像

现在可以把理想像和理想光学系统说得更具体一些. 通常把物、像空间符合点对应点,直线对应直线,平面对应平面关系的像称为理想像,把成像符合上述关系的光学系统称为理想光学系统.

3.1.2　共轴理想光学系统的成像特性

目前,实际使用的光学系统大多为共轴系统. 由于共轴系统的对称性,共轴理想光学系统的成像具有如下特殊性质.

1. 系统对称性表现的性质

（1）共轴光学系统具有轴对称性. 这就是说,位于轴上的物点,其对应的像点也必然位于光轴上. 由理想光学系统性质知,由物点发出通过光学系统的光线必交于一点;又由光轴是系统的对称轴知,轴上物点发出的沿光轴的光线必无折射地经光学系统沿光轴射出,即沿光轴的光线必通过像点,故像点在光轴上.

（2）共轴光学系统具有面对称性. 因此,位于过光轴的某一截面内,物点对应的像点必位于同一平面内. 包含物点和光轴的面就是子午面. 子午面是共轴系统的对称面,也是子午面内物点发出的光束的对称面. 若为理想成像,出射光束也必会聚于一点,如果这一点不在子午面内而在之外,则说明位于子午面两侧的光学系统的作用不对称,因而结构也不对称,这是与共轴系统的性质相矛盾的. 所以,像点只能位于子午面内. 正因为如此,对于共轴系统常用一个子午面来代表它.

（3）物平面垂直于光轴,其像平面也必然垂直于光轴. 如图 3.1.3 所示,取共轴系统的一个子午面来研究. 物空间的线段 AB 垂直于光轴,与光轴的交点为 O,其对应的像 $A'B'$ 和光轴的交点为 O'. 我们要证明 $A'B'$ 也垂直于光轴. 若 $A'B'$ 不垂直于光轴,则如图 3.1.3 中虚线所示,此结果表明该系统的

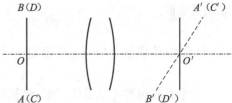

图 3.1.3　物平面垂于光轴,其像平面也垂直于光轴

上半部分和下半部分的作用不对称,因而结构也不对称,这与共轴系统的轴对称性矛盾. 所以,$A'B'$ 只能与光轴垂直. 若将此系统绕光轴转过一角度,在物空间另有一线段 CD 过 O 与光轴垂直,同样可以证明,在像空间,其像 $C'D'$ 过 O' 与光轴垂直. 在物空间两交线 AB、CD 构成的平面和光轴垂直,在像空间由交线 $A'B'$ 和 $C'D'$ 构成的像平面也与光轴垂直. 这就证明了,若物平面垂直于光轴,则其相应的像平面也垂直于光轴.

2. 位于垂直于光轴同一平面内的物体所成的像

位于垂直于光轴同一平面内的物体,其像的几何形状和物完全相似. 也就是说,在整个物平面上,无论什么位置,垂轴放大率为常数.

如图 3.1.4 所示,假定 Σ_1、Σ_2、Σ_3 为垂直于光轴的三个物平面,Σ_1'、Σ_2'、Σ_3' 分别为它们的像平面. 上面已证明,三个像平面同样垂直于光轴. 在平面 Σ_3 上取对称于光轴的两点 G、H,它们的像 G'、H' 也一定对称于光轴. 在平面 Σ_2 上取任一点 E,它的像在 Σ_2' 上为 E'. 连接 GE 和 HE,交平面 Σ_1 于 A、B 两点;连接 $G'E'$ 和 $H'E'$,交 Σ_1' 于 A'、B' 两点. 根据理想光学系统的成像性质,线段 $A'B'$ 显然是 AB 的像. 如果我们在平面 Σ_2 上取不同的 E 点位置,E' 点在平面 Σ_2' 上的位置随之改变,点 A、B 和点 A'、B' 在平面 Σ_1 和 Σ_1' 上也将对应不同的位置. 由图可以看到,线段 AB 和 $A'B'$ 的长度不会改变. 因此,像高 $A'B'$ 与物高 AB 之比不变,即垂轴放大率不变,具有相同的垂轴放大率.

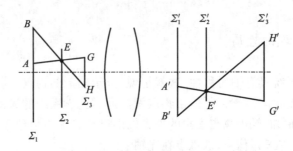

图 3.1.4　同一垂直面内具有相同的放大率

当光学系统物空间和像空间符合点对应点、直线对应直线、平面对应平面的理想成像关系时,物和像一般并不相似. 在共轴理想光学系统中,只有垂直于光轴的平面才具有物像相似的性质. 对绝大多数光学仪器来说,都要求像应在几何形状上与物相似. 因此,我们总是使物平面垂直于共轴系统的光轴,在讨论共轴系统的成像性质时,也总是取垂直于光轴的共轭面.

3. 由已知共轭面和共轭点确定一切物点的像

一个共轴理想光学系统,如果已知两对共轭面的位置和垂轴放大率,或者一对共轭面的位置和垂轴放大率以及轴上两对共轭点的位置,则其他一切物点的像点都可以根据这些已知共轭面和共轭点来确定. 也就是说,共轴理想光学系统的成像性质可以用这些已知的共轭面和共轭点来表示. 因此,我们把这些已知的共轭面和共轭点称为共轴系统的基面和基点. 下面我们分别对这些结论加以证明.

(1) 已知两对共轭面的位置和垂轴放大率,如图 3.1.5(a)所示,Σ_1、Σ_1' 和 Σ_2、Σ_2' 为已知垂轴放大率的两对共轭面,它们与光轴的交点分别为 O、O' 和 P、P',D 为任一物点,求它的像点 D' 的位置. 为此,连接直线 DP、DO 分别交平面 Σ_1 和 Σ_2 于 A、B 两点. 由于 Σ_1、Σ_2 两平面的像平面 Σ_1'、Σ_2' 的位置和垂轴放大率已知,所以能够找到它们的共轭点 A'、B'. 作 $A'P'$ 和 $B'O'$ 的连线相交于 D' 点,它就是点 D 的像. 因为按照理想像的性质,由一点发出的光线仍相交于一点,从 O、B 和 A、P 入射的光线必然通过 O'、B' 和 A'、P',所以 $O'B'$ 和 $A'P'$ 就是入射光线 OB 和 AP 的出射光线,它们的交点 D' 必然就是 D 点的像.

(2) 已知一对共轭面的位置和垂轴放大率以及轴上的两对共轭点,如图 3.1.5(b)所示,Σ、Σ' 为已知的一对共轭面,P、P' 和 Q、Q' 为光轴上两对已知的共轭点,D 为任意物点,

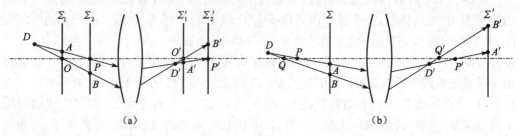

(a)　　　　　　　　　　　　　　(b)

图 3.1.5　已知共轭面和共轭点确定物点的像

求它的像点 D' 的位置. 连接直线 DP、DQ, 使之交平面 Σ 于 A、B 两点. 根据平面 Σ 的共轭面 Σ' 的位置和垂轴放大率, 可找到它们的像点 A' 和 B'. 作 $A'P'$ 和 $B'Q'$ 的连线相交于 D' 点, 同理, D' 就是 D 点的像.

　　上述已知的共轭面和共轭点的位置都可以是任意的. 但实际上, 为了应用方便, 均采用了一些特殊的共轭面和共轭点作为共轴系统的基面和基点. 采用哪些特殊的共轭面和共轭点, 以及如何根据它们来作图或计算求其他物点的像, 将在下面继续讨论.

3.2　共轴光学系统的基面和基点

　　3.1 节指出, 对于共轴光学系统, 只要知道了两对共轭面的位置和垂轴放大率, 或者一对共轭面的位置和垂轴放大率以及轴上两对共轭点的位置, 则任意物点的像点就可以根据这些已知的共轭面和共轭点来求得. 因此, 光学系统的成像性质可用这些已知的共轭面和共轭点来表示, 它们称为共轴光学系统的基面和基点. 原则上基面和基点可以任意选择, 不过为了使用方便, 一般选特殊的共轭面和共轭点作为基面和基点. 最常用的是一对共轭面和轴上的两对共轭点, 即主平面和焦点.

3.2.1　焦点

　　如图 3.2.1 所示, 有一共轴理想光学系统, O_1 和 O_k 是其第一面和最后一个面的顶点, FF' 是光轴. 如果物空间有一条距光轴的高度为 y 且平行于光轴的光线 A_1E_1 射入此光学系统, 不管此光线在光学系统中的真正路径如何, 由共轴理想光学系统的理论可知, 它经光学系统后, 在像空间必有一条出射光线与之共轭. 随光学系统的结构不同, 此共轭光线可以平行于光轴(望远系统)也可交光轴于一点. 我们首先研究后一种情况, 设物空间无限远轴上点发出光线 A_1E_1 和 FO_1 经光学系统后的出射光线为 G_kF' 和 O_kF', 将相交光轴于 F' 点. 由共轴理想光学系统的成像理论可知, 像方两共轭光线 G_kF' 和 O_kF' 的交点 F' 是物空间无限远轴上点的共轭像点, 该点被称为光学系统的像方焦点或第二焦点. 所有物空间平行于光轴的光线经光学系统后必然通过 F' 点; 反之, 如果物方光轴上有一点 F, 凡由它发出的光线经光学系统后的出射光线均平行于光轴, 则 F 点称为物方焦点或第一焦点, 而像方无限远轴上点是 F 的共轭点. 所以, F 和 F' 不是一对共轭点.

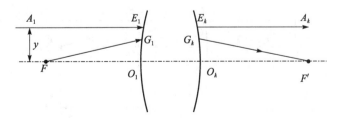

图 3.2.1　理想光学系统的一对焦点

经过像方焦点 F' 作一垂轴平面,称为像方焦平面.显然,这是物方无限远处垂轴平面的共轭面.由物方无限远处入射的任何方向的平行光束,经光学系统后必会聚于像方焦平面上一点,如图 3.2.2(a)所示.通过物方焦点 F 的垂轴平面称为物方焦平面,它和像方无限远处的垂轴平面共轭.自物方焦平面上任一点发出的光束经光学系统后,均以平行光束射出,如图 3.2.2(b)所示.

物方无限远轴上点与像方焦点 F',物方焦点 F 和像方无限远轴上点是两对共轭点.

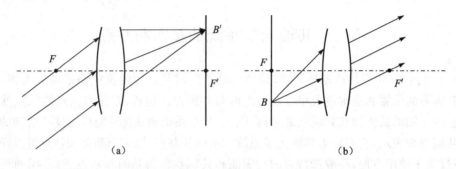

(a)　　　　　　　　　　　　　(b)

图 3.2.2　无限远和焦平面上物点的成像情况

3.2.2　主平面

如图 3.2.3 所示,设 A_1E_1 是在像空间出射高度为 y 的平行于光轴的入射光线,另一通过物方焦点 F 的光线为 FG_1,调整入射光线 FG_1 的孔径角,使得相应出射光线的高度也为 y.两光线 A_1E_1 和 FG_1 相交的点即构成物点 Q(图中为虚物).同样,在像空间分别反向延长它们相应的共轭光线 G_kF' 和 E_kA_k' 相交于 Q' 点(虚). Q 与 Q' 是一对共轭点.过 Q 和 Q' 作与光轴垂直的平面 QP 和 $Q'P'$,此两平面也是共轭的.由图可以看到,这两平面的共轭线段 QP 和 $Q'P'$ 具有相同的高度,均等于 y,而且在光轴的同一侧,故其垂轴放大率 $m=+1$. 这对垂轴放大率为 $+1$ 的平面称为共轴光学系统的主平面. QP 称为物方主平面(前主面或第一主面), $Q'P'$ 称为像方主平面(后主面或第二主面),它由平行入射光线的延长线与对应出射光线的交点所确定.该结论对物方主平面同样成立.主平面与光轴的交点称为主点, P 为物方主点(前主点或第一主点), P' 为像方主点(后主点或第二主点).两个主点 P、P' 是一对共轭点.

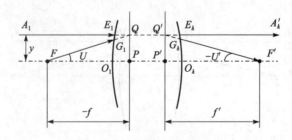

图 3.2.3　理想光学系统的主平面

所有光学系统都有一对主平面,主平面上的任一线段以相等的大小和相同的方向成像在另一主平面上.但该结论不包含入射与出射均为平行光束的望远系统.

3.2.3　焦距

自光学系统物方主点 P 到物方焦点 F 的距离称为物方焦距(第一焦距或物方有效焦距),用 f 表示.同样,像方主点 P' 到像方焦点 F' 的距离称为像方焦距(第二焦距或像方有效焦距),用 f' 表示.焦距的正、负是以相应的主点为原点来确定的.如果由主点到相应焦点的方向与光线传播的方向一致,则有效焦距为正;反之为负.在图 3.2.3 中,$f<0$,$f'>0$.由三角形 $Q'P'F'$ 可以得到像方有效焦距的表达式为

$$f' = -\frac{y}{\tan U'} \tag{3.2.1}$$

同理,可得出物方有效焦距的表达式为

$$f = -\frac{y}{\tan U} \tag{3.2.2}$$

对于共轴理想光学系统,不管其结构(r、t、n)如何,只要知道其主点和焦点的位置,该光学系统的特性就被完全确定了.3.3 节将会介绍利用光学系统的基点、基面进行图解和解析求像.

3.2.4　共轴球面系统主平面和焦点位置的计算

前面论证了一个共轴光学系统的成像性质可以用一对主平面和两个焦点来表示.现将这个理论具体用于共轴球面光学系统.先就单个折射球面的情形来寻求它的主平面和焦点位置,然后讨论任意共轴球面光学系统的主平面和焦点的计算方法.

一个真实的共轴球面系统只有在近轴区才能看成是理想光学系统,所以下面的讨论都是针对近轴区来说的.

1. 单个折射球面的主平面和焦点

按照主平面的定义,它是垂轴放大率 $m=1$ 的一对共轭面,因此,由式(2.2.2)有

$$m = \frac{nl'}{n'l} = 1 \quad 即 \quad n'l = n'l$$

式中,l 和 l' 均是以球面顶点为参考点的物距和像距.又由于两个主平面是一对共轭面,主点 P 和 P' 应满足式(2.1.8),即

$$\frac{n'}{l'} - \frac{n}{l} = \frac{n'-n}{r}$$

将上式两边同乘以 ll',得

$$n'l - nl' - \frac{n'-n}{r}ll' = 0$$

将 $l' = \dfrac{n'l}{n}$ 代入上式左边,得

$$\frac{n'-n}{r}\frac{n'}{n}l^2 = 0$$

由此得 $l=0$,代入关系式 $nl'=n'l$,得 $l'=0$. 由此得出结论,单个折射球面的两个主点 P 和 P' 与球面顶点重合,其物方主平面和像方主平面即为过球面顶点的切平面,如图 3.2.4 所示.

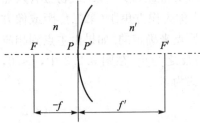

图 3.2.4　单折射球面的主点位置

已知主点,只要知道焦距,则焦点位置即可确定. 焦距是从主点到焦点的距离,由于主点与顶点重合,故焦距即为球面顶点到焦点的距离. 根据式(2.1.8),我们可求得物方($l=-\infty$)和像方($l'=-\infty$)的有效焦距为

$$f = -\frac{nr}{n'-n}, \quad f' = \frac{n'r}{n'-n}$$

2. 共轴球面系统主平面与焦点位置的计算

现在讨论由 k 个球面组成的共轴球面系统的主点和焦点位置的计算. 如图 3.2.5 所示,第一个折射球面的顶点为 O_1,第 k 个折射球面的顶点为 O_k. 根据像方焦点 F' 的性质,平行于光轴入射的光线,经光学系统后必将经过 F' 点. 为了确定 F' 点的位置,只要利用 ynu 近轴光路计算公式计算一条平行于光轴入射的近轴光线,它经过光学系统后与光轴的交点即为像方焦点.

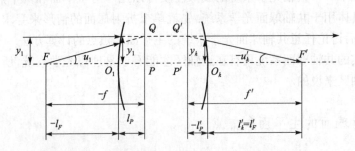

图 3.2.5　共轴球面系统主平面与焦点位置的计算

在图 3.2.5 中,设该入射平行光线在第一面上的高度为 y_1,而 $u_1=0$. 由于是计算平行于光轴的近轴光线,y_1 的数值可以任意选择. 因 u'_k 与 y_1 成比例,但 y_1 的改变不会影响 l'_k 的数值. 把平行于光轴入射的近轴光线通过系统逐面计算,最后求得出射光线的坐标 u'_k 和 l'_k,从而找到出射光线和光轴的交点,也就是像方焦点的 F' 的位置. 从最后一面顶点 O_k 到 F' 的距离 l'_k,称为像方截距或后焦距.

由于入射光线平行于光轴,所以无论物方主平面在什么位置,它和入射光线交点的高度也一定等于 y_1. 因此,只要延长入射的平行光线和对应的出射光线,使之相交于 Q',过 Q' 点作垂直于光轴的平面,即得像方主平面. 像方主平面与光轴的交点 P' 即为像方主点.

如图 3.2.5 所示,我们可以导出计算像方焦距或有效焦距的公式,即

$$f' = -y_1/u'_k \tag{3.2.3}$$

f' 已知后,根据已经确定的像方焦点 F',就可确定 P' 的位置,从而确定像方主平面位置.

系统的像方截距或后焦距可由下面公式确定,

$$l'_F = -y_k/u'_k \tag{3.2.4}$$

若设最后一面顶点 O_k 到系统像方主平面的距离为 l'_P,由图 3.2.5 可知

$$l'_P = l'_F - f' \tag{3.2.5}$$

由此可知,焦距的大小同样与 y_1 无关,因 u'_k 和 y_1 成比例,y_1 改变时,二者的比例不变.

现举例说明如何用 ynu 光线追迹方法计算一个光学系统的主点和焦点位置.

例 3.2.1　图 3.2.6 表示了一个典型的三片式 Cooke(库克)照相物镜. 这个光学系统包含 6 个面,它们的半径、厚度和折射率都已在图中标出.

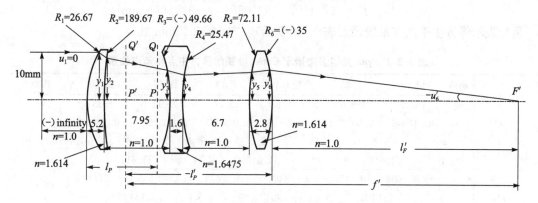

图 3.2.6　yun 光线追迹确定光学系统的主点和焦点位置

根据符号法则,列出它的结构参数:

$$y_1 = +10\text{mm} \qquad l_1 = -\infty$$

r/mm	C	t/mm	n	
			1.0	(n_1)
+26.67	+0.037 495 3	5.2	1.6140	$(n'_1 = n_2)$
+189.67	+0.005 272 3	7.95	1.0	$(n'_2 = n_3)$
−49.66	−0.020 136 9	1.6	1.6475	$(n'_3 = n_4)$
+25.47	+0.039 261 9	6.7	1.0	$(n'_4 = n_5)$
+72.11	+0.013 867 7	2.8	1.6140	$(n'_5 = n_6)$
−35.00	−0.028 571 4		1.0	(n'_6)

如前所述,像(焦点)的位置可以通过追迹一条从无穷远处物体(与光轴交点 O)发出的平行光线来得到. 像的位置将在光线与轴的交点 O' 处. 这条光线的初始值可以任选一合适的值. 为计算方便,这里追迹一条与第一面交点高度为轴上 10mm 的平行光线,因 $y_1 = 10\text{mm}$,且初始孔径角为 $u_1 = 0$,折射后的像方孔径角由式(2.1.6)计算得到;然后,由过渡公式(2.3.4)计算折射面上的高度变化,重复该过程,直至像面;再使用式(3.2.3)～式(3.2.5)得出焦距、焦点和主点位置.

为避免繁琐,上面的计算过程以表格形式给出,如表 3.2.1 所示.表中前四行是物镜系统各面的半径、曲率、介质厚度以及折射率,下面两行是计算过程要用到的中间数据,最后两行包含用上面数据计算出来的光线高度 y 及折射数据 nu.计算过程按第 2 章表 2.3.1 所示进行.

由表 3.2.1 中的数据,求出有效焦距为

$$f' = -\frac{y_1}{u_k'} = -\frac{y_1}{u_6'} = -\frac{10}{-0.121\ 869} = 82.0553(\text{mm})$$

像方焦点的位置(后焦距)由式(3.2.4)得到(表 3.2.1 中右侧的方框内数据)

$$l_F' = l_6' = -\frac{y_6}{u_6'} = -\frac{8.225\ 01}{-0.121\ 869} = 67.4907^*(\text{mm})$$

像方主点的位置根据式(3.2.5)得到

$$l_P' = l_F' - f' = 67.4907 - 82.0553 = -14.5646(\text{mm})$$

负号表示像方主平面在系统最后表面(第 6 面)左方 14.5646mm 处.

表 3.2.1　ynu 光线追迹确定 Cooke 物镜的像方主点和焦点位置

	物面	面#1	面#2	面#3	面#4	面#5	面#6	像面
r	∞	26.67	189.67	-49.66	25.47	72.11	-35	∞
C	0	0.037 495	0.005 272	$-0.020\ 137$	0.039 262	0.013 868	$-0.028\ 571$	0
t	$\boxed{\infty}$	5.2	7.95	1.6	6.7	2.8	$\boxed{67.4907}$	
n	1	1.614	1	1.6475	1	1.614	1	
$-\phi$		$-0.023\ 022$	0.003 237	0.013 039	0.025 422	$-0.008\ 515$	$-0.017\ 543$	
t/n	∞	3.221 809	7.95	0.971 168	6.7	1.734 820		
y	10	9.258 271	7.666 281	7.568 880	8.186 113	8.225 010		0
nu	0	$-0.230\ 221$	$-0.200\ 250$	$-0.100\ 292$	0.092 124	0.022 421	$-0.121\ 869$	

物方焦点和物方主点位置的确定,与像方焦点和像方主点位置的确定完全相似.根据物方焦点的性质和光路可逆,如果从像空间按相反的方向计算一条平行光轴入射的光线,则它在物空间的共轭光线一定通过 F 点.但这时计算光线是从右向左,并需要对计算公式进行适当处理.此时,光线从右向左传播时,ynu 光线追迹的近轴折射公式和高度过渡公式分别变为 $n'u' = nu + y(n'-n)C$ 和 $y_k = y_{k-1} - t_{k-1}\dfrac{n_{k-1}'u_{k-1}'}{n_{k-1}'}$,符号法则不变,但所得结果必须改变符号,才是原来位置的物方焦点 f 和截距 l_F,相应的 l_P 计算公式为

$$l_P = l_F - f \qquad\qquad (3.2.6)$$

为求例 3.2.1 中的物方焦距、物方焦点位置和物方主点位置,计算过程仍以表格形式给出,如表 3.2.2 所示.同理,设由右向左入射的光线高度为 10mm.表格计算过程从 $y_6 = 10$mm 开始,并按表中所示的箭头方向进行,其中的(-1)表示求反.根据该表中计算得出的结果,可得物方焦距为

---

* 此数据来自表 3.2.1,非该算式结果.表 3.2.1 中的数据是在 excel 中编辑 ynu 光线追迹公式得到的,与算式结果略有不同.后面章节中的表格数据情况与此类似.

表 3.2.2　*ynu* 光线追迹确定 Cooke 物镜的物方主点和焦点位置

	物面	面#1	面#2	面#3	面#4	面#5	面#6	像面
r	∞	26.67	189.67	-49.66	25.47	72.11	-35	∞
C	0	0.037 495	0.005 272	-0.020 137	0.039 262	0.013 868	-0.028 571	0
t	-70.0187	5.2	7.95	1.6	6.7	2.8		∞
n	1.0	1.614	1.0	1.6475	1.0	1.614	1.0	
$-\phi$		-0.023 022	0.003 237	0.013 039	0.025 422	-0.008 515	-0.017 543	
t/n	∞	3.221 809	7.95	0.971 168	6.7	1.734 820	$^{(-1)\times}$	
y		8.533 108	8.292 820	7.913 319	7.967 164	9.695 663	$= -10$	
nu	0.121 869	-0.074 581	-0.047 736	0.055 443	0.257 985	0.175 429	$= -0$	

$$f = -\frac{y_6}{u_1} = -\frac{10}{0.121\ 869} = -82.0553 \text{(mm)}$$

物方焦点的位置(前焦距)由式(3.2.4)得到(见表 3.2.2 中左侧的方框内数据)

$$l_F = l_1 = -\frac{y_1}{u_1} = -\frac{8.533\ 108}{0.121\ 869} = -70.0187 \text{(mm)}$$

物方主点的位置根据式(3.2.6)得到

$$l_P = l_F - f = -70.0187 - (-82.0553) = 12.0366 \text{(mm)}$$

例 3.2.2　卡塞格林望远镜系统的结构如图 3.2.7 所示,假设其主镜的半径是 200mm,次镜的半径是 50mm,两反射镜间距离是 80mm,试确定该系统的有效焦距和后焦距.

采用与前面相同的方法,计算过程和结果以表格形式列出,如表 3.2.3 所示. 系统的有效焦距由式(3.2.3)得

$$f' = \frac{-y_1}{u'_k} = \frac{-y_1}{u'_2} = \frac{-1}{-0.002} = 500 \text{(mm)}$$

像方焦点的位置由式(3.2.4)得

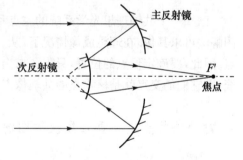

图 3.2.7　*ynu* 光线追迹确定卡塞格林望远镜系统的主点和焦点位置

$$l'_F = l'_2 = \frac{-y_2}{u'_2} = \frac{-0.2}{-0.002} = 100 \text{(mm)}$$

像方主点的位置根据式(3.2.5)得

$$l'_P = l'_F - f' = 100 - 500 = -400 \text{(mm)}$$

光线追迹结果表明,该望远系统的焦点位于主反射镜的右侧 20mm 处,而第二主平面完全在系统之外,位于次反射镜左侧的 400mm 处. 因此,紧凑的卡塞格林望远镜系统能提供一个长焦距和大尺寸的像.

表 3.2.3　*ynu* 光线追迹确定卡塞格林望远镜系统的主点和焦点位置

	物面	面♯1	面♯2	像面
r	∞	-200	-50	∞
C	0	-0.005	-0.02	0
t	∞	-80	100	
n	1	-1	1	
$-\phi$		-0.01	0.04	
t/n	∞	80	100	
y		1	0.2	0
nu	0	-0.01	-0.002	

3.3　理想光学系统的物像关系

前面我们指出,一对主平面和两个焦点能够表示共轴球面系统的成像性质.但是主平面和焦点的位置是用近轴光学公式计算出来的,所以它们只能代表实际光学系统在近轴区域内的成像性质.如果把主平面和焦点的应用范围扩大到整个空间,则所求出的像就称为实际光学系统的理想像.本节讨论如何根据已知的主平面和焦点位置,用图解法和解析法求任意物体的理想像.

3.3.1　图解法求像

已知一个共轴理想光学系统的主点和焦点位置,对物空间任意给定的点、线和面,用图解法可求其像.在理想成像情况下,从一物点发出的光束,经光学系统后必然会聚于一点.因此,要确定像点的位置,只需要求出由物点发出的两条特定光线在像空间的共轭光线,则它们的交点就是该物点的共轭像点.

1. 对轴外物点或一垂轴线段的图解求像

如图 3.3.1 所示,已知一共轴理想光学系统的一对主平面 P、P' 和两个焦点 F、F'.选取由轴外点 B 发出的两条特定光线,一条是由 B 点发出通过焦点 F 入射的光线 BN,经

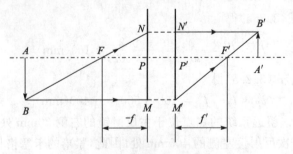

图 3.3.1　轴外物点的图解求像

系统之后它的共轭光线平行于光轴,分别交物方主平面和像方主平面于 N、N',$NP=N'P'$;另一条是由点 B 发出平行于光轴的光线 BM,经系统后它的共轭光线 $M'B'$ 过像方焦点 F',显然 $MP=M'P'$. 在像空间,这两条光线的交点 B' 即为 B 点的像. 过 B' 作光轴的垂线 $A'B'$,即为物 AB 的像. 对于共轴理想光学系统,垂轴线段的像也垂直于光轴,过 B' 只能作一条垂线.

图 3.3.2 中,B 点在物方焦平面上,其像 B' 位于像方轴外无限远处. 由图可以看出,若在物方焦平面上安置一分划板,则其像将位于像方无限远处. 在光学仪器的装配校正中,常需要一个无限远的物体作为观测的对象,上述系统能形成了一个无限远的目标,因此符合这种条件,利用此性质构成的仪器称为平行光管. 由图可见,物高和像方平行光束的倾角 ω' 之间有如下关系

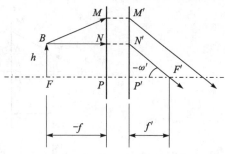

图 3.3.2　物点位于物方焦平面上的像

$$h =- f'\tan\omega' \tag{3.3.1}$$

当平行光管的焦距和 ω' 角给定时,按式(3.3.1)可计算出分划板的大小.

2. 轴上物点的图解求像

由于物点在光轴上,光轴可以作为一条特殊的光线,但作第二条特殊光线时,仅利用焦点和主平面的性质是不够的,必须同时利用焦平面上轴外物点或像点的性质. 第二条特殊光线的作法有两种.

第一种方法如图 3.3.3 所示,由轴上物点 A 发出的任一条光线 AM,交物方主平面于 M 点,等高过渡到像方主平面 M' 点,出射光线只有 M' 点已知,还无法确定出射光线的方向. 我们认为,由轴上物点 A 发出的任一条光线是由轴外点发出的平行斜光束中的一条. 通过前焦点 F 作一条辅助光线 FN 与该光线平行,这两条光线构成斜平行光束,它们应该会聚在像方焦平面上一点. 这一点的位置可由辅助光线来决定,因辅助光线经过前焦点,由系统射出后平行于光轴,辅助光线与后焦面的交点即为该斜平行光束通过光学系统后的会聚点 B'. M' 和 B' 的连线 $M'B'$ 即为入射光线 AM 的共轴出射光线. $M'B'$ 与光轴的交点 A' 即为轴上物点 A 的像.

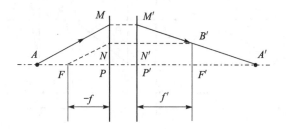

图 3.3.3　轴上物点图解求像(一)

第二种方法如图 3.3.4 所示,通过轴上物点 A 作任一光线 AM 交物方焦平面于 B 点,交物方主平面于 M 点,等高过渡到像方主平面 M' 点. 可以认为光线 AM 是物方焦平面上 B 点发出的光束中的一条. 为此,可由该光线与前焦面的交点 B 引一条与光轴平行的辅助光线 BN,它由光学系统射出后通过后焦点 F',即光线 $N'F'$. 显然,光线 AM 的共轭光线 $M'A'$ 应与光线 $N'F'$ 平行. $M'A'$ 与光轴的交点 A' 即为轴上物点 A 的像.

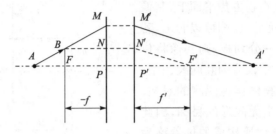

图 3.3.4 轴上物点图解求像(二)

光学系统的图解求像简单、直观,是人们在实际中常用的方法,但精度较低.

3.3.2 解析法求像

已知一共轴球面光学系统的主平面和焦点位置时,如需精确地求出像的位置和大小,则需用解析方法,即用公式进行计算. 按照坐标原点的不同选取,可以导出两种物像关系的计算公式:第一种是以焦点为原点的牛顿公式;第二种是以主点为原点的高斯公式. 应当指出,用解析法讨论光学系统的成像规律,也是以图解求像为基础的.

1. 牛顿公式

如图 3.3.5 所示,有一垂轴物体 AB,其像为 $A'B'$. 物和像的位置通过光学系统的焦点来确定,物距用 x 表示,以物方焦点 F 为原点算到物点 A,与光线传播方向一致为正,反之为负. 像距用 x' 表示,以像方焦点 F' 为原点算到像点 A',与光线传播方向一致为正,反之为负. 在图中,$x<0,x'>0$.

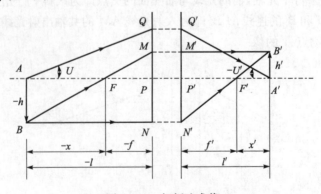

图 3.3.5 解析法求像

由相似 $\triangle BAF$、$\triangle MPF$ 和 $\triangle F'P'N'$、$\triangle F'A'B'$，得

$$\frac{h'}{-h} = \frac{-f}{-x}, \quad \frac{h'}{-h} = \frac{x'}{f'} \tag{3.3.2}$$

由此可得

$$xx' = ff' \tag{3.3.3}$$

这就是以焦点为原点的物像位置公式，通常称为牛顿公式. 应用牛顿公式求像的位置是很方便的.

2. 高斯公式

物和像的位置也可以相对于光学系统的主点位置来确定. 如图 3.3.5 所示，用 l 表示物距，以物方主点 P 为原点算到物点 A，与光线的传播方向一致为正，反之为负. 用 l' 表示像距，以像方主点 P' 为原点算到像点 A'，与光线的传播方向一致为正，反之为负. 在图 3.3.5 中，$l<0, l'>0$. 利用 l、l' 与 x、x' 的关系可得

$$x = l - f, \quad x' = l' - f'$$

将此结果代入牛顿公式得

$$\frac{f'}{l'} + \frac{f}{l} = 1 \tag{3.3.4}$$

这就是以主点为原点的物像位置公式，通常称为高斯公式. 注意，这里的 l、l' 与第 2 章提到的参考面不同，但意义相同.

3.3.3　光学系统两焦距之间的关系

仍如图 3.3.5 所示，轴上点 A 发出一条光线 AQ. 它与光轴的夹角为 U，与物方主平面交于 Q 点，此光线的共轭光线必通过像方主平面上与 Q 点等高的 Q' 点，出射光线交光轴上于 A' 点，与光轴的夹角为 U'.

由直角三角形 AQP 和 $A'Q'P'$ 可得

$$QP = -(x+f)\tan U = Q'P' = -(x'+f')\tan U'$$

由式(3.3.2)得

$$x = -\frac{h}{h'}f, \quad x' = -\frac{h'}{h}f'$$

代入上式，经整理后得

$$hf\tan U = -h'f'\tan U' \tag{3.3.5}$$

因为理想光学系统对任意大的 U 和 U' 角，式(3.3.5)总能成立. 当 U 和 U' 很小时，式(3.3.5)可写成

$$hfu = -h'f'u' \tag{3.3.6}$$

将在近轴区对任意共轴球面系统均适用的式(1.6.5)与式(3.3.6)相除，可得到表示光学系统的物方焦距 f 和像方焦距 f' 之间的重要关系式，即

$$\frac{f'}{f} = -\frac{n'}{n} \tag{3.3.7}$$

此式表明,光学系统的像方焦距与物方焦距之比等于相应的介质折射率之比. 当光学系统位于同一介质中时,因 $n' = n$,故两焦距的绝对值相等,但符号相反,即 $f' = -f$. 此时,牛顿公式写成

$$xx' = -f'^2 \tag{3.3.8}$$

高斯公式可写成

$$\frac{1}{l'} - \frac{1}{l} = \frac{1}{f'} \tag{3.3.9}$$

3.3.4　光学系统的光焦度

光焦度是光学系统会聚本领或发散本领的数值表示. 利用式(3.3.7)可将式(3.3.4)所表示的高斯公式写成

$$\frac{n'}{l'} - \frac{n}{l} = \frac{n'}{f'} = -\frac{n}{f} \tag{3.3.10}$$

式中,n'/f' 定义为光学系统的光焦度,用 ϕ 表示. 光焦度为

$$\phi = \frac{n'}{f'} = -\frac{n}{f} \tag{3.3.11}$$

当光学系统位于空气中时,光学系统的光焦度为

$$\phi = \frac{1}{f'} = -\frac{1}{f} \tag{3.3.12}$$

当 $\phi > 0 (f' > 0)$ 时,光学系统是会聚的或正光学系统,ϕ 越大(f' 越小),会聚本领越大,反之越小;当 $\phi < 0 (f' < 0)$ 时,光学系统是发散的或负光学系统,ϕ 的绝对值越大(f' 的绝对值越小),其发散本领越大,反之越小. 对平行平板而言,因其焦距 f' 为无限大,即 $\phi = 0$,故对光线不起会聚或发散作用.

光焦度的单位称为屈光度. 在空气中,当光学系统的焦距 $f' = 1\text{m}$ 时,其光焦度为 1 屈光度. 例如,$f' = 2\text{m}$ 的光学系统,其光焦度为 $\phi = 0.5$ 屈光度;$f' = -0.5\text{m}$ 的光学系统,其光焦度为 $\phi = -2$ 屈光度. 第 2 章中也曾定义了折射面的光焦度,其含义和单位与此相同.

3.3.5　放大率公式

由于共轴理想光学系统只对垂直于光轴的平面成像才和物相似,所以绝大多数光学系统都只是对垂直于光轴的某一确定的物平面成像. 为了进一步了解这些确定的物平面的成像性质,下面我们讨论共轴理想光学系统的放大率. 和近轴光学一样,共轴理想光学系统的放大率有垂轴放大率、轴向放大率和角放大率三种.

1. 垂轴放大率

垂轴放大率定义为像高和物高之比,即 $m = h'/h$. 根据式(3.3.2)可得

$$m = \frac{h'}{h} = -\frac{f}{x} = -\frac{x'}{f'} = \frac{nl'}{n'l} \tag{3.3.13}$$

这里用牛顿公式 $x' = ff'/x$,两边各加 f',得到 $l' = l \times f'/x$,再根据式(3.3.7)可得最后等号成立. 由式(3.3.13)可以明显看出:光学系统的焦距一定时,物体的位置不同,其垂轴放大率也不同,在 3.7 节中将具体分析.

当系统位于同一介质中时,其垂轴放大率公式可写成

$$m = -\frac{f}{x} = -\frac{x'}{f'} = \frac{f'}{x} = \frac{x'}{f} = \frac{l'}{l} \tag{3.3.14}$$

一个光学系统可由一个或几个部件组成,每个部件又可由一个或几个透镜组成,这些部件通常被称为光组. 光组可以被单独看作一个理想光学系统,称为理想光组,用其焦点和主点位置来描述. 一般的光学系统由若干个光组组成(如 k 个),整个光学系统的垂轴放大率等于各光组的垂轴放大率的乘积,即

$$m = m_1 m_2 \cdots m_k \tag{3.3.15}$$

根据高斯公式,像距和焦距可以分别表示为

$$l' = \frac{lf'}{l+f'}, \quad f' = \frac{ll'}{l-l'} \tag{3.3.16}$$

为方便计算,像距和物距也被表示为(由高斯公式两边乘以 l' 和 l 得)

$$l' = f'(1-m), \quad l = f'\left(\frac{1}{m}-1\right) \tag{3.3.17}$$

2. 轴向放大率

当光学系统光轴上有一物点 A,经系统后必有一在光轴上的像点 A' 与之共轭. 当 A 点沿光轴移动一微小距离 dx(或 dl)时,其像点 A' 也相应移动 dx'(或 dl'),两者之比称为光轴上微小线段的轴向放大率 $\bar{m}$,即

$$\bar{m} = \frac{dx'}{dx} = \frac{dl'}{dl}$$

为具体得出 $\bar{m}$ 的表达式,微分牛顿公式或高斯公式,得

$$\bar{m} = -\frac{x'}{x} = -\frac{x'}{f'} \times \frac{f}{x} \times \frac{f'}{f} = -m^2 \frac{f'}{f} = \frac{n'}{n} m^2 \tag{3.3.18}$$

式(3.3.18)表明,若物体沿光轴方向有一定长度,如一个小立方体,则因垂轴和沿轴方向的放大率不等,其像已不再是立方体,除非物体放在 $m = \pm 1$ 的地方.

类似第 2 章,式(3.3.18)只对沿轴微小线段才适用,若为有限线段,则轴向放大率应为

$$\bar{m} = \frac{n'}{n} m_1 m_2 \tag{3.3.19}$$

如果系统位于同一介质中,则有

$$\bar{m} = m_1 m_2 \qquad (3.3.20)$$

3. 角放大率

如图 3.3.5 所示,由物点 A 发出一条光线 AQ,其共轭光线 $Q'A'$ 与光轴相交于 A'. 光线 AQ、$Q'A'$ 与光轴的夹角分别为 U 和 U'. 理想光学系统中,定义这两角度的正切之比为这对共轭点的角放大率 γ,即

$$\gamma = \frac{\tan U'}{\tan U}$$

由图 3.3.5 可知,$-l\tan U = -l'\tan U'$,故

$$\gamma = \frac{\tan U'}{\tan U} = \frac{l}{l'} \qquad (3.3.21)$$

由此可见,角放大率 γ 仅与物像的位置有关,而与角度 U 和 U' 的大小无关. 如果物像位置已经确定,其 γ 值也就相应确定了.

角放大率与垂轴放大率之间的关系,由公式(3.3.5)可得

$$\gamma = \frac{\tan U'}{\tan U} = -\frac{hf}{h'f'} = -\frac{f}{f'}\frac{1}{m} = \frac{n}{n'}\frac{1}{m} \qquad (3.3.22)$$

将式(3.3.14)代入式(3.3.22)可得

$$\gamma = -\frac{nx}{n'f} = -\frac{nf'}{n'x'} \qquad (3.3.23)$$

当系统位于同一介质中时,由式(3.3.22)和式(3.3.23)有

$$\gamma = \frac{1}{m} = \frac{x}{f'} = \frac{f}{x'} \qquad (3.3.24)$$

同样,理想光学系统的三个放大率之间的关系与实际光学系统近轴区三个放大率之间的关系在形式上完全相同. 这说明,虽然理想光学系统实际上并不存在,但它的性质在实际光学系统的近轴区确能体现出来.

3.4　节点与节平面

在理想光学系统中,除一对主平面 P、P' 和两个焦点 F、F' 之外,有时还用到一对特殊的共轭点和共轭面,即节点与节平面. 由角放大率公式(3.3.21)可知,不同的共轭点有着不同的放大率. 不难想象,必有一对共轭点,它的角放大率等于 1. 我们称角放大率等于 1 的一对共轭点为节点. 在物空间的节点称为物方节点,以 N 表示;在像空间的节点称为像方节点,以 N' 表示. 显然,N、N' 是轴上的一对共轭点. 通过节点且垂直于光轴的一对共轭面,相应地称为物方节平面和像方节平面.

下面我们寻找节点的位置. 根据角放大率公式(3.3.24),将 $\gamma = 1$ 代入即可找到节点位置

$$\gamma = \frac{x}{f'} = \frac{f}{x'} = 1$$

因此,对节点 N、N' 有

$$x_N = f', \quad x'_N = f \tag{3.4.1}$$

即由物方焦点 F 到物方节点 N 的距离等于像方焦距 f',而由像方焦点 F' 到像方节点 N' 的距离等于物方焦距 f,如图 3.4.1 所示.

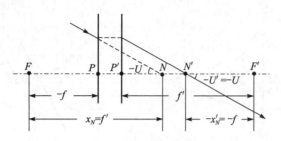

图 3.4.1　理想光学系统的节点

在节点上,由于 $\gamma = 1$,按公式 (3.3.21) 有 $\gamma = \tan U'/\tan U = 1$,即 $U' = U$. 这说明,通过物方节点 N 的入射光线,经光学系统后,其出射光线必过像方节点 N',而且这一对共轭光线相互平行,如图 3.4.1 所示.

如果光学系统位于同一介质中,则有 $f' = -f$,因此

$$x_N = -f, \quad x'_N = -f \tag{3.4.2}$$

显然,这时 N 与 P 重合,N' 与 P' 重合,即节点和主点重合,节平面也就是主平面,如图 3.4.2 所示. 这种性质,在用图解法求理想像时,可用来作第三条特殊光线. 即由物点 B 到物方主点 P(物方节点 N)作一连线,按照节点的性质,其像方共轭光线一定经过像方主点 P'(即 N'),且与入射光线 BN 平行,与另一条出射光线 $M'B'$ 的交点 B' 即为所求的像点.

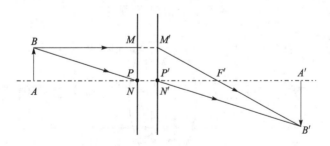

图 3.4.2　理想光学系统的节点和主点

此外,由于通过节点入射和出射的光线彼此平行,所以常用来测定光学系统的基点位置. 如图 3.4.3(a)所示,一束平行于光轴入射的光线将会聚于像方焦点 F',这也是无限远轴上点的像点 A',即 A' 与 F' 重合. 若光学系统要通过像方节点 N' 的轴线摆动一角度,如图 3.4.3(b)所示,则由于入射平行光线的方向不变,根据节点的性质,通过像方节点 N' 的出射光线一定平行于入射光线. 同时,由于转轴通过 N',所以出射光线 $N'A'$ 的方向和

位置都不会因光学系统的摆动而发生改变,与入射平行光束相应的像点 A' 一定位于 $N'A'$ 上. 因此,像点 A' 不会因光学系统的摆动而产生左右移动. 如果转轴不通过 N',则光学系统摆动时,N 及 $N'A'$ 光线的位置也随之改变,因而像点也发生摆动. 利用这种性质,一边摆动光学系统,同时连续改变转轴位置,并观察像点,当像点不动时,转轴的位置就是像方节点位置. 颠倒光学系统,重复上述操作,就可得到物方节点位置. 绝大多数光学系统都位于空气中,所以节点位置即主点位置. 用于拍摄大型团体照的周视照相机也应用了节点的这一特性.

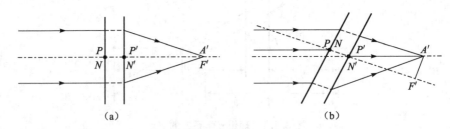

图 3.4.3　节点的性质与应用

3.5　共轴理想光学系统的组合

我们可以采用 3.2 节中介绍的共轴球面系统主平面和焦点位置的计算方法,得到多个光学元件或光组构成光学系统的焦距和主点位置,但这里是通过焦距 f' 和光组间距 d 来进行计算. 为此,利用近轴光线高度 y 来推导相关计算公式.

图 3.5.1 所示是多光组系统中的某一光组,物到光组第一主平面的距离为 $-l$,其像到第二主平面距离为 l'. 因主平面是放大倍数为 $+1$ 的平面,入射光线和出射光线就刚好位于第一主平面和第二主平面相同的高度上. 因此,我们可以得出如下关系

$$u = \frac{y}{-l}, \quad -u' = \frac{y}{l'}$$

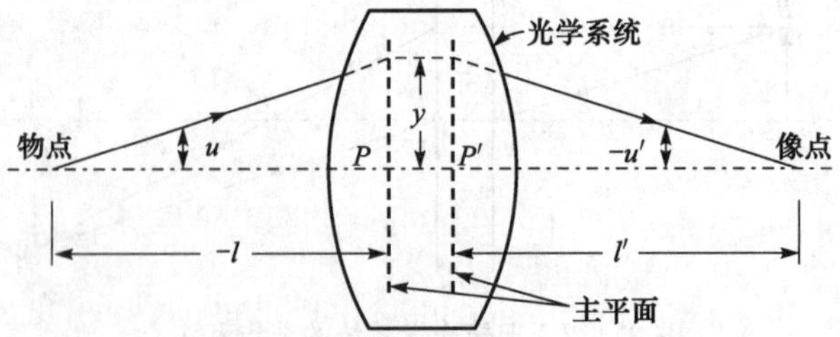

图 3.5.1　共轴光学系统的主点和焦点位置确定

将 $l = -y/u$ 和 $l' = -y/u'$ 代入高斯公式得

$$\frac{1}{l'} = \frac{1}{l} + \frac{1}{f'} \Rightarrow \frac{-u'}{y} = \frac{-u}{y} + \frac{1}{f'} \Rightarrow u' = u - \frac{y}{f'}$$

如果我们用光焦度 ϕ 代替焦距的倒数 $1/f'$,得光线经该光组出射的折射方程为

$$u' = u - y\phi \tag{3.5.1}$$

对于由多光组构成的光学系统,为了进行光线追迹,还需得到类似于 2.3 节近轴光学中介绍的光线高度过渡公式.因此,根据图 3.5.2 所示,这两光组间光线高度的过渡公式为

$$y_2 = y_1 + du'_1 \tag{3.5.2}$$

其中,y_1 和 y_2 分别是光线在第一光组和第二光组的主平面上的高度,u'_1 是光线在经过第一光组后的像方孔径角,d 是从第一光组的第二主平面到第二光组的第一主平面间的轴向距离,也称为光组间距.很明显,式(3.5.2)对任意两光组间的高度过渡计算都适用.同样,下面的孔径角过渡关系也成立,即

$$u'_1 = u_2 \tag{3.5.3}$$

因此,式(3.5.1)～式(3.5.3)就构成了多光组共轴光学系统的光线追迹计算公式,对一般多光组共轴光学系统均适用.

3.5.1　两光组系统的焦距公式

这里用式(3.5.1)、式(3.5.2)来推导两光组系统的有效焦距和后焦距公式.假设有两个相距为 d 的光组,光焦度分别是 ϕ_1 和 ϕ_2,系统结构如图 3.5.2 所示.

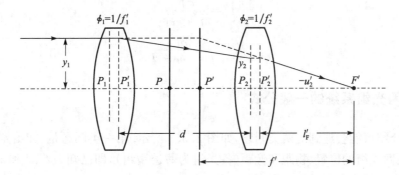

图 3.5.2　两光组系统的主点和焦点位置确定

设一条平行于光轴的光线入射第一光组的高度为 y_1,根据折射方程式(3.5.1)有

$$u'_1 = 0 - y_1\phi_1 \quad (\text{因为 } u_1 = 0)$$

再由高度过渡公式(3.5.2)有

$$y_2 = y_1 - dy_1\phi_1 = y_1(1 - d\phi_1)$$

再由折射方程式(3.5.1)和孔径角过渡关系式(3.5.3),于是有

$$\begin{aligned} u'_2 &= u_2 - y_2\phi_2 \\ &= -y_1\phi_1 - y_1(1 - d\phi_1)\phi_2 = -y_1(\phi_1 + \phi_2 - d\phi_1\phi_2) \end{aligned}$$

根据式(3.2.3),该系统有效焦距以光焦度(焦距的倒数)表示的形式为

$$\frac{1}{f'} = \frac{-u'_2}{y_1} = \phi_{12} = \phi_1 + \phi_2 - d\phi_1\phi_2 = \frac{1}{f'_1} + \frac{1}{f'_2} - \frac{d}{f'_1 f'_2} \tag{3.5.4}$$

其中,f' 为该两光组系统的有效焦距.根据式(3.5.4),f' 可表示为

$$f' = \frac{f'_1 f'_2}{f'_1 + f'_2 - d} \tag{3.5.5}$$

同理,根据式(3.2.4),后焦距(参考第二光组的第二主点计算)l'_F也可得到,为

$$l'_F = \frac{-y_2}{u'_2} = \frac{-y_1(1 - d\phi_1)}{-y_1(\phi_1 + \phi_2 - d\phi_1\phi_2)} = \frac{(1 - d/f'_1)}{1/f'_1 + 1/f'_2 - d/f'_1 f'_2} = \frac{f'_2(f'_1 - d)}{f'_1 + f'_2 - d} \tag{3.5.6}$$

如将由式(3.5.5)得出的 f'/f'_1 代入式(3.5.6),l'_F可表示为

$$l'_F = f'\left(1 - \frac{d}{f'_1}\right) \tag{3.5.7}$$

同理,系统的前焦距也可通过光线的反向追迹得到(如光线从右到左),或者在式(3.5.7)中直接以$-l_F$代替l'_F,$-f$代替f',以及$-f_2$代替f'_1,这样可得到系统的前焦距计算公式,为

$$l_F = f\left(1 + \frac{d}{f_2}\right) \tag{3.5.8}$$

通常,在系统的有效焦距、后焦距和光组间距给定时,也可以得到两光组的焦距计算公式. 于是,整理式(3.5.5)和式(3.5.7)分别求得两光组的焦距表达式,为

$$f'_1 = \frac{df'}{f' - l'_F} \tag{3.5.9}$$

$$f'_2 = \frac{-dl'_F}{f' - l'_F - d} \tag{3.5.10}$$

3.5.2　两光组系统的一般公式

这里介绍可能会遇到的两类问题,如图 3.5.3 所示. 第一类问题是,如给定系统的垂轴放大率、两光组的位置、物距和像距(各光组为薄透镜组),即已知 l、l'、d 和 m 后,能够依据下式求出每个光组的光焦度,即

$$\phi_1 = \frac{ml - md - l'}{mld} \tag{3.5.11}$$

$$\phi_2 = \frac{d - ml + l'}{dl'} \tag{3.5.12}$$

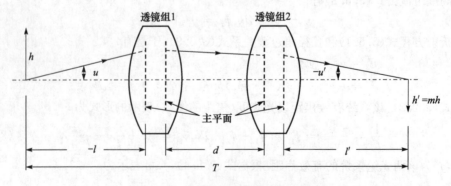

图 3.5.3　物位于两光组系统的有限远

第二类的问题恰好相反,即已知两光组的光焦度、物距、像距和垂轴放大率,要求出透镜组两个光组的位置.因为这是一个二次函数问题,因此可能有一个解、两个解或者无解.

这里只给出 l 和 l' 的计算公式,它们的表达式为

$$l = \frac{(m-1)d + T}{(m-1) - md\phi_1} \tag{3.5.13}$$

$$l' = T + l - d \tag{3.5.14}$$

归纳式(3.5.4)～式(3.5.14),它们就构成了一套可以解决两光组系统大多数问题的计算公式.由于两光组光学系统占了所有光学系统的大多数,所以上述公式非常有用.值得注意的是,如果将放大率 m 的符号由正号改变为负号,将会得到两种完全不同的光学系统.它们将产生同样放大倍数(或缩小倍数)的像,一个是正立的像,另一个是倒立的像,可根据需要选择使用.

3.6　透镜与薄透镜

组成光学系统的元件有透镜、棱镜和反射镜等,其中透镜用得最多.单透镜可以作为一个最简单的光学系统.透镜是由两个折射面包围一种透明介质所构成的光学元件.折射面可以是球面(包括平面)和非球面.因球面的加工和检测较简单,故透镜的折射面多为球面.两折射球面曲率中心的连线为透镜的光轴,光轴和折射球面的交点称为顶点.光焦度 ϕ 为正的透镜称为正透镜,它对光线有会聚作用,故又称为会聚透镜;光焦度 ϕ 为负的透镜称为负透镜,它对光线有发散作用,故又称为发散透镜.

透镜是由两个折射球面构成的光学系统,因此,透镜的焦距、主点和焦点位置可按第 2 章介绍的 ynu 光线追迹方法求出.下面介绍具体的求解过程.

3.6.1　透镜的有效焦距与后焦距

如前所述,焦点是无限远物体发出的光线在光轴上会聚的点.因此,可以通过追迹一条入射角 u_1 为 0 的光线经过透镜后与光轴的截距来确定该点的位置.

图 3.6.1 给出了这条光线经过单透镜的光路图.像方主平面 P' 的位置由入射光线延长线与出射光线反向延长线相交所决定.假设透镜的折射率为 n,周围空气的折射率为 1.0,则 $n_1 = n_2' = 1.0$, $n_1' = n_2 = n$.透镜两表面的曲率半径分别为 r_1 和 r_2,对应的曲率为 C_1 和 C_2,透镜厚度为 d.在第一面上,运用式(2.1.6),得

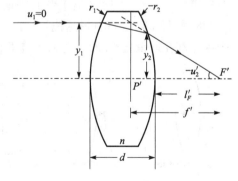

图 3.6.1　单透镜的有效焦距和后焦距

$$n_1' u_1' = -(n-1)y_1 C_1$$

由式(2.3.4)得到光线过渡到第二面上的高度为

$$y_2 = y_1 + \frac{dn_1'u_1'}{n_1'} = y_1\left[1 - \frac{(n-1)}{n}dC_1\right]$$

再由式(2.1.6)得到由第二面出射的光线像方孔径角为

$$u_2' = -(n-1)y_1C_1 - y_1\left[1 - \frac{(n-1)}{n}dC_1\right](1-n)C_2$$

为了求有效焦距 f' 和后焦距 l_F'，可分别由式(3.2.3)和式(3.2.4)计算求出. 因此，透镜的光焦度 ϕ 为

$$\phi = \frac{1}{f'} = \frac{-u_2'}{y_1} = (n-1)\left[C_1 - C_2 + dC_1C_2\frac{(n-1)}{n}\right] \tag{3.6.1}$$

如果将透镜表面的曲率表示为 $C = 1/r$，则透镜的光焦度 ϕ 还可以表示为

$$\phi = \frac{1}{f'} = (n-1)\left[\frac{1}{r_1} - \frac{1}{r_2} + \frac{d(n-1)}{r_1r_2n}\right] \tag{3.6.2}$$

根据式(3.2.4)，就可以得出透镜的后焦距，为

$$l_F' = -\frac{y_2}{u_2'} = f' - \frac{f'd(n-1)}{nr_1} \tag{3.6.3}$$

对式(3.6.3)移项处理，由式(3.2.5)就可以得出透镜后表面与像方主点之间的距离，如图 3.6.1 所示，也就是式(3.6.3)中的末项值. 即

$$l_P' = l_F' - f' = -\frac{f'd(n-1)}{nr_1} \tag{3.6.4}$$

以上计算过程就确定了透镜像方焦点和像方主点的位置. 采用类似的方法，可以求出物方焦点和物方主点的位置，分别表示为

$$l_F = -f' - \frac{f'd(n-1)}{nr_2} \tag{3.6.5}$$

$$l_P = -\frac{f'd(n-1)}{nr_2} \tag{3.6.6}$$

　　根据透镜的焦点和主点位置计算公式，几种透镜的焦点和主点位置示意图如图 3.6.2 所示. 在双凸和双凹透镜中，主点大致上是等间隔地分布在透镜内. 在平凹和平凸透镜中，一个主点始终位于弯曲表面上，另一个主点在透镜内，并且到曲面的距离为 1/3 的透镜厚度. 在弯月形透镜中，有一个主点是完全在透镜之外. 在特殊形状下，可能两个主点都在透镜之外. 凹透镜和凸透镜的焦点位置正好相反.

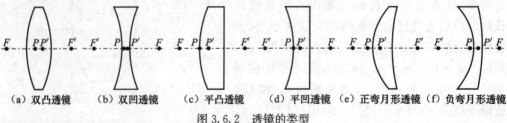

　　(a) 双凸透镜　　(b) 双凹透镜　　(c) 平凸透镜　　(d) 平凹透镜　(e) 正弯月形透镜 (f) 负弯月形透镜

图 3.6.2　透镜的类型

　　如果透镜不是放置在空气中，假设物方折射率为 n_1，透镜折射率为 n_2，像方折射率为 n_3. 则有效焦距和后焦距的计算公式如下

$$\frac{n_1}{f} = \frac{n_3}{f'} = \frac{(n_2 - n_1)}{r_1} - \frac{(n_2 - n_3)}{r_2} + \frac{(n_2 - n_3)(n_2 - n_1)d}{n_2 r_1 r_2} \tag{3.6.7}$$

$$l_F' = f' - \frac{f'd(n_2 - n_1)}{n_2 r_1} \tag{3.6.8}$$

如果 n_1 和 n_3 等于 1.0(空气折射率),式(3.6.7)和式(3.6.8)可化简为式(3.6.2)和式(3.6.3).

3.6.2　薄透镜

如果透镜的厚度 d 与其焦距或曲率半径相比很小,式(3.6.1)中的$(n-1)d$ 可以忽略不计,此时将其略去不会造成很大误差. 这种略去厚度不计的透镜称为薄透镜. 这样会使许多问题简化,在像差理论中有重要意义. 当 $d \to 0$ 时,式(3.6.1)和式(3.6.2)可写成

$$\phi = \frac{1}{f'} = (n-1)(C_1 - C_2) = (n-1)\left(\frac{1}{r_1} - \frac{1}{r_2}\right) \tag{3.6.9}$$

并且由式(3.6.4)和式(3.6.6)可知

$$l_P = l_P' = 0$$

即主点和球面顶点重合在一起,因此薄透镜的性质仅由焦距或光焦度所决定. 由于透镜的厚度被假设为零,则薄透镜的主点位置即为透镜位置. 因此,在运用高斯公式计算物和像的位置时,都是计算物像到透镜的距离. 式(3.6.9)中的$(C_1 - C_2)$项称为整体弯曲,或者简称透镜曲率.

薄透镜组合的光焦度也可用 3.5 节中的光组组合公式计算,若两薄透镜之间的间隔为 d,则由式(3.5.4)得

$$\phi = \phi_1 + \phi_2 - d\phi_1\phi_2$$

当间隔 d 由小变大时,由上式可知,组合光组的光焦度可能由正(会聚系统)变为零(望远系统),再变为负(发散系统).

若两薄透镜紧贴时,$d \to 0$,则

$$\phi = \phi_1 + \phi_2$$

即总光焦度为两光焦度之和.

例 3.6.1　高为 10mm 的物体,它经一透镜成像后在屏幕上得到的像高为 50mm,物和像的距离为 120mm. 若该成像透镜是双凸透镜,且折射率为 1.5,试求物像位置和透镜的曲率半径.

解　计算过程的第一步是确定透镜的焦距. 因为产生的是实像,则放大率为负值,由垂轴放大率公式可知

$$m = \frac{h'}{h} = (-)\frac{50}{10} = \frac{l'}{l}, \text{则 } l' = -5l$$

因为物像距离为 120mm,则

$$120 = -l + l' = -l - 5l = -6l$$

得

$$l = -20\text{mm} \text{ 和 } l' = -5l = 100\text{mm}$$

代入高斯公式可得

$$\frac{1}{100} = \frac{1}{f'} - \frac{1}{20}$$

$$f' = 16.67\text{mm}$$

再由式(3.6.9),双凸透镜 $r_1 = -r_2$ 的半径满足

$$\frac{1}{f'} = 0.06 = (n-1)\left(\frac{1}{r_1} - \frac{1}{r_2}\right) = 0.5 \times \frac{2}{r_1} = \frac{1}{r_1}$$

结果为 $r_2 = -r_1 = -16.67\text{mm}$.

3.7 Scheimpflug 条件

在前面的章节中,我们假设物体与光轴垂直. 如果物体相对于光轴是倾斜的,那么像面也应是倾斜的. Scheimpflug 成像条件指出,倾斜的物平面和像平面相交于透镜所在平面. 更准确地说,对非薄透镜而言,分别延长物平面和像平面,它们将分别相交于系统的物方主平面和像方主平面,并且交点的高度相同. 下面将推导有关成像性质.

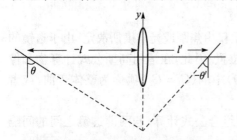

图 3.7.1 Scheimpflug 成像条件

如果物面以 θ 角倾斜,则由 Scheimpflug 条件得出,像面也将倾斜. 设坐标系的 y 轴与透镜主平面重合, x 轴垂直纸面向里. 倾斜物面到像面的距离则是 y 的函数,因此根据高斯公式可得

$$\frac{1}{l'(y)} - \frac{1}{l(y)} = \frac{1}{f'} \tag{3.7.1}$$

由上面成像的几何关系,物面可描述为一个绕 x 轴倾斜的平面,由此得出

$$l(y) = l - y\tan\theta \tag{3.7.2}$$

物面逆时针旋转时,对应的 θ 角是一个正值. 把式(3.7.2)代入式(3.7.1),解出 $l'(y)$ 为

$$l'(y) = \frac{f'(l - y\tan\theta)}{f' + l - y\tan\theta} = \frac{f'(l - y\tan\theta)}{f' + l} \tag{3.7.3}$$

这里,我们假定 $l \gg y\tan\theta$. 可以看出,式(3.7.3)描述了一个沿 x 轴倾斜的平面. 当满足 $y\tan\theta = 0$ 时,式(3.7.3)得出与高斯公式同样的结论. 若延长倾斜的物平面直到 $l(y) = 0$,此时物面与 y 轴相交, y 的大小由式(3.7.2)得

$$y = \frac{l}{\tan\theta} \tag{3.7.4}$$

把式(3.7.4)代入式(3.7.3)得到

$$l'(l/\tan\theta) = \frac{f'l}{l + f'} - \frac{f'l}{l + f'} = 0$$

说明物面和像面与透镜所在的平面相交.

方程式(3.7.3)可以重写为

$$l'(y) = \frac{f'l}{f' + l} - y\frac{f'\tan\theta}{f' + l} = l' - y\tan\theta'$$

其中

$$\tan\theta' = \frac{f'\tan\theta}{f'+l} \tag{3.7.5}$$

该公式反映了像面倾斜的大小.

设轴上物点和像点的放大率为 m_0,它由 3.3 节的放大率公式给出,为

$$m_0 = \frac{l'}{l} = \frac{f'}{l+f'}$$

由式(3.7.3)表示为($l \gg y\tan\theta$ 不成立)

$$l'(y) = \frac{f'(l-y\tan\theta)}{f'+l-y\tan\theta} = \frac{f'l(y)}{f'+l-y\tan\theta}$$

因此,系统有倾斜时的垂直放大率 m(关于 y 的函数)为

$$m = \frac{l'(y)}{l(y)} = \frac{f'}{f'+l}\left[\frac{1}{1-\dfrac{y\tan\theta}{f'+l}}\right] = \frac{m_0}{1-\dfrac{\tan\theta}{f'+l}y} \tag{3.7.6}$$

对式(3.7.6)进行二项式展开得到

$$m = m_0\left[1 + \frac{\tan\theta}{f'+l}y + \cdots\right] \tag{3.7.7}$$

式(3.7.7)说明,垂直放大率 m 与 y 近似呈线性关系,系统中存在梯形畸变.

3.8　常用镜头的组合特性

3.8.1　摄远物镜

我们从研究一个例子入手. 欲得一光学系统对无限远物体成像,要求系统的焦距 $f'=1000\text{mm}$. 从系统第一面到像平面(焦平面)的距离为筒长,用 L 表示,要求 $L=700\text{mm}$. 从系统最后一面到像平面的距离,用 l'(即 l'_F)表示,并设 $l'=400\text{mm}$. 试研究该系统应有的结构.

由假设知 $f'>L$,即系统的焦距大于筒长,即像方主平面在整个系统之前,单个光组不会有这样的性质,至少要用两个光组组合. 为简单起见,设两光组均为薄光组. 根据上述三个要求可列出下列三个方程,即

$$f' = f'_{12} = \frac{f'_1 f'_2}{f'_1 + f'_2 - d} = 1000$$

$$l'_F = l' = f'_{12}\left(1 - \frac{d}{f'_1}\right) = 400$$

$$d + l' = L \text{ 即 } d + 400 = 700$$

解之得

$$d = 300\text{mm}, \quad f'_1 = 500\text{mm}, \quad f'_2 = -400\text{mm}$$

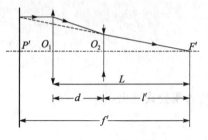

图 3.8.1　摄远物镜

系统结构如图 3.8.1 所示.

对于一个望远系统,其角放大率越大,则人眼通过它看到的物也越大. 望远镜的角放大率 $\gamma=-f'_1/f'_2$(见第 9 章),其中 f'_1 和 f'_2 分别是物镜和目镜的焦距. 由于人眼及像质的要求,目镜的焦距不可能做得太小,因此为了提高望远镜的角放大率,只有增大物镜焦距. 但是物镜焦距的增大将导致望远镜的长度和重量的增加,这是我们所不希望的. 若采用本例中正负光组的组合,设计出一物镜,它的像方主平面在整个系统之前,利用它可以使望远镜物镜在保持较小尺寸的情况下,有较大的焦距,这种物镜在光学上称为摄远物镜.

不仅在高倍望远镜上要采用摄远物镜镜头,在照相机上也要采用摄远物镜镜头. 这是因为,当物距很大时,短焦距物镜成的像太小,难以辨认,尤其是在高空摄影中更不适用. 为获得较大的图像尺寸,采用长焦距镜头. 普通照相机用的长焦距物镜,其焦距可达 600mm,高空摄影相机的物镜焦距可达 3000mm,为缩短长焦距物镜的结构长度和重量可采用摄远物镜.

3.8.2　反摄远物镜

摄远物镜要求 $f'>l'(l'_F)$,但是短焦距广角照相物镜,焦距很短,并且在某些情况下要求 $f'<l'(l'_F)$. 这是因为,用普通物镜构成的短焦距物镜的工作距离很短,这样在物镜后不能放置反射棱镜或反射镜. 例如,对电影摄影物镜而言,景物距离较大,像面近似于在焦面上,由于在光组最后一面到像面之间常需要安装其他机构,所以要求 $l'(\approx l'_F)$ 要大一些.

联系前面的讨论,人们很自然想到,这种光组可用负光组在前,正光组在后,进行组合来达到. 如在 3.8.1 节示例中取 $f'_1=-400$mm,$f'_2=500$mm,$d=300$mm,求合成光组的焦距 f' 和焦点位置 l'_F.

由式(3.5.4)得

$$f'=f'_{12}=\frac{f'_1f'_2}{f'_1+f'_2-d}=\frac{-400\times500}{-400+500-300}=1000(\text{mm})$$

又由式(3.5.6)得

$$
\begin{aligned}
l'_F&=f'_{12}(1-d/f'_1)\\
&=1000\times(1-300/400)\\
&=1750(\text{mm})
\end{aligned}
$$

再由式(3.2.5)得

$$l'_P=l'_F-f'=1750-1000=750(\text{mm})$$

其结构如图 3.8.2 所示.

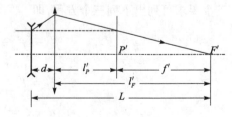

图 3.8.2　反摄远物镜

习　题

1. 什么是理想光学系统,理想光学系统的基点基面有哪些,其特性如何?

2. 已知一球透镜如图 3.1 所示,当 $R_1=|R_2|=r,n=1.5$ 时,试分别用 ynu 表格法和透镜公式求解它的焦距和主平面位置.

3. 近轴条件下,采用 ynu 光线追迹的方法确定球面反射镜的像方焦距公式.

4. 曼金镜是由两个不同曲率的球面镜组成,且第二球面镜为反射镜,如图 3.2 所示.第一球面镜的半径为 $R_1=-100mm$,第二球面镜的半径为 $R_1=-150mm$,曼金镜的厚度为 $t=10mm$,其材料折射率为 $n=1.5$.用 ynu 光线追迹方法求出曼金镜的有效焦距,像方焦点和像方主平面位置,物方焦点和物方主平面位置.

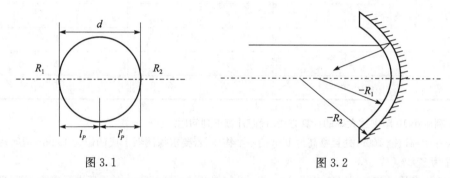

图 3.1　　　　　　　　　　　　　　　　图 3.2

5. 有一凹透镜和凸透镜的透镜组合系统,其结构参数如图 3.3 所示.该系统放置在折射率 $n=1.0$ 的空气中.(1)用 ynu 光线追迹的方法计算该光学系统的像方焦距、像方主点和像方焦点位置;(2)用反向光路计算该光学系统的物方焦距、物方主点和物方焦点位置.(单位:mm)

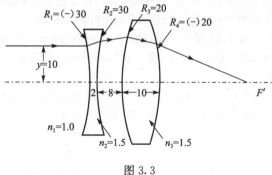

图 3.3

6. 设空气中有一正光组,两主平面距离 $PP'=10mm$,焦距 $f'=30mm$.在光组后,即 $l=45mm$ 处有一高度为 60mm 的虚物,试用作图法求像的位置和大小.

7. 设有一焦距 $f'=-40mm$ 的负光组位于空气中,其两主平面之间的距离 $PP'=10mm$.现有一高为 20mm 的虚物,$l=20mm$ 和 $l=60mm$,试用作图法分别求它们像的位置和大小.

8. 设有一焦距 $f'=30mm$ 的正光组,位于空气中,两主平面距离 $PP'=10mm$.现在子午面内有一 $10mm\times10mm$ 的正方形物体,其中心位于 $l=-60mm$ 处,试用图解法求其像.

9. 设一物镜位于空气中,垂轴放大率 $m=-10$,共轭距离 $L=7200mm$,物镜两焦点之间的距离 $FF'=$

1140mm. 求物镜的焦距并画出主点和焦点位置图.

10. 根据高斯公式(3.3.9)确定的物像关系(相同介质中),当物距$|l|\gg|f'|$时,有$l'\approx f'$,共轭距(物-像距离)就为:$L=l'-l\approx f'-l\approx -l$,放大率也就为:$m=\dfrac{h'}{h}=\dfrac{l'}{l}\approx\dfrac{f'}{l}$.用焦距表示物距大小时,完成下面表格.分析计算的结果,你能得出什么结论?

物距	像距	物-像距离	近似物-像距离		放大率	近似放大率
l	l'	$L=l'-l$	$L\approx f'-l$	$L\approx -l$	m	$m\approx f'/l$
$-f'$						
$-2f'$						
$-5f'$						
$-10f'$						
$-20f'$						
$-100f'$						

11. 利用第 10 题中放大率的计算方法,近似计算下列问题.

(1) 在距离透镜 100m 处且物高为 10m 的一个物体,若要求探测器上成的像为 10mm,请问透镜所需的焦距为多大?

(2) 在距离透镜 100m 处且物高为 10m 的一个物体,用焦距为 50mm 的透镜进行成像,请问探测器上成的像为多大?

(3) 一个焦距为 25mm 的透镜(有一个 5mm 大小的探测器),当物体在距离 10m 的地方,请问物体最大的允许尺寸是多少?

12. 有一光学系统 $f'=100$mm,有高 50mm 的物体,(1)位于光学系统第一焦点左侧 400mm 处,(2)位于光学系统第一焦点右侧 20mm 处,试分别求其成像的位置和尺寸.

13. 一光学系统如图 3.4 所示,L_1 和 L_2 为薄透镜,L_1 的焦距为 40mm,L_2 材料的折射率为 1.5,其球面曲率半径为 120mm,球面为镀铝反射面,L_1 和 L_2 间隔 100mm,一物放在 L_1 前 56mm 处,求光线第二次通过 L_1 后的成像位置.

14. 一光学系统如图 3.5 所示,其中物距为 l,像距为 l',透镜沿垂直于光轴方向移动 ΔX_L,而物平面和像平面的位置保持不变,求像中心移动的距离 ΔX_i.若物在无穷远,ΔX_i 又为多少?

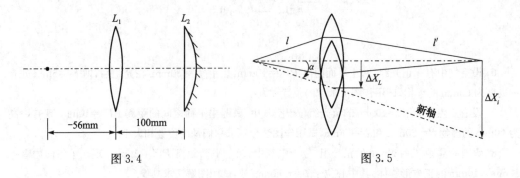

图 3.4　　　　　　　　　　　　　　　　　　图 3.5

15. 光学系统如图 3.6 所示,其中物距和像距分别为 l 和 l',透镜沿轴向移动 Δz_L,而物面与像面位置保持不变,求此时像的移动量 Δz_f,并分别求出物体位于无穷远和放大率为 -1 时像的移动量.

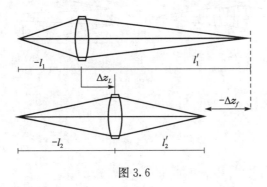

图 3.6

16. 已知物像之间共轭距离为 500mm,垂轴放大率 $m=-1/4$,现欲使 $m=-4$,而共轭距离不变,试求透镜的焦距及透镜向物体移动的距离(透镜位于空气中).

17. 假设惠更斯目镜是由两平凸透镜组成,向场镜的凸面向着物体,接目镜的平面向着眼睛. 设它们的焦距分别为 $f'_1=3a, f'_2=a$,两透镜间距 $d=(f'_1+f'_2)/2=2a$. 试求惠更斯目镜焦距及其主点、焦点位置.

18. 设冉斯登目镜由相同的两平凸透镜组成,向场镜和接目镜都是平面向外,$f'_1=f'_2=3a, d=2a$. 试求冉斯登目镜的焦距及主点、焦点位置.

19. 希望得到一个对无限远成像的长焦距物镜,$f'=1200$mm. 由物镜顶点到像面距离(筒长)$L=700$mm,系统的最后一面到像平面的距离(工作距离)$l'_F=400$mm. 试按最简单的薄透镜考虑,求系统的结构并画出光路图.

20. 一短焦距物镜用于对远处物体成像,已知其焦距 $f'=35$mm,筒长 $L=65$mm,工作距离 $l'_F=50$mm. 试按最简单的薄透镜考虑,求系统结构.

21. 离水面 1m 深处有一条鱼,现用 $f'=75$mm 的照相机在正上方拍照,相机物镜的物方焦点离水面 1m. 试求此时的垂轴放大率 m 为多少? 相机底片离物镜像方焦点 F' 的距离 x' 为多少?

22. 设光组位于空气中均为薄透镜,其参数为 $f'_1=90$mm, $f'_2=60$mm, $d=P'_1P_2=50$mm. 试计算两光组等效系统的焦距和基点位置.

23. 一薄凸透镜与一平面反射镜紧贴,组成一成像系统.

(1) 若测得光轴上一物点的物距 l 和像距 l',问此时用物像公式计算得的焦距是否就是透镜焦距?

(2) 若变更物距,试问物与像在什么位置时,可用实验测出透镜的焦距,为什么?

24. 已知一透镜 $r_1=-200$mm, $r_2=-300$mm, $d=50$mm, $n=1.5$,试求其焦距和焦点、主点位置.

25. 长为 50mm、折射率为 1.5 的玻璃棒,在其两端磨成曲率半径为 10mm 的凸球面,试求其焦距及基点位置.

26. 试以两个薄透镜组按下列要求组成光学系统:

(1) 两透镜组间距不变,物距任意而倍率不变.

(2) 物距不变,两透镜组间间距任意改变,而倍率不变,问两透镜组之间关系,求组合焦距的表达式.

27. 空气中两个光焦度大于零的薄透镜,可否组成一个合成光焦度 ϕ 小于零的系统? 平行于光轴的入射光通过一个合成光焦度 $\phi<0$ 的系统后,能否在光轴上得到一个实的、亮的焦点?

28. 试用作图的方法求出图 3.7(a)和(b)中两个成像系统的像方主平面位置.

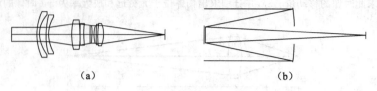

(a)　　　　　　　　　　　　　　　(b)

图 3.7

第4章 平面镜棱镜系统

光学系统可以分成共轴球面系统和平面镜棱镜系统(或称平面系统)两大类。前两章所讨论的共轴球面系统有一条对称轴线,所有光学元件都排列在同一光轴上,有不少优点,但整个系统不能转折。实际成像系统,由于要求结构紧凑、减小体积以及特殊成像方向的需要,必须在成像系统中加入平面镜棱镜系统或平面元件.常见的是球面、平面两种光学系统的组合.

平面光学元件包括平面镜、棱镜、平行平板、光楔等.它们在光学系统中的主要作用是:①改变光轴方向,使光轴转过某一特定角度;②平移光轴位置;③改变像的位置或方向;④进行分光或合像;⑤产生色散;⑥校正光学系统.

本章讨论平面镜棱镜系统的成像特性.

4.1 平面反射镜

平面反射镜又称平面镜,是光学系统中最简单而且也是唯一能成完善像的光学元件.为了研究平面镜棱镜系统的成像性质,我们从研究单个平面镜开始.

4.1.1 单平面镜的成像特性

在一块平面玻璃的抛光面上镀反射膜便得到平面反射镜.反射膜通常以银或铝为材料,银膜的反射率比铝膜高,但铝膜的强度和化学稳定性比银膜好,因此通常使用铝膜.

如图 4.1.1(a)所示,M 为与图面垂直的平面反射镜.由物点 A 发出一同心光束,从中任取一条光线 AO 经平面镜反射后沿 OB 方向射出;另一光线 AD 垂直于镜面入射,原路返回.反射光线 DA 和 OB 的延长线的交点 A' 即为物点 A 经平面镜反射所成的虚像.由反射定律可求得 $AD = A'D$.像点 A' 对平面镜 M 而言,与物点 A 对称.光线 AO 是任意的,所以由 A 发出的同心光束经反射后,成为以 A' 为中心的同心光束,即平面镜对物体能成完善像.

如果射向平面镜的是一束会聚同心光束,即物点是虚物点 A,如图 4.1.1(b)所示,则光束经平面镜反射后成一实像点 A'.不管物和像的虚实,物和像均对称于镜面.

下面进一步分析平面镜物和像之间的空间形状对应关系.在研究透镜成像时我们知道,一个三维物体的像也是三维的,透镜的轴向放大率恒为正,即指向透镜的物方向 z,成像的方向是离开透镜的 z',如图 4.1.2(a)所示.物为右手坐标(右手大拇指指向 z 轴的正方向,其余四指指向 x 轴的正方向,四指按握拳方向转动 $90°$ 后所指为 y 轴的正方向),该物经透镜所成的像仍是右手坐标,称为成一致像,但物与像相比 x、y 方向均改变 $180°$.在暗室中若用一毛玻璃接收这个像,并将它与物比较,我们会得出上下和左右均颠倒的结论.

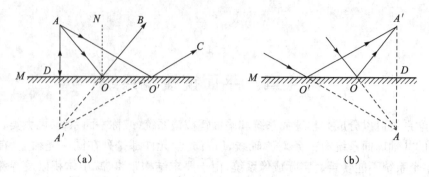

图 4.1.1　平面镜的成像性质

假定在图 4.1.2(b)中,我们在平面镜 M 的物空间取一右手坐标系 xyz,根据物点和像点关于平面镜对称的关系,很容易确定它的像 $x'y'z'$ 为一左手坐标(与右手坐标相似,只需将右手改为左手).两坐标大小相等,但形状不同,物空间的右手坐标在像空间变成了左手坐标;反之,物空间的左手坐标在像空间变成了右手坐标.如果我们逆着 z 和 z' 轴看 xy 和 $x'y'$ 坐标面时,当 x 按顺时针转到 y,则 x' 按逆时针转到 y',即物平面按顺时针转动,则像平面按逆时针转动;反之,物平面按逆时针转动,则像平面按顺时针转动.上述结论对 yz 和 zx 坐标面也同样适用.物像空间这种形式的对应关系称为镜像或非一致像.如果物为右手坐标,经奇数个平面镜反射,则为左手坐标,成镜像;经偶数个平面镜反射,仍为右手坐标,成一致像.

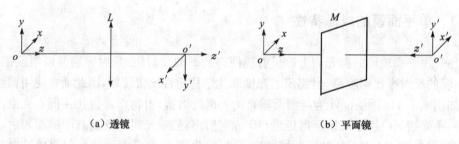

（a）透镜　　　　　　　　　　　（b）平面镜

图 4.1.2　透镜与平面镜成像的比较

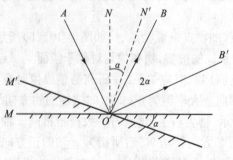

图 4.1.3　平面镜的转动

当入射光线方向不变,将平面镜转动 α 角时,则反射光线转动 2α 角.如图 4.1.3所示,M 为与图面垂直的平面镜,AO 为入射光线,ON 为法线,OB 为反射线.M' 为平面镜 M 绕过 O 且垂直于图面的转轴转过 α 以后的位置,ON' 为其法线,OB' 为其反射光线.现要证明 $\angle BOB' = 2\alpha$.

由图 4.1.3可知,

$$\alpha = \angle MOM' = \angle NON' = \angle AON' - \angle AON$$
$$= \frac{1}{2}(\angle AOB' - \angle AOB) = \frac{1}{2}\angle BOB'$$

即

$$\angle BOB' = 2\alpha$$

平面镜这一性质广泛用于计量仪器中,如光学比较仪中的光学杠杆原理.

4.1.2　双平面镜的成像特性

双平面镜由两个平面镜组成.设平面镜 M_1 与 M_2 同时垂直于某一平面,此平面称为双平面镜的主截面,图 4.1.4 中的图平面即为主截面.设 M_1 与 M_2 的夹角为 θ,其棱为 C.

任一条在主截面内传播的光线经双平面镜的两个反射面反射之后,入射光线与出射光线的夹角为 β. 由三角形 O_1O_2M 得 $2I_1 = 2I_2 + \beta$,即 $\beta = 2(I_1 - I_2)$. 又因两平面镜的法线交于 N,由三角形 O_1O_2N 得 $I_1 = I_2 + \theta$,即 $\theta = I_1 - I_2$,故

$$\beta = 2\theta \qquad (4.1.1)$$

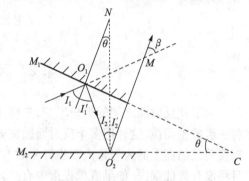

图 4.1.4　双平面镜的成像性质

以上关系和 I 角的大小无关. 由此得出结论:位于主截面内的光线,不论它的入射方向如何,出射光线的转角永远等于两平面镜夹角的 2 倍,至于它的旋转方向,则与反射面按反射次序由 M_1 转到 M_2 的方向相同. 当两平面镜一起转动时,出射光线的方向不变,但光线位置可能产生平移. 当然,二次反射像的坐标系与原物坐标相同,即成一致像.

以上特性常用于测距仪等光学仪器中,以双平面镜代替单面镜改变光线方向,避免振动或结构变形等影响,提高仪器精度.

若双平面镜两镜面互相平行,则其夹角 $\theta = 0$,且 β 也为零,即反射光线与入射光线方向相同. 利用这个特性可将成像光束平移一个距离 D,如图 4.1.5(a)所示. D 称为潜望高度.

互成 90° 的两反射面称为屋脊面,该平面反射系统称为屋脊双反射镜. 由式(4.1.1)知,物光束经屋脊双反射镜反射,成像光束转 180°,即入射光束与出射光束相互平行,方向相反. 如图 4.1.5(b)所示,屋脊面 M_1 和 M_2 之间有一物点 A,所发出的光束一部分先经 M_1 反射成虚像于 A_1,A_1 对于 M_2 则为物,又经 M_2 反射成像于 A_{12}.同样,另一部分光束先经 M_2 成虚像于 A_2,再经 M_1 成像于 A_{21}. A_{12} 与 A_{21} 相重合,都是一致像.

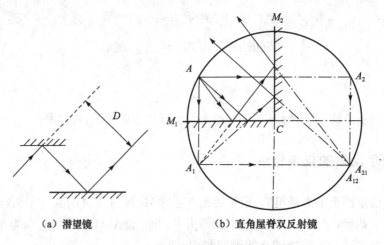

（a）潜望镜　　　　　　　　（b）直角屋脊双反射镜

图 4.1.5　入射光线经双平面镜反射成像

4.2　反　射　棱　镜

　　为了使反射面之间的夹角不变,常将图 4.1.4 中的双平面镜做在同一块玻璃上,以代替一般的平面镜.这种把多个反射面做在同一块玻璃上的光学元件称为反射棱镜.当光线在棱镜反射面上的入射角大于临界角时,将发生全反射,这时反射面不需要镀反射膜,并且将没有光能损失.如果成像光束中有些光线的入射角小于临界角,则棱镜的这些反射面仍需要镀反射膜,而一般的反光膜,每次反射约有 10% 的光能损失.

　　反射棱镜与平面镜相比具有反射损失小、不易变形等优点,而且在光路中调整、装配和维护都比较方便.因此,在很多光学仪器中,尺寸不大的反射面常采用反射棱镜.在反射面很大或有特殊要求的仪器中,由于棱镜尺寸太大以致质量很大,加工不易,价格昂贵,此时必须用平面反射镜作为反射面.

4.2.1　反射棱镜的构成与作用

　　图 4.2.1 是一个最简单的反射直角棱镜,它是一个三角柱体,$ABEF$ 和 $ACDF$ 是折射面,$BCDE$ 是反射面.反射棱镜一般有两个折射面和若干个反射面,统称工作面.两个工作面的交线称为棱,如 AF、CD 和 BE.和各个棱均垂直的截面称为主截面,如 ABC 和 EDF 等,是等腰直角三角形.位于主截面内的光线,通过棱镜时仍在主截面内.光学系统的光轴在棱镜中的部分称为棱镜的光轴.图中所示棱镜的作用是将光线转折 90°,故棱镜中的光轴由折线构成.光束在 $ABEF$ 上折射后进入棱镜,然后经 $BCDE$ 面反射,再经 $ACDF$ 面折射而射出棱镜,使光轴方向改变 90°.光束在棱镜玻璃内部的平面反射和一般的平面镜的成像性质

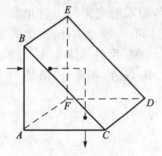

图 4.2.1　反射直角棱镜

是完全相同的. 一个棱镜和相应的平面镜系统的区别,只是增加了两次折射,因此在讨论棱镜的成像性质时,只需讨论棱镜的折射性质就可以了.

反射棱镜的作用,最主要的有两个:一个是改变光轴的方向,如图 4.2.1 所示,完成光路转折,从而缩小光学仪器的体积和质量,并使观测比较方便;另一个很重要的作用是转像,具体情况将在 4.3 节中介绍.

4.2.2　反射棱镜的分类

反射棱镜可分为普通棱镜和复合棱镜两大类. 在图 4.2.2 中画出了主截面. 普通棱镜是单个的简单棱镜,如图 4.2.2(a)、(b)和(c)所示. 其中,图(a)是等腰直角棱镜的主截面,分为光线反射一次或两次的情形;图(b)为五角棱镜,光线反射两次;图(c)为施密特棱镜,光线反射三次. 由两个或两个以上的普通棱镜组成的棱镜称为复合棱镜,如图 4.2.2(d)和(e)所示. 其中,图(d)为别汉棱镜,光线在其中反射五次;图(e)为阿贝棱镜,光线在其中反射三次.

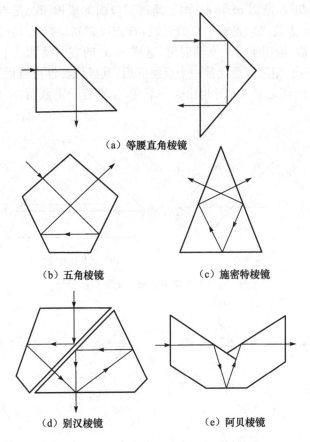

（a）等腰直角棱镜

（b）五角棱镜　　　　　　（c）施密特棱镜

（d）别汉棱镜　　　　　　（e）阿贝棱镜

图 4.2.2　普通反射棱镜和复合反射棱镜

4.2.3 屋脊棱镜

在棱镜系统的成像过程中,反射面的总数可能为奇数,只能成镜像.为了获得一致像,可用两个互相垂直的反射面代替其中的某个反射面,这两个互相垂直的反射面正如我们在4.1节已指出的,称为屋脊面.带有屋脊面的棱镜称为屋脊棱镜.现以直角棱镜为例加以说明.

图 4.2.3(a)是一个直角棱镜,图 4.2.3(b)是一个直角屋脊棱镜,它用两个互相垂直的反射面 $A_2B_2C_2D_2$ 和 $B_2C_2E_2F_2$ 代替了直角棱镜的反射面 $A_1B_1C_1D_1$. 为了说明屋脊棱镜和一般直角棱镜成像性质的差别,我们在图 4.2.4 中单独给出了直角棱镜反射面 $A_1B_1C_1D_1$ 和直角屋脊面 $A_2B_2C_2D_2$ 和 $B_2C_2E_2F_2$. 假定物为右手坐标 xyz,经平面 $A_1B_1C_1D_1$ 反射后,相应的像为左手坐标 $x'y'z'$,如图 4.2.4(a)所示.经过两个屋脊面反射后,像的方向如图 4.2.4(b)所示,为一右手坐标 $x_1'y_1'z_1'$. 我们可以认为光轴 oz 正好投射在 B_2C_2 棱上,因此,反射光轴的方向 $o_1'z_1'$ 应和原 $o'z'$ 相同.又 yoz 面通过 B_2C_2 棱,则由 y 点发出的平行于光轴的光线 yo_y 也同样在屋脊棱 B_2C_2 上反射,反射后的像 $o_1'y_1'$ 的方向也应和原 $o'y'$ 方向相同,所以 oz 和 oy 两轴通过屋脊面的成像情况是与平面反射镜相同的.至于 ox 轴,由 x 点发出与光轴平行的光线,首先投射到反射面 $B_2C_2E_2F_2$ 上,再反射到 $A_2B_2C_2D_2$ 反射面,最后平行于光轴射出.这样,$o_1'x_1'$ 的方向就和一个反射面时相应的 $o'x'$ 的方向相反.因此,用屋脊面代替一个反射面后,其成像特性可概括为:光轴方向和棱镜主截面内像的方向与无屋脊面时相比保持不变,在垂直于主截面方向上的像与无屋脊面时相比发生颠倒.

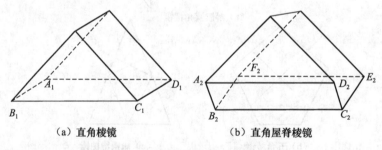

（a）直角棱镜　　　　　　　　　（b）直角屋脊棱镜

图 4.2.3　直角棱镜和直角屋脊棱镜

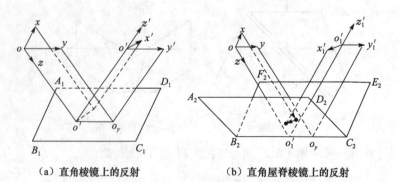

（a）直角棱镜上的反射　　　　　　（b）直角屋脊棱镜上的反射

图 4.2.4　光线在两种棱镜上的反射

4.3　反射棱镜的成像性质

4.3.1　反射棱镜的视场角

图 4.3.1(a)为一全反射棱镜的主截面,AB 和 AC 为折射面,BC 为反射面. 当射入全反射棱镜的光线在反射面 BC 上的入射角等于临界角 I_m 时,该光线在棱镜外与入射面法线的夹角即为棱镜的半视场角 ω_0. 由光的全反射定律可知,凡小于棱镜半视场角的入射光线都能在反射面上获得全反射.

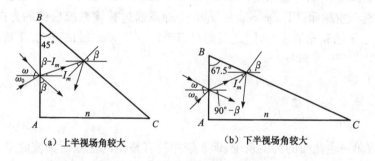

（a）上半视场角较大　　　　　　　（b）下半视场角较大

图 4.3.1　反射棱镜的视场角

设反射面法线和入射面法线之间的夹角为 β,AB 面法线之上和之下的入射光线在 BC 面上的反射情况并不相同. 下方入射光线与法线的夹角 ω_0 为最大时,此光线在 BC 面上反射时刚好能发生全反射,其折射角为 $\beta-I_m$,于是有

$$\sin\omega_0 = n\sin(\beta-I_m) \tag{4.3.1}$$

另外,从法线上方入射的光线,它与法线的夹角 ω_0 大到一定程度时,折射光线便会平行于 BC,不能产生反射,此时的折射角为 $90°-\beta$,于是有

$$\sin\omega_0 = n\sin(90°-\beta) \tag{4.3.2}$$

由此可见,法线上下两方的半视场角并不相等,我们取小的一个作为半视场角.

当 $90°-\beta > \beta-I_m$ 时,如图 4.3.1(a)所示,上方半视场角大于下方半视场角,于是半视场角 ω_0 应由 I_m 决定,即由式(4.3.1)决定. 例如,若 $\beta=45°$,棱镜折射率 $n=1.50$,则 $I_m=41°48'$,显然 $90°-45° > 45°-41°48'$,于是由式(4.3.1)决定出棱镜的半视场角 ω_0 为

$$\sin\omega_0 = n\sin(\beta-I_m) = 1.5\sin(3°12') = 1.5 \times 0.5558 = 0.8337$$

即

$$\omega_0 = 4°47'$$

当 $90°-\beta < \beta-I_m$ 时,如图 4.3.1(b)所示,下方半视场角大于上方半视场角,棱镜的半视场角 ω_0 应由 β 决定,即由式(4.3.2)决定. 例如,若 $\beta=67°30'$,$n=1.66$,则 $I_m=37°3'$,于是 $\beta-I_m=30°27'$,$90°-\beta=22°30'$,半视场角由式(4.3.2)求得

$$\sin\omega_0 = n\sin(90°-\beta) = 1.66\sin(22°30') = 0.6353$$

即

$$\omega_0 = 39°26'$$

在选用反射棱镜时,必须注意,当 $\omega > \omega_0$ 或 $\beta < I_m$ 时,必须在反射面镀反射层,否则部分光线由于不能产生全反射而透射出透镜.

4.3.2　反射棱镜成像方向的确定

反射棱镜有两个主要作用,一个是改变光轴方向,另一个是改变像的方向(转像).光轴方向的改变直接用反射定律确定,这里主要研究反射棱镜的转像作用.为了表示物和像的方向关系,在物空间取一直角坐标系 xyz,令 z 轴和入射光轴重合,y 轴位于入射主截面内,x 轴垂直于主截面;用 $x'y'z'$ 表示 xyz 坐标系通过棱镜系统后像的方向,但并不表示其位置.由于 z 轴和光轴重合,因此我们只需确定 y' 轴和 x' 轴的方向.下面我们分两种情形来讨论.

1. 具有单一主截面的棱镜系统

所谓具有单一主截面的棱镜系统,即系统中所有棱镜的主截面都彼此重合.图 4.3.2 为具有单一主截面的直角棱镜.设物为右手坐标系,yz 平面和主截面重合,z 轴与光轴重合,x 轴垂直于 yz 平面,所以 x 轴垂直于主截面平行于反射面 $BCDE$.从图中易于看出,z 轴经棱镜反射后仍沿光轴出射,方向为 z';x 轴因和反射面平行,故反射后方向不变,即 x' 方向与 x 方向相同.对于 y 轴,由于它位于主截面内,且与 z 轴垂直,故利用平面镜成镜像的特性,即可判断出 y' 的方向.在图 4.3.2 中,由于物为右手坐标系 xyz,故其经镜面 $BCDE$ 反射后,其像应为左手坐标系,在 x' 和 z' 方向已知的情况下,利用左手坐标系的规则即可画出 y 的像 y'.

对于屋脊棱镜(图 4.3.3 为直角屋脊棱镜),设物为右手坐标系,因 z 和 y 轴均在主截面内,所以反射后的方向与图 4.3.2 相同.但 x 轴由于在屋脊面上反射两次,出射方向与原方向相反,并且原物经直角屋脊棱镜反射后仍为右手坐标系,与原物相同成一致像.显

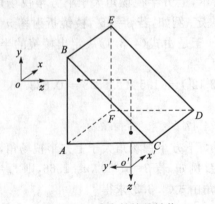

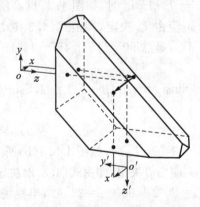

图 4.3.2　直角棱镜的转像　　　　　图 4.3.3　直角屋脊棱镜的转像

然,若系统中有偶数个屋脊面,则 x 轴的成像方向不变;若屋脊面为奇数,则 x 轴的成像方向反向.

以上图 4.3.2 中成镜像,图 4.3.3 中成一致像.若把屋脊棱镜的反射看成是反射两次,即可得出单—主截面的棱镜和棱镜系统的成像规律.

(1) 沿光轴的 z 轴方向,经棱镜系统反射后,其光轴的出射方向就是 z' 方向.

(2) 若与主截面垂直的是 x 轴,其反射后的方向由屋脊面的个数而定,当屋脊面为偶数(包括偶数零)时,x' 的方向与 x 相同;当屋脊面为奇数时,x' 的方向与 x 相反.

(3) 位于主截面内的 y 轴方向的确定,视光线在棱镜系统中的反射次数(经屋脊面的反射算两次)而定.假设物为右手坐标系 xyz,且反射奇数次,则 y' 的方向按 $x'y'z'$ 构成左手坐标系来确定;若反射为偶数次,则 y' 的方向按 $x'y'z'$ 构成右手坐标系来确定.

在物像空间的坐标对应关系确定之后,若求物空间任意矢量经棱镜系统后所成的像,只需将物矢量向物空间的三个坐标轴投影,找出在像空间对应坐标轴的三个分量,然后进行合成即可.

下面举例说明上述规则的应用.图 4.3.4(a) 为道威棱镜,此种棱镜沿光轴方向的入射光线不与工作面垂直,因而产生折射,但光线通过棱镜后方向不变,而物通过此棱镜成镜像.

图 4.3.4(b) 为五角棱镜,可用它代替一次反射的直角棱镜或作 90° 转折的平面反射镜,这种棱镜既避免了镜像,且装调方便,物通过此棱镜成一致像.

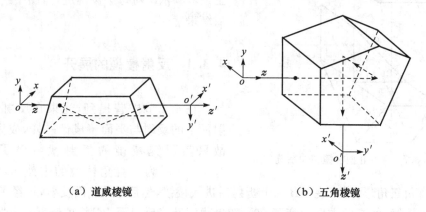

（a）道威棱镜　　　　　　　　　　　　　（b）五角棱镜

图 4.3.4　两种棱镜的转像

图 4.3.5 是由多个棱镜组成的棱镜系统,它由直角棱镜、别汉转镜和直角屋脊棱镜组成.物经过 8 次反射,成一致像,但由于经过了一个屋脊面的反射,故 x' 与 x 反向.

2. 具有两个或两个以上互相垂直的主截面的棱镜系统

图 4.3.6 为普罗 I 型棱镜转像系统,在双筒望远镜中有广泛应用.它由两个直角棱镜组成,其主截面互相垂直.对于这类多个主截面的棱镜系统,它的三个坐标轴的方向仍按单一主截面转像原则来确定.设物为右手坐标系 xyz,通过普罗 I 型的第一个棱镜转像后

成 $x_1'y_1'z_1'$，再以 $x_1'y_1'z_1'$ 为物通过第二个棱镜转像为 $x_2'y_2'z_2'$，以此类推. 在图 4.3.6 中已标出了结果.

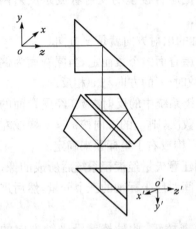

图 4.3.5　单一主截面棱镜系统的转像

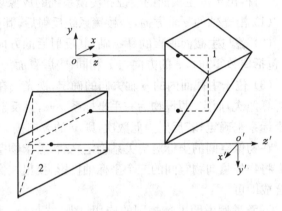

图 4.3.6　普罗Ⅰ型棱镜转像系统

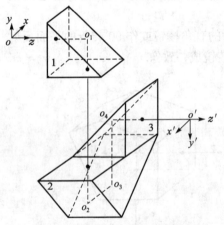

图 4.3.7　普罗Ⅱ型棱镜转像系统

图 4.3.7 是普罗Ⅱ型转像棱镜系统. 它由三个棱镜组成，棱镜 1 和棱镜 3 主截面平行，棱镜 2 的主截面与之垂直，其转像规则仍可按上述步骤依次对每个棱镜进行，图中给出了最后结果.

4.3.3　反射棱镜的展开

在 4.2 节中曾提到，光束在反射棱镜反射面上的反射与平面镜成像一样，成完善像，故只需研究棱镜的折射就可以了. 如图 4.3.8 所示为一直角棱镜的主截面，它是一个等腰直角三角形，光束在 AB 面上折射后进入棱镜，然后经 BC 面反射，再经 AC 面折射后射出棱镜，使光轴方向改变了 $90°$. 如果我们沿着反射面 BC 将棱镜展开，即把棱镜主截面 ABC 以 BC 为轴转 $180°$，将 A 转到 A'，如图中虚线所示. 由反射定律易证，虚线 O_2O_3' 恰好是入射光线 O_1O_2 的延长线，它在 $A'C$ 面上的折射情况和反射光线 O_2O_3 在 AC 面上的折射情况完全相同. 这样就可以用光束通过 $ABA'C$ 玻璃板的折射来代替棱镜的折射，而不再考虑棱镜的反射，因而使研究大为简化. 这种把棱镜的主截面沿着它的反射面展开，取消棱镜的反射，以平行平板的折射代替棱镜折射的方法，称为棱镜的展开. 根据以上讨论可知，用

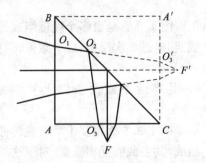

图 4.3.8　等腰直角棱镜的展开

棱镜代替平面镜相当于在光学系统中多加了一块平行玻璃板,平面反射不影响系统的成像性质,而平面折射和共轴球面系统中的一般球面折射相同,将改变系统的成像性质.为了使棱镜和共轴球面系统组合以后,仍能保持共轴球面系统的特性,必须对棱镜的结构提出两点要求.

(1) 棱镜展开后等效玻璃板两个表面必须平行.如果棱镜展开后玻璃板的两个表面不平行,则相当于在共轴系统中加入了一个没有对称轴的光楔,从而破坏了系统的共轴性,使整个系统不再保持共轴球面系统的特性.

(2) 如果棱镜位于会聚光束中,则光轴必须和棱镜的入射和出射表面相垂直,否则会引入像差(见第 7 章).

在光路计算中,将棱镜展开后需要求出其厚度 L,此即棱镜的光轴长度.设棱镜的通光孔径 D 为已知,需将 L 表示成 D 的函数.下面举几个棱镜展开的例子.

例 4.3.1 五角棱镜的展开.

如图 4.3.9 所示的主截面中,$\angle A = 90°$,两反射面的夹角为 $45°$,所以入射光线和反射光线的夹角为 $90°$.把五角棱镜的主截面按反射面顺序经两次翻转 $180°$ 后,即按反射面顺序相继作棱镜主截面的镜像,即可得等效平行平板.设五角棱镜的通光孔径为 D,$AB = AE = D$,不难求出五角棱镜的等效平行平板厚度 L(棱镜光轴长度)为

$$L = (2 + \sqrt{2})D$$

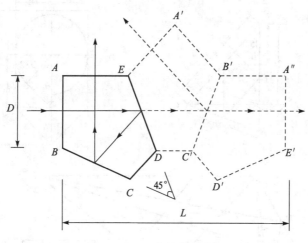

图 4.3.9 五角棱镜的展开

例 4.3.2 施密特棱镜的展开.

如图 4.3.10 所示,是一个等腰棱镜,$\angle A = 45°$,光轴转折 $45°$,由图易于算出等效平板厚度 L 为

$$L = AB' + B'D' = (\sqrt{2} + 1)D = 2.41D$$

例 4.3.3 施密特屋脊棱镜的展开.

对于屋脊棱镜,由于其光轴是在屋脊棱上进行反射的,所以其光路和用反射面代替屋脊的一般光路完全相同.因此,屋脊面的展开方法是以包含屋脊棱的主截面来进行,

与普通棱镜的展开方法相同,按反射面次序逐次翻转主截面,即可得到等效平行平板.
但是,其外形尺寸的计算却比较复杂.下面以施密特屋脊棱镜为例来说明.假设已知斯
米特屋脊棱镜的通光孔径为 $D=b$,现根据图 4.3.11 求施密特屋脊棱镜的结构尺寸 t、
h、a 和光轴长度 L.

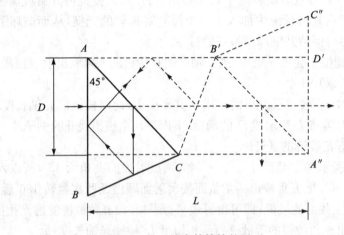

图 4.3.10　施密特棱镜的展开

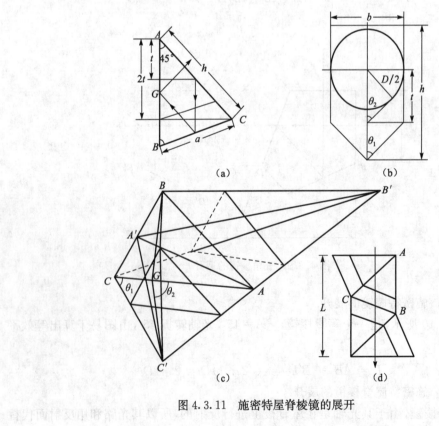

（a）　　　　　　　　　　（b）

（c）　　　　　　　　　　（d）

图 4.3.11　施密特屋脊棱镜的展开

将施密特棱镜的底面改为屋脊面便构成了施密特屋脊棱镜. 对照图 4.3.10 和图 4.3.11(a)、(b)可以看出,当棱镜外形大小(三角形 ABC)相同时,屋脊棱镜的通光孔径 D 要小一些. 因此,当希望通光孔径 D 相同时,屋脊棱镜的外形尺寸比不带屋脊面的棱镜大一些.

图 4.3.11 中,图(a)是屋脊棱镜的主截面,BC 是屋脊棱;图(b)是过屋脊棱中点且与此棱垂直的截面,即和主截面垂直的一个截面,由图可知,$D=b$,要求出 t,首先要求出 θ_2;图(c)是施密特屋脊棱镜的立体图,由图可知,θ_2 是 $\angle C'BA$ 在 $C'B'C$ 平面上的投影,而 BA 在 $C'B'C$ 平面上的投影 GA 为

$$GA = BA\cos45° = \frac{(\sqrt{2}/2)A'B'}{\cos22.5°}\cos45°$$

在直角三角形 GAC' 中

$$\tan\theta_2 = \frac{AC'}{GA} = \frac{(\sqrt{2}/2)A'B'}{(\sqrt{2}/2)A'B'} \times \frac{\cos22.5°}{\cos45°} = 1.3066$$

所以,$\theta_2 = 52.57°$,由图 4.3.11(b)得

$$t = \frac{D}{2\sin\theta_2} = \frac{D}{2\sin52.57°} = 0.63D$$

又由图 4.3.11(a)得

$$AB = AC = \frac{2t}{\cos45°} = \frac{2 \times 0.63D}{\cos45°} = 1.78D$$

$$h = AB\cos22.5° = 1.78D \times 0.9239 = 1.645D$$

$$a = 2AB\sin22.5° = 2 \times 1.78D \times 0.3827 = 1.363D$$

由展开图 4.3.11(d)可得光轴的长度

$$L = AB + AB\cos45° = 3.04D$$

4.4 平行平板及等效空气平板

4.4.1 平面折射

在光学系统中经常遇到一些平面元件,如平凸、平凹及全反射棱镜等. 对于这类 $r=\infty$ 的折射面,当光线射到其上时,不能应用式 (2.1.1)～式(2.1.4)对其进行计算,需要另外推导公式. 在图 4.4.1 中,由物点 A 发出的光线射向两种介质的分界面,由图易于得出

$$\left.\begin{array}{ll} I = U, & \sin I' = \dfrac{n}{n'}\sin I \\[2mm] U' = I', & L' = L\dfrac{\tan U}{\tan U'} \end{array}\right\} \quad (4.4.1)$$

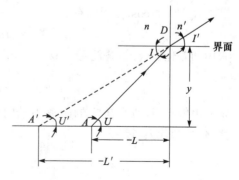

图 4.4.1 光线在平面上的折射

式(4.4.1)为平面折射的基本公式.根据这些公式,我们就能够确定任一条光线经过平面折射后的光路.由公式(4.4.1)可知,对于一个折射平面来说,像距 L' 也是 U 的函数,即由光轴上同一物点发出的具有不同 U 值的入射光线,经过平面折射之后,其 L' 值是不同的,折射光线不能交于同一点,成像是不完善的.

如果入射光线为近轴光线,则式(4.4.1)可表示为如下形式

$$i = u, \quad i' = \frac{n}{n}i, \quad u' = i', \quad l' = \frac{u}{u'}l \tag{4.4.2}$$

由式(4.4.2)中的前三式可得 $u/u'=n'/n$,将此结果代入最后一式,得

$$l' = \frac{n'}{n}l \tag{4.4.3}$$

式(4.4.3)表明,在近轴条件下,l' 和 l 具有一一对应关系,此时平面折射能成完善像,而式(4.4.3)也可在式(2.1.8)中令 $r=\infty$ 得到.可见,近轴的放大率公式仍然适用于单折射面成像.于是,由式(2.2.2)得

$$m = \frac{nl'}{n'l} = +1$$

由此可见,物体经过一个平面折射后,像的大小与物一样,且为正像,虚实相反.

4.4.2　平行板

在光学仪器中,常用由两个折射平面构成的平行平板或相当于平行平板的光学元件.平行平板简称平行板,如图 4.4.2 所示,由轴上点 A 发出与光轴成 U_1 的光线射向平行板,经第一面折射后,射向第二面,经折射后沿 EB 方向射出.出射光线的延长线与光轴交于 A_2',此即为物点 A 经平行平板折射后的虚像点.光线在第一、第二两面上的入射角和折射角分别为 I_1、I_1'、I_2、I_2'.设平行板在空气中,玻璃的折射率为 n,对这两个表面按折射定律有 $\sin I_1 = n\sin I_1'$,$n\sin I_2 = \sin I_2'$.由于这两个折射面平行,故有 $I_2 = I_1'$,$I_2' = I_1$,所以 $U_1 = U_2'$,即出射光线 EB 和入射光线 AD 相互平行,即光线经平行平板折射后方向不变,但 EB 相对于 AD 却平行移动了一段距离 DG.设平行平板的厚度为 d,由直角三角形 DGE 可得

$$DG = DE\sin(I_1 - I_1')$$

其中,$DE=d/\cos I_1'$.所以有

$$DG = d\sin(I_1 - I_1')/\cos I_1'$$

采用和差化积公式,并注意 $\sin I_1 = n\sin I'$,得

$$DG = d\sin I_1\left(1 - \frac{\cos I_1}{n\cos I_1'}\right) \tag{4.4.4}$$

定义由像点 A_2' 到物点 A 的距离为轴向位移,用 $\Delta L'$ 表示,由图可得 $\Delta L' = DG/\sin I_1$,将式(4.4.4)代入,得

$$\Delta L' = d\left(1 - \frac{\cos I_1}{n\cos I_1'}\right) \tag{4.4.5}$$

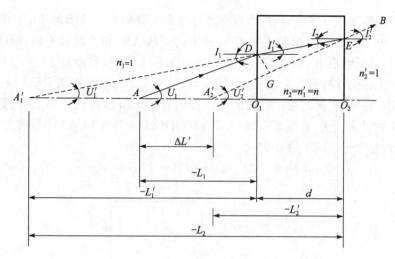

图 4.4.2　光线经平行玻璃板的折射

又因 $\sin I_1 = n\sin I'$,式(4.4.5)又可写成

$$\Delta L' = d\left(1 - \frac{\tan I'_1}{\tan I_1}\right) \tag{4.4.6}$$

式(4.4.6)表明,$\Delta L'$ 随 I_1 的不同而异,即从点 A 发出的具有不同入射角的光线经平行平板折射后,具有不同的轴向位移值. 这说明同心光束经平行平板折射后,变为非同心光束. 因此,平行平板的成像是不完善的,轴向位移越大,成像的不完善程度越大.

如果入射光束以近于无限细的近轴光束通过平行平板成像,因 I_1 很小,所以 $\cos I_1 \approx \cos I'_1 \approx 1$,这时轴向位移用 $\Delta l'$ 表示,式(4.4.5)可写成

$$\Delta l' = d\left(1 - \frac{1}{n}\right) \tag{4.4.7}$$

由此可见,$\Delta l'$ 与入射角 I_1 无关,只与 d 和 n 有关,即物点的近轴光经平行平板成像时,可成完善像. 如平行玻璃板的折射率 $n=1.5$,则轴向位移为 $\Delta l'=d/3$.

物在近轴区经平行平板成像的缩放情况,仍可用近轴球面系统放大率公式(2.3.12)、式(2.3.13)和式(2.3.11)求得,即

$$\gamma = \frac{u'}{u} = 1, \quad m = \frac{1}{\gamma} = 1, \quad \overline{m} = m^2 = 1$$

即物体在近轴区经平行平板所成的像与物体一样大小.

4.4.3　等效空气平板

在 4.2 节和 4.3 节中曾提到,用棱镜代替平面镜,相当于在光路中多加了一块平行玻璃平板. 光线经平行玻璃平板后的成像性质,在本节中已进行了讨论. 其结论是:入射光线和出射光线平行,并且当入射光线为近轴光线时,加入平行平板后,相当于把原物点向右移动 $\Delta l'=d(1-1/n)$,其值为常量. 这说明在光学系统中加入平行平板后,在近轴区并不影响光学系统的特性,只是使物平面向右移动了一个距离 $\Delta l'$.

　　下面介绍等效空气平板,利用该概念进行像面位置和棱镜外形尺寸的计算将是十分方便的.如图 4.4.3 所示,由轴上物点 A 发出的光线 AB,如无玻璃平板,则将沿 AB 射出,加入平板后光线沿 A' 方向出射,相当于物点向右移至 A',移动量 $\Delta l'=d(1-1/n)$.光线 AB 在平板 CEO_2O 的 B 点上的入射情况与 $A'B'$ 光线在平行平板 DEO_2O_1 上 B' 点的入射情况完全相同,不同的是,光线经 CEO_2O 时在 CO 和 EO_2 两平面上有两次折射,而经 DEO_2O_1 时并无折射,光线是直通的.我们称 DEO_2O_1 为 CEO_2O 的等效空气平板.由图可知,等效空气平板的厚度 $\bar{d}$ 为

$$\bar{d}=d-\Delta l'=d-d(1-1/n)=d/n \tag{4.4.8}$$

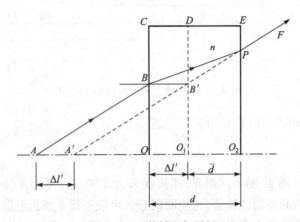

图 4.4.3　等效空气平板

根据等效空气平板的概念,我们得到下面成像性质:物点 A 到实际玻璃平板第一面 CO 的距离与像点 A' 到等效空气平板的第一面 DO_1 的距离相等,并且玻璃平板与等效空气平板的第二表面是重合的;其次,入射光线在实际玻璃平板第一面 CO 上的高度 BO 与像点 A' 到等效空气平板第一面 DO_1 上的高度 $B'O_1$ 相等.根据光路可逆的性质,如图 4.4.4 所示沿 FP 方向入射到玻璃平板上的光线将实际按 BA 方向平行出射,进行等效后,该光线不仅将按 PA' 方向出射,是直通的,而且上面提到的等效空气平板的成像性质依然成立,

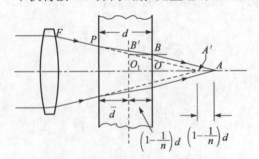

图 4.4.4　等效空气平板的作用

它对于像方棱镜外形尺寸和像面位置的计算将是非常方便的.

　　现用等效空气平板的概念举例计算物体经含有棱镜的光学系统所成像的位置和大小.图 4.4.5(a) 为一等腰直角棱镜($n=1.5$)和两个薄透镜组成的光学系统.棱镜直角边长为 60mm,$f'_1=200$mm,$f'_2=-100$mm,两透镜相距 50mm,物高 10mm,距棱镜 60mm,棱镜距 L_1 为 100mm.求该系统所成像的位置和大小.

　　此反射棱镜的作用为一平面反射镜和一平板玻璃所代替.平面镜使物成镜像,棱镜的等效平行平板厚度为 $d=60$mm.显然,物到透镜 L_1 的距离为 220mm,物通过此玻璃板成

像时,玻璃板的作用只不过将物右移了一个距离 $\Delta l' = d(1 - 1/n) = 60(1 - 1/1.5) = 20$mm,此时物到 L_1 的距离为 200mm,以后的计算就简单了.

我们这里用等效空气平板的概念来研究. 等效空气平板厚度 $\bar{d} = d/n = 60/1.5 = 40$mm,其等效光路如图 4.4.5(b)所示. 由图可知,$l_1 = 60 + 40 + 100 = 200$mm,即物位于 L_1 的前焦面上,故 $l_2 = \infty, l_2' = f_2' = -100$mm,即像在 L_2' 左方 100mm 处. 系统的垂轴放大率可由两光组构成系统的一般公式(3.5.11)求得,即

$$m = \frac{-l'}{\phi_1 l d - l + d} = \frac{100}{1/200 \times (-200) \times 50 + 200 + 50} = 0.5$$

考虑到平面反射镜的作用,故物经此系统后在 L_2 左方 100mm 处成一缩小倒立的虚像,像高 5mm.

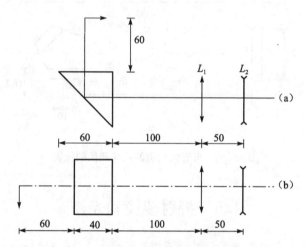

图 4.4.5 物体经棱镜和透镜系统成像的计算

下面用等效空气平板的概念举例计算棱镜的尺寸和无限远物体通过棱镜后的像面位置.

设有一薄透镜组,焦距为 100mm,通光孔径为 20mm,利用它使无限远物体成像,像的直径为 10mm,在距透镜组 50mm 处加入一个五角棱镜,使光轴转折 90°,求五角棱镜的尺寸和通过棱镜后的像面位置.

由于物体位于无限远,像平面位于像方焦面上. 由给出的条件,全部成像光束位于一个高为 100mm,上底和下底分别为 10mm 和 20mm 的梯形截面锥体内,如图 4.4.6(a)所示.

棱镜的第一个表面的通光直径 D_1 为

$$D_1 = \frac{20 + 10}{2} = 15 \text{(mm)}$$

五角棱镜的等效平板厚度为

$$d = 3.414 D_1 = 3.414 \times 15 = 51.21 \text{(mm)}$$

假定玻璃的折射率 $n = 1.5163$,则等效空气平板厚度为

$$\bar{d} = \frac{d}{n} = \frac{51.21}{1.5163} = 33.8 \text{(mm)}$$

因此,棱镜的实际出射面到像平面的距离为

$$l' = 50 - \overline{d} = 50 - 33.8 = 16.2 \text{(mm)}$$

棱镜出射面的通光孔径为

$$D_2 = 10 + \frac{20 - 10}{100} \times 16.2 = 11.62 \text{(mm)}$$

图 4.4.6(b)是根据以上计算结果作出的实际光学系统图.

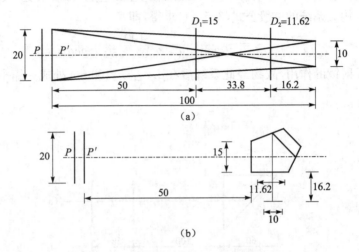

（a）

（b）

图 4.4.6　求五角棱镜的尺寸和像的位置

4.5　折射棱镜和光楔

4.5.1　折射棱镜

折射棱镜在光路中有色散和偏向作用,利用色散可制作色散元件,利用偏向可实现光路转折. 图 4.5.1 中,图(a)为单色光棱镜的光路,图(b)为白光通过棱镜的色散光路图.

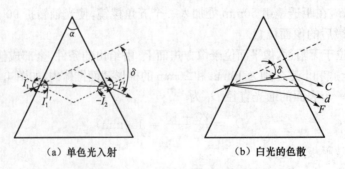

（a）单色光入射　　　　　（b）白光的色散

图 4.5.1　入射光经棱镜的折射和色散

折射棱镜的两个折射面不同轴,因此不能将折射棱镜等效成一块平行平板,图 4.5.1 为折射棱镜的主截面,棱镜位于空气中,其折射率为 n,顶角为 α,入射角为 I_1,入射光线对于入射光线的偏角为 δ,当入射光线以锐角顺时针转向折射光线时,δ 为正,反之为负. 图

中 δ 为正.

1. 折射棱镜的最小偏向角

在图 4.5.1(a)中,应用折射定律于棱镜的两个折射面,有

$$\sin I_1 = n\sin I_1' \quad , \sin I_2' = n\sin I_2 \tag{4.5.1}$$

将式(4.5.1)中的二式相减,并用三角公式化为积的形式得

$$\sin\left[\frac{1}{2}(I_1 - I_2')\right]\cos\left[\frac{1}{2}(I_1 + I_2')\right] = n\sin\left[\frac{1}{2}(I_1' - I_2)\right]\cos\left[\frac{1}{2}(I_1' + I_2)\right]$$

又由图 4.5.1(a)知

$$\alpha = I_1' - I_2, \quad \delta = I_1 - I_1' + I_2 - I_2'$$

两式相加得

$$\alpha + \delta = I_1 - I_2'$$

于是有

$$\sin\left[\frac{1}{2}(\alpha + \delta)\right] = \frac{n\sin\left(\frac{1}{2}\alpha\right)\cos\left[\frac{1}{2}(I_1' + I_2)\right]}{\cos\left[\frac{1}{2}(I_1 + I_2')\right]} \tag{4.5.2}$$

由式(4.5.2)可知,光线经棱镜折射后,所产生的偏向角 δ 是 I_1、α 和 n 的函数. 对于给定棱镜,α 和 n 为已知,因此 δ 只随 I_1 改变. 可以证明,当 $I_1 = -I_2'$ 或 $I_1' = -I_2$ 时,其偏向角 δ 将为最小. 于是式(4.5.2)可写成

$$\sin\left[\frac{1}{2}(\alpha + \delta_m)\right] = n\sin\frac{\alpha}{2} \tag{4.5.3}$$

式中,δ_m 称为最小偏向角. 式(4.5.3)常被用来测玻璃的折射率 n. 为此,需将被测玻璃制成棱镜,顶角 α 取 $60°$,然后用测角仪精确测出 δ_m 值. 当测得最小偏向角 δ_m 后,即可由公式(4.5.3)求得棱镜玻璃的折射率 n.

2. 棱镜的色散

白光由不同波长的单色光组成,对于同一种透明介质,不同波长的色光具有不同的折射率. 由式(4.5.2)和式(4.5.3)可知,不同的色光具有不同的偏向角,这样就可把白光分解成各种色光,因此折射棱镜常用作色散元件,它在计量仪器和光谱仪器中有广泛应用.

图 4.5.2(a)为阿贝恒偏向棱镜,它等效为一个顶角为 2α 的色散棱镜,用于光谱测量. 处于最小偏向角入射的光线和出射光线的夹角必等于 $90°$. 棱镜虽然由一块玻璃制成,但可将其看成两个相同的 α-$90°$直角棱镜和一个 $45°$-$90°$全反射棱镜组成. 对不同波长的光,棱镜的折射率 n 有不同的值. 假定在图中的最小偏向角入射位置上,波长为 λ 的光线 OP 以入射角 I 射向棱面 AE,其折射光线 PQ 平行于 EB,光线 PQ 以 $45°$入射角自 AB 反射,再经 DC 射出. 既然在棱面 AB 反射,可将 $ABCD$ 沿 AB 展开,如图 4.5.2(b)所示. 这样,恒偏向棱镜 $ABCDE$ 可等效为 $AD'C'E$. 从图中可见,其顶角为 2α,实际光路

$OPQRS$ 等效为 $OPQR'S'$，显然在棱镜内的光线与棱镜底边平行，且处于最小偏角位置．对该单色光线来说，入射角和出射角相等．

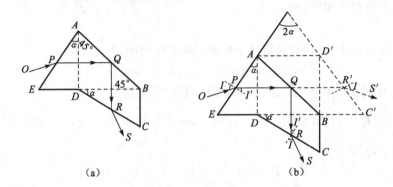

图 4.5.2　阿贝恒偏向棱镜及展开

由于 PQ 垂直于 QR，将 PQ 和 QR 沿顺时针分别绕 P 和 R 旋转角度 I'，即分别为 AE 和 CD 面的法线；再绕 P 点和 R 点分别逆时针旋转 I 角，则成 OP 和 RS，所以 OP 垂直于 RS．

根据折射定律，为实现上述光路，入射角 I 应满足

$$\sin I = n\sin I' = n\sin\alpha \tag{4.5.4}$$

若白光沿 OP 方向入射，旋转棱镜以改变入射角，在转动过程中，对任何波长的光都可以找到一个满足式(4.5.4)的入射角 I，从而可使任一波长的光沿图 4.5.2(a)中所示的路径通过棱镜，其偏向角都为 $90°$．这也是恒偏向色散棱镜名称的由来．用这种棱镜，在不改变入射光 OP 的条件下，通过旋转棱镜，在与 OP 正交的方向上可以观察任一波长的光，给测量带来很大的方便．

4.5.2　光楔

当折射棱镜的顶角 α 很小时，该棱镜称为光楔．由于 α 角很小，由 $\alpha = I_1' - I_2$ 得 $I_1' = I_2 + \alpha \approx I_2$，再由式(4.5.1)的关系得 $I_2' = I_1$，将以上结果代入式(4.5.2)，得

$$\sin\frac{1}{2}(\alpha+\delta) = \frac{n\sin\dfrac{\alpha}{2}\cos I_1'}{\cos I_1}$$

注意到 α 很小，δ 也一定很小，所以上式的正弦值可以用弧度来代替，即

$$\frac{1}{2}(\alpha+\delta) = \frac{1}{2}n\alpha\,\frac{\cos I_1'}{\cos I_1}$$

解出 δ 得

$$\delta = \alpha\left(n\frac{\cos I_1'}{\cos I_1} - 1\right) \tag{4.5.5}$$

这时，若入射角 I_1 也很小，则式(4.5.5)可写成

$$\delta = \alpha(n-1) \tag{4.5.6}$$

式(4.5.6)表明,当光线垂直或接近垂直射入光楔时,所产生的偏向角 δ 仅取决于光楔的顶角及折射率.

　　光楔在光学仪器中有广泛应用. 把两块相同的光楔组合在一起相对转动,以产生不同的偏向角,如图 4.5.3 所示,两光楔之间有一空气间隙,且 A_1B_1 与 A_2B_2 平行. 当两光楔绕其公共轴线相对转动时,其偏向角 δ 将随之变化. 图(a)表示两光楔的主截面平行,两楔角朝向一方,此时产生的偏向角最大,为单个光楔的 2 倍. 图(b)的情况是光楔相对转动了 $180°$,这时偏向角等于零,相当于平行平板. 图(c)的情况与图(a)相反,但大小相等.

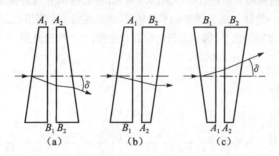

图 4.5.3　光楔的转动

　　可以推知,当二光楔相对转动任意角度 φ 时,其组合光楔的总偏向角为

$$\delta = 2(n-1)\alpha\cos\frac{\varphi}{2} \tag{4.5.7}$$

　　利用双光楔的这种性质,可以用它来补偿或测量光线的小角度偏差. 在计量仪器中,还常通过改变两光楔间空气层的厚度来达到测量微小位移的目的. 如图 4.5.4 所示,在物镜和分划板之间插入光楔,当光楔位于位置 1 时,物点 A 经物镜和光楔后成像于分划板上 A_1 处;当光楔在位置 2 时,物点 A 成像于 A_2 处. 若光线经光楔后的偏向角为 δ,光楔的移动量为 l,则像点的移动量

$$h = l\tan\delta$$

因 α 很小,δ 将更小,上式可写成

$$h = l\delta = l(n-1)\alpha \tag{4.5.8}$$

对于给定的光楔,α 和 n 为定值,像点移动量与 l 呈线性关系. 又由于 $(n-1)\alpha \ll 1$,所以,可以通过光楔的较大移动获得像点的微量移动,从而达到测微目的.

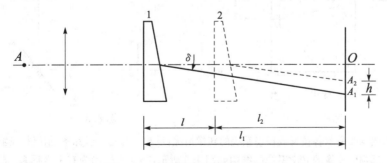

图 4.5.4　光楔的移动测量微小位移

习　题

1. 通过平面镜看到自己的全身,问平面镜长度至少要多少? 试证明.

2. 一焦距为 1000mm 的薄透镜,在其焦点处有一发光点,物镜前置一平面反射镜把光束反射回物镜,且在焦平面上成一像点,它和原发光点的距离为 1mm,问平面镜的倾角是多少?

3. 有一双面镜系统,光线平行于其中一个平面镜入射,经两次反射后,出射光线与另一平面镜平行,问两平面镜的夹角为多少?

4. 一光学系统由一透镜和平面镜组成,如图 4.1 所示. 平面镜 MM 与透镜光轴垂直交于 D 点,透镜前方离平面镜 600mm 有一物体 AB,经透镜和平面镜后,所成虚像至平面镜的距离为 150mm,且像高为物高的一半,试分析透镜焦距的正负,确定透镜的位置和焦距,并画出光路图.

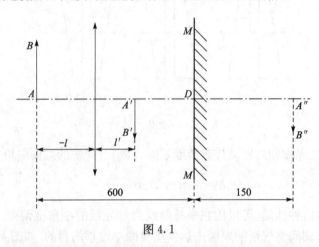

图 4.1

5. 如图 4.2 所示,平行平板厚度为 d,玻璃折射率为 n,光线入射为 AB,当平行平板绕 O 点转过 φ 角时,试求光线侧向位移 x 的表示式,并分析点 O 的位置对侧向位移有无影响.

6. 一个由物镜 L,反射镜 M 和屋脊棱镜 P 组成的单镜头照相机取景器,如图 4.3 所示. 物为右手坐标,试求经过物镜、反射镜和屋脊镜后像的坐标系.

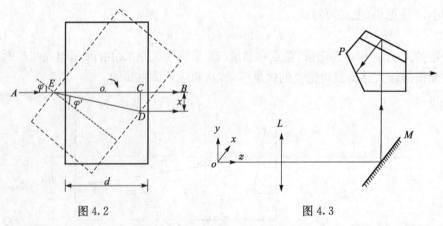

图 4.2　　　　　　　　　　　　　　　图 4.3

7. 试判断图 4.4 所示各棱镜或棱镜系统的转像情况,设输入为右手坐标系,画出相应输出坐标系.

8. 使无限远物体成像的光学系统的结构如图 4.5 所示,物像坐标均为右手坐标系. 试确定在虚线框中应选用何种平面镜或棱镜?

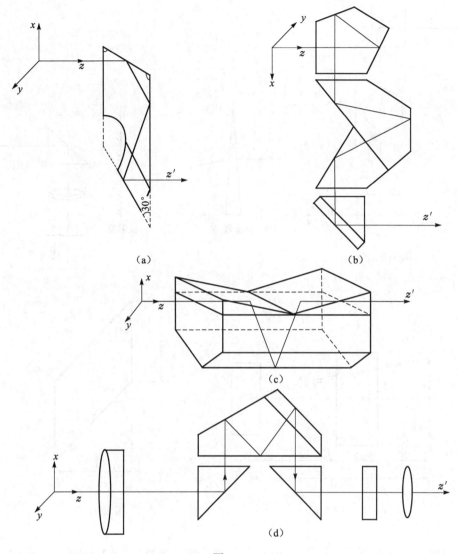

图 4.4

9. 如图 4.6 所示,一水平光线通过折射率 $n=1.5$,顶角为 $4°$ 的光楔后射到一竖直的平面镜上. 欲使反射的光线变成水平方向,则必须将平面镜转过多大角度?

10. 一点光源 S 位于平行玻璃平板前 l 处,平行平板厚度为 d,折射率为 n,后表面镀反射膜. 光源 S 经平行平板前表面折射,又经后表面反射,再经前表面折射面成虚像 S'.

(1) 试用等效空气平板的观点求共轭距 SS'.

(2) 若此平板厚度 $d=200\mathrm{mm}$,$n=1.5$,一人站在平板前 $300\mathrm{mm}$ 处,则人和其像之间相距多大?

11. 直角三棱镜转像的立式制板照相机光路如图 4.7 所示. 镜头焦距 $f'=450\mathrm{mm}$,棱镜玻璃折射率 $n=1.5$,主截面为 ABC,且 $AB=BC=100\mathrm{mm}$. 试问:要求放大 2 倍时,物镜离清晰像的距离是多少?

12. 如图 4.8 所示,物镜后面有两块平面平行板,其厚度分别为 15mm 和 12mm,折射率均为 1.5,物镜像距 $l'=64\mathrm{mm}$,A' 面为其最后成像面. 试求两块平行平面之间的间隔 d 的值.

13. 画出如图 4.9 所示的棱镜展开图. 设 $D=20\mathrm{mm}$,求展开后等效平板的厚度 L 值.

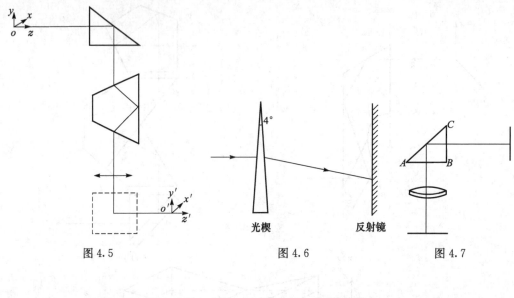

图 4.5 光楔 反射镜 图 4.6 图 4.7

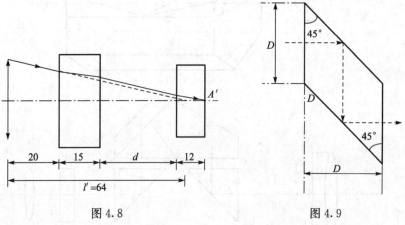

图 4.8 图 4.9

14. 如图 4.10 所示,显微镜为了观察方便,常引入转像棱镜,现要求光轴方向改变 45°,通光口径为 D,试求:

(1) 棱镜的角度和大小.

(2) 该棱镜展开成平行平板,求其结构常数.

15. 棱镜折射角 $\alpha=60°7'40''$,C 光的最小偏向角 $\delta=45°28'18''$,试求棱镜光学材料的折射率.

16. 白光经过顶角 $\alpha=60°$ 的色散棱镜,$n=1.51$ 的色光处于最小偏向角.试求其最小偏向角及 $n=1.52$ 的色光相对于 $n=1.51$ 的色光间的夹角.

17. 如图 4.11 所示,光线以 45° 入射到平面镜上反射后通过折射率 $n=1.5163$、顶角为 4° 的光楔. 若使入射光线与最后的出射光线成 90°,试确定平面镜所应转动的方向和角度值.

18. 一束会聚光本交于 p 点,插入一折射率为 1.50 的平行平板玻璃后,像点现移至点 p',求玻璃板的厚度 t,如图 4.12 所示.

19. 将图 4.13 中所示的反射成像系统展开成直线光路系统,并用透镜元件对展开后的光路进行等效.

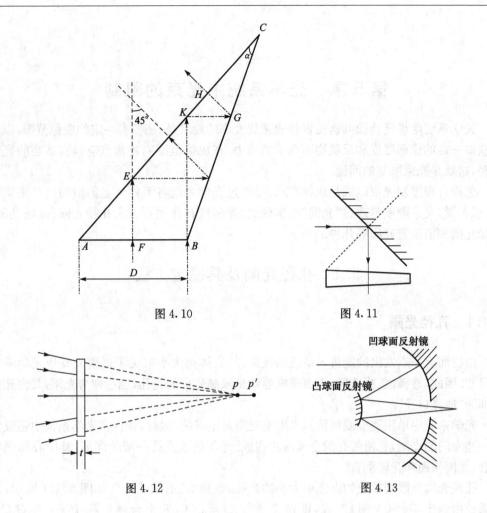

图 4.10　　　　　　　　　　　　　图 4.11

图 4.12　　　　　　　　　　　　　图 4.13

第5章 光学系统中光束的限制

光学系统除满足物像共轭位置和成像放大率的要求外,还要有一定的成像范围,以及为获得一定的像面照度和反映物面细节的能力,在成像范围内各物点应具有适当的光束口径,这就是光束限制的问题.

怎样合理限制光束以满足成像要求,是通过光学系统各零件一定的横向尺寸来实现的,或者说,光束限制是通过"光阑"来实现的. 光阑按其作用可分为孔径光阑、视场光阑、渐晕光阑和消杂光光阑等几种.

5.1 孔径光阑及其确定方法

5.1.1 孔径光阑

由物面上一点发出的能进入系统的光束,其立体角大小取决于透镜或其他光学零件的尺寸. 因此,透镜框、棱镜框、平面镜框等就是限制光束的光孔,也可称为光阑,其内孔大小即为"通光口径".

光学系统中单用透镜或棱镜框来限制光束是不够的. 因此,在许多光学系统中还设置了一些专门的光阑,它由带孔的金属薄片构成. 光阑的通光孔一般为圆形,其中心和光轴重合,光阑平面和光轴垂直.

孔径光阑是限制轴上物点光束大小的光孔,也称为"有效光阑". 如图 5.1.1 所示,光学系统由四个零件(光阑)组成,即两个透镜 O_1 和 O_2,两个金属圆孔 P_1P_2 和 Q_1Q_2. 图 5.1.1 中所示光孔 P_1P_2 限制了轴上物点 A 的光束孔径,故光孔 P_1P_2 是孔径光阑.

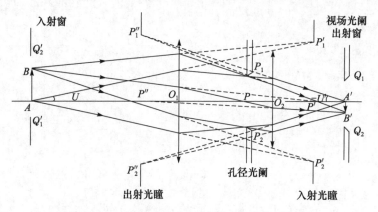

图 5.1.1 光学系统中的孔径光阑、入瞳和出瞳

将此光孔 P_1P_2 通过前面的光学零件(透镜 O_1)成像到物空间去,其像 $P_1'P_2'$ 决定了光学系统物方的成像光束的孔径角. $P_1'P_2'$ 称为入射光瞳,简称入瞳,可看成成像光束的公共

入口. 入瞳边缘对物点 A 的张角称为物方孔径角 $2U$.

　　将孔径光阑 P_1P_2 经过后面的光学零件(透镜 O_2), 成像到像空间, 其像 $P_1'P_2'$ 决定了光学系统像方的孔径角. $P_1'P_2'$ 称为出射光瞳, 简称出瞳, 可看成成像光束的公共出口. 出瞳边缘对像点 A' 的张角称为像方孔径角 $2U'$.

　　显然, 入射光瞳通过整个光学系统所成的像就是出射光瞳, 二者对整个光学系统是共轭的. 如果孔径光阑的位置对整个光学系统而言, 其后面已无成像光学零件, 那么它本身就是出射光瞳; 反之, 其前面无成像光学零件, 那么它就是入射光瞳.

　　孔径光阑的位置在有些光学系统中有特定的要求. 例如, 目视光学系统, 出射光瞳一定要在系统外, 以便与眼瞳重合, 达到良好的观察效果. 如无特殊要求, 光学系统中孔径光阑位置的合理选择可以改善轴外点成像光束的质量.

5.1.2　孔径光阑的确定方法

　　孔径光阑和视场光阑是任何光学系统都有的两种重要光阑, 当系统各光学零件的位置和大小已知后, 哪一个是孔径光阑或视场光阑呢?

　　设光组有三个零件, 透镜 O_1、O_2 和光孔 P_1P_2, 物点为 A, 如图 5.1.2 所示.

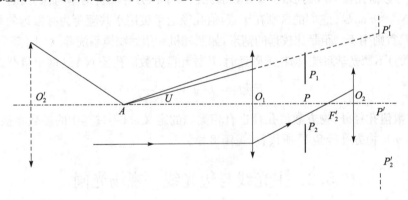

图 5.1.2　孔径光阑的确定方法

　　第一步, 将系统中所有光学零件的光孔, 分别通过前面的光学零件成像到整个系统的物空间. 该系统中, 透镜 O_1 成像到物空间就是其本身, 光孔 P_1P_2 通过透镜 O_1 成像到物空间为 $P_1'P_2'$, 透镜 O_2 通过透镜 O_1 成像为 O_2', 可用成像公式确定其位置和大小.

　　第二步, 由轴上点 A 对各个像的边缘引直线, 计算各直线与光轴夹角的大小. 入射光瞳必然是其中对轴上点 A 的张角为最小的一个, 该角即为物方孔径角 U. 图中 $P_1'P_2'$ 即为入射光瞳. 因此, 入瞳 $P_1'P_2'$ 对应的物 P_1P_2 即为孔径光阑.

　　若物体位于无限远, 无法比较各光学零件通光孔经前面光学零件所成像对物点张角的大小, 此时仅比较各个像本身的大小, 口径最小者即为入射光瞳.

　　显然, 确定孔径光阑的方法, 也可以先确定出射光瞳, 即所有光学零件的通光孔经后面的光学零件成像到像空间, 则出射光瞳对轴上像点的张角为最小.

　　如果透镜 O_1 和 O_2 完全相同, 并对称于孔径光阑位置, 显然, 其入射光瞳和出射光瞳的大小和倒正都一样,即入瞳和出瞳之间的倍率为+1,因而结构是对称于光阑的对称式系统,其入射光瞳面和出射光瞳面分别与光学系统的物方主平面和像方主平面重合.

光学系统的孔径光阑只是对一定位置的物体而言的,如果物体位置发生变化,原来限制光束的孔径光阑将会失去限制光束的作用,光束会被其他光孔所限制.仍如图 5.1.2 所示,物体在 A 点时,P_1P_2 为孔径光阑;而对无穷远物点,透镜 O_1 将成为入射光瞳,也是孔径光阑,它经透镜 O_2 成的像为出射光瞳.

入瞳的大小是由光学系统对成像光能的要求或者对物体细节的分辨能力(分辨率)的要求来确定,常以入瞳直径和焦距的比值 D_{EP}/f' 来表示,称为相对孔径,它是光学系统的一个重要性能指标.其倒数就是 F 数,也被称为照相机的光圈数,表示为

$$F 数 = f'/D_{EP} \tag{5.1.1}$$

例如,一个有效焦距为 100mm,入瞳大小为 25mm 的照相机镜头,它的 F 数就是 4,通常也写成 $f/4$ 或 $f:4$. 在实际应用中,照相机的光圈数反映了它的曝光速度.小光圈数即大孔径,有快的曝光速度;大光圈数即小孔径,有慢的曝光速度,因大孔径允许在短的时间内即可获得所需要的曝光量.

F 数和光学系统中数值孔径的概念是同一个物理量的两种不同表示形式,有时 F 数也被写成像方数值孔径 NA 的形式,像方数值孔径等于像方介质折射率与像方孔径角正弦的乘积,即 $NA=n'\sin U'$. 它们的区别在于,数值孔径通常被用于共轭距为有限远的系统,如显微镜,而 F 数则用于物距是比较远的情形,如照相机和望远物镜系统等.对于(彗差和球差得到了控制的)不晕光学系统,物在无限远时,F 数和像方数值孔径 NA 这两个量有如下关系

$$F 数 = f/\# = \frac{1}{2NA} \tag{5.1.2}$$

除了像方数值孔径外,物方数值孔径也有相类似的定义,只不过其中的参数将被物方的介质折射率 n 与物方孔径角 U 所代替(见第 8 章).

5.2　主光线与边光线　视场光阑

5.2.1　主光线与边光线

物点成像光束中通过入瞳中心的光线称为主光线.主光线是各个物点发出的成像光束的光束轴线,它也同时通过孔径光阑和出射光瞳中心.边光线是轴上物点发出的成像光束中通过入瞳边沿的光线.边光线和主光线是两条特殊的子午光线,它们共同决定了物、像和光瞳性质.

如图 5.2.1 所示,轴上物点 O 发出与光轴夹角为 u,并刚能通过入瞳边沿的光线是边光线.由于物点 O 的像位于光轴上,边光线也必相交于光轴,如图 5.2.2(a)所示.因此,边光线高度为零所在的平面就是像平面,它决定了像的位置;又由于边光线经过了孔径光阑和光瞳的

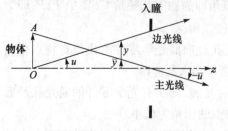

图 5.2.1　主光线与边光线

边缘,因此它能决定光阑(瞳)的大小.边光线在光路中某一平面上的高度和它与光轴的夹角用符号 y 和 u 来表示.类似地,在图 5.2.1 中,轴外物 A 点发出的成像光束中通过光学系统入瞳中心的光线是主光线.由于物点 A 的像位于光轴外,主光线也必通过该轴外像点,如图 5.2.2(a)所示,因此主光线定义了像的高度.当主光线经过入瞳中心时,如前所述,此时边光线在入瞳面上的高度就确定了入瞳的大小,如图 5.2.2(b)所示.主光线在某个面上的高度和它与光轴的夹角用符号 $\bar{y}$ 和 $\bar{u}$ 来表示.

归纳图 5.2.2 可知,当边光线与光轴相交于一点时,像和像平面的位置就被确定,并且物体所成像的大小就被主光线在这像平面上的高度所确定.同理,当主光线与光轴相交于一点时,孔径光阑或光瞳面所在的位置就被确定,并且孔径光阑或光瞳的半径被边光线在这些平面上的高度所确定.因此,利用近轴光学系统的主光线和边光线的性质,通过 ynu 对它们进行光线追迹的光路计算,就可以确定理想像的位置和大小以及孔径光阑的位置和大小.

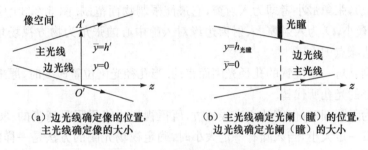

(a)边光线确定像的位置,
主光线确定像的大小

(b)主光线确定光阑(瞳)的位置,
边光线确定光阑(瞳)的大小

图 5.2.2 主光线和边光线的性质

5.2.2 视场光阑

限制物平面或物空间范围的光阑称视场光阑.视场光阑通常设置在系统的实像平面或物平面,其形状根据系统的要求为圆形(如显微,望远等系统)或方形、矩形(如照相系统)等形状.

考虑入瞳为无限小,如图 5.2.3 所示,系统中只有沿主光线的一束无限细的光束能够通过光学系统,所以,此时光学系统的成像范围便由对主光线发生限制的光孔决定.

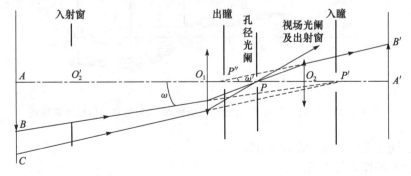

图 5.2.3 光学系统中的视场光阑、入射窗和出射窗

　　由物面上不同高度 B 和 C 点作主光线 BP' 和 CP',使其分别经过透镜 O_1 和 O_2 的边缘.能经过透镜 O_2 的那条主光线 BP' 才能经过系统像平面,B 点以外的物点(如 C 点),虽能经过 O_1,但被 O_2 所阻挡,所以 B 是物平面视场的边缘点,O_2 是限制视场的视场光阑,它最能限制物面范围.视场光阑在物方空间、像方空间所成的像分别称为入射窗和出射窗.图中透镜 O_2 的像 O_2' 就是图中所示系统的入射窗.

　　视场可以用长度来量度,称为线视场.物方线视场为物高的 2 倍,以 $2h$ 表示.像方线视场为像高的 2 倍,以 $2h'$ 表示.物方线视场和像方线现场的关系为:$h'=mh$.视场也可用角度来量度,称为视场角.物方视场角为 2ω,像方视场角为 $2\omega'$,它们分别为物、像方视场上下边缘的主光线之间的夹角.

　　从上述分析得出确定视场边缘点和视场光阑的方法.

　　(1) 把孔径光阑以外的所有光孔经前面的光学系统成像到物空间.

　　(2) 计算这些像的边缘对入瞳中心的张角大小(入瞳中心位置 P' 实际上在确定孔径光阑时已完成),张角最小者即为入射窗,它最能限制物面范围.图 5.2.3 中透镜 O_2 的像 O_2' 对 P' 张角最小,O_2' 为入射窗.入射窗边缘对入瞳中心的张角为物方视场角 2ω,同时也决定了视场边缘点 B.

　　视场光阑是对一定位置的孔径光阑而言的.当孔径光阑位置改变时,原来的视场光阑将可能被另外的光孔所代替.

　　当入瞳为无限细时,仅能让主光线通过,所得视场边缘界限是清晰的.实际光学系统孔径光阑总有一定大小,当入瞳有一定大小时,确定视场光阑的方法是一样的,只是这时有可能出现渐晕,下节将对此进行讨论.

　　下面介绍如何确定系统的孔径光阑、入瞳、出瞳、视场光阑、入窗、出窗的位置和大小的一个例子.

　　如图 5.2.4 所示,有一光学系统,透镜 O_1、O_2 口径为 $D_1=D_2=50$mm,焦距 $f_1'=f_2'=150$mm,两透镜间隔为 300mm,并在中间置一光孔 O_3,口径 $D_3=20$mm,透镜 O_2 右侧 150 处再置一光孔 O_4,口径 $D_4=40$mm,平面物体处于透镜 O_1 左侧 150mm 处,求该系统的孔径光阑、入瞳、出瞳、视场光阑、入窗、出窗的位置和大小.

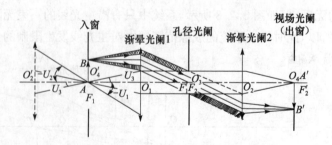

图 5.2.4　孔径光阑、入瞳和出瞳,视场光阑、入射窗和出射窗计算举例

　　首先,确定孔径光阑、入瞳和出瞳.

　　透镜 O_1 的像为其本身.

　　光孔 O_3 经 O_1 成像,O_3 位于 O_1 的像方焦平面上,故像在物方无穷远,像为无穷大.

透镜 O_2 经 O_1 成像，O_2 在 O_1 右方，物像位置公式规定光线自左至右传播，此时可把整个光路倒过来看，计算后再倒回来，再将计算结果反号（或者根据光路的可逆性原理，将 O_2 看成像，由高斯公式计算物的位置）.

$$l = -300\mathrm{mm}, l' = \frac{f'l}{f'+l} = \frac{150 \times (-300)}{150 - 300} = 300\mathrm{mm}, \text{即}, l_2' = -300\mathrm{mm}, \text{实际在 } O_1 \text{ 左}$$

方 300mm 处，口径 $D_2' = |l'/l| \cdot D_2 = 50\mathrm{mm}$.

光孔 O_4 经透镜 O_2 和 O_1 成像，由图 5.2.4 知为全对称系统，得 $l_4' = -150\mathrm{mm}, D_4' = 40\mathrm{mm}$.

各个像对物点的张角为

$$|\tan U_1| = |\tan U_2| = \frac{25}{150} = \frac{1}{6}, \quad |\tan U_3| = \frac{10}{150} = \frac{1}{15}, \quad |\tan U_4| = \frac{20}{0} = \infty$$

所以 U_3 角最小，即入射光瞳在物方无穷远，对应的光孔 O_3 为孔径光阑. O_3 经透镜 O_2 的像在像方无穷远，为出射光瞳.

其次，求视场光阑、入窗、出窗.

前面已算出入瞳位置，现将孔径光阑移去，再次计算各元件的像. 由于该例中的孔径光阑为光孔，它被移去后各元件像的位置和大小不发生改变. 现求这些像对入瞳中心的张角，由于入瞳中心在无穷远，故比较各像本身大小. 由于

$$D_1' = D_1 = 50\mathrm{mm}, \quad D_2' = D_2 = 50\mathrm{mm}, \quad D_4' = D_4 = 40\mathrm{mm}$$

于是可以看出 D_4' 为最小，所以 D_4' 为入射窗，与物面重合；D_4 为视场光阑和出射窗，与像面重合.

5.3　渐晕与渐晕光阑

5.3.1　通过渐晕光阑产生渐晕

若轴外物点发出的光束被光学元件部分拦截的现象称为"渐晕"，此时轴外点成像光束的孔径角小于轴上物点发出光束的孔径角 $2U$. 导致渐晕产生的光阑称为"渐晕光阑"，渐晕光阑多为透镜框. 渐晕光阑的作用是限制轴外点成像光束的大小，以改善轴外物点成像质量及减小仪器的径向尺寸，如图 5.3.1 所示.

在多数情况下，轴外点发出充满孔径光阑的光束会被某些透镜框所遮拦，如图 5.3.1 和 5.2.4 中阴影部分的光线不能通过系统成像. 这样，轴外物点的成像光束小于轴上物点的成像光束，使像面边缘的光照度有所下降. 它有线渐晕和面渐晕之分. 线渐晕系数 K 是轴外物点与轴上物点在出瞳面上光束宽度之比.

导致轴外物点产生渐晕的光阑称为渐晕光阑. 在一个光学系统中，可以有一个渐晕光阑，如图 5.3.1 中的透镜 O_1；也可以有两个渐晕光阑，如图 5.2.4 中的透镜 O_1 和 O_2，O_1 不让 B 点上部阴影光线通过，O_2 不让 B 点下部阴影光线通过；也可以没有渐晕光阑，当图 5.2.4 中透镜 O_1、O_2 的口径增大至 60mm（或适当减小孔径光阑和视场光阑），则没有渐晕光阑和渐晕发生. 显然，设置渐晕光阑拦掉部分轴外点的成像光束，可改善轴外点成

像质量,同时也可减小光学零件的口径.

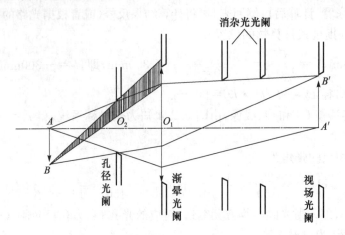

图 5.3.1 通过渐晕光阑产生渐晕

5.3.2 入射窗和物平面不重合产生渐晕

孔径光阑为无限小时,图 5.2.3 中给出了如何确定视场光阑、入窗、出窗的方法. 但实际上,光学系统入射光瞳总有一定大小,物面范围或视场不能仅由入窗边缘与入瞳中心连线决定. 为说明问题,在图 5.3.2 中,我们画出物平面、入射窗和有限大小的入射光瞳来分析物空间轴外光束的渐晕,从而确定实际光学系统的视场范围. 根据光学系统的渐晕情况,物平面或视场可分为如下三个区域.

第一个区域是以 B_1A 为半径的圆形区,其中每个点均以充满入射光瞳的全部光束成像,此区域的边缘点 B_1 由入瞳下边缘 P_2 和入射窗下边缘 Q_2 的连线所确定,如图 5.3.2(a) 所示,网格阴影区表示进入了入瞳的光线(白色区域)而入射窗未被全部照明时的情况.

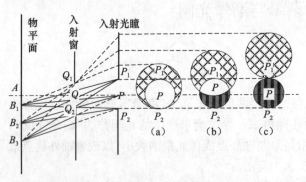

图 5.3.2 入射窗与物平面不重合产生渐晕

第二个区域是以 B_1B_2 绕光轴一周所形成的环形区域. 在此区域内,每一点已不能用充满入瞳的光束成像. 分析由 B_1 点到 B_2 点的子午面内光束,其能通过入瞳的光束产生了由 100% 到 50% 的渐变,这就是轴外点的渐晕. 此区域的边缘点 B_2 由入瞳中心 P 与入窗下边缘 Q_2 的连线确定,如图 5.3.2(b) 所示,线条阴影区表示因入射窗拦截进入了入瞳的部分光线而造成它们不能达到像平面的情况,网格阴影区表示入窗未被照明的部分.

第三个区域是 B_2B_3 绕光轴一周所形成的环形区域. 由 B_2 点到 B_3 点,其渐晕系数由 50% 降低到了零. B_3 点是可见视场的最边缘点,它由入射光瞳的上边缘 P_1 和入射

窗的下边缘 Q_2 点的连线决定,如图 5.3.2(c)所示,线条阴影表示因入射窗几乎完全拦截进入了入瞳的光线而造成它们不能达到像平面的情况,网格阴影区表示入射窗全部未被照明.

实际上,在物平面上,由 B_1 点到 B_3 点的渐晕系数由 100% 到零是渐变的,没有明显的界限.通过的光束越宽,进入系统的光能越多.因此,物平面上第一个区域所成的像,光照度最大,并且均匀.从第二区域开始,像的光照度逐渐下降,一直到零.

由上述分析可知,入射窗和物平面不重合,必然产生渐晕.图 5.2.4 中,如不设光孔 O_4,将得到图 5.3.3 所示情况.经过计算可知,O_3 仍为孔径光阑,此时透镜 O_1 和 O_2 均为视场光阑.O_1 为第一入射窗,O_1' 为 O_1 经 O_2 的像,为第一出射窗(未画出);O_2 为第二出射窗,O_2 经 O_1 的像为第二入射窗(未画出).由于物平面未与入射窗重合,只要孔径光阑 O_3 有一定大小,必然产生渐晕,图中 B_3 为渐晕为零的视场边缘点,B_3 点充满入瞳的光束,上部为 O_1 阻挡,下部为 O_2 阻挡.B_1 为 100% 的渐晕,像面 B_1' 点到 B_3' 点视场逐渐变暗.此时,视场光阑引起渐晕,也可以被看成渐晕光阑.

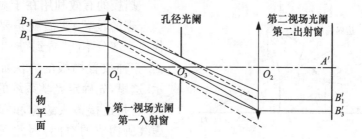

图 5.3.3 视场光阑作为渐晕光阑

对于入射光瞳具有一定大小的光学系统,也可以不产生渐晕,那就是入窗和物平面重合,如图 5.3.4(a)所示,或者把视场光阑设置在像平面,如图 5.3.4(b)所示.这是不产生渐晕的必要条件,但不是充分条件.因为系统中除孔径光阑外,其他光孔对轴外光束还可能发生限制(图 5.3.1),只有再满足一定的口径要求,才可以不产生渐晕.

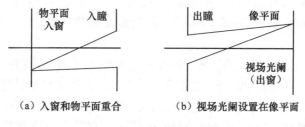

(a) 入窗和物平面重合　　　　(b) 视场光阑设置在像平面

图 5.3.4 视场光阑的设置

在仪器中,往往把视场光阑设置在物镜的像平面,此像平面也是光学系统中分划板的安置位置(如显微系统).因此,光学系统没有渐晕,视场有清晰的界限.但有时需要减小某些通光孔径大的透镜,使其产生一定的渐晕,该透镜框就成为渐晕光阑.

5.4　消杂光光阑

消杂光光阑不限制通过光学系统的成像光束,只限制那些非成像物体射来的光、光学系统各折射面反射的光和仪器壳体内壁反射的光,这些光称为杂光.杂光最后进入成像面,将使像面叠加一明亮背景,使像的对比度降低.消杂光光阑可拦掉一部分杂光,起到改善像质的作用,如图 5.3.1 所示.在一般光学系统中,常把镜管内壁加工成内螺纹并使其发黑,用以消除杂光.

在一个系统中,挡板常被用于降低管壁上反射来的大量杂散光.图 5.4.1 示意了一个由成像透镜和一个探测器组成的简单光学系统,并用镜筒对其进行了封装.假设视场外的强辐射光源(如太阳)进入了该系统,由镜筒内壁反射的杂散光到达探测器上而可能掩盖了所探测目标的像,在这种情况下,大多数装置的内壁都需要在镜筒内放置挡板来减少杂散光.

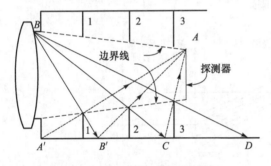

图 5.4.1　消杂光挡板的设置方法

挡板的有效利用在于对它们进行适当合理的设置,实质就是要让探测器的任何一部分不能"看到"产生杂散光的表面.一种放置挡板的方法如图 5.4.1 所示.这里,先确定光学系统的成像光束空间,它是连接镜头边缘和探测器边缘的虚线所构成的空间,因此安置的挡板不能阻碍参与成像的光线.假设连线 $A'A$ 是一条可能的杂散光线,它从镜筒内壁上发出,刚好可以到达探测器.第一个挡板的位置就应设置在 $A'A$ 和虚线的交叉处,它使从 A' 点到挡板 1 的区域内产生的杂散光不能到达探测器.实线 BB' 表示了从镜头上端来的杂散光线,挡板 1 后即从挡板 1 到 B' 点间的区域是阴影区,对探测器而言是安全而无杂散光照射.为阻挡 BB' 光线被镜筒反射而到达探测器,因此连接 B' 点到 A 点,并在 $B'A$ 连线和虚线的交叉点处设置挡板 2,就可以防止探测器"看到"B' 右面被外来光照亮的内壁.依此类推,就能使所有侧壁的杂散光都不能到达探测器.此外,所有挡板的内侧边缘必须尖锐(图 5.3.1),而其表面必须粗糙和黑化.

图 5.4.1 中所示的这种类型挡板并不是对所有情况都需要,便宜的垫圈等设施也被用来代替制造比较困难的挡板.通常情况下,通过打磨或内表面刻划螺纹来减弱杂散光,这样将破坏反射而导致散射的产生,它降低了反射量,杂散像可被消除.黑色染料的使用也可以用来降低杂散光,但必须确保染料在光线掠入射其上时仍然是黑色和粗糙的.此外,喷砂使表面粗糙发黑(对铝材料常用黑色氧化方法)也常被用于杂散光的消除.绒布的使用也能达到该目的,人们是把它粘结在表面上来破坏镜面反射.这些方法对仪器的内部表面和实验室设备杂散光的消除都是非常实用的.

5.5　光学不变量

5.5.1　光学不变量的定义

　　光学不变量或拉格朗日不变量,对给定的光学系统而言是一个不变量,在光学设计中具有十分重要的作用.下面我们将采用近轴折射公式(2.1.6)用于轴上点发出的边光线与轴外点发出的主光线,从而得出该系统的光学不变量.

　　如图 5.5.1 所示,对于第一个折射面,近轴边光线满足

$$n_1' u_1' = n_1 u_1 - y_1 C_1 (n_1' - n_1) \tag{5.5.1}$$

现在用 $\bar{u}_1$ 表示轴外物点发出的主光线与光轴的夹角,$\bar{y}_1$ 表示主光线与折射面的交点到光轴的距离,该近轴主光线同样满足式(2.1.6),表示为

$$n_1' \bar{u}_1' = n_1 \bar{u}_1 - \bar{y}_1 C_1 (n_1' - n_1) \tag{5.5.2}$$

联立式(5.5.1)和式(5.5.2)求解,消去 $C_1(n_1' - n_1)$ 可以得到

$$(n_1 u_1 - n_1' u_1') \bar{y}_1 = (n_1 \bar{u}_1 - n_1' \bar{u}_1') y_1$$

或

$$Ж = n_1 (u_1 \bar{y}_1 - \bar{u}_1 y_1) = n_1' (u_1' \bar{y}_1 - \bar{u}_1' y_1) \tag{5.5.3}$$

一般写为

$$Ж = n(u\bar{y} - \bar{u}y) = n'(u'\bar{y} - \bar{u}'y) \tag{5.5.4}$$

式(5.5.3)和式(5.5.4)中,等式左边的折射率和角度量对应于折射前(物空间)的相关参量,等式右边表示折射后(像空间)的对应参量. $n(u\bar{y} - \bar{u}y) = Ж$ 被定义为某折射面的拉格朗日不变量,它对任意多次折射过程均保持不变.下面分析光线从前一个面过渡到下一个面的过程中 Ж 的性质.

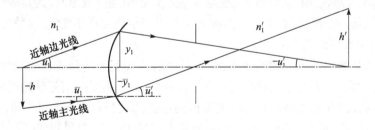

图 5.5.1　拉格朗日不变量

根据过渡公式,近轴边光线在任意前后两表面上的高度关系可表示为

$$y_{k+1} = y_k + u_k' t_k$$

同样,对近轴主光线,有

$$\bar{y}_{k+1} = \bar{y}_k + \bar{u}_k' t_k$$

消去 t_k 可以得到

$$(y_k - y_{k+1}) \bar{u}_k' = (\bar{y}_k - \bar{y}_{k+1}) u_k'$$

或者

$$u'_k\bar{y}_k - \bar{u}'_k y_k = u'_k\bar{y}_{k+1} - \bar{u}'_k y_{k+1} \tag{5.5.5}$$

式(5.5.5)左右两边同乘折射率 n'_k，并由式(5.5.4)，可以得到

$$Ж = n'_k(u'_k\bar{y}_k - \bar{u}'_k y_k) = n'_k(u'_k\bar{y}_{k+1} - \bar{u}'_k y_{k+1}) \tag{5.5.6}$$

当 $k=1$ 时，式(5.5.6)变成 $Ж = n'_1(u'_1\bar{y}_1 - \bar{u}'_1 y_1) = n'_1(u'_1\bar{y}_2 - \bar{u}'_1 y_2)$．显然，该等式中的 $n'_1(u'_1\bar{y}_1 - \bar{u}'_1 y_1)$ 就是式(5.5.3)中的右边，若我们进一步将式(5.5.6)的右边改写成 $n_2(u_2\bar{y}_2 - \bar{u}_2 y_2)$，该项其实就是第二面的光学不变量．因此，式(5.5.6)就说明光线从前一面过渡到下一个面，Ж 保持不变，具有一般性，所以我们说拉格朗日不变量 Ж 是一个传递不变量．若给定某表面的拉格朗日不变量 Ж，它不仅在折射表面前后具有不变性，而且在两表面间的空间内也具有不变性．因此，它可以从物空间传递到最后的像空间，对于整个光学系统来说，它是个恒量，任意两个面间均适用．

5.5.2 拉格朗日-赫姆霍兹不变量

根据图(5.5.1)所示，我们现在分别求出它的物平面和像平面的光学不变量．在物平面上，轴上点边光线与轴外点主光线的数据分别为 $(y=0, n=n_1, u=u_1)$ 和 $(\bar{y}=h_1, n=n_1, \bar{u}=\bar{u}_1)$，于是由式(5.5.4)的左边得

$$Ж = n(u\bar{y} - \bar{u}y) = n_1 u_1 h_1 - (0)n_1\bar{u}_1 = n_1 u_1 h_1$$

在对应的像平面上，这两条光线的数据分别为 $(y_{k+1}=0, n'=n'_k, u'=u'_k)$ 和 $(\bar{y}_{k+1}=h'_k, n'=n'_k, \bar{u}'=\bar{u}'_k)$，于是由式(5.5.6)的右边得

$$Ж = n'_k(u'_k\bar{y}_{k+1} - \bar{u}'_k y_{k+1}) = n'_k u'_k h'_k - n'_k\bar{u}'_k(0) = n'_k u'_k h'_k$$

根据光学不变量的性质，得

$$Ж = n_1 u_1 h_1 = n'_k u'_k h'_k \tag{5.5.7}$$

式(5.5.7)称为光学系统的拉赫不变量或拉格朗日-赫姆霍兹公式，简称拉赫公式，它是拉格朗日不变量的特殊应用．它说明实际光学系统在近轴范围内成像时，其 $n_1 u_1 h_1$（或 $n'_k u'_k h'_k$）三参量的乘积是一个恒量，在光学上简称为拉赫不变量或传递不变量．当物方参数 $n_1 u_1 h_1$ 固定后，改变 u'_k 即可改变 h'_k 的大小．

我们在第 2 章的 ynu 光线追迹举例中，对物的顶端到像的顶端这条光线进行了 ynu 追迹，得到像的高度．现在用拉赫不变量来计算像的高度．假定只有近轴边光线被追迹，近轴边光线在物方的孔径角是 $+0.025$，追迹得到像方的孔径角为 $-0.099\,961\,5$，由于物方和像方均在空气中，折射率为 1.0，代入垂轴放大率公式(5.5.7)得到像高，为

$$m = \frac{h'_k}{h_1} = \frac{h'_k}{10} = \frac{n_1 u_1}{n'_k u'_k} = \frac{1.0 \times 0.025}{1.0 \times (-0.099\,961\,5)}$$

所以 $h' = -2.500\,963$mm．

这个值与光线追迹得到的高度是一致的(表 2.3.2)．因此，在光学设计中，往往通过控制像方孔径角来控制垂轴放大率以达到所要求的数值．关于拉赫不变量参与像差计算的问题，请见第 7 章．

由于式(5.5.7)对光学系统的每一个折射面都成立，于是得到折射面系统的拉赫公式

$$n_1u_1h_1 = n_1'u_1'h_1', n_2u_2h_2 = n_2'u_2'h_2', \cdots, n_ku_kh_k = n_k'u_k'h_k'$$

若利用公式(2.3.1)的关系,式(5.5.7)还可写成下面的形式

$$n_1u_1h_1 = n_2u_2h_2 = n_3u_3h_3 = \cdots = n_ku_kh_k = n_k'u_k'h_k' = Ж \qquad (5.5.8)$$

由此同样得出,拉赫不变量对整个系统而言是个不变量.

我们将像方折射率 $n' = -n$ 代入式(5.5.7)中,可得球面反射镜的拉赫公式,即

$$Ж = uh = -u'h' \qquad (5.5.9)$$

由于球面反射镜是折射球面的一种特例,故可在折射球面的讨论中去进一步了解球面反射镜的各种性质,这里不再详细讨论.

5.5.3　望远系统的角放大率

现在研究两光组组合的一种特殊情形.当光线平行于光轴入射到光学系统上时,因系统的结构不同,其共轭光线可以和光轴相交,也可以和光轴平行,前者称为有焦系统,后者称为无焦系统或望远系统.由两光组组合可知,在光组参数确定的情况下,组合光学系统的性质完全由两光组的相对位置,即由光学间隔 Δ 决定.当 $\Delta \neq 0$ 时,组合光学系统即为通常的有焦系统;当 $\Delta = 0$ 时,组合光学系统即为无焦系统或望远系统.设两光组的焦距分别为 f_1' 和 f_2',望远系统的第一光组的像方焦点 F_1' 与第二光组的物方焦点 F_2 重合,其物方和像方焦距均为无限大,即光线平行射入则必平行射出,主点和焦点均在无穷远.望远系统的焦距虽为无限大,但放大率却是有限的,且与物体位置无关.我们现在根据式(5.5.4)和式(5.5.6)求任意光学系统在入瞳和出瞳处的光学不变量,从而得到望远系统的角放大率公式.

在入瞳面上,边光线与主光线的数据分别为 $(y=y_p, n=n, u=u_p)$ 和 $(\bar{y}=0, n=n, \bar{u}=\bar{u}_p)$,于是由式(5.5.4)的左边得入瞳处的光学不变量,为

$$Ж = n(u\bar{y} - \bar{u}y) = nu_p(0) - n\bar{u}_py_p = -n\bar{u}_py_p$$

同理,在出瞳面上,两光线的数据分别为 $(y=y_p', n'=n', u'=u_p')$ 和 $(\bar{y}=0, n'=n', \bar{u}'=\bar{u}_p')$,于是由式(5.5.4)的右边得出瞳处的光学不变量,为

$$Ж = n'(u'\bar{y} - \bar{u}'y) = n'u_p'(0) - n'\bar{u}_p'y_p' = -n'\bar{u}_p'y_p'$$

其中,y_p 是入瞳半径,y_p' 是出瞳半径,而 $\bar{u}_p$ 和 $\bar{u}_p'$ 就分别是物方半视场角和像方半视场角.根据光学不变量的性质,我们得到望远系统的角放大率为

$$\gamma = \frac{\bar{u}_p'}{\bar{u}_p} = \frac{y_pn}{y_p'n'} \qquad (5.5.10)$$

该式表明,望远系统的角放大率等于入瞳直径和出瞳直径之比(假定 $n=n'$).

5.5.4　无穷远处物体的像高

无穷远处的物经一透镜成像,这里利用光学不变量的性质可以得到一个有用的结论.设光线在系统第一个表面上的高度为 y_1,该面上边光线与主光线的数据就分别为 $(y=y_1, n=n_1, u=0)$ 和 $(\bar{y}=\bar{y}_1, n=n_1, \bar{u}=\bar{u}_1)$,于是由式(5.5.4)的左边得光学不变量为

$$\text{Ж} = n(u\bar{y} - \bar{u}y) = n_1(0)\bar{y}_1 - n_1\bar{u}_1 y_1 = -n_1\bar{u}_1 y_1$$

同理,在像平面上,这两光线的数据分别为$(y=0, n'=n', u'=u')$和$(\bar{y}=h', n'=n', \bar{u}'=\bar{u}')$,于是由式(5.5.4)的右边得光学不变量为

$$\text{Ж} = n'(u'\bar{y} - \bar{u}'y) = n'u'h' - n'\bar{u}'(0) = n'u'h'$$

利用光学不变量的性质,得到

$$n'u'h' = -n_1\bar{u}_1 y_1 \Longrightarrow h' = -\bar{u}_1\frac{n_1 y_1}{n'u'} \tag{5.5.11}$$

对于物和像不在空气中的系统,通过式(5.5.11)即可求出无限远处物体的像高. 如果物和像均在空气中,设定$n=n'=1.0$,并利用关系式$f'=-y_1/u'$,我们得到

$$h' = \bar{u}_1 f' \tag{5.5.12}$$

对于非近轴光,式(5.5.12)可表示成

$$h' = f' \cdot \tan\bar{u}_1 \tag{5.5.13}$$

式(5.5.13)可用于计算摄影物镜在感光介质上像的大小. 由此可以看出,像的大小由物镜的焦距和物体对应的视场角决定.

5.5.5　确定任意光线的数据

对某光学系统,当我们采用ynu方法已经追迹了两条光线后,如主光线和边光线,它们在每个表面上的高度数据和折射后的角度数据将均已知,根据这些数据我们可以利用该系统的光学不变量来确定任意给定的第三条光线在其他面上的光线数据. 例如,若需要某条光线在选定的面上具有确定的高度和角度数据,我们则无需另外的ynu光线追迹,就可以得到这条光线在其他面上的高度和角度数据.

设$\bar{y}, \bar{u}, y$以及u是主光线和边光线关于某个面的高度数据和角度数据,而$\bar{\bar{y}}$和$\bar{\bar{u}}$是第三条光线关于这个面的相关数据. 它们之间的关系可线性表示为

$$\left.\begin{array}{l} \bar{\bar{y}} = A\bar{y} + By \\ \bar{\bar{u}} = A\bar{u} + Bu \end{array}\right\} \tag{5.5.14}$$

通过式(5.5.14)我们可以求出常数A和B,于是得到

$$\left.\begin{array}{l} A = \dfrac{u\bar{\bar{y}} - \bar{\bar{u}}y}{u\bar{y} - \bar{u}y} = \dfrac{n}{\text{Ж}}(u\bar{\bar{y}} - \bar{\bar{u}}y) \\[3mm] B = \dfrac{\bar{u}\bar{\bar{y}} - \bar{\bar{u}}\bar{y}}{u\bar{y} - \bar{u}y} = \dfrac{n}{\text{Ж}}(\bar{u}\bar{\bar{y}} - \bar{\bar{u}}\bar{y}) \end{array}\right\} \tag{5.5.15}$$

由于式(5.5.15)中的光学不变量Ж是确定的,因此A和B就可以被求出. 在该系统中,由于主光线和边光线在任意其他面上的$\bar{y}, \bar{u}, y$以及u是已知的,因此若将A和B的数值代入式(5.5.14),就可以确定第三条光线在这些对应面上的数据$\bar{\bar{y}}$和$\bar{\bar{u}}$,而且该方法与ynu光线追迹计算得到的结果一致. 由于第三条光线的初始值可以任意选取,因此,若希望某条出射光线在像面具有某种数据性质,利用该方法就可以确定该光线在物空间和传播过程的数据性质.

5.6 景　深

5.6.1 景深

前面讨论的只是在垂直于光轴的平面上点的成像问题,属于这种情况的光学系统有照相制版物镜,电影放映物镜等.实际上,有很多仪器需要把空间中的物点成像在一个像面上,如望远镜和照相机等.这就存在着空间物在平面上成像的清晰度问题.

分布在距光学系统不同距离上的空间物点,原则上与平面物体成像不同.如图 5.6.1 所示,我们用入瞳 EP 和出瞳 XP 来表示一个光学系统,垂直于光轴的平面物 A 经系统后的共轭像平面为 A',我们称物平面 A 为对准平面,像平面 A' 为景像平面.位于物平面 A 之外的空间点 A_1、A_2,它们经光组后的共轭像 A_1'、A_2' 也必位于像平面 A' 之外,在像平面上得到的都是一弥散斑,记为 B'.当弥散斑 B' 足够小,如小于人眼(目视仪器)的最小分辨极限时,它们看上去好像就是两个点像,并无不清晰的感觉.在这种情况下,A_1'、A_2' 在景像平面上形成的弥散斑可以认为是空间点 A_1、A_2 所成的像.对于任何其他光能接收器,由于它们都有一定的分辨本领,只要弥散斑小于接收器的分辨极限,也可被认为是一点.由此可知,一个光学系统能够对空间物体成一清晰的平面像.

如前所述,如在 A_1 点和 A_2 点之内的空间各点均能在物点 A 的景像平面 A' 上成清晰像,而它们之外的空间点成像均不清晰,能在景像平面上成清晰像的空间深度被称为景深,能成清晰像的最远平面 $L_{远}$(A_1 点所在平面)称为远景,能成清晰像的最近平面 $L_{近}$(A_2 点所在平面)称为近景.物体的位置 L_0 与像平面位置 L_0' 相对应.

在图 5.6.1 中,设 L_0 是对准平面的物距,它在近景和远景之间,在这个范围内的所有物点所产生像的几何弥散都小于在景像平面处的允许弥散斑直径 B',其景像平面 A' 到出瞳的距离为 L_0',如图 5.6.2 所示.下面介绍景深的计算公式.

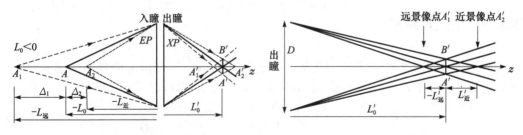

图 5.6.1 光学系统的景深　　　　　　图 5.6.2 远景与近景位置的确定

设成像系统的出瞳直径大小为 D,根据图 5.6.2 中的几何关系,可以得到

$$\frac{L_0'+L_{近}'}{D}=\frac{L_{近}'}{B'}\Longrightarrow L_{近}'\left(\frac{1}{D}-\frac{1}{B'}\right)=-\frac{L_0'}{D}\xrightarrow{B'\ll D}L_{近}'\approx\frac{B'L_0'}{D}$$

$$\frac{L_0'+L_{远}'}{D}=-\frac{L_{远}'}{B'}\Longrightarrow L_{远}'\left(\frac{1}{D}+\frac{1}{B'}\right)=-\frac{L_0'}{D}\xrightarrow{B'\ll D}L_{远}'\approx-\frac{B'L_0'}{D}$$

所以有

$$\Delta L' = -L'_{远} = L'_{近} = \frac{B'L'_0}{D} \tag{5.6.1}$$

式(5.6.1)中的 $\Delta L'$ 就是半焦深,它描述了探测器偏离景像平面时,像不产生模糊的最大可移动距离.

如图 5.6.2 所示,现将远景像点和近景像点的像距表示为

$$z' = L'_0 \pm \Delta L' = L'_0 \pm \frac{B'L'_0}{D}$$

因此,我们可由远景像点和近景像点的像距大小 z',根据高斯公式求出对应远景深的位置 $L_{远}$ 和近景深的位置 $L_{近}$.现设物距为 L,近景和远景物点满足的共轭成像关系表示式为

$$\frac{1}{z'} = \frac{1}{L'_0 \pm \Delta L'} = \frac{1}{L} + \frac{1}{f'} \Rightarrow \frac{1}{L} = \frac{f' - (L'_0 \pm \Delta L')}{(L'_0 \pm \Delta L')f'}$$

所以

$$L = \frac{(L'_0 \pm B'L'_0/D)f'}{f' - (L'_0 \pm B'L'_0/D)} = \frac{L'_0 f'(D \pm B')}{f'D - L'_0(D \pm B')} = \frac{\dfrac{f'^2 L_0(D \pm B')}{f' + L_0}}{f'D - \dfrac{f'L_0(D \pm B')}{f' + L_0}}$$

即

$$L = \frac{L_0 f'(D \pm B')}{f'D \mp L_0 B'} \tag{5.6.2}$$

近景和远景位置分别为

$$L_{远} = \frac{L_0 f'(D - B')}{f'D + L_0 B'} \approx \frac{L_0 f'D}{f'D + L_0 B'} \quad (z' = L'_0 - \Delta L') \tag{5.6.3}$$

$$L_{近} = \frac{L_0 f'(D + B')}{f'D - L_0 B'} \approx \frac{L_0 f'D}{f'D - L_0 B'} \quad (z' = L'_0 + \Delta L') \tag{5.6.4}$$

式中,L_0 是对准平面距离,D 是出瞳直径,f' 是有效焦距,B' 是允许的弥散斑直径.

5.6.2　超聚焦距离

当远景平面位于无穷远,并满足从近景平面 $L_{近}$ 到远景平面 $L_{远}$ 都能清晰成像时,下面将得出此时光学系统对准平面所处的位置 L_H.根据式(5.6.3),L_H 应满足

$$L_{远} = -\infty = \frac{L_0 f'(D - B')}{f'D + L_0 B'} \approx \frac{L_H f'(D - B')}{f'D + L_H B'} \tag{5.6.5}$$

为使式(5.6.5)成立,该式中的分母应为 $f'D + L_H B' = 0$,所以得到

$$L_H = -\frac{f'D}{B'} \tag{5.6.6}$$

该条件下光学系统的对准距离被称为超聚焦距离.当光学系统刚好调焦在光学系统的超聚焦距离位置时,即 $L_0 = L_H$,也可进一步求出近景平面 $L_{近}$ 的大小.于是由式(5.6.4)得

$$L_{近} = \frac{L_0 f'(D + B')}{f'D - L_0 B'} \approx \frac{L_0 f'D}{f'D - L_0 B'} \tag{5.6.7}$$

化简整理后得

$$L_{近} \approx \frac{-f'^2 D^2/B'}{f'D + f'D} = \frac{-f'D}{2B'} = \frac{L_H}{2} \tag{5.6.8}$$

式(5.6.8)说明,在超聚焦条件下,近景距离大小近似为超聚焦距离的一半.

5.6.3　景深与 F 数的关系

如前所述,随着探测器偏离景像平面,弥散斑的直径将增大.焦深(DOF)则描述了探测器能从远景像点移动到近景像点而不导致像模糊的最大距离,它是半焦深的两倍.如图 5.6.3 所示,

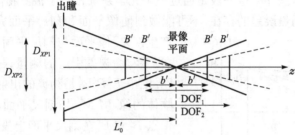

图 5.6.3　景深与 $f/\sharp$ 的关系

设系统的出瞳和入瞳的直径分别为 D_{XP} 和 D_{EP},焦深的一半 b' 可以表示为

$$b' = \frac{B'L_0'}{D_{XP}} \approx \frac{B'f'}{D_{EP}}$$

则焦深为

$$\text{DOF} = 2b' \approx 2B'f/\sharp \tag{5.6.9}$$

由式(5.6.9)可以知道,焦深与成像系统的 F 数($f/\sharp$)成正比,即随着 F 数的增加,成像系统的焦深将增大.如图 5.6.3 所示,随着有一定焦距系统的孔径光阑被不断遮挡(它的 $f/\sharp$ 不断增加),焦深由 DOF_1 增大到 DOF_2(B' 的大小不变),因此景深也将增大.

设成像系统的景深为 Δ,它是远景深度 Δ_1 和近景深度 Δ_2 之和,因此景深为

$$\begin{aligned} \Delta &= \Delta_1 + \Delta_2 = L_{近} - L_{远} \\ &= \frac{L_0 f'D}{f'D - L_0 B'} - \frac{L_0 f'D}{f'D + L_0 B'} = \frac{2L_0^2 f'DB'}{(f'D)^2 - (L_0 B')^2} \\ &= \frac{2(L_0 f')^2 FB'}{(f')^4 - (FL_0 B')^2} \end{aligned} \tag{5.6.10}$$

式中,L_0 是对准平面距离,F 是成像系统的光圈数或 F 数,f' 是有效焦距,B' 是允许的弥散斑直径.从式(5.6.10)看出,当 L_0 一定时,景深随光圈数的增加而增加,随焦距的增大而减小.

5.7　远心光路

光学仪器中有很大部分仪器用来测量长度.通常分为两种情况:一种是光学仪器有确

定的放大率,使被测物的像与一刻尺相比,以求得被测物的长度,如工具显微镜等计量光学仪器;另一种是把标尺放在不同位置,通过改变光学系统放大率而使标尺像等于一个已知值,以求得仪器到标尺间的距离,如经纬仪、水准仪等大地测量仪器的测距装置.

5.7.1　物方远心光路

在第一种光学仪器的实像平面上,放置已知刻值的透明刻尺(分划板),刻尺格值已考虑了物镜的放大率. 因此,按刻度读得的像高即为物体的长度. 按此方法测量物体的长度,刻尺与物镜之间的距离为定值,以使物镜的放大率不变. 这种方法的测量精度取决于像平面与刻尺平面的重合程度,这一般是通过整个光学系统相对于被测物体进行调焦来达到. 但是,由于景深和调焦误差的存在,不可能做到使像平面和刻尺平面完全重合,这就难免

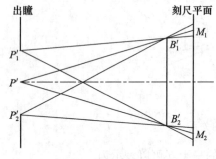

图 5.7.1　视差引起测量误差

产生误差. 像平面与刻尺平面不重合的现象称为"视差". 由视差引起的测量误差由图 5.7.1 来说明. 图中 $P_1'P'P_2'$ 是物镜的出射光瞳, $B_1'B_2'$ 是被测物体的像, M_1M_2 是刻尺平面,由于二者不重合,像点 B_1' 和 B_2' 在刻尺平面上投影成小于分辨极限的弥散斑 M_1 和 M_2,实际量得的长度是 M_1M_2. 显然, M_1M_2 和真实尺寸 $B_1'B_2'$ 之间产生了测量误差. 视差越大或光束对光轴的倾角越大,测量误差也越大.

如果适当地控制主光线的方向,就可以消除或大为减少由视差引起的测量误差,这时只要把孔径光阑设置在物镜的像方焦平面上即可. 如图 5.7.2 所示,光阑也是物镜的出射光瞳,则由物镜射出的每一光束的主光线都通过光阑中心所在的像方焦点,而物方主光线都是平行于光轴的. 如果物体 B_1B_2 在位置 A_1 并与标尺平面 M_1M_2 共轭,则成像在标尺平面上的长度即为 M_1M_2. 如果由于调焦不准,物体 B_1B_2 不在位置 A_1 而在位置 A_2,则它的像 $B_1'B_2'$ 偏离刻尺,在刻尺平面上得到的将是由弥散斑构成的 $B_1'B_2'$ 的投影像. 但是,因为物体上每一点发出的光束的主光线并不随物体位置移动而发生变化,因此通过刻尺平面上投影像两端的两个弥散斑中心的主光线仍通过 M_1 和 M_2 点,按此投影像读出的长度

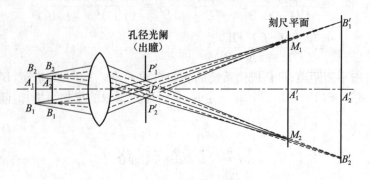

图 5.7.2　物方远心光路

仍为 M_1M_2. 也就是说,上述调焦不准并不影响测量结果.

因为这种光学系统物方主光线平行于光轴,主光线的会聚中心位于物方无限远,故称为物方远心光路.

5.7.2　像方远心光路

第二种情况是物体长度已知,例如一标尺,置于望远物镜前方要测的距离处,物镜后面分划板平面上有一对间隔已知的测距丝. 当测量标尺处于某距离时,调焦物镜或者连同分划板一起调焦目镜,以使标尺的像和分划板的刻线平面重合,读出与固定间隔测距丝所对应标尺上的长度,即可求出标尺到仪器的距离. 同样,由于调焦不准,标尺的像不与分划板刻线平面重合,使读数产生误差而影响测量精度. 为消除或减小这种误差,可以在望远镜物镜的物方焦平面上设置一个孔径光阑. 如图 5.7.3 所示,光阑也是入射光瞳,此时进入物镜光束的主光线都通过光阑中心所在的物镜物方焦点 F,则这些主光线在物镜像方平行于光轴. 如果物体 B_1B_2(标尺)的像 $B_1'B_2'$ 不与分划板的刻线平面 M_1M_2 重合,则在该刻线平面上得到的是 $B_1'B_2'$ 的投影像,即弥散斑 M_1 和 M_2. 但由于在像方的主光线平行于光轴,因此按分划板上弥散斑中心读出的距离 M_1M_2 与实际像的长度 $B_1'B_2'$ 相等. M_1M_2 是分划板上所刻的一对测距丝,不管它是否和 $B_1'B_2'$ 重合,它与标尺所对应的长度总是 B_1B_2,显然不发生误差.

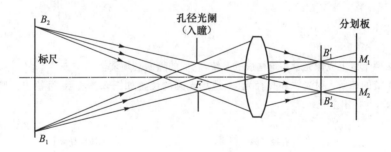

图 5.7.3　像方远心光路

因为这种光学系统的像方主光线平行于光轴,其会聚中心在像方无限远处,故称为像方远心光路.

5.7.3　远心系统的像

若两个有焦系统共用一个焦点且孔径光阑位于这个共同焦点上,则系统就成为远心系统,如双远心系统. 在望远系统共焦点位置上设置孔径光阑就能得到双远心系统. 因该无焦系统中没有基点,因此高斯公式和牛顿公式均不能用来确定共轭面的位置. 但是,其中一对共轭面的轴向放大率可被用来确定像的位置,该对共轭点就是第一光组的前焦点和第二光组的后焦点.

如果一对共轭面的位置已知,双远心系统中其他共轭面的位置就可以运用轴向放大

率来求得. 在物空间的轴向位移所导致的像空间的位移可以由轴向放大率乘以物方位移

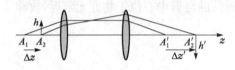

来确定. 如图 5.7.4 所示,A_1 与 A_1' 构成了一对已知的共轭点,当物点移动至 A_2 时,可以用轴向放大率来确定 A_2' 的位置. 设系统位于空气中,物方移动的距离为 z_A,像点移动的距离 z_A' 就为

图 5.7.4　远心系统的像

$$\Delta z' = \bar{m}\Delta z \qquad\qquad (5.7.1)$$

其中,$\bar{m} = m^2$.

习　题

1. 孔径光阑与视场光阑的作用是什么? 光学系统的孔径光阑和视场光阑能否合一?

2. 主光线与边光线及其区别与联系是什么? (1)图 5.1(a)中是库克物镜的光线追迹示意图,请问哪一个光学元件是孔径光阑? 如视场角增大,哪一个元件可能产生渐晕? (2)图 5.1(b)中是双高斯物镜的光线追迹示意图,请在该图上求出它的入瞳和出瞳位置.

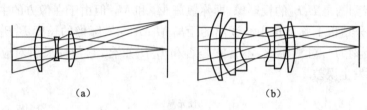

　　　　　　(a)　　　　　　　　　　　　　　　　(b)

图 5.1

3. 为什么两个以上成像光学系统构成的系统,它们的瞳窗必须重合?

4. 光学系统的四条入射光线和孔径光阑、视场光阑的位置如图 5.2 所示. 请绘出入瞳、出瞳及入窗、出窗的位置,并指出主光线.

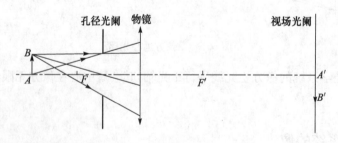

图 5.2

5. 35mm 电影胶片尺寸为 22mm×16mm,现分别用焦距为 2000mm、75mm、18mm 的三只摄影物镜拍摄电影,试分别求它们的物方视场角 2ω.

6. 焦距为 100mm 的薄透镜,其物镜框直径等于 40mm,若在物镜前 50mm 处放有一直径为 35mm 的光孔,问物体在 $-\infty$、-500mm、300mm 时,哪一个光孔为孔径光阑? 相应的入瞳和出瞳的位置和大小如何?

7. 已知放大镜 MM',它的焦距 $f'=25$mm,通光孔径 $D=25$mm,人眼瞳孔 $D=2$mm,它位于放大镜后 50mm 处,物体位于放大镜前 23mm 处. 试求该光学系统的入瞳、孔径光阑、出瞳、入窗、视场光阑、出窗的位置和大小.

8. 有一个由三个光学零件组成的光组,透镜 O_1,口径 $D_1 = 4$mm,$f_1' = 36$mm;透镜 O_2,口径 $D_2 = 12$mm,$f_2' = 15$mm;二透镜间隔 195mm. 在离透镜 O_1 右 180mm 处设有一光孔 $D_3 = 10$mm,物点离透镜 O_1 为 -45mm. 求孔径光阑、视场光阑以及相应瞳、窗的位置和大小.

9. 置于空气中的两薄凸透镜 L_1 和 L_2 的孔径均为 20mm,L_1 的焦距为 30mm,L_2 的焦距为 20mm,L_2 在 L_1 之后 15mm,对于平行于光轴入射的光线,求系统的孔径光阑、入射光瞳和出射光瞳.

10. 已知物点 A 离透镜的距离 $-l_1$ 为 30mm,透镜的通光口径 D_1 为 30mm,光孔的直径 D_2 为 22mm,像点 A' 离透镜的距离 $l_1' = 60$mm,透镜和光孔之间距为 10mm. 试求这个系统的孔径光阑、入瞳和出瞳.

11. 由 $f_1' = 200$mm,和 $f_2' = 20$mm 两个薄透镜组成的光组,前组直径 $D_1 = 40$mm,后组直径 $D_2 = 15$mm,间隔 $d = 220$mm,在前组的像方焦点上有一 -12mm 的光孔. 如物体在无限远,求入瞳、出瞳、孔径光阑、入窗、出窗、视场光阑的位置和大小. 系统有无渐晕光阑? 若有,是哪一个零件?

12. 由两组焦距为 200mm 的薄透镜组成的对称式照相系统,二透镜组的通光口径都是 60mm,间隔 $d = 40$mm,中间的光阑直径为 40mm. 当物体在无限远时,求该系统的焦距和入瞳、出瞳的位置和大小. 系统的相对孔径为多少? 不存在渐晕时视场角为多少? 渐晕系数为零时的视场角为多少?

13. 有一焦距为 50mm 的放大镜,直径 $D = 40$mm,人眼瞳孔离放大镜 20mm 来观看位于物方焦平面上的物体. 瞳孔直径为 4mm. 问此系统中,何为孔径光阑、何为渐晕光阑,并求入瞳、出瞳和渐晕光阑的像的位置和大小以及能看到半渐晕时的视场范围.

14. 眼瞳直径 4mm,位于直径均为 100mm 的平面镜或球面镜的中心线上,离开平面镜或球面镜的距离都是 100mm,并假定眼球不转动,在平面镜中像 $A'B' = 100$mm,像距 $l' = -100$mm,若球面镜的球面曲率半径 $r = -160$mm,则像 $A'B' = 87.5$mm,像距 -75mm,试求解下列问题(平面镜与球面镜分开计算):

(1) 孔径光阑、入瞳、出瞳的位置和大小.

(2) 视场光阑、入窗、出窗的位置和大小.

(3) 线渐晕系数 $K = 0.5$ 时,物方视场角 2ω 和物方线视场 $2h$.

15. 设 $\varepsilon = 1' = 0.000\ 29$rad,入射光瞳直径 $D = 10$mm. 若把对准平面调焦在无限远,其近景位置如何? 若使远景平面在无限远,其对准平面和近景位置在何处? 再若把该照相物镜调焦到 10m,计算 $L_近$、$L_远$、Δ_1、Δ_2 和 Δ 各为多少?

16. 设照相物镜焦距 $f' = 75$mm,在明视距离观察时许的弥散斑直径 $Z' = 0.050$mm. 试分析光圈数 $F = 2.8, 5.6, 11$ 时,对于对准平面 $P = 10$m 的景深情况.

17. 设双远心系统如图 5.3 所示,A_1 与 A_1' 构成了一对已知的共轭点,垂轴放大率 $m = -1/2$,当物点移动至 A_2 时,求 A_2' 的位置:(1)当 $\Delta Z = 50$mm;(2)当 $\Delta Z = -50$mm.

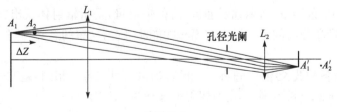

图 5.3

第6章 光度学与色度学基础

在前几章中,我们对光的研究完全局限于几何学方面,注意的是光线在透镜、棱镜等光学元件中的行踪,关心的是物体通过光学系统的成像位置和大小,没有研究光的强弱和像的亮度等问题.从能量观点看,光线从辐射源出发,经中间介质和光学系统,最后到达接收器,是一个能量传输过程.光能的强弱能否使接收器感受是一个重要指标.光度学的任务是研究可见电磁辐射能量的计算和测量,它是对可见光能量的计量研究学科.光度学不是几何光学的一部分,但是在许多实际情况下,几何光学模型可以作为研究光度学的基础.

随着国民经济和科学技术的发展,对颜色的度量和评价日益迫切,这就是所谓色度学,它是颜色科学的一个重要组成部分,是对颜色进行测量和标定的一门学科.色度学知识对于从事纺织、印刷、摄影、电视、轻工等科技工作者来说,是必不可少的.

本章将对光度学和色度学的基础知识进行简单介绍.

6.1 光通量与发光强度

6.1.1 光通量

1. 辐射通量

本身能辐射电磁能量的物体称为一次辐射源,受别的辐射源照射后透射或反射能量的物体,称为二次辐射源.两种辐射源统称为辐射体,它可以是实物,也可以是实物所成的像.

辐射体在给定时间间隔内所辐射的能量称为辐射能,它的单位是焦耳.显然,对同一辐射体,其辐射时间越长,发出的辐射能越多.为了说明各辐射体的辐射能力,需要考察其在单位时间内的辐射能量.所谓辐射通量(简称辐通量)是指辐射体发出或通过一定接收截面的辐射能,即单位时间里流过一定面积的能流,它与功率的意义相同,单位是瓦(W),用 P 来表示.

辐射可能由各种波长组成,每种波长的辐通量又可能各不相同,是波长的函数,用 P_λ 表示.假设在极窄的波长范围 $d\lambda$ 内所辐射的通量为 dP,则

$$P_\lambda = \frac{dP}{d\lambda} \tag{6.1.1}$$

总的辐通量为

$$P = \int P_\lambda d\lambda \tag{6.1.2}$$

当辐通量对接收器发生作用时,还必须考虑接收器对辐通量的感受规律.

2. 接收器的光谱响应

大多数接收器所能感受的波长是有选择性的,一定类型的接收器只能感受一定范围的波长,而对每种波长的响应程度(灵敏度)也不同,人眼作为接收器也有自己的选择特性.人眼是最常用的也是最重要的可见光接收器,其输入为用辐射量度量的可见光辐射,而输出为用光学量表示的光感受,它仅能感受 $0.38\sim0.78\mu m$ 光谱区的辐射能,即光能.不同波长、同等数量的辐射能通量,并不能引起人眼同等程度的明亮感觉,这是因为眼睛对不同波长的光有不同的响应或灵敏度.该灵敏度是波长的函数,称为光谱光视效率,又称为视见函数,用 $V(\lambda)$ 表示.

由实验测得人眼对不同波长的光谱光视效率数值列在表 6.1.1 中,相应的曲线画在图 6.1.1 中,这是国际照明委员会(CIE)从大量观测结果中总结出的相对平均值.光谱光视效率 $V(\lambda)$ 是波长的函数,但不易写成解析形式,通常以图表来表示.视场较亮时测得的称为明视觉光谱光视效率,视场较暗时测得的称为暗视觉光谱光视效率.表 6.1.1 和图 6.1.1 均为明视觉光谱光视效率.

表 6.1.1　人眼的光谱光视效率

光的颜色	$\lambda/\mu m$	$V(\lambda)$相对值	光的颜色	$\lambda/\mu m$	$V(\lambda)$相对值
紫	0.360	0.000 00	黄	0.570	0.952 00
	0.370	0.000 01		0.580	0.870 00
	0.380	0.000 04	橙	0.590	0.757 00
	0.390	0.000 12		0.600	0.631 00
	0.400	0.000 40		0.610	0.503 00
	0.410	0.001 21		0.620	0.381 00
	0.420	0.004 00		0.630	0.265 00
	0.430	0.011 60		0.640	0.175 00
蓝	0.440	0.023 00		0.650	0.107 00
	0.450	0.038 00	红	0.660	0.061 00
青	0.460	0.060 00		0.670	0.032 00
	0.470	0.090 80		0.680	0.017 00
	0.480	0.139 02		0.690	0.008 21
	0.490	0.208 02		0.700	0.004 10
绿	0.500	0.323 00		0.710	0.002 09
	0.510	0.503 00		0.720	0.001 05
	0.520	0.710 00		0.730	0.000 52
	0.530	0.862 00		0.740	0.000 25
黄	0.540	0.954 00		0.750	0.000 12
	0.550	0.994 95		0.760	0.000 06
	0.555	1.000 00		0.770	0.000 03
	0.560	0.995 00		0.780	0.000 01
				0.900	0.000 00

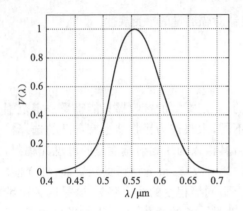

图 6.1.1　人眼光谱光视效率曲线

光谱光视效率的意义在于,人眼对各种波长辐射的响应程度是不等的. 它描写人眼对各种不同波长的相对响应程度的平均数量,把能量的物理量转化成光的物理量. 在同样辐射功率的情况下,波长为 $0.555\mu m$ 的黄光(频率为 5.40×10^{14} Hz 的单色辐射),对人眼造成的光刺激强度最大,光感最强,取其 $V(\lambda)$ 为 1,其余的 $V(\lambda)$ 均小于 1. 其他感光器件,如光电池、光电倍增管、感光材料等,也有与人眼光谱光视效率曲线相应的光谱响应曲线.

3. 光通量

式(6.1.2)所表达的总辐射通量中,只有 $0.38\sim0.78\mu m$ 的辐射才能引起人眼的光刺激,并且光刺激的强弱不仅取决于辐射通量的大小,还取决于人眼的光谱光视效率 $V(\lambda)$. 辐射能中能被人眼所感受的那一部分称为光能. 辐射能中由 $V(\lambda)$ 折算到能引起人眼光刺激的那一部分辐通量称为光通量,以 Φ 表示. 对于波长为 λ 的单色光,其光通量为

$$\Phi_\lambda = P_\lambda V(\lambda) \tag{6.1.3}$$

对于极窄波长范围的光,其光通量为

$$\mathrm{d}\Phi_\lambda = P_\lambda V(\lambda)\mathrm{d}\lambda \tag{6.1.4}$$

在全部波长范围内,总光通量为

$$\Phi = \int_0^\infty P_\lambda V(\lambda)\mathrm{d}\lambda \tag{6.1.5}$$

由此可见,只要用到光通量这个术语,就把看不见的电磁辐射排除在外了,并且在数量上也不等于看得见的那部分的功率值. 式(6.1.2)中的单位为瓦,式(6.1.5)中的单位也应是瓦. 但是,光通量的大小是以一个特殊的单位——流明(lm)来量度的. 光通量的大小,正反映了某个光源所发出的光辐射能引起人眼刺激的能力有多大,它反映了光源单位时间光辐射能量的大小. 关于流明的定义将在本节后面部分给出.

4. 光通量和辐射通量之间的换算

由理论分析和实验测量可知,波长为 $0.555\mu m$ 的单色辐射,其光谱光视效率 $V(0.555\mu m)=1$,1W 辐通量等于 683lm 的光通量,或 1lm 的 $0.555\mu m$ 的单色光通量等于 $1/683W=0.001\,464W$ 的辐通量. 对于其他波长的单色光,1W 辐通量的光刺激都小于 683lm,即 1W 辐通量等于 $683V(\lambda)$lm. 将此关系代入式(6.1.3)和式(6.1.5)中,得

$$\Phi_\lambda = 683P_\lambda V(\lambda) \tag{6.1.6}$$

$$\Phi_\lambda = 683 \int P_\lambda V(\lambda) \mathrm{d}\lambda \tag{6.1.7}$$

以上是从人眼对光辐射是否敏感这个角度来考虑的. 反过来, 我们也可把光辐射引起视觉刺激的能力当成光源的一种属性来考虑, 可以用来描述一个光源发出可见光的效率. 例如, 一个 1kW 的电炉, 尽管它很热, 看起来却只是暗红, 在黑暗中起不了多大作用, 而一个 1kW 的电灯泡, 点燃起来就很亮. 虽然两者消耗的电功率是一样的, 但是我们说电灯泡的发光效率高于电炉. 因此, 以电为能源的光源, 往往用实验方法测出每瓦电功率所产生的光通量(lm 数), 作为光源的发光效率, 即

$$1\mathrm{W} \text{ 电功率的发光效率 } \eta = \frac{\text{该光源发出的光通量(lm)}}{\text{该光源所消耗的电功率(W)}}$$

例如, 一个 100W 钨丝灯发出的总光通量为 1400lm, 则发光效率 $\eta=1400\mathrm{lm}/100\mathrm{W}=14\mathrm{lm}/\mathrm{W}$, 而一个 40W 的白色荧光灯的发光效率为 $\eta=50\mathrm{lm}/\mathrm{W}$. 某些常用光源的发光效率如表 6.1.2 所示.

表 6.1.2　常用光源的发光效率

光源名称	每瓦耗电功率发光效率/(lm·W^{-1})	光源名称	每瓦耗电功率发光效率/(lm·W^{-1})
钨丝灯	10～20	炭弧灯	40～60
卤素钨灯	30 左右	钠光灯	60 左右
荧光灯	30～60	高压汞灯	60～70
氙灯	40～60	镝灯	80 左右

6.1.2　发光强度

1. 立体角

光源的光通量辐射在它周围的一定空间内, 有关能量的计算涉及一个立体空间. 在平面几何中, 将平面以某点为中心分成 360° 或 2π 弧度, 与平面相似, 把整个空间以某点为中心分成若干立体角. 一个任意形状的封闭锥面所包含的空间称为立体角, 如图 6.1.2(a) 所示. 立体角单位的确定表示在图 6.1.2(b) 中, 以锥顶 O 为中心, 以半径 r 作一球面, 若锥面在球面上所截出的面积等于 r^2, 则该立体角为一立体角单位, 称为球面度(Sr). 如果截出的面积为 dS, 则该立体角为

$$\mathrm{d}\omega = \mathrm{d}S/r^2$$

整个球面的面积为 $4\pi r^2$, 因此整个空间范围内的立体角为

$$\omega = \frac{4\pi r^2}{r^2} = 4\pi (\mathrm{Sr})$$

在讨论光学系统及照明问题时, 通常用平面角表示, 如光学系统的孔径角 U 和光线的入射角等. 但有关光能的计算要用立体角表示立体空间, 这里需要一个由已知平面角求立体角的公式.

如图 6.1.3 所示,设光源 O 位于坐标原点,围绕此点光源周围的立体角求法为:以点光源 O 为球心,r 为半径作一球面.球面上一块小面积 dS 对 O 点构成的立体角为 dω,小面积位置由空间坐标 r、φ 及 i 确定,面积则由 a、b 决定.由图可知:$a=r\sin i \mathrm{d}\varphi$,$b=r\mathrm{d}i$,d$S=ab=r^2\sin i\mathrm{d}i\mathrm{d}\varphi$,小面积所对应的立体角为

$$\mathrm{d}\omega = \mathrm{d}S/r^2 = \sin i\mathrm{d}i\mathrm{d}\varphi \tag{6.1.8}$$

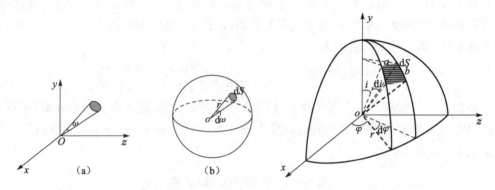

图 6.1.2　立体角的定义　　　　图 6.1.3　点光源的立体角

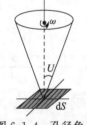

图 6.1.4　孔径角 U
和立体角 ω 的关系

式(6.1.8)为立体角的普遍计算式,下面建立孔径角 U 和立体角 ω 之间的关系,如图 6.1.4 所示,利用式(6.1.8)得

$$\omega = \iint \mathrm{d}\omega = \int_0^{2\pi}\mathrm{d}\varphi\int_0^U\sin i\mathrm{d}i = 4\pi\sin^2(U/2) \tag{6.1.9}$$

当角 U 很小时 $\sin(U/2)\approx u/2$,则

$$\omega \approx \pi u^2 \tag{6.1.10}$$

若光学系统的孔径角 U 为已知,即可换算成以发光点 A 为锥顶,透镜圆面积为锥底时所对应的立体角.

2. 点光源的发光强度

光源根据其大小有点光源与面光源之分.一个物理上的点光源,不同于几何上的一个点,从物理学的观点讲,只要光源的尺寸比所考虑的距离小很多时,这个光源就可以认为是点光源.因此,点光源在实际工作中是可以得到的.但需要注意,并不是所有点光源的发光都是均匀的.例如,一个体积不大的电灯泡,在离开它相当远的水平方向上,可以被看成是个点光源,但很明显,此灯泡的发光是不均匀的,在灯头那个方向几乎是不发光的.因此,一个点光源向各个方向所发出的光通量可能是不一样的,在某些方向上大些,在某些方向上小些,于是引入了点光源的发光强度这个量,用来描述点光源在某些方向上发出光通量能力的大小.如果在某个方向上的小立体角 dω 内所包含的光通量为 dΦ,则发光强度 I 定义为

$$I = \frac{\mathrm{d}\Phi}{\mathrm{d}\omega} \tag{6.1.11}$$

发光强度 I 是某一方向上单位立体角内所辐射的光通量大小.

如果点光源的发光是均匀的,总光通量为 Φ,则该光源在各个方向上发光强度为常数,即

$$I_0 = \frac{\Phi}{4\pi} \tag{6.1.12}$$

3. 发光强度的单位

发光强度的单位为坎德拉,单位符号为 cd. cd 是光度学中的基本单位,其他单位(如光通量、光照度、光亮度等的单位)都由这一基本单位导出. 一个光源发出频率为 5.40×10^{14} Hz 的单色辐射,若在给定方向上的辐射强度为 $1/683$ W・Sr^{-1},则光源在该方向上的发光强度为 1cd.

由基本单位坎德拉(cd)可以导出光度学中的光通量单位流明(lm). 由式(6.1.11)得,$d\Phi = I d\omega$,于是定义发光强度为 1cd 的点光源在单位立体角 1Sr 内发出的光通量为 1lm,即

$$1 \text{lm} = 1 \text{cd} \cdot \text{Sr}$$

4. 点光源的发光强度和光通量之间的关系

对于各向发光不均匀的点光源,发光强度是空间方位角 i 和 φ 的函数,由式(6.1.11)得,$d\Phi = I(i, \varphi) d\omega$,总光通量为

$$\Phi = \iint I(i, \varphi) d\omega = \int_0^\varphi \int_0^i I(i, \varphi) \sin i \, di \, d\varphi \tag{6.1.13}$$

对各向均匀的点光源在立体角 ω 内的总光通量为

$$\Phi = I_0 \omega \tag{6.1.14}$$

在整个空间的总光通量为

$$\Phi = 4\pi I_0 \tag{6.1.15}$$

把平面孔径角 U 和立体角 ω 的换算关系式(6.1.9)代入式(6.1.14),得

$$\Phi = 4\pi I_0 \sin^2(U/2) \tag{6.1.16}$$

6.2　光照度与光出射度

6.2.1　光照度

当一定数量的光通量 $d\Phi$ 到达一个接收面 dS 上时,则这个面积被照明了,照明程度的大小用光照度这个量来描述,照度 E 定义为

$$E = \frac{d\Phi}{dS} \tag{6.2.1}$$

如果较大面积的表面 S 被均匀照明,投射其上的光通量为 Φ,则

$$E_0 = \frac{\Phi}{S} \tag{6.2.2}$$

照度是被照明表面单位面积所接收的光通量,用来表示被照面上光的强弱,以被照场所光通量的面积密度表示,其单位为勒克斯(lx). 1lx 是 1lm 的光通量均匀照射到 $1m^2$ 面积上所产生的光照度.

照度的另一个单位是辐透(ph),它是 1lm 的光通量均匀照射到 $1cm^2$ 的面积上所产生的光照度,显然,$1ph = 10^4 lx$.

在各种工作场合,较合适的光照度如表 6.2.1 所示.

表 6.2.1　工作场所合适的照度值及其他情况的照度值

场合	E/lx	场合	E/lx
观看仪器的示值	30~50	明朗夏天采光良好的室内	100~500
一般阅读及书写	50~75	太阳直射时的地面照度	1×10^5
精细工作(修表等)	100~200	满月在天顶时的地面照度	0.2
摄影场内拍摄电影	1×10^4	夜间无月时天光在地面产生的照度	3×10^{-4}
照相制版时的原稿	$3 \times 10^4 \sim 4 \times 10^4$		

如图 6.2.1 所示,设点光源 A 照明一小平面 dS,它离光源的距离为 r,其法线与照明方向成 θ 角,dS 对 A 点所张的立体角 $d\omega = dS\cos\theta/r^2$,光源的发光强度为 I,则光源投射到 dS 上的光通量 $d\Phi = I d\omega$. 由照度定义式(6.2.1)得

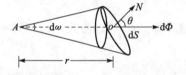

图 6.2.1　点光源产生的照度

$$E = \frac{d\Phi}{dS} = \frac{I\cos\theta}{r^2} \tag{6.2.3}$$

这个照度公式称为照度的平方反比律. 被照明物体表面的照度与点光源在照明方向上的发光强度 I 及照明表面倾斜角 θ 的余弦成正比,与距离的平方成反比.

6.2.2　光出射度

对于有一定面积的发光体,其几何尺寸与光源到被照面距离相比,不能看成发光点,则该光源称为面光源. 为表示发光表面上任一点 A 的发光强弱,在 A 点周围取一小面积 dS,通过它发出的光通量为 $d\Phi$,则定义 A 点处的光出射度 M 为

$$M = \frac{d\Phi}{dS} \tag{6.2.4}$$

由式(6.2.4)可知,光出射度是发光表面单位面积内所发出的光通量,在数值上等于通过单位面积所传送的光通量. 若表面各处均匀发光,则式(6.2.4)可写为

$$M_0 = \frac{\Phi}{S} \tag{6.2.5}$$

光出射度 M 和照度 E 是一对相同意义的物理量,只是前者是发出光通量,后者是接收光通量. 发光表面可以是本身发光的,也可以是受外来照射后透射或反射发光的;可以

是实际发光体,也可以是像面.若表面 S 本身不发光,受外来照射后所得的照度为 E,入射光中一部分被吸收,另一部分被反射.设表面的反射率为 ρ,ρ 是反射的光通量 Φ' 和入射光通量 Φ 之比,即 $\rho=\Phi'/\Phi$,则表面反射时光的出射度为

$$M = \frac{\Phi'}{S} = \rho\frac{\Phi}{S} = \rho E \tag{6.2.6}$$

6.3　光　亮　度

6.3.1　光亮度的定义

对点光源引入的发光强度指出了点光源在某方向的单位立体角内发出光通量的多少,描述了点光源在不同方向上的发光特性.光出射度表明面光源上某点处单位面积发出总光通量的多少,并未指出光源上各小面积元发出光通量的空间分布,即未考虑辐射的方向性.因此,尚不足以表示面光源的全部发光特性.为此,需要引入一个新的物理量——光亮度,简称亮度.

一个发光面的明亮程度是可以被人眼直接感受的.人眼感觉到的明亮程度称为主观亮度,它可能受到观察环境及光源本身的一些因素的影响,而主观感觉还由于眼睛适应情况的不同有相当大的差别.所以,描写人眼主观亮度感觉时,常用明度(brightness)这个词,而不用亮度(luminance)这个术语.因此,亮度这个量有较多的物理或客观成分.

如图 6.3.1 所示,设发光面的面积元 dS 在与表面法线成 i 角方向上,在立体角元 $d\omega$ 内所辐射的光通量为 $d\Phi$.实验表明,$d\Phi$ 与 $d\omega$ 成正比,并与 dS 的表观面积 dS_n (dS 在光的传播方向上的投影)成正比.而 $dS_n = dS\cos i$,于是 $d\Phi$ 可写成

$$d\Phi = LdS_n d\omega = L\cos i dS d\omega$$

式中,比例系数

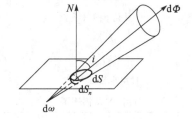

图 6.3.1　面光源的亮度

$$L = \frac{d\Phi}{dS\cos i d\omega} \tag{6.3.1}$$

称为此面积元在该方向上的亮度,即发光表面的亮度等于该方向上单位投影面积在单位立体角内发出的光通量,在数值上也等于单位面积的光源表面在其法线方向上的发光强度.式(6.3.1)中的 $d\Phi$ 是从面积元 dS 发出,且局限于立体角元 $d\omega$ 内的光通量,所以是一个很小的量.L 代表了发光面发光的方向特性,其数值随发光表面的特性而异.

式(6.3.1)是亮度的定义式.进一步将亮度的概念引申,即亮度不仅可以描述一个发光面,还可描述光路中的任何一个截面,如一个透镜的有效面积或一个光阑所截的面积等.更进一步,亮度可以描述光束,光束的亮度等于这个光束所包含的光通量除以这个光束的横截面积和该光束的立体角,如一束激光,光束包含的光通量不大(mW 级),但光束直径很小,发散角也为毫弧度数量级,而用式(6.3.1)算出的亮度却是一个很大的数值,所以我们常说激光具有高亮度.

由式(6.3.1)及发光强度的定义,可得亮度与发光强度之间的关系为

$$L = \frac{I}{\mathrm{d}S\cos i} \tag{6.3.2}$$

式(6.3.2)表示,亮度在数值上等于单位面积在其法线方向上的发光强度.

在 6.1 节中定义发光强度时,是针对点光源而言.发光强度的概念也可用于任意光源,这时的发光强度仍然是指在某一方向上单位立体角内所辐射出去的光通量,只不过探测器应离光源很远,并且探测器本身也很小,以使来自光源任何一部分的光线到达探测器时,都基本上是平行的;或者,在透镜的后焦面上来探测,在后焦面上某点所接收的都是来自光源同一方向的光线.

亮度的单位是尼特(nt).由公式(6.3.2)可知,$1m^2$ 的光源在法线方向的发光强度为 $1cd$,则该光源在该方向上的亮度为 $1nt$,即 $1nt = 1cd/m^2$.以前亮度的单位是熙提(sb),$1sb = 1cd/cm^2$,故 $1sb = 10^4 nt$.现在国际上已废除这一单位.

各种发光表面的亮度参考值如表 6.3.1 所示.

表 6.3.1　部分发光表面的亮度参考值

表面名称	$L/(\mathrm{cd \cdot m^{-2}})$	表面名称	$L/(\mathrm{cd \cdot m^{-2}})$
地面上所见太阳表面	15×10^8	日用 200W 钨丝灯	8×10^6
日光下的白纸	2.5×10^4	仪器用钨丝灯	10×10^6
晴朗白天的天空	0.3×10^4	6V 汽车头灯	10×10^6
月亮表面	0.3×10^4	放映投影灯	20×10^6
月亮下的白纸	0.03×10^4	卤素钨丝灯	30×10^6
烛焰	0.5×10^4	碳弧灯	$(15 \sim 100) \times 10^7$
钠光灯	$(10 \sim 20) \times 10^4$	超高压毛细汞弧灯	$(40 \sim 100) \times 10^7$
日用 50W 钨丝灯	450×10^4	超高压电光源	25×10^8
日用 100W 钨丝灯	6×10^6		

6.3.2　余弦辐射体

大多数均匀发光的物体,不论其表面形状如何,在各个方向上的亮度都近似一致.例如,太阳虽然是一个球体,但是在整个表面上都是一样亮,和一个均匀发光的圆形平面相同,这说明太阳表面各个方向上的亮度是一样的.下面讨论当发光体在各个方向的亮度相同时,不同方向上发光强度变化的规律.

假定面积元 $\mathrm{d}S$ 在其法线方向上的发光强度为 I_0,并设发光体在各个方向上的亮度相等,根据亮度公式(6.3.2),有

$$L = \frac{I_0}{\mathrm{d}S} = \frac{I}{\mathrm{d}S\cos i}$$

由此得

$$I = I_0 \cos i \tag{6.3.3}$$

　　式(6.3.3)表明,一个亮度在各方向均相等的发光面,在某个方向的发光强度 I,等于这个面垂直方向上的发光强度 I_0 乘以方向余弦. 这就是发光强度的余弦定律,也称朗伯定律. 这样的面称为朗伯发射面或余弦发射面,有时也称为均匀漫射体或余弦发射体. 余弦发射面可以是本身发光的表面,也可以是本身不发光的,由外来光照明后漫透射或漫反射的表面. 图 6.3.2 是发光强度余弦定律的图解表示. 在实际应用中,为确定发光表面或漫射表面接近理想余弦辐射体的程度,通常测定其发光强度分布曲线与图 6.3.2 相比较而判断. 一般的漫射表面都具有近似余弦辐射的特性,黑体是理想的余弦辐射体,光辐射测量中的积分球、乳白玻璃、白色漫射板等都近似余弦辐射体.

图 6.3.2　余弦辐射体发光强度的空间分布

6.3.3　余弦辐射体的光通量、光出射度与亮度之间的关系

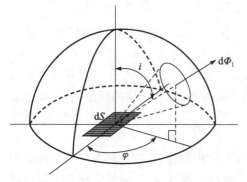

图 6.3.3　余弦辐射体发射的光通量

　　如图 6.3.3 所示,有一余弦辐射面积元 dS,向上辐射光通量,由式(6.3.1)可知,在立体角元 $d\omega$ 内辐射出去的光通量 $d\Phi$ 为

$$d\Phi = L\cos i\, dS\, d\omega$$

微面积元向立体角 ω 范围内发射的光通量为

$$\Phi = \int L\cos i\, dS\, d\omega$$

对于余弦发射体,L 为常数,可提到积分号外,于是

$$\Phi = L\, dS\int \cos i\, d\omega$$

将立体角元表达式(6.1.8)代入,则在孔径角 U 范围内(图 6.3.4)发出的光通量为

$$\Phi = L\, dS\int_0^{2\pi} d\varphi \int_0^U \cos i \sin i\, di = \pi L\, dS\, \sin^2 U \qquad (6.3.4)$$

将式(6.3.4)与式(6.1.16)相比可知,点光源在孔径角 U 范围内发射的光通量正比于发光强度 I；而呈余弦辐射的面光源在孔径角 U 范围内辐射出的光通量正比于亮度 L. 亮度在面光源中所起的作用与发光强度在点光源中的作用相似,是决定进入光学系统光通量的重要指标.

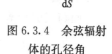

图 6.3.4　余弦辐射体的孔径角

　　若在式(6.3.4)中取 $U=\pi/2$,即可得面积元 dS 向上半空间,即 2π 立体角范围内发射出的光通量为

$$\Phi = \pi L\, dS \qquad (6.3.5)$$

　　再根据光出射度的定义,可以推导出余弦辐射体的光出射度为

$$M = \frac{\Phi}{dS} = \pi L \qquad (6.3.6)$$

6.4　面光源产生的照度

6.4.1　余弦辐射面在远处产生的照度

在 6.2 节中,讨论过照度的距离平方反比定律,对于一个点光源来说,距离平方反比律公式(6.2.3)是严格成立的.当光源不是一个点而是一个有一定面积的余弦发射面时,也就是说光源面至被照明的距离与光源的线度相比大得不多,或近似相等,甚至更小时,照度公式(6.2.3)应当怎样修改.关于这个问题,将在下文中进行较详细的讨论.这里先讨论一种特殊情况,即当这个发光面的大小比所考虑的距离小很多时,这个发光面仍可当成点光源,它产生的照度仍然可用距离平方反比定律来估算.

设有一个面积为 S 的余弦发射面,其亮度为 L,如图 6.4.1 所示,它在法线方向的发光强度 $I_0 = LS$.在这个方向相当远处的 P 点的照度仍可用式(6.2.3)来计算,即

$$E = \frac{I_0}{r^2} = \frac{LS}{r^2}$$

式中,S/r^2 近似地等于发光面对 P 点所张的立体角 ω,所以余弦发射面的照度公式可写成

$$E = L\omega \tag{6.4.1}$$

式(6.4.1)表示,一个余弦发射面,在其法线方向相当远的一点所产生的照度,等于发光面对该点所张的立体角 ω 与发光面亮度 L 的乘积.这是式(6.2.3)的另一种表达形式.它还可以使我们推出另外两个很有用的推论.

(1) 如图 6.4.2 所示,有一个足够大的亮度为 L 的漫射体,在它前面有一个开孔面积为 S 的光阑,而离光阑距离为 d 处有一点 P,由 P 点向光源看去,光阑是完全而均匀地被发光面充满.为求 P 点的照度,由公式(6.4.1)可得

$$E_P = L\omega = L\frac{S}{d^2}$$

上式表明,P 点的照度除了正比于光源亮度 L 外,只与光阑面积及 P 点到光阑的距离有关,而与发光面到光阑的距离无关.这一规律称为光阑原理.

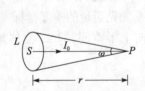

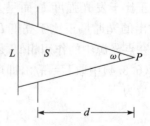

图 6.4.1　余弦辐射面产生的照度　　　　图 6.4.2　光阑原理示意图

这个推论在辐射计量中很有用,因为实际的辐射光源往往是不可接近的,无从量度它到被测点的真实距离,这时就要借助于光阑.

（2）如图 6.4.3 所示,有三个亮度相等而表面形状不同的均匀余弦发射体 A、B、C,A 是一圆盘,B 是一个任意形状的表面,C 是一个半球面,它们对于 P 点来说所张的立体角是一样的,它们在 P 点所产生的照度也是一样的.

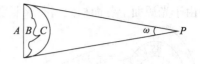

图 6.4.3　余弦辐射体形状与照度的关系

这个推论说明,只要这些发光体在各个方向上的亮度是相等的,则不管其形状如何,它们产生的照度都正比于它们对 P 点所张的立体角. 这对于处理形状复杂的光源是有用处的.

6.4.2　面光源产生的照度

如图 6.4.4 所示,在光源表面 S_1 和被照表面 S_2 上各取一面积元 dS_1 和 dS_2,令二者连线和各自的法线所成之角为 i_1 和 i_2,面光源亮度为 L. 由 dS_1 发出并照射在 dS_2 上的光通量为

$$d\Phi_1 = LdS_1 d\omega_1 \cos i_1 = LdS_1 \cos i_1 \frac{dS_2 \cos i_2}{r^2} \tag{6.4.2}$$

式中,$d\omega_1 = dS_2 \cos i_2 / r^2$ 是 dS_2 对发光面元中心 O_1 所张的立体角. 注意,面积元 dS_1 和 dS_2 在公式(6.4.2)中的地位是对称的. 这里,我们可以得到光源和被照面可以互易的结论:假如 dS_2 是亮度为 L 的光源,它将产生同样的光通量照射在 dS_1.

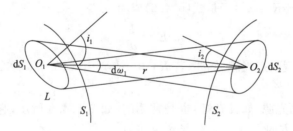

图 6.4.4　面光源产生的照度

由式(6.4.2)可得出面元 dS_1 在 O_2 点产生的照度为

$$dE_2 = \frac{d\Phi_1}{dS_2} = \frac{LdS_1 \cos i_1 \cos i_2}{r^2} \tag{6.4.3}$$

式(6.4.3)表明,一微小面光源照射一微面积元时,微面元的照度与面光源的光亮度和光源面积的大小成正比,与距离 r 的平方成反比,并与两面元法线和光束方向的夹角 i_1、i_2 的余弦成正比. 将式(6.4.3)与式(6.2.3)比较可知,二者的差别在于,点光源所造成的光照度和发光强度成正比,而面光源造成的光照度与光亮度和面积成正比;二者的共同点是,与距离平方成反比,且都与表面的倾斜度有关.

以上是一个微小面积元在空间某点处产生的照度计算公式. 对于一个有限大小的面光源 S_1 在 O_2 点所产生的照度,可利用式(6.4.3)对整个面光源 S_1 求积分而得到,即

$$E_2 = \iint_{S_1} dE_2 = \iint_{S_1} \frac{LdS_1 \cos i_1 \cos i_2}{r^2} \tag{6.4.4}$$

由于光源面上各面积元到所求照度的 O_2 点距离不同,式(6.4.4)中的 i_1 和 i_2 也不同,因

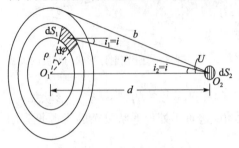

图 6.4.5 圆盘形余弦辐射面
光源产生的照度计算

而亮度 L 也不同. 所以,在一般情况下其计算是比较复杂的,但对于一些特殊情况却是容易求出的.

如图 6.4.5 所示,有一圆盘形余弦辐射面光源 S,其半径为 R,亮度为 L. 若在圆盘轴线上与圆盘相距 d 的 O_2 点处有一垂轴小面积元 dS_2,求在此面元内 O_2 点处的照度. 由图可知, $r^2 = d^2 + \rho^2$, $\cos i_1 = \cos i_2 = \cos i = d/(d^2 + \rho^2)^{1/2}$, $dS_1 = \rho d\varphi d\rho$,于是由式(6.4.4)得

$$E = \int_0^{2\pi} d\varphi \int_0^R \frac{Ld^2\rho d\rho}{(d^2+\rho^2)^2} = 2\pi Ld^2 \int_0^R \frac{\rho d\rho}{(d^2+\rho^2)^2} = \frac{\pi LR^2}{d^2+R^2} = \pi L \sin^2 U \quad (6.4.5)$$

令 $b = (d^2+R^2)^{1/2}$,不难看出 b 是圆盘边缘到考察点的距离,而 $\pi R^2 = S$ 是圆盘的面积,SL 正是圆盘在法线方向上的发光强度 I_0,所以式(6.4.5)可写成

$$E = \frac{I_0}{b^2} \quad (6.4.6)$$

式(6.4.6)可看成是平方反比定律的又一种形式,它适用于圆盘形面光源,当圆盘的大小对于所考虑的距离来说并不能忽略时,在计算照度时,不用距离 d 而改用圆盘边缘到考察点的距离 b,将会得到较精确的结果.

如果 $R \ll d$,$d^2 + R^2 \approx d^2$,于是式(6.4.6)成为

$$E = \frac{I_0}{d^2} \quad (6.4.7)$$

此时圆盘形光源可视为点光源.例如,若 $R = 0.1d$,则由式(6.4.6)和式(6.4.7)两式所求得的照度值仅相差 1%.

又如,长条形面光源(如日光灯)也是常用的,如图 6.4.6 所示,它的长度为 $2b$,宽为 $2a$,中心 O_1 的垂直方向上有一正对着光源的面积元 dS_2,其中心为 O_2,且 $O_1O_2 = d$. 若设发光面为余弦发射面,亮度为 L,由图可知,$r^2 = d^2 + x^2$, $\cos i_1 = \cos i_2 = \cos i = d/(d^2+x^2)^{1/2}$, $dS_1 = 2adx$, 由式(6.4.3)可得微小面光源 dS_1 在 O_2 点处的照度为

$$dE = \frac{LdS_1 \cos i_1 \cos i_2}{r^2} = 2aL \frac{d^2 dx}{(d^2+x^2)^2}$$

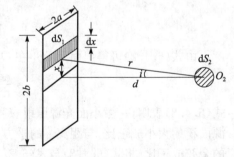

图 6.4.6 长条形面光源产生的照度计算

整个长条形光源在 O_2 点处产生的照度为

$$E = \iint dE = 2\int_0^b 2aL \frac{d^2}{(d^2+x^2)^2} dx$$

完成积分得

$$E = 2aL \left[\frac{b}{d^2+b^2} + \frac{1}{d} \arctan\left(\frac{b}{d}\right) \right] \quad (6.4.8)$$

6.4.3　交换定律

如果图 6.4.4 的两个面积元 dS_1 和 dS_2 均为余弦发光面上的两个发光面积元,其光亮度分别为 L_1 和 L_2,则由面元 dS_1 发出并为 dS_2 所接收的光通量为

$$d\Phi_1 = L_1 dS_1 d\omega_1 \cos i_1 = L_1 dS_1 \cos i_1 \frac{dS_2 \cos i_2}{r^2} \tag{6.4.9}$$

由面元 dS_2 发出并为 dS_1 面所接收的光通量为

$$d\Phi_2 = L_2 \cos i_2 dS_2 d\omega_2 = L_2 \cos i_2 dS_2 \frac{dS_1 \cos i_1}{r^2} \tag{6.4.10}$$

于是

$$\frac{d\Phi_1}{d\Phi_2} = \frac{L_1}{L_2} \tag{6.4.11}$$

也就是说,两个面积元之间的光通量交换是与两个面积元的亮度成正比的. 如果 dS_1 的亮度比 dS_2 的亮度高,则由 dS_1 向 dS_2 传送的光通量就比从 dS_2 向 dS_1 传送的光通量多,式(6.4.11)的关系称为交换定律.

特别是,当两个所考虑的面积元是一个球面的两小块面积时,如图 6.4.7 所示,由于 $i_1 = i_2 = i$, $r = 2\rho \cos i$,如果 dS_1 是亮度为 L 的余弦辐射面,则由式(6.4.9)可知,dS_2 所接收的光通量为

$$d\Phi = \frac{L dS_1 dS_2}{4\rho^2} \tag{6.4.12}$$

所以 dS_2 上的照度为

$$dE = \frac{L dS_1}{4\rho^2} \tag{6.4.13}$$

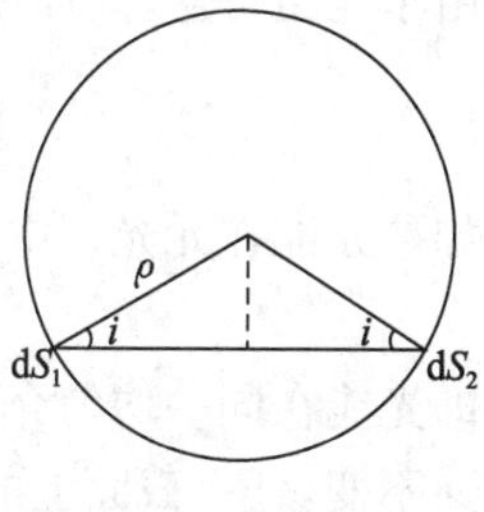

图 6.4.7　积分球原理

式(6.4.13)中不包含角度值,也就是说,球壁上的某一部分 dS_1 发光,所发的光通量将均匀地分布在其余的球面上,不论什么位置,其照度值是一样的,都等于 $L dS_1 / 4\rho^2$,这是一个很重要的结论,是积分球理论的一个重要基础.

6.5　亮度在光学系统的传递与像面照度

光学系统可以看成是光能的传递系统,在传递过程中光能有损失,出射光能与入射光能的比值称为光学系统的透过率 K. K 值永远小于 1,$(1-K)$ 称为损失率. 若入射光通量为 Φ,则出射光通量 $\Phi' = K\Phi$. 为了全面地了解光学系统中光束光通量和光亮度的变化规律,我们将对光束在均匀透明介质中的传播和两介质分界面上折射和反射等情况分别加以研究. 由于光通量的传递规律直观、简单,下面将着重讨论亮度的传递情况.

6.5.1　亮度在均匀介质中的传递

图 6.5.1(a)中,由物面和入瞳面周界所围成的锥体称为光管,当物面和入瞳面很小

(小视场、小孔径)时,称为元光管,图(a)是两个截面(物面和入瞳面)垂直于光管轴线的情况;图(b)则是任意倾斜截面的更普遍情况. 图(b)中,空间两微面积元 dS_1、dS_2 中心相距 r,两者法线 N_1、N_2 分别与中心连线成 i_1、i_2 角;设光能在管中传递时无外溢,也无损失;dS_1、dS_2 的亮度分别为 L_1、L_2.

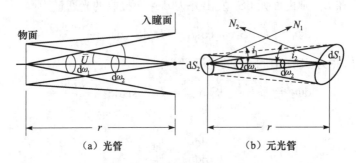

图 6.5.1　亮度在均匀介质中的传递

由 dS_1 面发出并经元光管传到 dS_2 面上的光通量为

$$d\Phi_1 = L_1 dS_1 d\omega_1 \cos i_1 = L_1 dS_1 \cos i_1 \frac{dS_2 \cos i_2}{r^2} \qquad (6.5.1)$$

由于光路可逆,同样可以得到由 dS_2 面发出并经元光管传到 dS_1 面的光通量为

$$d\Phi_2 = L_2 dS_2 d\omega_2 \cos i_2 = L_2 dS_2 \cos i_2 \frac{dS_1 \cos i_1}{r^2} \qquad (6.5.2)$$

如果光能在元光管中无损失,即 $d\Phi_1 = d\Phi_2$,则

$$L_1 = L_2 \qquad (6.5.3)$$

即光能在同一均匀介质的元光管中传递时,如果无光能损失,则在传播方向上的光亮度传递不变,任一截面上的亮度相等.

6.5.2　亮度在两透明介质分界面上的传递

图 6.5.2 中的赤道面是折射面,dS_0 是折射界面上的一面积元;面积元 dS 到 dS_0 是入射光管,位于折射率为 n 的介质内;入射光管与界面法线 N_0 夹角为 i,即入射角;dS_0 到 dS' 为折射后的光管,位于折射率为 n' 的介质内,与界面法线的夹角为 i',即折射角;对应的立体角元用 $d\omega$ 和 $d\omega'$ 表示.

由折射定律 $n \sin i = n' \sin i'$,将其微分得 $n \cos i di = n' \cos i' di'$,把以上两式相乘得

$$n^2 \sin i \cos i di = n'^2 \sin i' \cos i' di' \qquad (6.5.4)$$

折射前后的立体角元分别为

$$\left. \begin{array}{l} d\omega = \sin i di d\varphi \\ d\omega' = \sin i' di' d\varphi' \end{array} \right\} \qquad (6.5.5)$$

由于界面法线,入射线和折射线共面,故 $\varphi = \varphi'$,$d\varphi = d\varphi'$,于是把式(6.5.5)代入式(6.5.4),得

$$n^2 \cos i d\omega = n'^2 \cos i' d\omega' \qquad (6.5.6)$$

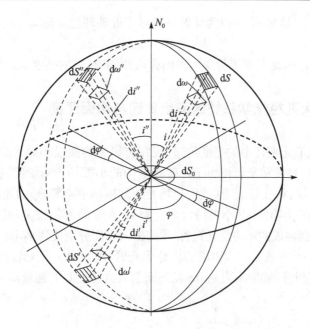

图 6.5.2　亮度在透明介质分界面上的传递

再设折射前后通过元光管的光通量为 $\mathrm{d}\Phi$、$\mathrm{d}\Phi'$，$\mathrm{d}S_0$ 处折射前后的亮度为 L、L'，则

$$\mathrm{d}\Phi = L\cos i\,\mathrm{d}S_0\,\mathrm{d}\omega, \quad \mathrm{d}\Phi' = L'\cos i'\,\mathrm{d}S_0\,\mathrm{d}\omega'$$

当光能无损失时，折射前后的光通量相等，即 $d\Phi = d\Phi'$，再考虑到式(6.5.6)得

$$\frac{L}{n^2} = \frac{L'}{n'^2} \tag{6.5.7}$$

当光束位于同一介质中时，即 $n = n'$，$L = L'$，这就是我们在 6.5.1 节得到的结论.

反射可以看成是 $n' = -n$ 的折射，代入式(6.5.7)得

$$L'' = L \tag{6.5.8}$$

由此可以看到，光束在均匀介质中的传播或在两种介质分界面上的反射，亮度变化都可以看成是折射的特例，因此可以写出以下普遍关系式，即

$$\frac{L_1}{n_1^2} = \frac{L_2}{n_2^2} = \cdots = \frac{L_k}{n_k^2} = L_0 \tag{6.5.9}$$

不论光束经任意次折射、反射，或在均匀介质中传播，式(6.5.9)永远成立. 式(6.5.9)中，L_0 称为折合亮度. 如果不考虑光束在传播过程中的光能损失，位于同一条光线上的所有各点，在该光线的传播方向上折合亮度不变.

在近轴区理想成像时，如不考虑光能损失，由物点发出的光线均通过像点，因此物和像的亮度之间应满足

$$L' = L(n'/n)^2 \tag{6.5.10}$$

若物像空间介质的折射率相同，则 $L' = L$.

在实际光学系统中必须考虑光能损失，则 $\mathrm{d}\Phi' = K\mathrm{d}\Phi$，于是

$$\frac{L'}{n'^2} = K\frac{L}{n^2} \tag{6.5.11}$$

对于反射有 $L''=KL$（这里 K 应视为反射率），对于近轴理想成像有

$$L' = KL(n'/n)^2 \tag{6.5.12}$$

式中，K 永远小于 1，因此当系统物像空间的介质相同时，像的亮度永远小于物的亮度.

6.5.3　小视场大孔径光学系统的亮度传递与像面照度

前面我们研究了元光管中的亮度传递，现在将研究物面很小而入瞳较大的非元光管中的亮度传递问题. 如果元光管相当于几何光学中的小视场、小孔径光组，则我们现在研究的是相当于小视场、大孔径光组（或大视场光组的视场中心部分）的光能传递情况.

图 6.5.3 中，dS 为物面元（小视场），亮度为 L；入瞳的面积较大，最大孔径角为 U. 此时物面和入射光瞳面构成的不再是元光管. 我们把入瞳面分割成许多小面积元，如图 6.5.3 中的扇形面元，每一小扇形和 dS 构成的仍是元光管，求出每一元光管传送的光通量 $d\Phi$，然后对整个入瞳面积分，就能求出从 dS 发出而射入入瞳的总光通量 Φ.

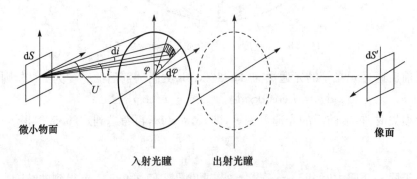

微小物面　　　　入射光瞳　　　出射光瞳　　　　　像面

图 6.5.3　光学系统中的亮度传递

由公式(6.3.1)可知，每一小扇形和 dS 构成的元光管所传递的光通量为

$$d\Phi = L\cos i \, dS \, d\omega = L\cos i \, dS \sin i \, di \, d\varphi$$

上式对整个入瞳积分，得射向入瞳的总光通量为

$$\Phi = \int_0^{2\pi}\int_0^U L \, dS\cos i \sin i \, di \, d\varphi \tag{6.5.13}$$

其中，L 是 i 和 φ 的函数. 一般来说，完成积分比较困难，为简单起见，设物为余弦辐射面，L 和 dS 为常数，完成积分得

$$\Phi = \pi L \, dS \sin^2 U \tag{6.5.14}$$

利用光路的可逆性，由出瞳的出射光照射像面元 dS'，可以看成像面元照射出瞳，于是从出瞳射到像面上的面积元 dS' 上的光通量为

$$\Phi = \pi L' \, dS' \sin^2 U' \tag{6.5.15}$$

式中，L' 为像面 dS' 的亮度，U' 为像方最大孔径角.

如果从物面到像面的能量传递过程中，有光能损失，则

$$\Phi' = K\Phi \quad \text{或} \quad \pi L' \, dS' \sin^2 U' = K\pi L \, dS \sin^2 U \tag{6.5.16}$$

1. 亮度的传递

由式(6.5.16)得

$$\frac{L'}{L} = K\,\frac{\mathrm{d}S\sin^2 U}{\mathrm{d}S'\,\sin^2 U'} = K\,\frac{h^2}{h'^2}\,\frac{\sin^2 U}{\sin^2 U'} \tag{6.5.17}$$

式中,h 和 h' 为物高和像高. 在 1.6 节中我们曾指出,共轴系统中垂直于光轴的微小线段理想成像时,应满足光学正弦定理式(1.6.4),故在小视场大孔径光学系统成完善像时也应满足此光学正弦定理,即 $nh\sin U = n'h'\sin U'$. 于是,式(6.5.17)成为

$$\frac{L'}{n'^2} = \frac{KL}{n^2}$$

这和式(6.5.11)完全相同,即当小视场大孔径光学系统成完善像时,像面亮度的传递规律和元光管完全相同,即当光能无损失时,L/n^2 为传递不变量;如果物像在同一介质中,则物像面的亮度完全相同.

2. 像面照度

对于实际光学系统来说,感兴趣的往往不是像面的亮度而是像面的照度. 例如,对于照相机,当曝光时间相同时,同一底片上的曝光量就取决于底片上像的照度.

像面中心部分的照度 E' 为

$$E' = \frac{\Phi'}{\mathrm{d}S'} = K\pi L\,\frac{\mathrm{d}S}{\mathrm{d}S'}\sin^2 U = K\pi L\,\frac{h^2}{h'^2}\sin^2 U \quad \text{或} \quad E' = \frac{K\pi L\sin^2 U}{m^2}$$

式中,m 为垂轴放大率. 应用光学正弦定理可得

$$E' = K\pi L\,\sin^2 U'\,\frac{n'^2}{n^2} \tag{6.5.18}$$

式(6.5.17)和式(6.5.18)就是像面中心处光照度的计算公式,适用于小视场大孔径光学系统或大视场大孔径的视场中心部分.

对于大的物面,像面也较大,像面上的照度不均匀. 设像面中心部分的照度为 E_0',像面边缘部分的面积元上的照度为 E_ω',则

$$E_\omega' = E_0'\cos^4\omega' \tag{6.5.19}$$

式中,ω' 为像面边缘处的面积元与出瞳中心的连线和光轴的夹角,即像方视场角.

6.6　照明光学系统中光能损失的计算

6.6.1　常用的照明系统

常用的光学系统,无论是投影仪还是显微镜,都需要由光源通过照明系统对光学系统中的物体照明后成像. 光学系统的成像质量好坏,不仅与成像系统有关,还和照明系统有

密切关系.因此,照明系统是光学仪器中绝不能轻视的重要组成部分.在以照明系统设计和实现为核心的照明光学中,最关键的是如何获得均匀的照明光场.由于通常光源发光具有不均匀性,而且照明系统的收集方法也不可能做到完全均匀,所以为了获得目标面上的照明均匀性,逐渐发展提出了多种照明方式.

照明系统的基本要求是:①保证照明物面所需要的足够光能量;②保证整个物面上能得到均匀一致的照度.本节将简要阐述常用的照明系统和方式,然后介绍光学系统中光能损失的一般计算方法.

1. 临界照明系统

临界照明是指将光源面通过照明系统成像在物平面上的照明方式,如图 6.6.1 所示.

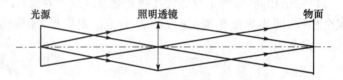

图 6.6.1　临界照明系统的光路结构

这种照明方式的被照明物体最大限度地接收了光源亮度,若忽略光能的损失,则光源像的亮度与光源本身相同.因此,该方式实质上相当于在物平面上放置光源.显然,在临界照明中,如果光源表面亮度不均匀,或明显地表现出细小的结构,如灯丝等,那么就要严重影响物面的照明均匀性,这是临界照明的缺点.其补救的方法是,在光源的前方放置乳白和吸热滤色片,使照明变得较为均匀;或者调整光源的位置,使得灯丝像正好位于灯丝的间隙之间,来减少照明的不均匀程度.

电影放映仪常采用临界照明方式,选用发光比较均匀的电弧或短弧氙灯作为光源,这是因为光源的发光面小,投影的物面面积也较小.图 6.6.2 给出了电影放映仪的两种临界照明系统,分别采用椭球面反射镜和透镜作为照明透镜(也称聚光镜).

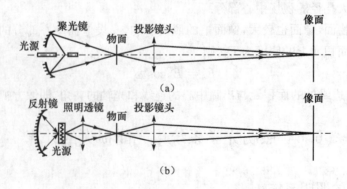

图 6.6.2　电影放映仪的临界照明系统

显微镜中采用的临界照明系统如图 6.6.3 所示,系统中孔径光阑的位置应满足照明系统出瞳与显微镜的入瞳相重合,即满足两个系统之间的"光瞳衔接"原则.图(b)是图(a)

的复杂化系统,采用两次成像,在一次成像面位置放置视场光阑.为了改善照明均匀性,还可以在光源后加入毛玻璃进行匀化.

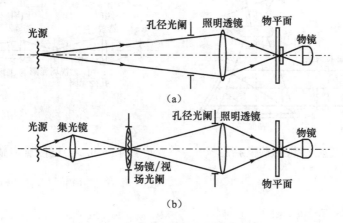

图 6.6.3　显微镜的临界照明系统

2. 柯拉照明系统

柯拉照明是为了消除临界照明中物面光照度不均匀的缺点而提出的照明方式.现在的照明系统大多用的是柯拉方式,主要有显微系统和投影系统的柯拉照明.临界照明与柯拉照明两者之间的区别主要在于,前者将光源成像在样本平面上,后者不仅将光源成像在物镜的后焦平面,还将视场光阑成像在样本平面,这样方便调节样本平面的照明范围,也使照明光斑更加均匀.另外,柯拉由于选择部分栏光而实现照明范围的调节,故它的照明强度不及临界照明(见显微系统的相关内容).

3. 反射照明系统

临界照明和柯拉照明方式都属于透射式照明方式,如果待照明物面为不透明物体,则需要考虑采用反射式照明方式.在反射式照明系统中,依靠正向或者侧向照明非透光物体,由其表面的漫反射光来成像,所以以像的照度相对较低,为了提高屏幕上的照度,除了采用低投影倍率和大相对孔径放映镜头外,还需要提高照明光源的功率.

图 6.6.4 是反射式照明放映仪的光学系统简图.位于抛物面反射镜 L_1 焦点上的电弧经反射后得到平行光束,再经过吸热容器和反射镜后照明物面.自物面上漫反射出来的一部分光进入放映物镜 L_2,再经平面镜反射到远处的屏幕上形成放大的图像.

如果在显微镜的光路中增加分光镜,以使照明系统和观察系统重合,物镜本身又兼作照明透镜,照明光束经过物镜投射到物面上,就形成了如图 6.6.5 所示的反射照明式显微镜,可用来观察不透明物体.在这样的显微系统中,物面上的局部起伏会因为漫射光线很少进入物镜成像,而最终在像面的亮背景中形成较暗的像.

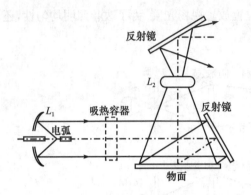

图 6.6.4 反射式照明放映仪系统

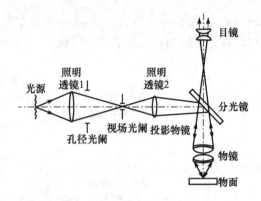

图 6.6.5 反射式照明显微系统

4. 复眼照明系统

在柯拉照明中,假定由光源上一点发出的光进入照明系统形成的光锥分布是完全均匀的,但实际上该光锥中的分布不可能完全均匀. 如果能把大光锥分成许多个小光锥,每个小光锥的光又通过一块小透镜及照明透镜扩展后分布到物面上,能形成比柯拉照明更好的均匀性. 这种采用多个小透镜排列组成的透镜板称为复眼透镜,由于复眼透镜具备分割并叠加光束的功能,因此形成的复眼照明方式主要应用在一些需要均匀照明的仪器或场合中.

图 6.6.6 给出了在数字投影仪中常采用的复眼照明系统,采用抛物型反光镜来获得平行度较高的入射光束. 这部分光入射到复眼透镜后,被复眼上的各个小透镜分割成一系列子光束,最后通过会聚透镜叠加,成像在物平面上. 由于这种成像方式具有效率高,光斑均匀性好,一般均匀性在 90% 以上.

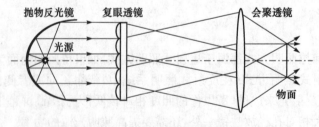

图 6.6.6 复眼照明系统示意图

5. 方棒照明系统

图 6.6.7 所示的是一个方棒照明系统,它的最大优点就是结构简单,因此非常适合单片式投影结构,而且通过控制方棒长度可以在显示芯片上获得不错的照明均匀性. 方棒照明系统主要与椭球反光镜配合使用,利用椭球面具有两个焦点的特性,使光源发出的光聚

集于方棒端面的中心点,这样几乎所有光能都能进入方棒系统.这些光束在方棒的四壁间不断反射,以角度叠加的方式在出口处获得一个均匀的光斑,最后由中继透镜成像至物面上获得理想的照明.

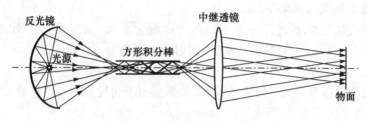

图 6.6.7　方棒照明系统示意图

6. 光纤照明系统

光纤作为一种特殊的导光元件,可以将光在不同的空间位置之间任意传导,再加上光纤本身外形细小,可以用来实现人体内部腔道等特殊位置的照明,这是前面几种照明方式无法实现的.

图 6.6.8 是内窥镜中采用的照明系统原理图.光源放在椭球面反射镜的焦点上,传光束入射端面在椭球面反射镜的另一个焦点上处.光源经反射镜聚焦后传到光纤的入射端面,经过一段距离传输后,光束再经发散透镜发散把物面照亮.

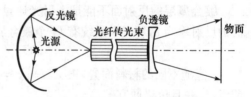

图 6.6.8　光纤照明系统的光路结构

6.6.2　光能计算

前面曾提到光学系统的透过率 K,损失率$(1-K)$.本节将具体讨论它们的计算.光能损失包括透射面的反射损失、镀层反射面的吸收损失和光学材料的内部吸收损失三个方面,下面分别加以讨论.

1. 透射面的反射损失

光束从一种介质透射到另一种介质时,在抛光面上必然有反射损失.从物理光学得知,当入射角不太大($<45°$)时,光在一个抛光面上透射时的反射损失可近似表示为

$$\rho = \left(\frac{n'-n}{n'+n}\right)^2 \tag{6.6.1}$$

式中,n、n'为界面前后两种介质的折射率;ρ为折射时的反射率,它是该面的反射光通量与入射光通量之比.$(1-\rho)=\tau$称为该界面的透过率.由式(6.6.1)可知,反射率 ρ 与光线的走向无关,仅和两介质的折射率有关,且两折射之差越大,反射率 ρ 也越大.例如,在光

束由空气($n=1$)射到折射率为 $n'=1.5$、1.6、1.7 的玻璃上时,其相应的反射率为 $\rho=0.04$、0.052、0.067. 在粗略估算时,常规冕牌玻璃的反射率为 0.04,普通火石玻璃的反射率为 0.05. 对于胶合面,两玻璃的折射率之差很小,用来胶合的加拿大树胶 $n=1.52$,ρ 值小于 0.001,反射损失可忽略不计.

设入射光通量为 Φ,通过第一个面后的光通量为 $K_1\Phi$,通过第二个面之后的光通量为 $K_1K_2\Phi$. 对于具有 k_1 个面的折射系统,出射的光通量为

$$\Phi' = K_1K_2\cdots K_{k_1}\Phi \tag{6.6.2}$$

若各面的透射都是由同一原因造成的,如都是由于通过与空气接触的折射面,则透射率均为 K,于是式(6.6.2)可写成

$$\Phi' = K^{k_1}\Phi \tag{6.6.3}$$

为了减少损失,常在与空气接触的表面上镀一层增透膜,此时的反射率降到 $0.02\sim0.01$ 以下,即 $K=0.98\sim0.99$. 20 个镀膜面的透过率可提高到 $K^{k_1}=0.99^{20}=0.82$,反射损失下降到 0.18.

2. 镀金属层的反射面吸收损失

镀金属层的反射面不能把入射光通量全部反射,而要吸收其中的一部分. 设每一反射面的反射率为 ρ,若光学系统有 k_2 个镀金属的反射面,则经反射后的出射光通量为

$$\Phi' = \rho^{k_2}\Phi \tag{6.6.4}$$

ρ 值随不同的材料而异,银层较高 $\rho\approx0.95$,铝层较低 $\rho\approx0.85$,但后者的稳定性远比前者好,并且价格便宜.

3. 透射光学材料内部的吸收损失

光学材料不可能完全透明,当光束通过时,一部分光能被吸收. 此外,材料内部的杂质、气泡等使光束散射,故光束通过光学材料时,将有吸收和散射损失.

设 α 为通过厚度为 1cm 的玻璃后被吸收的光通量的百分比,称为吸收率,$(1-\alpha)$ 为透明率. 当光束通过厚度为 $d$cm 的玻璃时,其透明率为 $(1-\alpha)^d$.

综上所述,光学系统的光能损失为:透射面的反射损失,透过率为 K^{k_1};反射面的吸收损失,反射率为 ρ^{k_2};材料内部的吸收损失,透明率为 $(1-\alpha)^d$.

6.7　颜　色　现　象

人类生活在一个明暗交织、五彩缤纷的世界里,在人们认识周围世界时,颜色给人们提供了外部世界的更多丰富的信息,而且又使人们获得了美的感受. 那么,什么是颜色呢? 从心理物理的角度讲,颜色是可见电磁辐射的一种特性,是客观存在的电磁辐射作用于人的视觉器官所产生的一种心理感受. 颜色既来源于外部世界的物理刺激,又不完全符合外界物理刺激的性质,它是人类对外界刺激的一种独特的反映形式. 颜色现象是客观刺激与

人的视神经系统相互作用的结果,是涉及物理、生理和心理的复杂现象,我们在这里主要从心理物理的角度来研究.

6.7.1　颜色现象的生理物理基础

在通常情况下,我们之所以能看到物体的形状和颜色,是因为有太阳辐射的可见光照射它们,而太阳辐射的白光又是由各种波长的色光组成. 一束鲜花,在阳光下显得多么艳丽,而在漆黑的夜里,即使你有很好的视力,也难于分辨它的轮廓,更谈不上感受它的色彩了,鲜花的客观存在并不能保证你看到它的颜色. 物体的各种颜色,必须在光线的照射下才能显示出来,这是因为物体呈现的颜色,实际上取决于物体表面对光线中各种波长色光的吸收和反射性能,红色的花朵之所以呈现红色,是由于它反射出红光,而吸收了红光之外的一切色光. 由此看来,只有当物体使人眼有光感时,才能使人眼有颜色感觉,有光才有色,无光便无色. 因此,电磁辐射中可见光的存在是产生颜色不可缺少的条件,不同波长的可见光是颜色现象的物理基础.

一定波长范围的电磁辐射作用于人眼,再经过视觉系统的信息加工而产生颜色感觉. 颜色感觉是人眼的一个重要生理机能,眼睛有色觉缺陷的人便不能有正常的颜色感受,所以说人眼的颜色感觉是颜色现象的生理基础. 人眼对不同波长的可见光能做出选择性反映,通常把光所引起的颜色感觉称为光的颜色,单一波长的颜色称为光谱色.

Young-Helmholtz 在 1891 年提出了"三色假说",认为人眼中存在三种具有不同响应的锥体感受器. 当光线同时作用于这三种感受器时,三者产生的刺激不同,不同刺激的组合形成不同的颜色感觉. 三色假说后来得到了现代技术发展的证明,人们在人类视网膜中确实发现了含有三种不同的光敏感性视色素,它们对光谱不同部位的敏感性不同. 这为后来用三刺激值来对不同颜色进行数字化描述奠定了基础.

6.7.2　光源色与物体色

被观察物体发出的辐射刺激人眼而产生的颜色感觉,称为物体的颜色,如果物体是自发光的(如各种光源),其颜色和所辐射的各种光谱成分有关,这类物体的颜色称为光源色. 对于自身不发光的物体,外来辐射被物体调制(吸收、透射、反射等)后所产生的颜色感觉,称为物体色.

光源的光谱辐射特性决定了光源色的特性,照明光源的光谱特性、被照物自身的吸收和反射特性决定了物体色的特性.

6.7.3　颜色的特征与分类

1. 颜色的特征

颜色有三种特征,每种特征既可以从客观刺激方面来定量,也可以从观察者的感觉方面来描述. 描述客观刺激的概念称为心理物理学概念,颜色的三特征是亮度、主波长和纯度;描述观察者感觉的概念称为心理学概念,颜色的三特征是明度、色调和饱和度.

表示颜色第一个特征的心理物理学概念是亮度. 所有的光,不管是什么颜色,都可以用亮度来定量. 与亮度对应的心理学概念是明度,明度是指人眼对颜色明亮程度的感觉. 对于光源色,明度与发光物体的亮度有关,物体亮度越高,明度越大;对于物体色,明度取决于物体的反射率和透过率等因素.

表示颜色第二个特征的心理物理学概念是主波长(参见 6.10 节),与主波长相对应的心理学概念是色调. 色调是指各种颜色之间的差别,借以区分不同的颜色. 光谱是由不同波长的光组成的,用三棱镜可以把日光分解成光谱上不同波长的光,不同波长引起的不同颜色感觉就是色调. 例如,波长为 700nm 的光的色调是红色,波长为 579nm 的光的色调是黄色,波长为 510nm 的光的色调是绿色,正常人眼能分辨光谱上的不同色调达 100 种以上.

颜色第三个特征的心理物理学概念是颜色纯度,其对应的心理学概念是颜色的饱和度. 因为光谱色是单一波长的颜色,是最纯的单色刺激,在视觉上就是高饱和度的颜色;光谱色成分为零的白色是最不纯的颜色,在视觉上就是饱和度为零. 由三棱镜分光产生的光谱色,如主波长为 650nm 的颜色是很纯的红色光. 假如把一定数量的白光加到这个红光上,混合的结果便产生粉红色,加入的白光越多,混合后的颜色就越不纯,看起来越不饱和. 饱和度高的颜色深而鲜,饱和度低的颜色浅而淡,光谱上所有的光都是最纯的颜色光.

综上所述,光刺激的心理物理特征可以按亮度、主波长和纯度加以确定,这些特征又分别同明度、色调和饱和度等主观感觉相联系. 根据颜色的三种特征可以区别一种颜色与另一种颜色,三者中只要有一个不同,就会有不同的颜色感觉.

2. 颜色的分类

颜色可分为非彩色和彩色两大类. 非彩色是白色、黑色以及白与黑之间深浅不同的灰色所组成的颜色系列,其特征是没有主波长或色调,纯度或饱和度为零,而只有亮度或明度的变化. 彩色是指白和黑的非彩色系列以外的所有颜色.

6.7.4 颜色混合

颜色可以相互混合,颜色混合可以是颜色光(色光)的混合,也可以是染料的混合. 这两种混合方法所得的结果是不同的,前者称为颜色相加混合或加色混合;后者称为颜色相减混合或减色混合. 将几种颜色光同时刺激人的视觉器官,便产生了不同于原来颜色的新的颜色感觉,这就是相加混合方法(或称加色法). 对一种染料来说,它要反射某些光波而吸收其他光波,因而染料混合而产生的颜色依赖于染料所反射的光谱成分,黄色染料主要反射光谱上的黄色(反射红、绿色),而吸收蓝色,这是一种相减过程;青色染料主要反射青色(反射蓝、绿色),而吸收红色,这也是一种相减过程. 当黄色与青色染料混合时,二者都共同反射绿色带的波长,而其他所有波长的颜色或被黄色染料或被青色染料吸收了,所以混合的结果是绿色. 因此,染料混合是对光谱颜色的双重减法.

下面叙述中的颜色混合均指颜色光的混合,即色光混合或加色混合.

1. 颜色混合实验

图 6.7.1 所示为一种颜色光的混合实验装置,光源 S_1、S_2、S_3 发出的光分别经过滤光片 F_1、F_2、F_3 和透镜 L_1、L_2、L_3 形成三种颜色的平行光,投射到屏幕 W 的同一位置,通过小孔径光阑 P 可以观察到所形成光斑的中央部分. 当分别单独点亮光源 S_1、S_2、S_3 时,则看到三个不同的颜色 A、B、C,这是三种色光分别单独作用于人眼形成刺激而产生的颜色感觉.

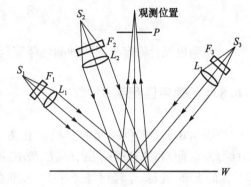

图 6.7.1　颜色光混合实验装置

同时点亮光源 S_1、S_2,从小孔看到的颜色既不是颜色 A 也不是颜色 B,而是介于二者之间的一种新的颜色. 改变各色光的强度,混合颜色将发生变化;改变颜色的组合,如 A 和 B、A 和 C、B 和 C 以及 A、B、C 的各种组合,从小孔看到的光斑颜色也各不相同.

2. 格拉斯曼定律

根据大量颜色光混合实验,1854 年,格拉斯曼总结出色光混合的定性规律,称为格拉斯曼定律,为现代色度学的建立奠定了基础. 格拉斯曼定律如下所述.

(1) 人的视觉只能分辨颜色的三种变化:明度、色调、饱和度.

(2) 在由两个成分组成的混合色中,如果一个成分连续变化,混合色的外貌也连续地变化. 由这一定律又导出两个定律,即

补色律:每一种颜色都有一个相应的补色,如果某一颜色与其补色以适当比例混合,便产生白色或灰色;如果二者按其他比例混合,便产生近似比重大的颜色成分的非饱和色.

中间色律:任何两个非补色相混合,便产生中间色,其色调决定于两颜色的相对数量,其饱和度决定于二者在色调顺序上的远近.

(3) 颜色相同的光(明度、色调和饱和度均相同),不管它们的光谱组成是否一样,在颜色混合中具有相同的效果. 也就是说,凡是视觉上相同的颜色都是等效的. 由这一定律导出颜色的代替律.

代替律:相似颜色混合后仍相似. 如果颜色 $A=$ 颜色 B,颜色 $C=$ 颜色 D,则颜色 $A+$ 颜色 $C=$ 颜色 $B+$ 颜色 D. 代替律表明,只要感觉上颜色是相似的,就可互相代替,所得的视觉效果是同样的.

(4) 混合色的总亮度等于组成混合色的各色光亮度的总和. 这一定律称为亮度相加律.

在投影显示领域,常见的混色方法有空间混色法和时间混色法两种. 前者利用人眼分

辨的限制,可将三个独立的色点混合出新颜色,比如,显像管用 90 万～150 万个红、绿、蓝荧光点,空间排列后组成 30 万～50 万组像素,用于显示真彩色图像;后者利用人眼的视觉惰性(视觉暂留),顺序地让三种基色光出现在同一表面的同一处,当相隔的时间间隔足够小时,人眼会感到这三种基色光是同时出现的,具有三种基色调加后所得颜色的效果.比如,基于微镜阵列的数字光投影仪就是以这种相加混色方法进行图像的投影显示的.

6.8　颜色匹配

用颜色混合的方法把两种颜色调节到视觉上相同或相等的过程,称为颜色匹配.

6.8.1　颜色匹配实验

图 6.8.1 为颜色匹配的实验示意图.光源 S_1、S_2、S_3 分别通过滤光片 F_R(红)、F_G(绿)、F_B(蓝)和准直透镜 L_1、L_2、L_3 形成三色准直光束,并透射到以黑屏 BS 分隔的白屏 WS 的上部.光源 S_4 经过滤光片 F_C 和准直透镜 L_4 使平行光束投射到白屏 WS 下部.通过小孔光阑 P 可以同时看到由黑屏 BS 分隔开的上、下两部分视场,调节 R、G、B 三种色光的强度,使通过小孔光阑观察到的上下两半视场的颜色完全一样,便实现了用 R、G、B 光对色光 C 的匹配.

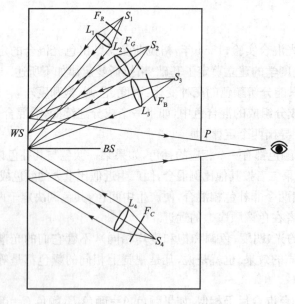

图 6.8.1　颜色匹配实验装置

实验结果表明,红(R)、绿(G)、蓝(B)三种色光可以对任何颜色实现匹配;并且进一步发现,能够用来匹配所有各种颜色的,不限于红、绿、蓝一组,只要三种颜色是线性无关的就可以,即三种颜色中的每一种颜色不能用其他两种颜色混合产生出来.这样的三种颜色称为三原色.实验证明,用红、绿、蓝三原色产生其他颜色最为方便,所以这种原色是最优的三原色.

6.8.2　颜色匹配方程

图 6.8.1 所示的颜色实验可以用数学表达式来表示,颜色方程就是表示颜色匹配的代数式. 若以 (C) 代表被匹配颜色的单位,(R)、(G)、(B) 代表产生混合色的三原色红、绿、蓝的单位,R、G、B、C 分别代表红、绿、蓝和匹配颜色结果的数量,当实验达到两半视场匹配时,其结果可用下列方程来表示,即

$$C(C) \equiv R(R) + G(G) + B(B) \tag{6.8.1}$$

式中,"$\equiv$"表示视觉上相等,即颜色匹配. 方程中的 R、G、B 为代数量,可为负值,其意义为该颜色量加到等式的左边(视场的另一边).

6.8.3　三刺激值

1. 三刺激值

色度学中是用三原色的数量来表示颜色的. 匹配某种颜色所需的三原色的量,称为颜色的三刺激值,当用红、绿、蓝作为三原色时,颜色方程中的三原色量 R、G、B 就是三刺激值.

假设有一种混合光,它在 $380 \sim 780\text{nm}$ 的波长范围内,各种波长的辐射通量均相等,这样的光称为等能光谱色. 由于这种混合光是白光,故又称为等能白光,是一种人为的光谱分布. 能发射这种光谱分布的光源,称为等能白光源或 E 光源.

任何颜色都可以用三原色以一定的比例混合来实现匹配,现在的问题是三原色要采用合适的单位,以便使常见颜色的三原色量相差不大. 因为红、绿、蓝三种颜色的光谱光视效率值相差很大,所以直接用光度学单位是不方便的. 因此,在色度学中,三刺激值的单位 (R)、(G)、(B) 不是选用物理学单位而是选用色度学单位来量度,通常以等能白光作标准. 当三原色混合后与等能白光相匹配时,就以该三原色为一个单位,具体方法如下.

选一个等能白光作标准,在颜色匹配实验中用选定的三原色(红、绿、蓝)相加混合与之相匹配,达到匹配时所需的三原色的光通量为

(R)—$l_R\text{lm}$,定义为 (R) 的一个色度单位

(G)—$l_G\text{lm}$,定义为 (G) 的一个色度单位

(B)—$l_B\text{lm}$,定义为 (B) 的一个色度单位

例如,匹配 $F_C\text{lm}$ 的 (C) 光,需要 $F_R\text{lm}$ 的 (R) 光,$F_G\text{lm}$ 的 (G) 光,$F_B\text{lm}$ 的 (B) 光,其能量方程为

$$F_C \equiv F_R(R) + F_G(G) + F_B(B) \tag{6.8.2}$$

式中,各量都是以光度学中的流明为单位的,若用色度学单位,则颜色匹配方程(6.8.2)可表为

$$C(C) \equiv R(R) + G(G) + B(B) \tag{6.8.3}$$

式中

$$\left.\begin{array}{l} C = R + G + B \\ R = F_R/l_R \\ G = F_G/l_G \\ B = F_B/l_B \end{array}\right\} \tag{6.8.4}$$

2. 光谱三刺激值

在颜色匹配实验中,待匹配色光可以是某一波长的单色光(光谱色),对应某一波长 λ 的单色光可以得到一组三刺激值 $R(\lambda)$、$G(\lambda)$、$B(\lambda)$. 现有一等能白光,它由 $380 \sim 780$nm 不同波长的单色光组成,现在对这之间的单色光做一系列的颜色匹配实验,可以得到对应于各种波长的等能单色光的一系列三刺激值,称为光谱三刺激值,也就是匹配等能光谱色的三原色的数量. 对于不同波长的光谱色,其三刺激值显然是波长的函数,用 $\bar{r}(\lambda)$、$\bar{g}(\lambda)$、$\bar{b}(\lambda)$ 来表示. 光谱三刺激值又称为颜色匹配函数,它的数值取决于人眼的视觉特性.

3. 混合色的三刺激值

在色度学里用三刺激值来描述颜色,但每种颜色的三刺激值不可能都用匹配实验来测得,需要用一些公式来计算.

设颜色 $C_1(C_1)$ 和颜色 $C_2(C_2)$ 混合为颜色 $C(C)$,可用颜色方程表示

$$C(C) = C_1(C_1) + C_2(C_2) \tag{6.8.5}$$

每种颜色都可以用三原色 (R)、(G)、(B) 的三刺激值来表示,则式(6.8.5)中的 $C(C)$、$C_1(C_1)$、$C_2(C_2)$ 可以表示成下列颜色方程

$$\left.\begin{array}{l} C(C) \equiv R(R) + G(G) + B(B) \\ C_1(C_1) \equiv R_1(R_1) + G_1(G_1) + B_1(B_1) \\ C_2(C_2) \equiv R_2(R_2) + G_2(G_2) + B_2(B_2) \end{array}\right\} \tag{6.8.6}$$

根据格拉斯曼定律,把式(6.8.6)代入式(6.8.5),得

$$R(R) + G(G) + B(B) = (R_1 + R_2)(R) + (G_1 + G_2)(G) + (B_1 + B_2)(B) \tag{6.8.7}$$

式(6.8.7)成立则必有

$$\left.\begin{array}{l} R = R_1 + R_2 \\ G = G_1 + G_2 \\ B = B_1 + B_2 \end{array}\right\} \tag{6.8.8}$$

由此可见,两种颜色混合成的混合色,其三刺激值等于对应颜色的三刺激值之和. 显然,上述结果可以推广到 n 种颜色的混合,即

$$
\left.\begin{aligned}
R &= \sum_{i=1}^{n} R_i \\
G &= \sum_{i=1}^{n} G_i \\
B &= \sum_{i=1}^{n} B_i
\end{aligned}\right\} \tag{6.8.9}
$$

4. 光源色和物体色的三刺激值

一等能白光, 为便于思考, 假设每一段波长上的辐通量均为 1W, 对于某一波长 λ 的单色光有一组光谱三刺激值 $\bar{r}(\lambda)$、$\bar{g}(\lambda)$、$\bar{b}(\lambda)$. 现有一光谱功率分布为 $\varphi(\lambda)$ 的光, $\varphi(\lambda)$ 称为颜色刺激函数, 在波长 λ 上的辐通量不是 1W 而是 $\varphi(\lambda)$W, 此光所对应的光谱三刺激值 $R(\lambda)$、$G(\lambda)$、$B(\lambda)$ 应为

$$
\left.\begin{aligned}
R(\lambda) &= k\varphi(\lambda)\bar{r}(\lambda) \\
G(\lambda) &= k\varphi(\lambda)\bar{g}(\lambda) \\
B(\lambda) &= k\varphi(\lambda)\bar{b}(\lambda)
\end{aligned}\right\}
$$

式中, k 为常数, 称为颜色调节因子. 把上述结果推广到无限小的波长范围 $d\lambda$ 时, 应有

$$
\left.\begin{aligned}
dR(\lambda) &= k\varphi(\lambda)\bar{r}(\lambda)d\lambda \\
dG(\lambda) &= k\varphi(\lambda)\bar{g}(\lambda)d\lambda \\
dB(\lambda) &= k\varphi(\lambda)\bar{b}(\lambda)d\lambda
\end{aligned}\right\}
$$

波长 380~780nm 范围内所有光谱色对应的三刺激值总和就应是被考虑颜色的三刺激值, 即

$$
\left.\begin{aligned}
R &= k\int_{380}^{780} \varphi(\lambda)\bar{r}(\lambda)d\lambda \\
G &= k\int_{380}^{780} \varphi(\lambda)\bar{g}(\lambda)d\lambda \\
B &= k\int_{380}^{780} \varphi(\lambda)\bar{b}(\lambda)d\lambda
\end{aligned}\right\} \tag{6.8.10}
$$

对于光源色, 颜色刺激函数 $\varphi(\lambda)$ 就是光源的光谱功率分布 $S(\lambda)$, 即 $\varphi(\lambda)=S(\lambda)$, 故有

$$
\left.\begin{aligned}
R &= k\int_{380}^{780} S(\lambda)\bar{r}(\lambda)d\lambda \\
G &= k\int_{380}^{780} S(\lambda)\bar{g}(\lambda)d\lambda \\
B &= k\int_{380}^{780} S(\lambda)\bar{b}(\lambda)d\lambda
\end{aligned}\right\} \tag{6.8.11}
$$

对于物体色, 进入人眼的辐射成分, 既和照明光源的光谱分布 $S(\lambda)$ 有关, 也和物体的光学性质(光谱透过率、光谱反射系数)有关.

对于透过物体, 设其光谱透过率为 $\tau(\lambda)$, 其颜色刺激函数可写为 $\varphi(\lambda)=S(\lambda)\tau(\lambda)$, 它的光谱三刺激值为

$$R = k\int_{380}^{780} S(\lambda)\tau(\lambda)\bar{r}(\lambda)\,\mathrm{d}\lambda$$
$$G = k\int_{380}^{780} S(\lambda)\tau(\lambda)\bar{g}(\lambda)\,\mathrm{d}\lambda \quad\quad (6.8.12)$$
$$B = k\int_{380}^{780} S(\lambda)\tau(\lambda)\bar{b}(\lambda)\,\mathrm{d}\lambda$$

对于反射物体,设其光谱反射系数为 $\beta(\lambda)$,颜色刺激函数可写成 $\varphi(\lambda)=S(\lambda)\beta(\lambda)$,则光谱三刺激值为

$$R = k\int_{380}^{780} S(\lambda)\beta(\lambda)\bar{r}(\lambda)\,\mathrm{d}\lambda$$
$$G = k\int_{380}^{780} S(\lambda)\beta(\lambda)\bar{g}(\lambda)\,\mathrm{d}\lambda \quad\quad (6.8.13)$$
$$B = k\int_{380}^{780} S(\lambda)\beta(\lambda)\bar{b}(\lambda)\,\mathrm{d}\lambda$$

下面对反射系数 $\beta(\lambda)$ 的意义给予说明. 一个漫反射表面能无损地将全部入射辐通量反射出去,并且在各个方向上有相同的亮度,则这个漫射面称为完全漫反射面,在指定方向上和限定的立体角 ω 范围内,物体在单位波长间隔内反射的辐通量 $\Phi(\lambda)$ 与相同条件下完全漫反射面反射的辐通量 $\Phi_D(\lambda)$ 之比,称为物体的光谱反射系数,即

$$\beta(\lambda) = \frac{\Phi(\lambda)}{\Phi_D(\lambda)}$$

6.8.4　色品坐标及色品图

利用三刺激值可以完整地表示一种颜色在明度、色调及饱和度方面的特征. 三刺激值中任一数值改变就表示了另外一种颜色,这种由三个数确定一种颜色的特点称为三变数性质. 同时,可设想利用空间的三维坐标系统中的位置来代表颜色.

在色度学研究中常把明度与其他两个特征分开来讨论,并且用颜色的色品这一术语来代表色调和饱和度两方面的特征.

设一种颜色的三刺激值为 R、G、B,可以设想,当每一个刺激值都按同样比例增加或减小时,这种颜色的色调与饱和度不变,改变的只是明度,这就是说当以相同的比例增加或减小一种颜色的三刺激值对应的三个数时,该颜色的色品保持不变.

在颜色方程(6.8.3)中,现令每个刺激值都减小 $C=R+G+B$ 倍,则该颜色方程可写成

$$C(C) = \frac{R}{R+G+B}(R) + \frac{G}{R+G+B}(G) + \frac{B}{R+G+B}(B) = r(R) + g(G) + b(B)$$

$$(6.8.14)$$

式中

$$r = \frac{R}{R+G+B}$$
$$g = \frac{G}{R+G+B} \quad\quad (6.8.15)$$
$$b = \frac{B}{R+G+B}$$

称为颜色的色品坐标. 它们反映了颜色在色调与饱和度方面的色品特征,由式(6.8.15)
显见

$$r + g + b = 1 \tag{6.8.16}$$

式(6.8.16)表明,色品坐标的三个值中
只有两个值是独立的,也就是用两个坐标值
(通常用 r 和 g)就可描述一种颜色的色品.

如图 6.8.2 所示,在一平面直角坐标系
中,横轴表示 r,纵轴表示 g,则平面上任何
一点都有一个确定的 r、g、$b = 1 - r - g$ 值,
这样一个表示颜色的平面称为色品图或色
度图.

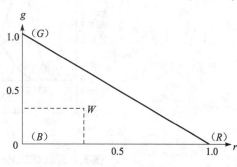

图 6.8.2　r-g 色品坐标图

在图上有三个特殊的色品点;$r = 1, g = b = 0$;$g = 1, r = b = 0$;$b = 1, r = g = 0$. 它们是三原色(R)、(G)、(B)的三个色品点. 此三点的
连线构成一个三角形,三角形内任一点的色品坐标都是正值,代表三原色的混合可以产生
的颜色. 对于标准等能白光(W)的三刺激值取为 $R = G = B = 1$,故其色品坐标为

$$r_W = g_W = b_W = 1/3 \tag{6.8.17}$$

6.9　CIE1931 标准色度系统

CIE 标准色度学系统是由一系列表色系统组成的,其中,主要的是 1931 年国际照明
委员会(CIE)推存的两个表色系统,即 CIE1931-RGB 表色系统和 CIE1931-XYZ 表色
系统.

6.9.1　CIE1931-RGB 表色系统

为了描写人眼的颜色视觉,并用三刺激值来表示各种颜色,许多颜色科学家进行了大
量的实验研究. 实验方法是选定三原色和单位量后,请许多正常视力的观察者在仪器上对
各种波长的光谱色做匹配实验. 每个观察者可得到一组光谱三刺激值,国际照明委员会在
这些实验数据基础上,统一规定了三原色及其色度单位量,给出了作为标准的光谱三刺激
值. 这样一组数据称为 CIE1931-RGB 表色系统.

RGB 表色系统所规定的三原色是:红(700nm),绿(546.1nm),蓝(435.8nm). 三原色
的单位量是根据等能白光(E 光)来确定的,当三原色与规定能量(辐亮度为 74.4933cd/m²,
亮度为 5.6508cd/m²)的等能白光 E 互相匹配时,各原色具有一个色度学单位量:红原色
$(R) = 1.0000$cd/m²,绿原色$(G) = 4.5907$cd/m²,蓝原色$(B) = 0.0601$cd/m². 也就是说,三
原色(R)、(G)、(B)单位刺激值的亮度比为 1.0000 : 4.5907 : 0.0601;辐亮度比为
72.0962 : 1.3791 : 1.0000. 由此可求出 CIE1931-RGB 表色系的光谱三刺激值. 图 6.9.1
表示这组数据随波长变化的曲线.

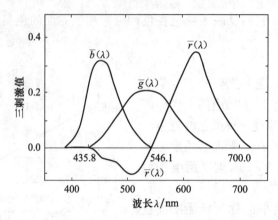

图 6.9.1　CIE1931-RGB 表色系的光谱三刺激值

由各种波长光谱色的三刺激值 $\bar{r}(\lambda)$、$\bar{g}(\lambda)$、$\bar{b}(\lambda)$ 很容易计算出各光谱的色品坐标,即

$$
\left.
\begin{aligned}
r(\lambda) &= \frac{\bar{r}(\lambda)}{\bar{r}(\lambda) + \bar{g}(\lambda) + \bar{b}(\lambda)} \\
g(\lambda) &= \frac{\bar{g}(\lambda)}{\bar{r}(\lambda) + \bar{g}(\lambda) + \bar{b}(\lambda)} \\
b(\lambda) &= \frac{\bar{b}(\lambda)}{\bar{r}(\lambda) + \bar{g}(\lambda) + \bar{b}(\lambda)}
\end{aligned}
\right\}
\tag{6.9.1}
$$

由于色品坐标中只有两个是独立的,所以可以用图 6.9.2 中所示的平面坐标上一点代表一种色品. 图 6.9.2 中,带有波长数字的曲线代表光谱色的色品坐标,通常称为光谱轨迹;E 是等能白光的色品位置($r=1/3,g=1/3$). 图 6.9.2 称为 r-g 色品图或色度图. 可以证明,图中任意两点表示的两种颜色混合后,代表混合色的那点必在该两点连线上. 光谱色是客观存在的最饱和的颜色,其他颜色都相当于在光谱色中混合有白色的饱和度较低的颜色. 因此,客观存在的所有颜色在色品图中的位置,只可能在光谱轨迹所围成的面积内.

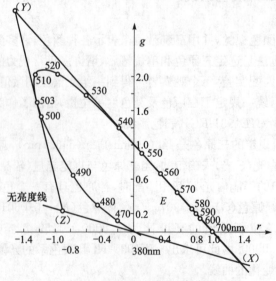

图 6.9.2　CIE1931 r-g 色度图

6.9.2　CIE1931-XYZ 表色系统

CIE-RGB 表色系统在实际使用时尚有两点不足：其一是光谱三刺激值常有一负值，这在颜色计算中既不方便也不易理解；其二是三原色单位量(R)、(G)、(B)都有一定的亮度，这在计算混合色的亮度时也比较麻烦. 由于这些原因，国际照明委员会在推荐了 RGB 表色系统的同时，又推荐了另一个新的表色系统，即 CIE1931-XYZ 表色系统，它巧妙地处理了上面提到的两点不足.

1. XYZ 系统三原色的选择

CIE-RGB 系统是在实验基础上规定的，而 CIE-XYZ 表色系统是在 CIE-RGB 表色系统的基础上转换得到. 这个表色系统在理论上选取三原色时，所依据的两个主要原则是：①使假定的(X)和(Z)两个原色的亮度为零，即(X)、(Z)两个原色在无亮度线上，颜色的亮度由(Y)的量 Y 来体现，因此计算时很方便；②即考虑到(X)、(Y)、(Z)形成的三角形所包围的非真实颜色尽量少，又要包括整个光谱色轨迹，以便一切光谱和自然界中的颜色都能以正的三刺激值和正的色度坐标来表示.

我们知道，在规定(R)、(G)、(B)的色度单位时，使等能白光的色坐标完全相等[式$(6.8.17)$]. 这样，(R)、(G)、(B)的亮度就不相等，令它们分别为 l_R、l_G、l_B. 因此，颜色 C (C)的亮度 L 的方程为

$$L = Cl_C = Rl_R + Gl_G + Bl_B$$

即

$$l_C = rl_R + gl_G + bl_B \tag{6.9.2}$$

根据上述原则①，令式$(6.9.2)$中的 $l_C=0$，并注意到 $b=1-r-g$，则可得无亮度线，即$(X)(Z)$直线方程为

$$0.9399r + 4.5306g + 0.0601 = 0 \tag{6.9.3}$$

根据上述原则②确定$(X)(Y)$和$(Z)(Y)$直线. 由 $r\text{-}g$ 色度图及其数值可知，波长大于 540nm 的光谱轨迹是一直线，其光谱色在色觉上呈现二色性，因此取$(X)(Y)$边与该直线重合. 通过 700nm 和 540nm 两点的色坐标值求出该直线方程是

$$r + 0.99g - 1 = 0 \tag{6.9.4}$$

选取原色(Z)位于在心理上只有蓝色感觉的光谱色$(\lambda=477\text{nm})$和等能白色 E 的连线上，同时使$(Z)(Y)$直线与凸形光谱轨迹在 $\lambda=503\text{nm}$ 处相切近，这样得到的$(Z)(Y)$直线方程为

$$1.45r + 0.55g + 1 = 0 \tag{6.9.5}$$

由式$(6.9.3)$、式$(6.9.4)$、式$(6.9.5)$三个直线方程两两分别联立而得到三个原色(X)、(Y)、(Z)在 $r\text{-}g$ 色度图中的色品坐标为

$$
\begin{array}{cccc}
 & r & g & b \\
(X) & 1.2750 & -0.2778 & 0.0028 \\
(Y) & -1.7393 & 2.7673 & -0.0280 \\
(Z) & -0.7431 & 0.1409 & 1.6022
\end{array}
$$

2. CIE1931 标准色度观察者光谱三刺激值

(X)、(Y)、(Z) 三原色在 RGB 系统色品图上的相应色品点均在光谱色品轨迹包围的范围之外. 实际上不可能有比光谱色更饱和的颜色, 因此 (X)、(Y)、(Z) 作为色度学系统的三原色是有意义的, 但实际上并不存在这三种颜色. XYZ 的光谱三刺激值也无法通过颜色匹配实验直接得到, 而是以 CIE1931-RGB 系统光谱色品坐标值换算求得. 下面就来讨论这个换算过程.

1) 三刺激值的转换公式

既然已决定了 (X)、(Y)、(Z) 在 r-g 色度图中的位置, 就具备了从 CIE-RGB 表色系向 CIE-XYZ 表色系进行线性转换的条件. 颜色是三维空间矢量, 我们可用色矢量概念作为分析推导的手段. 令 (R)、(G)、(B) 表示 RGB 表色系统中三原色量的单位矢量; $[X]$、$[Y]$、$[Z]$ 为 XYZ 表色系中三原色的单位矢量. 这里用不同形式的括号表示不同的表色系. 设颜色 C^* 在不同表色系中的单位色矢量以 (C) 和 $[C]$ 表示, 这样 C^* 在两个表色系中可分别表示为

$$
\left.
\begin{array}{l}
C^* = (R+G+B)(C) = R(R)+G(G)+B(B) \\
C^* = (X+Y+Z)[C] = X[X]+Y[Y]+Z[Z]
\end{array}
\right\}
\tag{6.9.6}
$$

已知 (X)、(Y)、(Z) 的色坐标分别为 (r_x, g_x, b_x)、(r_y, g_y, b_y) 和 (r_z, g_z, b_z), 那么, 它们在 RGB 表色系中的单位色矢量, 由式 $(6.8.14)$ 得

$$
\left.
\begin{array}{l}
(X) = r_x(R) + g_x(G) + b_x(B) \\
(Y) = r_y(R) + g_y(G) + b_y(B) \\
(Z) = r_z(R) + g_z(G) + b_z(B)
\end{array}
\right\}
\tag{6.9.7}
$$

设 K_x、K_y、K_z 为决定 $[X]$、$[Y]$、$[Z]$ 单位矢量的规化系数, 因为在转换中的两个表色系可以按不同的规化条件 (如采用不同的白点), 因此得

$$
\left.
\begin{array}{l}
[X] = K_x(X) = K_x\{r_x(R) + g_x(G) + b_x(B)\} \\
[Y] = K_y(Y) = K_y\{r_y(R) + g_y(G) + b_y(B)\} \\
[Z] = K_z(Z) = K_z\{r_z(R) + g_z(G) + b_z(B)\}
\end{array}
\right\}
\tag{6.9.8}
$$

将式 $(6.9.8)$ 代入式 $(6.9.6)$, 同时由 (R)、(G)、(B) 两边系数相等, 得

$$
\left.
\begin{array}{l}
R = K_x r_x X + K_y r_y Y + K_z r_z Z \\
G = K_x g_x X + K_y g_y Y + K_z g_z Z \\
B = K_x b_x X + K_y b_y Z + K_z b_z Z
\end{array}
\right\}
\tag{6.9.9}
$$

由此得

$$X = \dfrac{\begin{vmatrix} R & r_y & r_z \\ G & g_y & g_z \\ B & b_y & b_z \end{vmatrix}}{K_x \begin{vmatrix} r_x & r_y & r_z \\ g_x & g_y & g_z \\ b_x & b_y & b_z \end{vmatrix}}, \quad Y = \dfrac{\begin{vmatrix} r_x & R & r_z \\ g_x & G & g_z \\ b_x & B & b_z \end{vmatrix}}{K_y \begin{vmatrix} r_x & r_y & r_z \\ g_x & g_y & g_z \\ b_x & b_y & b_z \end{vmatrix}}, \quad Z = \dfrac{\begin{vmatrix} r_x & r_y & R \\ g_x & g_y & G \\ b_x & b_y & B \end{vmatrix}}{K_z \begin{vmatrix} r_x & r_y & r_z \\ g_x & g_y & g_z \\ b_x & b_y & b_z \end{vmatrix}}$$

$$(6.9.10)$$

由白点作规化条件可确定 K_x、K_y、K_z. 在两个表色系中,取等能白光的色品点都在色品三角形的重心处,同时单位白色相等,即

$$x_W = y_W = z_W = r_W = g_W = b_W = 1/3$$

且$[W] = (W)$,因此

$$[W] = \frac{1}{3}[X] + \frac{1}{3}[Y] + \frac{1}{3}[Z] \tag{6.9.11}$$

$$[W] = (W) = \frac{1}{3}(R) + \frac{1}{3}(G) + \frac{1}{3}(B) \tag{6.9.12}$$

将式(6.9.8)代入式(6.9.11),得

$$[W] = \frac{1}{3}(K_x r_x + K_y r_y + K_z r_z)(R) + \frac{1}{3}(K_x g_x + K_y g_y + K_z g_z)(G)$$
$$+ \frac{1}{3}(K_x b_x + K_y b_y + K_z b_z)(B) \tag{6.9.13}$$

比较式(6.9.13)和式(6.9.12),得

$$\left. \begin{array}{l} K_x r_x + K_y r_y + K_z r_z = 1 \\ K_x g_x + K_y g_y + K_z g_z = 1 \\ K_x b_x + K_y b_y + K_z b_z = 1 \end{array} \right\} \tag{6.9.14}$$

由式(6.9.14)解出 K_x、K_y、K_z,并代入式(6.9.10),得

$$X = \dfrac{\begin{vmatrix} R & r_y & r_z \\ G & g_y & g_z \\ B & b_y & b_z \end{vmatrix}}{\begin{vmatrix} 1 & r_y & r_z \\ 1 & g_y & g_z \\ 1 & b_y & b_z \end{vmatrix}}, \quad Y = \dfrac{\begin{vmatrix} r_x & R & r_z \\ g_x & G & g_z \\ b_x & B & b_z \end{vmatrix}}{\begin{vmatrix} r_x & 1 & r_z \\ g_x & 1 & g_z \\ b_x & 1 & b_z \end{vmatrix}}, \quad Z = \dfrac{\begin{vmatrix} r_x & r_y & R \\ g_x & g_y & G \\ b_x & b_y & B \end{vmatrix}}{\begin{vmatrix} r_x & r_y & 1 \\ g_x & g_y & 1 \\ b_x & b_y & 1 \end{vmatrix}} \tag{6.9.15}$$

将(X)、(Y)、(Z)已知的色坐标代入式(6.9.15),得

$$\left. \begin{array}{l} X = 0.490\,00R + 0.310\,00G + 0.200\,00B \\ Y = 0.176\,97R + 0.812\,40G + 0.010\,63B \\ Z = 0.000\,00R + 0.010\,00G + 0.990\,00B \end{array} \right\} \tag{6.9.16}$$

这就是两个表色系三刺激值之间的关系式.可以看出,当 $R = G = B$ 时,$X = Y = Z$.

2)色品坐标的转换公式

XYZ 系统的色品坐标为

$$x = \frac{X}{X+Y+Z}, \quad y = \frac{Y}{X+Y+Z}, \quad z = \frac{Z}{X+Y+Z} \tag{6.9.17}$$

将式(6.9.16)的值代入式(6.9.17),并注意到式(6.8.15),得

$$\left. \begin{aligned} x &= \frac{0.490\,00r + 0.310\,00g + 0.200\,00b}{0.666\,97r + 1.132\,40g + 1.200\,63b} \\ y &= \frac{0.176\,97r + 0.812\,40g + 0.010\,63b}{0.666\,97r + 1.132\,40g + 1.200\,63b} \\ z &= \frac{0.000\,00r + 0.010\,00g + 0.990\,00b}{0.666\,97r + 1.132\,40g + 1.200\,63b} \end{aligned} \right\} \tag{6.9.18}$$

对于光谱色来说,在 RGB 表色系中的光谱三刺激值为 $\bar{r}(\lambda)$、$\bar{g}(\lambda)$、$\bar{b}(\lambda)$,其相应的色品坐标为 $r(\lambda)$、$g(\lambda)$、$b(\lambda)$. 在 XYZ 表色系中的光谱三刺激值为 $\bar{x}(\lambda)$、$\bar{y}(\lambda)$、$\bar{z}(\lambda)$,其相应的色品坐标为 $x(\lambda)$、$y(\lambda)$、$z(\lambda)$,于是有

$$\left. \begin{aligned} x(\lambda) &= \frac{\bar{x}(\lambda)}{\bar{x}(\lambda) + \bar{y}(\lambda) + \bar{z}(\lambda)} \\ y(\lambda) &= \frac{\bar{y}(\lambda)}{\bar{x}(\lambda) + \bar{y}(\lambda) + \bar{z}(\lambda)} \\ z(\lambda) &= \frac{\bar{z}(\lambda)}{\bar{x}(\lambda) + \bar{y}(\lambda) + \bar{z}(\lambda)} \end{aligned} \right\} \tag{6.9.19}$$

$x(\lambda)$、$y(\lambda)$、$z(\lambda)$ 和 $r(\lambda)$、$g(\lambda)$、$b(\lambda)$ 之间的关系仍为式(6.9.18)所表示的形式,即

$$\left. \begin{aligned} x(\lambda) &= \frac{0.490\,00r(\lambda) + 0.310\,00g(\lambda) + 0.200\,00b(\lambda)}{0.666\,97r(\lambda) + 1.132\,40g(\lambda) + 1.200\,63b(\lambda)} \\ y(\lambda) &= \frac{0.176\,97r(\lambda) + 0.812\,40g(\lambda) + 0.010\,63b(\lambda)}{0.666\,97r(\lambda) + 1.132\,40g(\lambda) + 1.200\,63b(\lambda)} \\ z(\lambda) &= \frac{0.000\,00r(\lambda) + 0.010\,00g(\lambda) + 0.990\,00b(\lambda)}{0.666\,97r(\lambda) + 1.132\,40g(\lambda) + 1.200\,63b(\lambda)} \end{aligned} \right\} \tag{6.9.20}$$

3) CIE1931-XYZ 系统中光谱三刺激值的确定

在 CIE1931-XYZ 表色系统中,颜色亮度完全由 Y 刺激值表示,则等能光谱色相对亮度也应由光谱三刺激值中的 $\bar{y}(\lambda)$ 来代表. 这样,$\bar{y}(\lambda)$ 值就同光度学中的光谱效率(或视见函数)$V(\lambda)$ 具有相同的含义,CIE 规定了

$$\bar{y}(\lambda) = V(\lambda) \tag{6.9.21}$$

于是,三刺激值和色品坐标之间的关系式(6.9.19)中的第二式可写成

$$\bar{x}(\lambda) + \bar{y}(\lambda) + \bar{z}(\lambda) = \frac{\bar{y}(\lambda)}{y(\lambda)} = \frac{V(\lambda)}{y(\lambda)} \tag{6.9.22}$$

将式(6.9.22)代入式(6.9.19)的第一、第三两式,得

$$\left. \begin{aligned} \bar{x}(\lambda) &= \frac{V(\lambda)}{y(\lambda)} x(\lambda) \\ \bar{z}(\lambda) &= \frac{V(\lambda)}{y(\lambda)} z(\lambda) \end{aligned} \right\} \tag{6.9.23}$$

因此,只要由式(6.9.20)求得 $x(\lambda)$、$y(\lambda)$、$z(\lambda)$ 之后,便可按式(6.9.23)求得 $\bar{x}(\lambda)$、$\bar{z}(\lambda)$.

CIE1931-XYZ 系统的光谱三刺激值已成为国际上的标准,定名为 CIE1931 标准色度观察者光谱三刺激值,简称 CIE1931 标准色度观察者. 图 6.9.3 给出了 CIE1931 标准色度观察者光谱三刺激值曲线. 表 6.9.1 给出了波长间隔 5nm 的相应数据. 标准色度观察者光谱三刺激值适用于 2°视野的颜色测量. 图 6.9.3 中,$\bar{x}(\lambda)$、$\bar{y}(\lambda)$、$\bar{z}(\lambda)$曲线相当于红、绿、蓝三原色的刺激值. 要想得到某一波长的光谱颜色,只要按 $\bar{x}$、$\bar{y}$、$\bar{z}$ 数量的红、绿、蓝相加,就能得到该光谱色. 例如,为了产生光谱上 578nm 的颜色,需将大约等量的 $\bar{x}$、$\bar{y}$ 相加,而不需 $\bar{z}$. 要产生波长为 475nm 的颜色,则需要大量的 $\bar{z}$,再加少量 $\bar{x}$ 和 $\bar{y}$ 就可得到这一光谱波段的蓝色.

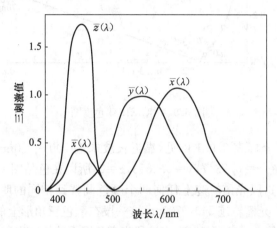

图 6.9.3　CIE1931 标准色度观察者光谱三刺激值曲线

6.9.3　CIE1931-XYZ 色品图(色度图)

1931 年,CIE 制定了一个色品图(或称色度图),称为 CIE1931 色品图(色度图),如图 6.9.4 所示. 任何颜色都可以用匹配该颜色的三原色的比例加以规定,因而每一颜色都在色品图中占有确定的位置. 图 6.9.4 中,x 色品坐标相当于红原色的比例,y 色品坐标相当于绿原色的比例. 图中没有 z 色品坐标,即蓝原色所占的比例. 因为 $x+y+z=1$,所以 z 坐标值可以推算出来. 图中弧形曲线上的各点是光谱上的各种颜色,此曲线称为光谱轨迹. 光谱轨迹的这种特殊形状是由人眼对三原色刺激的混合比例所决定的. 连接 400nm 和 700nm 的直线是光谱上所没有的由紫到红的颜色,此直线称为紫红轨迹. 光谱轨迹和紫红轨迹形成的图形像一个马蹄形,马蹄形内包括的是一切物理上能实现的颜色. 坐标系统原色点的色品坐标为:红原色(X),$x=1$,$y=z=0$;绿原色(Y),$y=1$,$x=z=0$;蓝原色(Z),$z=1$,$x=y=0$. 这三个原色点即三角形的三个顶点都落在这个马蹄形区域之外,也就是说,原色点的色度是假想的,在物理上是不可能实现的. 同样,凡是落在马蹄形范围之外的颜色也都是不能由真实光线产生的颜色.

$y=0$ 的直线与亮度没有关系,即无亮度线,光谱轨迹的短波端紧靠这条线. 这意味着,虽然短波光刺激能引起标准观察者的反应,即在普通观察条件下产生蓝色感觉,但 380~420nm 的辐通量在视觉上只能有很低的亮度.

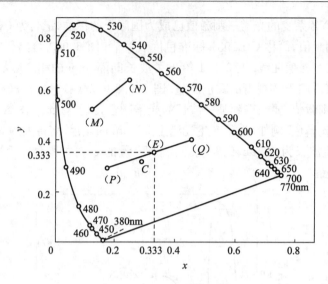

图 6.9.4　CIE1931 色度图

　　由光谱轨迹色品坐标表 6.9.1 可见,靠近长波末端 700~770nm 的光谱波段具有一个恒定的色品值,都是 $x=0.7347,y=0.2653,z=0$,所以在色品图上只由一个点来代表. 只要将 700~770nm 这段光谱轨迹上任何两个颜色调整到相同的明度,则这两个颜色在人眼看来都是一样的. 光谱轨迹 540~700nm 这一段在颜色三角形上的坐标是 $x+y=1$,这是一条与 XY 边重合的直线. 这意味着,在这段光谱范围内的任何光谱色(饱和色)都可以通过 540nm 和 700nm 两种波长的光线以一定的比例相混合而产生,这就是所谓的二色性.

表 6.9.1　光谱轨迹色品坐标

λ/nm	光谱三刺激值			λ/nm	光谱三刺激值		
	$\bar{x}(\lambda)$	$\bar{y}(\lambda)$	$\bar{z}(\lambda)$		$\bar{x}(\lambda)$	$\bar{y}(\lambda)$	$\bar{z}(\lambda)$
380	0.0014	0.0000	0.0065	580	0.9163	0.8700	0.0017
385	0.0022	0.0001	0.0105	585	0.9876	0.8613	0.0014
390	0.0042	0.0001	0.0201	590	1.0263	0.7570	0.0011
395	0.0076	0.0002	0.0362	595	1.0567	0.6949	0.0010
400	0.0143	0.0004	0.0679	600	1.0622	0.6310	1.0008
405	0.0232	0.0006	0.1102	605	1.0456	0.5668	0.0006
410	0.0435	0.0012	0.2074	610	1.0026	0.5030	0.0003
415	0.0776	0.0022	0.3713	615	0.0384	0.1412	0.0002
420	0.1344	0.0040	0.6456	620	0.8544	0.3810	0.0002
425	0.2148	0.0073	1.0391	625	0.7514	0.3210	0.0001
430	0.2839	0.0116	1.3856	630	0.6424	0.2650	0.0000
435	0.3285	0.0168	1.6326	635	0.5419	0.2170	0.0000
440	0.3483	0.0230	1.7471	640	0.4479	0.1750	0.0000
445	0.3481	0.0298	1.7826	645	0.3608	0.1382	0.0000
450	0.3362	0.0380	1.7721	650	0.2835	0.1070	0.0000

续表

λ/nm	光谱三刺激值			λ/nm	光谱三刺激值		
	$\bar{x}(\lambda)$	$\bar{y}(\lambda)$	$\bar{z}(\lambda)$		$\bar{x}(\lambda)$	$\bar{y}(\lambda)$	$\bar{z}(\lambda)$
455	0.3187	0.0480	1.7441	655	0.2187	0.0810	0.0000
460	0.2908	0.0600	1.6992	660	0.1649	0.0610	0.0000
465	0.2511	0.0739	1.5281	665	0.1212	0.0446	0.0000
470	0.1954	0.0910	1.2876	670	0.0874	0.0320	0.0000
475	0.1421	0.1126	1.0419	675	0.0636	0.0232	0.0000
480	0.0956	0.1390	0.8130	680	0.0468	0.0170	0.0000
485	0.0580	0.1693	0.6162	685	0.0329	0.0119	0.0000
490	0.0580	0.1693	0.6162	690	0.0227	0.0082	0.0000
495	0.0147	0.2586	0.3533	695	0.0158	0.0057	0.0000
500	0.0049	0.3230	0.2720	700	0.0114	0.0041	0.0000
505	0.0024	0.4073	0.2123	705	0.0081	0.0029	0.0000
510	0.0093	0.5030	0.1582	710	0.0058	0.0021	0.0000
515	0.0291	0.6082	0.1117	715	0.0041	0.0015	0.0000
520	0.0633	0.7100	0.0782	720	0.0029	0.0010	0.0000
525	0.1096	0.7932	0.0573	725	0.0020	0.0007	0.0000
530	0.1655	0.8620	0.0422	730	0.0014	0.0005	0.0000
535	0.2257	0.9419	0.0298	735	0.0010	0.0004	0.0000
540	0.2904	0.9540	0.0203	740	0.0007	0.0002	0.0000
545	0.3597	0.9803	0.0134	745	0.0005	0.0002	0.0000
550	0.4334	0.9950	0.0087	750	0.0002	0.0001	0.0000
555	0.5121	1.0000	0.0057	755	0.0002	0.0001	0.0000
560	0.5945	0.9950	0.0039	760	0.0002	0.0001	0.0000
565	0.6784	0.9786	0.0027	765	0.0001	0.0000	0.0000
570	0.7621	0.9520	0.0021	770	0.0001	0.0000	0.0000
575	0.8425	0.9154	0.0018	775	0.0001	0.0000	0.0000
				780	0.0000	0.0000	0.0000

光谱轨迹 380～540nm 的一段是一条曲线,它意味着,在此范围内的一对光线的混合不能产生二者之间的位于光谱轨迹上的颜色,而只能产生光谱轨迹所包围曲面积内的混合色.

颜色三角形中心的 E 是等能白光,它由三原色各 1/3 产生,其色品坐标为 $x=y=z=1/3$.靠近中心的 C 是 CIE 标准光源 C 产生的白光,它相当于中午阳光的光色,其色品坐标为 $x=0.3101,y=0.3162$.白光 E 或 C 为颜色参考点.设被考虑的颜色的色品 M,它越接近光谱色品轨迹,其颜色饱和度越高,越接近白光色品点 E 或 C,则其饱和度越低.颜色 M 和 N 的混合色的色品点应在颜色 M 和颜色 N 的色品点连线 MN 上,具体位置可根据两种颜色的三刺激值,用求重心的方法确定.两种颜色 P、Q 混合成白色 E(或 C),则这两种颜色称为互补色.在色品图上,互补色的两色品点的连线一定通过 E(或 C).从光谱轨迹上的任一点通过 E(或 C)作一直线抵达另一侧光谱轨迹上的一点时,这一直线两端的光谱色就是互补色.

6.9.4 光源色与物体色的三刺激值

6.8 节中所讨论的颜色三刺激值的计算方法在本系统中完全适用,只不过要把公式的基本参数改为本系统的参数. 按式(6.8.10),可得本系统的颜色三刺激值的表示式为

$$
\left.
\begin{aligned}
X &= k\int_{380}^{780}\varphi(\lambda)\bar{x}(\lambda)\mathrm{d}\lambda \\
Y &= k\int_{380}^{780}\varphi(\lambda)\bar{y}(\lambda)\mathrm{d}\lambda \\
Z &= k\int_{380}^{780}\varphi(\lambda)\bar{z}(\lambda)\mathrm{d}\lambda
\end{aligned}
\right\}
\tag{6.9.24}
$$

对于光源色的三刺激值,类似于式(6.8.11),即

$$
\left.
\begin{aligned}
X &= k\int_{380}^{780}S(\lambda)\bar{x}(\lambda)\mathrm{d}\lambda \\
Y &= k\int_{380}^{780}S(\lambda)\bar{y}(\lambda)\mathrm{d}\lambda \\
Z &= k\int_{380}^{780}S(\lambda)\bar{z}(\lambda)\mathrm{d}\lambda
\end{aligned}
\right\}
\tag{6.9.25}
$$

与式(6.8.12)的讨论相似,可得透射物体的颜色三刺激值的表达式为

$$
\left.
\begin{aligned}
X &= k\int_{380}^{780}S(\lambda)\tau(\lambda)\bar{x}(\lambda)\mathrm{d}\lambda \\
Y &= k\int_{380}^{780}S(\lambda)\tau(\lambda)\bar{y}(\lambda)\mathrm{d}\lambda \\
Z &= k\int_{380}^{780}S(\lambda)\tau(\lambda)\bar{z}(\lambda)\mathrm{d}\lambda
\end{aligned}
\right\}
\tag{6.9.26}
$$

与式(6.8.13)相似,可得反射物体的颜色三刺激值的表达式为

$$
\left.
\begin{aligned}
X &= k\int_{380}^{780}S(\lambda)\beta(\lambda)\bar{x}(\lambda)\mathrm{d}\lambda \\
Y &= k\int_{380}^{780}S(\lambda)\beta(\lambda)\bar{y}(\lambda)\mathrm{d}\lambda \\
Z &= k\int_{380}^{780}S(\lambda)\beta(\lambda)\bar{z}(\lambda)\mathrm{d}\lambda
\end{aligned}
\right\}
\tag{6.9.27}
$$

实际上,$S(\lambda)$、$\tau(\lambda)$、$\beta(\lambda)$,$\bar{x}(\lambda)$、$\bar{y}(\lambda)$、$\bar{z}(\lambda)$ 常以一定的波长间隔 $\Delta\lambda$ 的离散值形式给出,以上的积分式可用求和的形式来代替.

式(6.9.24)~式(6.9.27)中的 k 为调节系数,改变 k 值,三刺激值也要改变,所以它对三刺激值有调节作用. 为了使三刺激值有统一的尺度,CIE 规定光源的 Y 刺激值为 100. 把式(6.9.25)中所表示的光源色中的 Y 刺激值取为 100 后有

$$
k = \frac{100}{\int_{\lambda}S(\lambda)\bar{y}(\lambda)\mathrm{d}\lambda}
\tag{6.9.28}
$$

这样,确定系数 k 的定义后,物体色的 Y 刺激值为

$$Y = \frac{\int_\lambda S(\lambda)\beta(\lambda)\bar{y}(\lambda)\mathrm{d}\lambda}{\int_\lambda S(\lambda)\bar{y}(\lambda)\mathrm{d}\lambda} \times 100 = \frac{\int_\lambda S(\lambda)\beta(\lambda)V(\lambda)\mathrm{d}\lambda}{\int_\lambda S(\lambda)V(\lambda)\mathrm{d}\lambda} \times 100 \tag{6.9.29}$$

式中, $V(\lambda)$ 为式(6.9.21)中的光谱光视效率. 由式(6.9.29)可知, 物体色的 Y 刺激值实际上代表反射(或透过)光通量相对于入射光通量的百分比, 故 Y 也称为亮度因素.

6.9.5　CIE 1964 补充标准色度学系统

前面讨论的 CIE1931-RGB 标准色度学系统和 CIE1931-XYZ 标准色度学系统, 只适用于小视场角(<4°)情况下的颜色标定. 当观察视场角增大到 4°以上时, 某些研究者从实验中发现, $\bar{x}(\lambda)$、$\bar{y}(\lambda)$、$\bar{z}(\lambda)$ 在波长 380~460nm 区间内数值偏低. 这是因为, 在大视场观察条件下, 杆体细胞的参与以及中央凹黄色素的影响, 颜色视觉会发生一定的变化. 日常观察物体时视野经常超过 4°范围, 因此, 为适应大视场情况下颜色的测量和标定, CIE 在 1964 年公布了 CIE1964 补充色度学系统.

CIE1964 补充标准色度学系统规定了适合于 10°视场使用的 CIE1964 补充色度观察者光谱三刺激值和色品图. 其计算方法与 CIE1931-XYZ 系统的三刺激值和色品坐标的计算方法完全相同, 只不过要用本系统规定的数据. 此时的三原色是 (R):645.2nm, (G):526.3nm, (B):444.4nm.

为了与 CIE1931-XYZ 系统相区别, 所用的符号要加下标"10". 例如, 三刺激值表示为: X_{10}、Y_{10}、Z_{10}; 光谱三刺激值表示为 $\bar{x}_{10}(\lambda)$、$\bar{y}_{10}(\lambda)$、$\bar{z}_{10}(\lambda)$; 色品坐标表示为 x_{10}、y_{10}、z_{10}.

6.10　主波长与颜色纯度

色品坐标表示了颜色的色调和饱和度, 这是颜色的心理学概念. 颜色的色品除了用色品坐标表示之外, 还可用与之相对应的心理物理学概念, 即主波长和颜色纯度来表示.

6.10.1　主波长

一种颜色 M 的主波长是指某一光谱色的波长, 用符号 λ_d 表示, 这种光谱色按一定比例与参考白光相混合, 能匹配出颜色 M, 颜色的主波长可以从色品图上求得. 如图 6.10.1 所示, M 为所考虑的颜色的色品点, E 为参考白光色品点, 连接 EM 并延长, 与光谱轨迹相交于 L 的 550nm 处, 则颜色 M 的主波长 $\lambda_d=550$nm, 此处光谱的颜色即为颜色 M 的色调(黄绿). 并不是所有的颜色都有主波长, 在光谱色品轨迹开口处的两端点和参考白光 E 所构成的三角形内所有的颜色都没有主波长, 因为 E 和其中任一点的连线均不能和光谱轨迹相交, 如图 6.10.1 中的 N 点. 但是, 把 EN 反向延长就可以和光谱轨迹相交于 P 点, P 点对应的波长不是颜色 N 的主波长, 而是颜色 N 的补色主波长, 称为颜色 N 的补色波长. 为了和主波长相区别, 在补色波长前加一负号, 或用 λ_c 表示, 如颜色 N 的补色波长为 $\lambda_d=-500$nm 或 $\lambda_c=500$nm. 由此可知, 某种颜色 N 的补色波长是指某一种光谱色的波长（如 500nm），此波长的光谱色与适当比例的颜色 N 相混合，能匹配出一种确定的参考白光. 颜色 N 的补色波长为 500nm，即表示 N 这种紫红色是 500nm 蓝绿色的补色. 在图 6.10.1 中，颜色 Q 既具有主波长，也有补色波长.

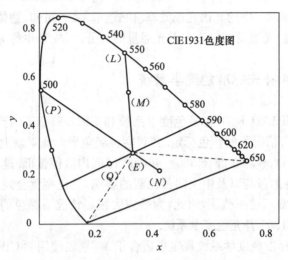

图 6.10.1 由 CIE1931 色度图确定颜色的主波长

6.10.2 颜色纯度

颜色纯度表示颜色接近主波长光谱色的程度，颜色纯度有刺激纯度和亮度纯度两种表示方法.

1. 刺激纯度

任何一种颜色可以看成是一种光谱色与参考白光以一定比例相混合而产生的结果. 用其中光谱色三刺激值的总和与混合色三刺激值的总和之比 P_e 来表示颜色接近光谱色的程度. 定义颜色刺激纯度 P_e 为

$$P_e = \frac{X_\lambda + Y_\lambda + Z_\lambda}{X + Y + Z} \tag{6.10.1}$$

式中，X_λ、Y_λ、Z_λ 为颜色 M 所包含的主波长光谱色三刺激值，X、Y、Z 为颜色 M 的三刺激值. 在色品图 6.10.1 中，P_e 可用两线段的长度比来表示，即

$$P_e = \frac{EM}{EL} \tag{6.10.2}$$

也可用色品坐标来计算，即

$$P_e = \frac{x - x_E}{x_\lambda - x_E} \ 或 \ P_e = \frac{y - y_E}{y_\lambda - y_E} \tag{6.10.3}$$

式中，x、y 代表颜色 M 的色品坐标；x_E、y_E 代表参考白光的色品坐标；x_λ、y_λ 代表颜色 M 所包含的主波长光谱色的色品坐标.

2. 亮度纯度

颜色的纯度也可以用该颜色所包含的光谱色的亮度与该颜色的总亮度的比值来表示,称为亮度纯度,以 P_c 表示. 由前面的讨论可知,颜色的 Y 刺激值与颜色的亮度成正比,故有

$$P_c = \frac{Y_\lambda}{Y} \tag{6.10.4}$$

式中,Y_λ 为颜色中光谱色的亮度因素,Y 为该颜色的亮度因素.

3. 刺激纯度与亮度纯度之间的关系

前面定义的刺激纯度为 $P_e=(X_\lambda+Y_\lambda+Z_\lambda)/(X+Y+Z)$,而 $X_\lambda+Y_\lambda+Z_\lambda=Y_\lambda/y_\lambda$, $X+Y+Z=Y/y$,于是

$$P_e = \frac{Y_\lambda}{y_\lambda} \cdot \frac{y}{Y}$$

即

$$P_e = P_c \frac{y}{y_\lambda} \quad \text{或} \quad P_c = P_e \frac{y_\lambda}{y} \tag{6.10.5}$$

6.11　CIE 标准照明体与标准光源

自发光物体就是光源. 物体的颜色与照明光源有密切的关系,同一物体在不同光源照明下会得到不同的结果,为了统一颜色的评价标准和进行色度计算,CIE 推荐了标准照明体和标准光源. 为了描述光源本身的颜色特征,还引入了光源的光谱功率分布和色温等概念.

6.11.1　光源的光谱功率分布与色温

1. 光源的光谱功率分布

光源在各种波长上的辐射功率是各不相同的. 光源辐射功率按波长的分布称为光源的光谱功率分布,常以 $S(\lambda)$ 表示. 实际上又分为绝对光谱功率分布和相对光谱功率分布. 所谓绝对光谱功率分布是指对应于各波长的辐射功率是用物理单位瓦或毫瓦来表示的. 所谓相对光谱功率分布是指各波长功率值之间的比例与绝对光谱功率分布相同,但各波长的辐射功率可用任意单位表示.

测量绝对光谱功率时,必须对辐射准确标定,测量相当困难,而测量相对光谱功率时功率单位可任取,测量起来较为方便. 在测色和颜色计算中只需要相对光谱功率分布就可

以了.

2. 色温和相关色温

黑体是绝对黑体的简称,是完全吸收体和完全辐射体,其辐射光谱功率分布与温度有确定关系.处于绝对温度为 T 的状态下的黑体,在单位时间内,从单位面积上,在波长 λ 处的单位波长间隔内向整个空间辐射出去的总能量,称为出辐度,用 $M(T,\lambda)$ 表示,由普朗克公式确定,即

$$M(T,\lambda) = \frac{C_1}{\lambda^5 (e^{C_2/\lambda T} - 1)} (\text{W/m}^3) \tag{6.11.1}$$

式中,C_1 和 C_2 为辐射常数,$C_1 = 3.741\,50 \times 10^{-16}\,\text{W} \cdot \text{m}^2$,$C_2 = 1.4388 \times 10^{-2}\,\text{m} \cdot \text{K}$. 黑体在不同温度下,在可见光范围内的相对光谱功率分布曲线,如图 6.11.1 所示.

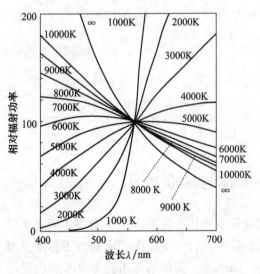

图 6.11.1　不同温度黑体在可见光范围内的
相对光谱功率分布曲线

黑体的温度 T 一定时,它所辐射的光谱功率分布也就定了.把黑体连续加热,温度不断升高,它的最大光谱功率随温度急剧上升,其相对光谱功率分布的最大功率部位将向短波方向移动,所发的光带有一定的颜色,其变化的顺序是红-黄-白-蓝.在温度较高时,按普朗克公式计算出各种温度 T 下的光谱功率分布,根据光谱分布用色度学公式计算出该温度下黑体发光的三刺激值及色品坐标,在色品图上得到对应的点.一系列不同温度的黑体可以计算出一系列色品坐标,将各对应点标在色品图上,连接成一条弧形轨迹,称为黑体轨迹或普朗克轨迹,如图 6.11.2 中马蹄形内的一段弧线.

黑体轨迹上各点代表不同温度的黑体的色光,温度由接近 1000K 开始升高时,颜色由红向蓝变化.因此,人们就用黑体对应的温度来表示它的颜色.当某种光源的色品与某一温度下黑体的色品相同时,则将黑体的温度称为该光源的颜色温度,简称色温.例如,某光源的光色与黑体加热到绝对温度 2500K 时所发出的光色相同,则该光源的色温为 2500K,它在 CIE1931 色品图上的坐标为 $x = 0.4770, y = 0.4137$.

有些常用光源的光谱功率分布与黑体相差甚远,它在色品图上不一定准确地落在黑体轨迹上,但常在该轨迹的附近.色品点在黑体轨迹附近的光源,其颜色可用相关色温来表示.光源的相关色温是指色品最接近光源色品的黑体温度.用相关色温表示光源的颜色是近似的,因为两光源有相同的相关色温时,颜色却可能稍有不同.

色温和相关色温的概念能够简单地描述光源的光色,但色温和相关色温相同的光源,只说明它们的光色相同,而它们的光谱分布却可以有较大差异,这就是所谓的同色异谱问题.

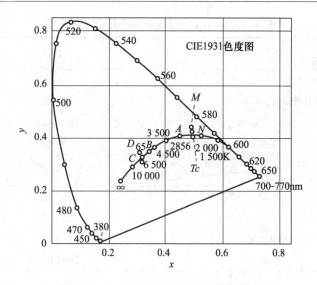

图 6.11.2　CIE1931 色度图和黑体轨迹

6.11.2　CIE 标准照明体与标准光源

最重要的光源是日光和灯光,灯光是人造光源,种类多种多样,他们的光谱分布也各不相同. 照明光源不同,物体的颜色就会有差异,为了统一测量标准,CIE 规定了标准照明体和标准光源. CIE 对颜色的评价是在规定的照明体或光源照明下进行的.

CIE 对照明体和光源的定义有区别,标准照明体是指一种具有特定光谱功率分布的照明光,标准光源是指实现某种标准照明体的具体物理辐射体,是能发光的物理辐射体,如太阳和灯. 标准照明体一般模拟某种日光的光谱功率分布,以使测得的颜色符合日常观察和实际条件.

下面介绍 CIE 推荐使用的标准照明体和标准光源.

1. 标准照明体 A 与 A 光源

标准照明体 A 具有与绝对温度 $T=2856K$ 的黑体相同的光谱功率分布. 其色品坐标落在色品图的黑体轨迹上,采用色温为 2856K 的溴钨灯实现的标准照明体 A,称为 A 光源. 它的光谱能量分布主要集中于波长较长的区域,因而 A 光源的光总带着橙红色.

2. 标准照明体 B 与 B 光源

标准照明体 B 代表相关色温大约为 4874K 的中午直射日光,其色品坐标紧靠黑体轨迹,实现标准照明体 B 和 B 光源在实验室中可由特制的戴维斯-杰布森液体滤光器从 A 光源中获得. 该液体滤光器是由装在透明玻璃箱中的 B_1 和 B_2 两种液体构成,液体厚度为 1cm,液体配方见表 6.11.1.

表 6.11.1　B、C 光源液体滤光器的液体配方

液体　　　成分	B₁	C₁
硫酸铜($CuSO_4 \cdot 5H_2O$)	2.452g	2.412g
甘露糖醇[$C_6H_8 \cdot (OH)_6$]	2.452g	3.412g
吡啶(C_5H_5N)	30.0ml	30.0ml
蒸馏水	1000.0ml	1000.0ml

液体　　　成分	B₂	C₂
硫酸钴铵[$CoSO_4 \cdot (NH_4)_2SO_4 \cdot 6H_2O$]	21.71g	30.58g
硫酸铜($CuSO_4 \cdot 5H_2O$)	16.11g	22.52g
硫酸(相对密度 1.335)	10.0ml	10.0ml
蒸馏水	1000.0ml	1000.0ml

3. 标准照明体 C 与 C 光源

标准照明体 C 具有和相关色温为 6774K 的平均日光相近的光谱功率分布,它近于阴天时天空的光,其波谱成分在 400~500nm 处较大,因此 C 光源的光偏蓝色. 它被选为 NTSC 制彩色电视系统的标准白光源,其色品坐标位于黑体轨迹的下方,实现标准照明体 C 的 C 光源是由 A 光源和另一种戴维斯-杰布森液体滤光器组成的. 这种滤光器由表 6.11.1 中的 C_1 和 C_2 两种液体组成,它们的厚度均为 1cm.

4. 标准照明体 D_{65}

标准照明体 D_{65} 具有相关色温为 6504K 的典型日光的光谱功率分布,相当于白天平均照明光,被选为 PAL 制彩色电视系统的标准白光源. 其色品点在黑体轨迹的上方,有更接近日光的紫外光谱成分. D_{65} 是 CIE 目前优先推荐使用的标准照明体,实现 D_{65} 的光源尚未标准化,常用高压氙灯加滤光器来模拟 D_{65} 的光谱功率分布.

5. 标准照明体 E

将在可见光波段内光谱功率分布为恒定的光定义为标准照明体 E,也称为等能光谱或等能白光. 它是一种理想的等能量的白光源,其色温为 5500K. 其光谱能量分布是一条平行于横轴的水平直线,在可见光波长范围内,各波长具有相同的辐射功率. 采用这种光源有利于彩色电视系统中问题的分析和计算. 这种光源在实际中是不存在的,是假想的光源.

在图 6.11.3 中给出了前四种标准照明体的光谱功率分布曲线. 表 6.11.2 和表 6.11.3 分别给出了它们的色度数据和光谱功率分布数据.

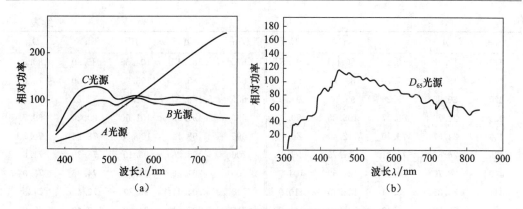

图 6.11.3　四种标准照明体的光谱功率分布曲线

表 6.11.2　四种标准照明体的色度数据

	A	B	C	D
色品坐标 x	0.4476	0.3484	0.3101	0.3127
色品坐标 y	0.4074	0.3516	0.3162	0.3290

表 6.11.3　四种标准照明体的光谱功率分布数据

λ/nm	A	B	C	D_{65}	λ/nm	A	B	C	D_{65}
300	0.93	—	—	0.03	565	103.58	102.92	104.11	98.2
305	1.13	—	—	1.7	570	107.18	102.60	102.30	96.3
310	1.36	—	—	3.3	575	110.80	101.90	100.15	96.1
315	1.62	—	—	11.8	580	114.44	101.00	97.80	95.8
320	1.93	0.02	0.01	20.2	585	118.08	100.07	95.43	92.2
325	2.27	0.26	0.20	28.6	590	121.73	99.20	93.20	88.7
330	2.66	0.50	0.40	37.1	595	125.39	98.44	91.22	89.3
335	3.10	1.45	1.55	38.5	600	129.04	98.00	89.70	90.0
340	3.59	2.40	2.70	39.9	605	132.70	98.08	88.83	89.8
345	4.14	4.00	4.85	42.4	610	136.35	98.50	88.40	98.6
350	4.74	5.60	7.00	44.9	615	139.99	99.06	88.19	88.6
355	5.41	7.60	9.95	45.8	620	143.62	99.70	88.10	87.7
360	6.14	9.60	12.90	46.6	625	147.24	100.36	88.06	85.5
365	6.95	12.40	17.20	49.4	630	150.84	101.00	88.00	83.3
370	7.82	15.20	21.40	52.1	635	154.42	101.56	87.86	83.5
375	8.77	18.80	27.50	51.0	640	157.98	102.20	87.70	83.7
380	9.80	22.40	33.00	50.0	645	161.52	103.05	87.99	81.9
385	10.90	26.5	39.92	52.3	650	165.03	103.90	88.20	80.0
390	12.09	31.30	47.40	54.6	655	168.51	104.59	88.20	80.1
395	13.35	36.18	55.17	68.7	660	171.96	105.00	87.90	80.2
400	14.71	41.30	63.30	82.8	665	175.38	105.08	87.22	81.2
405	16.15	46.62	71.81	87.1	670	178.77	104.90	86.30	82.3

λ/nm	A	B	C	D_{65}	λ/nm	A	B	C	D_{65}
410	17.68	52.10	80.60	91.5	675	182.12	104.55	85.30	80.3
415	19.29	57.70	89.53	92.5	680	185.43	103.90	84.00	78.3
420	20.99	63.20	98.10	93.4	685	188.70	102.84	82.21	74.0
425	22.79	68.37	105.80	90.1	690	191.93	101.60	80.20	69.7
430	24.67	73.10	112.40	86.7	695	198.12	100.38	78.24	70.7
435	26.64	77.31	117.75	95.8	700	198.26	99.10	76.30	71.6
440	28.70	80.80	121.50	104.9	705	201.36	97.70	74.36	73.0
445	30.85	83.44	123.45	110.9	710	204.41	96.20	72.40	74.3
450	33.09	85.40	124.00	117.0	715	207.41	94.60	70.40	68.0
455	35.41	86.88	123.60	117.4	720	210.36	92.90	68.30	61.6
460	37.81	88.30	123.10	117.8	725	213.27	91.10	66.30	65.7
465	40.30	90.08	123.30	116.3	730	216.12	89.40	64.40	69.9
470	42.87	92.00	123.80	114.9	735	218.92	88.00	62.80	72.5
475	45.52	93.75	124.09	115.4	740	221.67	86.90	61.50	75.1
480	48.24	95.20	123.90	115.9	745	224.36	85.90	60.20	69.3
485	51.04	96.23	122.92	112.4	750	227.00	85.20	59.20	63.6
490	53.91	96.50	120.70	108.8	755	229.59	81.80	58.50	55.0
495	56.85	95.71	116.90	109.1	760	232.12	84.70	58.10	46.4
500	59.86	94.20	112.10	109.4	765	234.59	84.90	58.00	56.6
505	62.93	92.37	100.98	108.6	770	237.01	85.40	58.20	66.8
510	66.06	90.70	102.30	107.8	775	239.37	—	—	65.1
515	69.25	89.65	98.81	106.3	780	241.68	—	—	63.4
520	72.50	89.50	96.90	104.8	785	243.92	—	—	63.8
525	75.79	90.43	96.78	106.2	790	248.12	—	—	63.3
530	79.13	92.20	98.00	107.7	795	248.25	—	—	61.9
535	82.52	94.46	99.94	106.0	800	250.33	—	—	59.5
540	85.95	96.90	102.10	104.4	805	252.35	—	—	55.7
545	89.41	99.10	103.95	104.2	810	254.31	—	—	52.0
550	92.91	101.00	105.20	104.0	815	256.22	—	—	54.7
555	96.44	102.20	105.67	102.0	820	258.07	—	—	57.4
560	100.00	102.80	105.30	100.0	825	259.86	—	—	58.9
					830	261.60	—	—	60.3

习　题

1. 一束波长为 460nm,光通量 6.2×10^2 lm 的蓝光投射到一个白色光屏上,试问光屏每分钟接收多少焦耳的能量?

2. 一个 100W 的钨丝灯,发出总光通量为 1400lm,求发光效率为多少?

3. 一个 1.6V,15W 的钨丝灯,已知 $\eta = 14$ lm/W,该灯与一聚光镜联用,灯丝中心对聚光镜所张的孔径角 $u \approx \sin U = 0.25$,若设灯丝是各向均匀发光,求:(1)灯泡总的光通量及进入聚光镜的光通量;(2)求平均发光强度.

4. 日常生活中人们常说 40W 的日光灯比 40W 的白炽灯亮,这是否说明日光灯的亮度比白炽灯的大? 这里所说的"亮"是指什么?

5. 桌面上一点 A 的正上方 h 处有一小灯泡,可视为发光强度为 I 的各向同性点光源. 桌面上另一点 B,它离 A 的距离为 b,试问:(1)B 点的照度 $E=$? (2)若光源的高度 h 是可变的,当 h 为何值时(用 b 表示),B 点的照度为最大,$E_{max}=$?

6. 一房间长、宽、高分别为 5m、3m、3m,一个发光强度为 $I=60$cd 的灯挂在天花板中心,离地面 2.5m. 求:(1)灯正下方地板上的光照度;(2)在房间角落处地板上的光照度.

7. 焦距为 200mm 的薄透镜,放在发光强度为 15cd 的点光源之前 300mm 处,在透镜后面 800mm 处放一屏,在屏上得一明亮的圆斑,不计透镜对光的吸收,试求圆斑的平均照度.

8. 一个 40W 的钨丝灯发出的总的光通量为 $\Phi=500$lm,设各向发光强度相等,求以灯为中心,半径分别为 $r=1$m,2m,3m 时的球面的光照度是多少?

9. 太阳灶的直径为 1m,焦距为 0.8m,求太阳灶的焦点处的照度? 设太阳灶的反射率为 50%,太阳的光亮度 150 000×10^4cd/m^2(10^4cd/m^2=1 熙提),太阳直径对太阳灶焦点而言,其平面角为 32.6′.

10. 一支 25W 的灯泡离另一支 100W 灯泡 1m,今以光度计置于二者之间,为使光度计内漫射极的二表面有相等的光照度,问漫反射极板应放在何处?

11. 一氦氖激光器发射 632.8nm 的激光束 3mW,问此激光束的光通量为多少 lm? 如果此激光束的发散角为 ±0.001rad,放电毛细管直径为 1mm,其亮度应为多少?

12. 一幻灯机,放映屏幕面积为 4m^2,要求照度为 50lx,幻灯片面积为 20cm^2,放映物的相对孔径为 1/2,系统的透过系数 $K=0.5$,试问物面的亮度应为多少?

13. 快门速度相同,分别用照相机的光圈数为 8 和 16 两档,问:到达底片的光通量倍数关系?

14. 有一聚光镜,$sinU=0.5$(数值孔径 $NA=nsinU$),求进入系统的能量占全部能量的百分比.

15. 图 6.1 所示为一个电影放映机的光学系统,物镜焦距 $f'=120$mm,$D/f'=1:1.8$,底片的尺寸为 20.9mm×15.2mm,光通量在屏幕上只能达到 400lm,底片窗口宽度尺寸经物镜放大后要充满屏幕宽度 3360mm. 试求:

(1) 这个放映系统的孔径光阑、入瞳、出瞳、视场光阑、入窗、出窗?

(2) 底片窗口离物镜的距离为多少? 屏幕离物镜的距离为多少?

(3) 物方孔径角、像方孔径角、物方视场角、像方视场角各为多少?

(4) 物镜的拉赫不变量?

(5) 屏幕上最边缘点面渐晕系数为多少?

(6) 目前能够达到屏幕上的平均光照度为多少?

(7) 屏幕上最边缘点光照度是中心照度的多少倍?

(8) 这个放映机所用的光源是 400W 的白炽灯泡,其发光效率为 15lm/W,试计算这台放映机的光能利用率为多少(屏幕上所得到的光通量与光源所发出的光通量之比)?

16. 如图 6.2 所示,已知聚光镜直径 $D_1=80$mm,灯丝中心 A 点离开聚光镜 1 距离为 150mm,灯丝为余弦辐射体,面积为 4.5×6.5mm^2,总光通量为 7000lm,单面为 3500lm. 为了提高光能利用率,在灯丝后面装有球面反射镜 2,其反射率 $\rho=0.88$,灯丝 A 点位于它的球心上. 实际使用时,适当调整灯丝位置,使其反射像正好位于灯丝的空隙部分,如图(b)所示,这样灯丝和它的像分布较密,可按其轮廓尺寸计算. 试求:(1)球面反射镜直径. (2)聚光镜焦距及拉赫不变量. (3)灯丝亮度 L. (4)未加球面反射镜时进入聚光镜的光通量 Φ_0. (5)加球面反射镜后进入聚光镜的光通量 Φ 的理论值为多少?

17. 已知光谱色 500nm 的色品坐标为 $x=0.0082$,$y=0.5384$,以及光谱光视效率 $V(500nm)=0.3230$,试求其光谱三刺激值 $\bar{x}$、$\bar{y}$、$\bar{z}$.

18. 已知某颜色样品的 $x=0.4187$,$y=0.3251$,$Y=0.3064$,试求该颜色样品的 X、Z 刺激值.

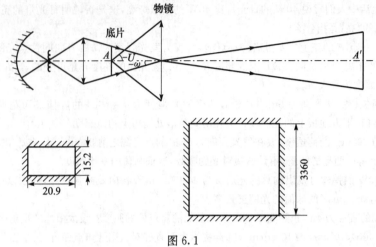

图 6.1

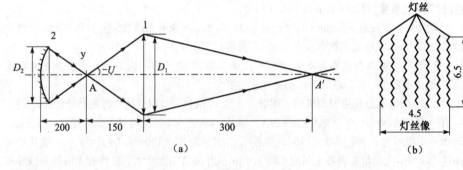

图 6.2

19. 已知下面两种颜色的色品坐标 x、y 和亮度系数 Y：

样品	色品坐标		亮度系数 Y/(cd/m²)
	x	y	
颜色 1	0.200	0.600	18
颜色 2	0.300	0.100	8

试计算这两种颜色混合后的三刺激值 X、Y、Z 以及色品坐标 x，y.

第7章 像差概论

由第 2、3 章可知,理想光学系统对空间任意大的物体以任意宽的光束通过系统均能成完善像,而实际光学系统只有在近轴区,即孔径和视场近于零的情况下才能完善成像.近轴光学也被称为一阶光学,这样的光学系统在实际应用中是没有价值的.因为光学系统都需要一定的孔径和视场,它们远超出近轴区的限定范围,这必将导致成像的不完善.但对不完善程度控制很严格的成像系统,近轴区外的成像光线与像面的交点十分接近理想像点位置,因此许多近轴光学的概念对轴外区域依然是适用的.因此,本章将讨论有限大小孔径和视场中光学系统成像的不完善问题,即像差或三级光学,而理想像是像差度量的参考.比三级更高的像差,也称高级像差.本书主要讨论三级光学,涉及通常意义下的波像差、几何像差及其相互关系等内容.

7.1 像差基本概念

从第 2 章的内容可知,物体上任一点发出的光束必须按光线追迹公式进行计算,所得实际光路必然与理想光路不同,经过系统后不能会聚于一点,而是形成一个弥散斑,所成的像不能严格地表现为原物形状.即使加工装配完善的光学系统,也不可能使物体成清晰而相似的完善像.这种由实际光路与理想光路之间的差别而引起的成像缺陷称为像差.其实,像差来源于光线追迹中所遵循的折射定律,该定律采用了三角函数关系进行光线的光路计算,这种计算决定了实际出射光线的折射角随入射光线的入射角具有非线性变化的性质.当入射角增大时,这种非线性效应越明显.因此,我们说像差是光学系统的固有性质,其大小与光学系统的孔径和视场有关.实际加工中存在的缺陷还会附加像差.实际光学系统中,只有理想平面反射镜对有限大小的物体能成完善像,不产生像差.

光学系统中单色光成像所产生的像差称为单色像差.根据单色像差性质的不同可分为球差、彗差、像散、场曲和畸变等五种.绝大多数光学系统对白光或复色光成像,因光学材料对不同波长的色光有不同的折射率,所以不同波长光线的成像位置和大小也不同.这种像差称为色差,分为位置色差和倍率色差两种.白光经光学系统后,不同波长的光线产生色差,而单色光又有各自的单色像差,实际上各种像差是同时存在的.可见,白光成像相当复杂,为了对像差进行分析,将像差分为五种单色像差和两种色差.其中,单色像差是对光能接收器最灵敏的波长而言的,色差是对光能接收器有效波段内两种边缘色光而言的.

光学系统的像差计算主要是通过光线的光路计算或光线追迹来实现的.根据像差的不同定量评价需要,像差的表示方式有四种,即波前像差、角像差、垂轴像差和轴向像差.这几种方式在本质上是相同的,是对同一个物理量在不同场合下的描述.其中,光学中常采用波前像差、垂轴像差和轴向像差这三种方式来描述像差.

一般为实现像差的度量,主光线与高斯像面或近轴像面的交点被定义为参考像点.垂轴像差是实际光线与高斯像面相交的交点位置相对于参考像点位置间的偏离.轴向像差则是实际光线在光轴上的交点位置与参考像点位置沿光轴方向上度量时的偏离.这两种像差被统称为几何像差或光线像差,它的优点是直观、计算方便.波前像差或波像差则是实际波前相对于理想球面波前的偏离,参考像点是球面波的球心.可简单地认为,由于像差的存在,从物点发出的球面波经光学系统后(忽略衍射),出射光束的实际波前偏离了理想球面波前,从而导致了波前像差的产生.为了方便计算,通常以主光线与高斯面的交点为球心,作相切于出射光瞳中心的球面为参考波前,实际与参考波前间的光程差就是波像差.系统的像差越大,波像差也越大.波像差是孔径和视场的函数.

讨论像差的目的是为了能动地校正像差,使光学系统能够在一定相对孔径下对给定大小的视场成满意的像.使用目的相同的光学系统,演变成多种结构形式,都是像差校正的结果.

本章先介绍了哈密顿特征函数,它对研究光学系统的一般成像性质有重要的理论价值,得出了波前像差与垂轴像差的一般数学关系.然后,介绍了任意光线的光路计算方法,涉及计算的坐标系统、光线及光路的计算类型、初始数据确定以及像差的定量评价等.在本章的第三部分内容中介绍了波前像差的一般表达式和典型像差的波像差系数,从它出发讨论了旋转对称光学系统初级单色像差和色差的成因、度量和计算方法,并找出它们与相对孔径和视场之间的关系.第四部分介绍了赛德尔初级像差及系数公式的推导,得出赛德尔初级像差与光学系统结构参数(各透镜面的曲率半径 r、透镜厚度、透镜间的间隔以及材料的折射率 n 等)和外部参数的关系.最后介绍了初级几何像差与赛德尔初级像差系数的一般关系.在内容上,本章涵盖了几何像差和波像差的基础知识.

7.2   波像差与垂轴像差

7.2.1   哈密顿特征函数

特征函数首先由哈密顿(1828 年)引入,哈密顿特征函数本质上是一套描述沿光线光程的函数.人们虽然不能从哈密顿特征函数获得描述光学系统的解析表达式,但是它对研究光学系统成像的一般性质是很有意义的.下面介绍三个哈密顿特征函数的定义和性质,即哈密顿点特征函数、哈密顿混合特征函数和哈密顿角特征函数.

如图 7.2.1 所示,设光学系统物空间和像空间的坐标系分别为 $O\text{-}xyz$ 和 $O'\text{-}x'y'z'$,假设 P 和 P' 点分别是这两空间中的点,但不一定是共轭点,通常仅可以找到一条光线通过 P 和 P' 点.该条光线的哈密顿点特征函数被定义为从 P 点到 P' 点的光程长度,用符号 V 表示,即 $V(x,y,z;x',y',z')=[PP']$.因此,该光线的光程是 P 点和 P' 点的坐标函数.

为描述方便,点特征函数被写作 $V(\alpha,\alpha')$,其中 α 和 α' 是 P 点和 P' 点的位置矢量.$V(\alpha,\alpha')$ 函数的具体形式取决于光学系统,并且可能对它只能进行数值计算,绝大多数情况下不可能由准确的公式求出. 但通常对给定的光学系统, V 是已知的.

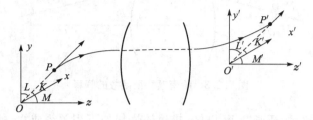

图 7.2.1　哈密顿点特征函数的定义

设 r' 是沿通过 P' 点光线的单位矢量, 如图 7.2.2 所示, 并设 Σ' 是从 P 点发出通过 P' 点的波前. 如果 P'' 点是 P' 点的相邻点, 位置矢量是 $\boldsymbol{\alpha}' + \delta\boldsymbol{\alpha}'$, 此时认为 V 是 $\delta\boldsymbol{\alpha}'$ 的函数, 所以有

$$V(\boldsymbol{\alpha}' + \delta\boldsymbol{\alpha}', \boldsymbol{\alpha}) - V(\boldsymbol{\alpha}', \boldsymbol{\alpha}) = \delta\boldsymbol{\alpha}' \cdot \mathrm{grad} V \tag{7.2.1}$$

式(7.2.1)左边等于分别通过 P'' 点和 P' 点的波前 Σ'' 和 Σ' 间的光程长度之差, 也就是 $n'\delta\boldsymbol{\alpha}' \cdot r'$, 其中 n' 是介质的折射率. 所以有

$$n'\delta\boldsymbol{\alpha}' \cdot r' = \delta\boldsymbol{\alpha}' \cdot \mathrm{grad} V \tag{7.2.2}$$

因为 $\delta\boldsymbol{\alpha}'$ 是任意增量, 于是有 $n'r' = \mathrm{grad} V$, 或

$$\left. \begin{aligned} n'K' &= \partial V/\partial x' \\ n'L' &= \partial V/\partial y' \\ n'M' &= \partial V/\partial z' \end{aligned} \right\} \tag{7.2.3}$$

式中, K'、L'、M' 是出射光线的方向余弦, 如图 7.2.1 所示. 同样, 在物空间我们得到

$$\left. \begin{aligned} nK &= -\partial V/\partial x \\ nL &= -\partial V/\partial y \\ nM &= -\partial V/\partial z \end{aligned} \right\} \tag{7.2.4}$$

其中, K、L、M 是入射光线的方向余弦. 由上可知, 如果点特征函数已知, 那么这些公式就给出了全部的物像光线的对应关系. 而实际上, 只有通过大量的光线追迹才可求出, 所以这个特性在实际中不能直接使用, 只是作为一般理论的基础.

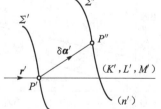

图 7.2.2　特征函数和光线分量

有时为了方便, 不用点特征函数, 而采用一些与它有关的函数, 如哈密顿混合特征函数, 和角特征函数来确定物像光线的对应关系. 下面用图 7.2.3 来说明哈密顿混合特征函数和角特征函数的性质. 在图 7.2.3 中, 物空间点 $P(x, y, z)$ 发出的光线经过像空间的点 $P'(x', y', z')$. O 和 O' 是局域坐标系的原点, Q 和 Q' 分别是自 O 和 O' 到光线的垂足, $[PQ']$ 是 P 到 Q' 点的光程,

$[QQ']$ 是 Q 到 Q' 点的光程. 于是, 哈密顿混合特征函数被表示为 $W(x, y, z; K', L') = [PQ']$, 角特征函数被表示为 $T(K, L; K', L') = [QQ']$.

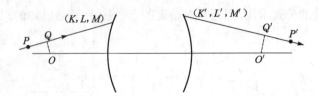

图 7.2.3　哈密顿特征函数的解释

如果哈密顿混合特征函数 W 已知,描述该光线的下列关系成立,即

$$nK = -\frac{\partial W}{\partial x}, \quad nL = -\frac{\partial W}{\partial y} \tag{7.2.5}$$

而且

$$X' = -\frac{\partial W}{n'\partial K'}, \quad Y' = -\frac{\partial W}{n'\partial L'} \tag{7.2.6}$$

其中,(X', Y') 就是出射光线与过 O' 点并垂直于光轴的平面的交点坐标.

如果哈密顿角特征函数 T 已知,也有

$$X = \frac{\partial T}{n\partial K}, \quad Y = \frac{\partial T}{n\partial L} \tag{7.2.7}$$

而且

$$X' = -\frac{\partial T}{n'\partial K'}, \quad Y' = -\frac{\partial T}{n'\partial L'} \tag{7.2.8}$$

其中,(X, Y) 就是入射光线与过 O 点并垂直于光轴的平面的交点坐标,(X', Y') 同前.

理论上,由于哈密顿混合和角特征函数可用于计算光线在一个平面上的坐标,因此可以用它们来计算光线的垂轴像差,由此也就能得到轴向像差.

7.2.2　波前像差与垂轴像差的关系

现在可以来定义波像差,并通过特征函数来直接建立它与光线像差的联系. 在图 7.2.4 中,设 O 是旋转对称光学系统的出瞳中心,并在出瞳面上建立 $O\text{-}xyz$ 直角坐标系,

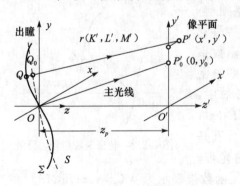

图 7.2.4　波像差和垂轴像差

在像平面上建立 $O'\text{-}x'y'z'$ 直角坐标系. 图中 OP_0' 表示从物点 P 发出经过出瞳中心的主光线,这里假设 P 点是在 y 轴和 z 轴组成的平面内(图中没有画出 P 点),由于系统的轴对称性,所以分析 P 点具有普遍性. 设 Σ 是由 P 点发出经过 O 点的波前,S 是以 P_0' 点为球心、$P_0'O$ 为半径的参考球面. 设从 P 点发出光束中的另一条光线 r 分别交 S 面和 Σ 面于 Q_0 点和 Q 点,并设该光线与像平面交于 P' 点,则 Q_0、P' 和 P_0' 点的坐标分别是 (x, y)、(x', y') 和 $(0, y_0')$,光线 r 的方向余弦是 (K', L', M'). 那么,波像差定义为从 Q 点到 Q_0 点的光程

长度，也就是$n'QQ_0$，其中n'为所讨论空间的折射率. 通常用$W(x,y)$表示波前像差或波像差，它是Q_0点位置的函数. 很明显，函数$W(x,y)$表示了实际波前与理想球面的偏差，(x,y)具有像空间坐标的含义.

事实上，由于P'点和P_0'点的不重合而形成像差，我们可以用偏移量$P_0'P'$的两个分量来确定像差. 这两个分量是$(x',y'-y_0')$，称为垂轴像差分量，它们也是(x,y)的函数，用$\varepsilon_{x'}$和$\varepsilon_{y'}$表示. 波像差和垂轴像差还与物点P的位置有关，具体内容将在后面详细讨论.

现在我们可以由特征函数求出波像差和垂轴像差的关系. 从P点到Q点的光程长度是$V(P,Q)$，V是前面定义的哈密顿点特征函数，于是

$$W(x,y) = V(P,Q) - V(P,Q_0) = V(P,O) - V(P,Q_0) \tag{7.2.9}$$

由于Q点和O点位于同一波前，因此从P点到该两点具有相同的光程. 微分等式(7.2.9)有

$$\left.\begin{array}{l} \dfrac{\partial W}{\partial x} = -\dfrac{\partial V}{\partial x} - \dfrac{\partial V}{\partial z}\dfrac{\partial z}{\partial x} \\[3mm] \dfrac{\partial W}{\partial y} = -\dfrac{\partial V}{\partial y} - \dfrac{\partial V}{\partial z}\dfrac{\partial z}{\partial y} \end{array}\right\} \tag{7.2.10}$$

参考球面的方程是

$$x^2 + y^2 + z^2 - 2y_0'y - 2zz_p = 0 \tag{7.2.11}$$

式中，z_p是从出瞳到像平面的距离. 如果从式(7.2.11)求出$\partial z/\partial x$和$\partial z/\partial y$代入式(7.2.10)，并应用式(7.2.3)，有

$$\left.\begin{array}{l} \dfrac{1}{n'}\dfrac{\partial W}{\partial x} = -\left(K' + \dfrac{M'x}{z_p - z}\right) \\[3mm] \dfrac{1}{n'}\dfrac{\partial W}{\partial y} = -\left[L' + \dfrac{M'(y - y_0')}{z_p - z}\right] \end{array}\right\} \tag{7.2.12}$$

由于

$$(K', L', M') = \frac{(x' - x, y' - y, z_p - z)}{Q_0P'} \tag{7.2.13}$$

将式(7.2.13)代入式(7.2.12)，有

$$\left.\begin{array}{l} \varepsilon_{x'} = -\dfrac{Q_0P'}{n'} \cdot \dfrac{\partial W}{\partial x} \\[3mm] \varepsilon_{y'} = -\dfrac{Q_0P'}{n'} \cdot \dfrac{\partial W}{\partial y} \end{array}\right\} \tag{7.2.14}$$

式(7.2.14)表示了波像差和垂轴像差的关系，对任意视场都成立，但是其中包括了未知距离Q_0P'. 而在实际应用中我们可以用参考球面的半径R代替Q_0P'，那么有

$$\left.\begin{array}{l} \varepsilon_{x'} = -\dfrac{R}{n'} \cdot \dfrac{\partial W}{\partial x} \\[3mm] \varepsilon_{y'} = -\dfrac{R}{n'} \cdot \dfrac{\partial W}{\partial y} \end{array}\right\} \tag{7.2.15}$$

它就是由波像差得到垂轴像差分量的表达式. 应该注意坐标x和y是Q_0的坐标，其中Q_0是光线与参考球面的交点.

在通常情况下,从光线追迹中知道了垂轴像差,根据式(7.2.15)可计算出参考像点和实际像点(如从 A 点到 B 点)的波像差,即

$$\frac{R}{n}(W_B - W_A) = \int_A^B (\varepsilon_{x'}\,\mathrm{d}x + \varepsilon_{y'}\,\mathrm{d}y) \tag{7.2.16}$$

式中,积分路线是从 A 到 B.

由无像差波前形成的像并不是一个理想像点,而是艾里(Airy)衍射斑,这个衍射斑的大小与成像光束的波长和相对孔径有关. 在有像差的时候,这个衍射斑会变得更加模糊. 这种效应可以认为是,由于实际上从光瞳的不同部分出射的光扰动没有同相位地到达几何像点的位置(参考球面的球心)而引起的. 从光瞳上的 (x, y) 点发出光扰动的相位实际上是 $(2\pi/\lambda)W(x, y)$,它可以被直接用于像点的计算. 因此,当光学系统的像差被校正到成像点近于完善的艾里斑时,像差的容差用 $W(x, y)$ 来表示就具有合理性,因此它被用于高质量系统像差的度量. 对像差比较小的光学系统,波像差比几何像差更能反映光学系统的成像质量. 一般认为,如果最大波像差小于 1/4 波长,则实际光学系统与理想光学系统没有明显区别,被称为瑞利标准. 波像差只能反映单色像点的成像清晰度,而不能反映畸变像差.

此外,从检测透镜像差的干涉计量方法中也可以直接得出透镜的波像差,如常用的泰曼-格林(Twyman-Green)干涉仪. 当要精确设计一个光学系统,或要求对光学系统的透镜间隔或光学表面的形状进行最后修正时,就要将测量所得的波像差与设计结果进行比较.

当像差校正要求不高,如接收器的分辨极限比艾里图形大很多时,那么垂轴像差更适合于像质评价. 实际中,由于光线像差是直接由光线追迹得到,所以它们普遍直接用于计算机对透镜进行优化设计处理过程.

很明显,以上所述像差的两种表示方法都各有优点,所以要掌握这两种表示方法. 如前面所述,严格地说,我们所讨论的波前的概念是几何光学的概念,但是用波像差得出的结论仍可用于衍射成像的物理光学问题. 因此,波像差 $W(x, y)$ 建立了几何光学和物理光学这两个领域之间的基本联系.

7.3 旋转对称光学系统的光路计算

前面简要地介绍了光学系统像差的概念、波前像差与垂轴像差关系的一般理论基础等内容. 但为了对它们进行具体计算,我们需要先建立严格的坐标系统,确定物点发出光线中应被分析的光线类型和光线的光路计算公式(光线追迹公式),并根据物体位置和系统结构确定每条光线的初始数据,从而进行光线追迹,最终实现光学系统的像差分析.

7.3.1 归一化坐标系统

从第 2 章中子午面内光线的光路计算内容可知,轴上物点所发出的光线经过光学系统到达像面后,实际光线相对于近轴光线在像面上的位置会产生偏离,导致了像差的产生. 同样地,轴外物点发出的光线经光学系统到达像面后,实际光线也会偏离其参考像点的位置,即像差也是视场的函数. 因此,像差既是孔径,也是视场的函数.

为分析像差,习惯上用入瞳和出瞳来表示一个光学系统,如图 7.3.1 所示,它表示一个关于光轴旋转对称的光学系统的成像情况.我们建立的坐标系统如图 7.3.1 所示,其中的物面(x,y)、像面(x',y')和表示光学系统的入瞳和出瞳的坐标系均符合右手规则.为了方便,本书将(x_P,y_P)坐标建立在入瞳上.因一般的光学系统都具有旋转对称性,对任何子午面内光线像差性质的分析都是等效的,因此,只需分析子午面内的某物点就可知像面上的像差情况.

不失一般性,我们考察物面 y 轴上任一物点 P 经光学系统所成像 P' 的像差情况,并假设物点到光轴的距离是$-h$.设该点发出的任意一条光线先经过入瞳上的某点(x_P,y_P)到达出瞳,再与像面相交于 P' 点(x',y').

为了得出光学系统像差关于孔径和视场的函数关系,这里引入归一化坐标系统,如图 7.3.2所示,它是逆光线观看得到的情形.与 7.2.2 节中广义的出瞳坐标比较,这里的 x_P 和 y_P 为归一化光瞳坐标,但二者含义相同,可以表示入瞳或出瞳,常为入瞳,而 H 为归一化物高或像高,ρ 是归一化半径,最大值为 1.因此,有下面关系成立

$$\left.\begin{array}{l} x_P = \rho\sin\theta \\ y_P = \rho\cos\theta \end{array}\right\} \tag{7.3.1}$$

由于历史的原因,图 7.3.2 中的方位角 θ 是正值,与第 2 章中引入的符号法则不一致,但不影响像差的分析.设光学系统中的实际入瞳半径为 r_P,实际坐标$(\hat{x}_P,\hat{y}_P)$与归一化坐标的关系为$\hat{x}_P=r_P x_P=r_P\rho\sin\theta, \hat{y}_P=r_P y_P=r_P\rho\cos\theta$.

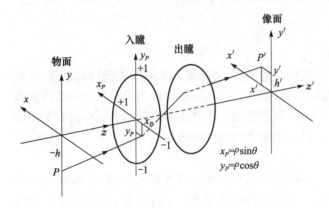

图 7.3.1　旋转对称光学系统的坐标系统

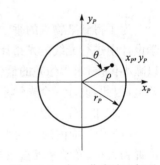

图 7.3.2　归一化光瞳坐标系

如前所述,像差分析中是将主光线与高斯像面的交点设为参考像点,如图 7.3.3(a)所示,若实际光线在像面上的交点 P' 相对于参考像点 P_0 的偏离用垂轴像差 $\varepsilon_{x'}(x_P,y_P)$,$\varepsilon_{y'}(x_P,y_P)$来表示,沿光轴 z' 方向的轴向像差用 $\varepsilon_{z'}(x_P,y_P)$来表示,其数值就是相对于该参考像点而计算得到的,反映了系统存在的像差大小.

同理,如图 7.3.3(b)所示,在出瞳 XP 上,畸变波前与以参考像点为球心、R 为半径的参考球面间的偏离就是波前像差,用 $\mathrm{OPD}(x_P,y_P)$ 来表示,其大小表示为

$$\mathrm{OPD}(x_P,y_P) = W(x_P,y_P) = W_A(x_P,y_P) - W_R(x_P,y_P) \tag{7.3.2}$$

因此,某物点的垂轴像差和波前像差的大小都被表示成了归一化入瞳坐标的函数.

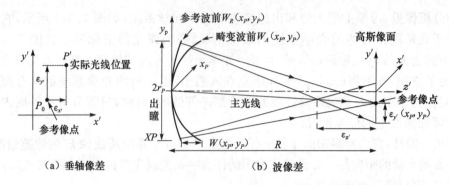

图 7.3.3　光学系统的像差

根据式(7.2.15),归一化入瞳坐标系下波前像差和垂轴像差间的关系为

$$\left. \begin{array}{l} \varepsilon_{y'}(x_P,y_P) = -\dfrac{R}{n'r_P}\dfrac{\partial W(x_P,y_P)}{\partial y_P} = \dfrac{1}{n'u'}\dfrac{\partial W(x_P,y_P)}{\partial y_P} \\[4mm] \varepsilon_{x'}(x_P,y_P) = -\dfrac{R}{n'r_P}\dfrac{\partial W(x_P,y_P)}{\partial x_P} = \dfrac{1}{n'u'}\dfrac{\partial W(x_P,y_P)}{\partial x_P} \end{array} \right\}$$ (7.3.3)

其中

$$\frac{R}{r_P} = -\frac{1}{u'}$$ (7.3.4)

其中, n' 和 u' 是像方空间折射率和近轴边光线的像方孔径角.

7.3.2　光线的光路计算类型

为了得到某物点的垂轴像差和波前像差的大小,可通过对光线的光路计算求得. 在光学设计中进行光线的光路计算时,要以像差理论为指导,不断地修改光学系统的结构参数以减小像差,求得像差的最佳校正和平衡. 每当修改一次结构参数后都必须算出有关的像差值,因此,设计一个光学系统需反复进行大量光线的光路计算.

为求知全部像差,光线的光路计算包括如下四种类型.

(1) 子午面内的光线光路计算. 包括:子午面内近轴光线光路计算,以求得理想像的位置和大小、光学系统参数和初级像差;子午面内非近轴光线光路计算,以求得子午面内实际光线的像差.

(2) 弧矢面内的光线光路计算. 弧矢面内非近轴光线光路计算,以求得弧矢面内实际光线的像差.

(3) 轴外点主光线的细光束像点的计算. 通过计算以求得细光束子午场曲、弧矢场曲和像散. 该类光线的光路计算问题,将在像散中关于轴外点细光束像点位置计算的 Coddington 或杨氏方程部分讨论.

(4) 空间光线的光路计算. 这里不含弧矢面内的光线计算. 通过计算以求得光学系统任意空间光线的子午像差分量和弧矢像差分量,从而对系统像质有更全面的了解. 本书将从推导第四类空间光线追迹的一般公式入手,然后将其应用到其他类型光线追迹的计算问题.

不是所有系统都需要对这四类光线的光路进行计算. 对于小视场系统,一般不需要作第

三、第四类光线的光路计算,而第一类光线的计算则是对任何光学系统都必须进行的.

1. 子午面内的光线光路计算

它包括近轴子午光线光路计算,以求得理想像的位置和大小,以及子午面内非近轴光线光路计算,以求得子午面内实际光线的像差.

如图 7.3.4(a)所示,子午光线是指轴外物点 A 从 $y=-h$,$x=0$ 处发出并位于 $x=0$ 的面内,与入瞳的交点位于 $(0,y_P)$ 或 $\theta=0°$ 处的光线,即子午光线是指入射光束中相交于入瞳 $x_P=0$ 处的光线.

由共轴光学系统的旋转对称性可知,被分析的子午光线必定处于 y-z 面或子午面内. 因此,轴外物点发出的光束入射到入瞳上的 $\pm y_P$ 位置,出射光线的像方孔径角关于主光线具有不对称性,如图 7.3.4(b)中像点 A' 所示.

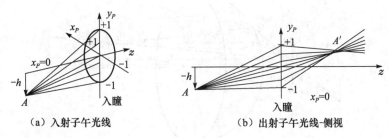

(a) 入射子午光线　　　　　　　　　　(b) 出射子午光线-侧视

图 7.3.4　子午光线

2. 弧矢面内的光线光路计算

除子午面内光线的光路计算,我们还需分析另外一种特殊光束结构经光学系统后的像差情况,该光束结构是弧矢光束结构. 弧矢光线是指轴外物点 A 从 $y=\pm h$,$x=0$ 处发出,但偏离子午面向外投射到入瞳的 x_P 轴上的光线,如图 7.3.5(a)所示,这些光线与入瞳的交点位于 $(x_P,0)$ 或 $\theta=90°$ 处. 入射于 $\pm x_P$ 处的折射光线对主光线的偏离具有反对称性,如图 7.3.5(b)中像点 A' 所示,而光程差或波前像差具有对称性. 简言之,弧矢光线是指入射光束中相交于入瞳 $y_P=0$ 处的光线. 因此,子午光线所在平面与弧矢光线所在平面彼此相互垂直. 空间光线是指离开子午面而入射到系统入瞳上任意点后再到达像平面的光线,因此,弧矢光线是一种特殊类型的空间光线.

对于轴上点,子午光线和弧矢光线重合,折射情况相同. 虽然子午和弧矢面内光线的光路计算对整个系统像差的描述是不完善的,尤其是对非旋转对称系统,但它们的计算结果能确定系统中存在的像差类型.

3. 轴外点细光束的光路计算

轴外点发出的近轴子午光线和弧矢光线细光束,当其主光线入射于球面时,只要入射

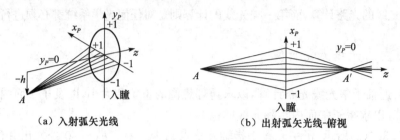

（a）入射弧矢光线　　　　　　　　（b）出射弧矢光线-俯视

图 7.3.5　弧矢光线

角不为零,则经球面折射后将失去对主光线的对称性,使位于子午面内的子午细光束会聚点 B_T'(也称子午像点)和位于弧矢面内的弧矢细光束会聚点 B_S'(也称弧矢像点)不重合于主光线上的同一点,如图 7.3.6 所示,这时的整个细光束成为像散光束.

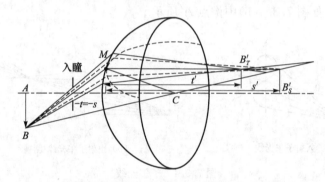

图 7.3.6　轴外点发出的子午细光束和弧矢细光束及其像点

由此看出,轴外点发出的细光束是一种特殊的子午光线和弧矢光线构成的光束结构,它主要用于分析成像系统的像散情况.

4. 空间光线的光路计算

子午面以外的光线就是空间光线,如图 7.3.1 所示.它是由物点发出并经过入瞳的任何位置后达到像面的光线.空间光线的光路计算有助于理解光线在光学系统的传播情况.

光线的光路计算,早期借助于对数表或计算器,现在普遍使用电子计算机,大大提高了设计人员的工作效率.同时,人们进一步利用计算机的软件功能,广泛开展了光学设计中的"像差自动平衡"工作,即按设计人员的要求,在设计人员对计算过程干预和控制下,计算机自动地把光学系统的像差校正到最佳状态.现在,光学设计已有成熟的光学设计软件,如 Zemax、CodeV、Oslo 等,它们可以通过计算机方便地进行光线的光路计算、像差分析、像差自动平衡、光学系统的自动设计、成像质量评价、光学公差分析以及指导系统装调等.但是,任何复杂的计算都离不开光线的光路计算,掌握光线的光路计算方法是十分必要的.

7.3.3　光线的光路计算公式

前面讨论了如何对像差进行表示以及光线和光线的光路计算类型的问题.下面介绍

任意光线经光学系统,最后到达像面上具体位置的计算过程.

如图 7.3.7 所示,它表示任一光学成像系统,设每个元件的表面为球面,从物面任意点 O 出射的任一条空间光线经过系统内的多次传播和折射后,最终将到达像面 O' 上的某一点. 如果该图中曲率半径分别为 r_0 和 r_7 的表面是物面和像面,它们的数值认为是无穷大. 下面我们将讨论如何计算该条光线在像面上的位置. 这里采用的符号法则和参数与第 2 章中的定义一致.

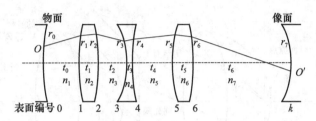

图 7.3.7　光学系统的任一子午面

为导出一般空间光线的光路计算公式,如图 7.3.8 所示,我们用符号 X_{j-1}、Y_{j-1}、Z_{j-1} 表示某条光线在任意第 $j-1$ 面上的交点坐标,K_{j-1}、L_{j-1}、M_{j-1} 表示这条光线的光学方向余弦,如图 7.2.1 所示,它们构成了这条光线的初始数据. 光学方向余弦 K_{j-1}、L_{j-1}、M_{j-1} 被定义为第 $j-1$ 面和第 j 面间该光线的方向余弦和这两表面间折射率 n_j 的乘积. 同理,X_j、Y_j、Z_j 表示该光线传播到下一表面即第 j 面上的交点坐标,而 K_j、L_j、M_j 则表示该光线经折射后在第 j 和 $j+1$ 面之间的光学方向余弦,以此类推.

1. 光线光路计算的基本过程

(1) 传播过程. 如图 7.3.7 所示,一条光线从前一面(如第 $j-1$ 面)上的某点直线传播到下一面(第 j 面)上的某一点,该光线再经该面(第 j 面)折射后直线传播到另一下表面(第 $j+1$ 面),重复该过程,最后直至像平面. 由此可知,光线的光路计算过程由两部分组成,即光线的传播过程和折射过程. 传播过程的光路计算是利用光线在第 $j-1$ 表面的交点坐标 X_{j-1}、Y_{j-1}、Z_{j-1} 及其光学方向余弦 K_{j-1}、L_{j-1}、M_{j-1},求出该光线在第 j 面上的交点坐标 X_j、Y_j、Z_j 的过程,使用的计算公式称为过渡公式.

(2) 折射过程. 折射过程的光路计算是利用上述的光线在第 j 面上的已知交点坐标 X_j、Y_j、Z_j 和已知的光学方向余弦 K_{j-1}、L_{j-1}、M_{j-1},再求出它经第 j 面折射后光线的光学方向余弦 K_j,L_j,M_j 的过程,使用的计算公式称为折射公式.

通过以上两个计算过程,我们就得到了在第 $j+1$ 面上计算时所需要的初始数据,即 $(X_j,Y_j,Z_j;K_j,L_j,M_j)$,于是再次使用过渡公式可求出光线在 $j+1$ 面的交点坐标 X_{j+1}、Y_{j+1}、Z_{j+1},并用折射公式求出该光线的光学方向余弦 K_{j+1}、L_{j+1}、M_{j+1}. 重复该过程直到最后一个表面,即像平面,这样就得到了该光线在像面上的位置坐标. 该光线坐标相对于参考光线位置(主光线)坐标的偏离就是垂轴像差.

以上光线光路计算的基本过程也被称为光线追迹.

2. 折射球面系统的空间光线追迹

为得出一般空间光线的光路计算公式,本书中采用右手坐标系,如图 7.3.8 左下方所示的坐标系.该坐标系的原点与每个面的顶点重合,在每个面上形成局域坐标.

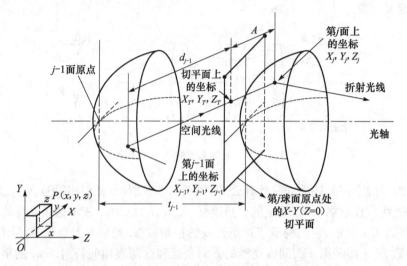

图 7.3.8　空间光线在第 $j-1$ 和 j 面间的传播与折射

图 7.3.8 示意了任意一条空间光线在两个表面间的传播情况.光线的初始数据由左边表面上光线出射点的坐标和光学方向余弦组成,即图中光线在第 $j-1$ 面上的位置坐标 X_{j-1}、Y_{j-1}、Z_{j-1} 和光线的光学方向余弦 K_{j-1}、L_{j-1}、M_{j-1}.这些数据与结构参数将决定该光线与下一表面即第 j 面的交点坐标,以及经第 j 面折射后该光线的光学方向余弦.得到的第 j 面的数据将成为新的初始数据,再进行下一步光线的传播与折射计算.

为光线的光路计算方便,加入了虚拟表面或非折射面来简化计算过程.该虚拟表面是一个在光轴上与折射球面相切的 X-Y 平面,如图 7.3.8 中的第 j 球面原点处的 X-Y $(Z=0)$ 切平面.对非球面而言,虚拟表面是采用在光轴上与其相切的球面.对这些虚拟表面的处理与对物理表面处理的方式相同.在处理这样的表面时,折射公式简化为 $I=I'$,且折射后的光学方向余弦与入射时的该值是相等的.虚拟表面将在光线的光路计算中起重要作用.

因此,实际空间光线的追迹计算由三个步骤来完成.首先完成光线从实际表面传播到下一切平面的计算;其次,完成光线从切平面到折射球面的计算;最后完成光线在折射球面上的折射计算过程.

1) 实际表面到切平面的计算

如图 7.3.8 所示,设切平面的坐标系为 $(O_T$-$X_T, Y_T, Z_T)$,它的坐标原点与折射球面的顶点重合,因此该平面上的所有点满足 $Z_T=0$.根据空间解析几何知识,切平面上的横坐标 X_T 等于前表面上横坐标的值 X_{j-1} 加上传播过程的增量 ΔX.设光线在前表面上出射点与切平面间的光线长度为 d_{j-1},因此,ΔX 等于 d_{j-1} 在 X 轴上的投影.所以,切平面上的 X 坐标为

$$X_T = X_{j-1} + \Delta X = X_{j-1} + d_{j-1}\frac{K_{j-1}}{n_j}$$

其中，K_{j-1}/n_j 为方向余弦，Y_T 的计算式与此相同.

因 d_{j-1} 并不是已知量，即光线从前一折射球面上的出射点到切平面间的长度未知，因此需要通过初始数据来计算. 由图 7.3.8 得 Z 坐标的变化量如下

$$\Delta Z = t_{j-1} - Z_{j-1}$$

它是光线在 Z 轴（方向）上的投影，所以有

$$\Delta Z = d_{j-1}\frac{M_{j-1}}{n_j}$$

于是得到光线与切平面相交的交点坐标及光线长度 d_{j-1} 的计算公式为

$$\frac{d_{j-1}}{n_j} = (t_{j-1} - Z_{j-1})\frac{1}{M_{j-1}} \tag{7.3.5}$$

$$Y_T = Y_{j-1} + \frac{d_{j-1}}{n_j}L_{j-1} \tag{7.3.6}$$

$$X_T = X_{j-1} + \frac{d_{j-1}}{n_j}K_{j-1} \tag{7.3.7}$$

这里指出，除了需知道光线的初始数据，即 X_{j-1}、Y_{j-1}、Z_{j-1} 和 K_{j-1}、L_{j-1}、M_{j-1} 之外，还必须给出两个面之间沿光轴方向的距离 t_{j-1}. 因此，先通过式（7.3.5）求出 d_{j-1}/n_j，再将该值带入式（7.3.6）和式（7.3.7），就能分别得出 Y_T 和 X_T 的的值.

2）从切平面到球面的计算

接下来由已得到的光线在切平面上的交点坐标进一步求解光线在第 j 球面上的交点坐标值. 由于切平面不是折射面，所以光线继续按直线传播，到达距离它为 A 的折射球面上，如图 7.3.8 所示. 而 A 段光线和 d_{j-1} 段光线的方向余弦相同. 因此，光线在第 j 球面上的交点坐标 (X,Y,Z) 可由它在切平面上的交点坐标 (X_T,Y_T,Z_T) 加以确定. 采用类似前面推导式（7.3.6）和式（7.3.7）的过程，且 $Z_T=0$，于是可得下组公式

$$X_j = X_T + \frac{A}{n_j}K_{j-1} \tag{7.3.8}$$

$$Y_j = Y_T + \frac{A}{n_j}L_{j-1} \tag{7.3.9}$$

$$Z_j = \frac{A}{n_j}M_{j-1} \tag{7.3.10}$$

由该组公式看出，为了使用式（7.3.8）~式（7.3.10），需先计算 A 的值. 从图 7.3.8 中可知，A 的值由第 j 面的曲率、光线在切平面上的交点坐标和光线的光学方向余弦共同决定. 因此，这里将使用球面的性质和球面的曲率 C_j 来确定光线在第 j 球面上的交点坐标 (X_j,Y_j,Z_j). 利用这个性质得出的关系式和式（7.3.8）~式（7.3.10）联立求解，就可以消去 X_j、Y_j、Z_j，从而得到 A/n_j. 下面介绍这一计算过程.

如图 7.3.9 所示，根据球面的性质可得

$$Z_j = r_j - [r_j^2 - (X_j^2 + Y_j^2)]^{1/2} = \frac{1}{C_j} - \frac{1}{C_j}[1 - C_j^2(X_j^2 + Y_j^2)]^{1/2}$$

其中，$C_j = 1/r_j$，并假设 $C_j \neq 0$（后面将考虑 C_j 趋向于 0 的情况）. 通过对上式移项并进行

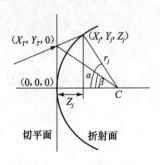

图 7.3.9　光线投射在
第 j 折射面

平方处理,经化简后得

$$C_j^2(X_j^2 + Y_j^2 + Z_j^2) - 2C_jZ_j = 0$$

将式(7.3.8)~式(7.3.10)中的 X_j、Y_j、Z_j 带入上式,整理后得

$$\left(\frac{A}{n_j}\right)^2 C_j(K_{j-1}^2 + L_{j-1}^2 + M_{j-1}^2) - 2\left(\frac{A}{n_j}\right)$$
$$\cdot[M_{j-1} - C_j(Y_TL_{j-1} + X_TK_{j-1})] + C_j(X_T^2 + Y_T^2) = 0$$

因方向余弦的平方和为 1,上式中 $(A/n_j)^2$ 项的系数就为 $C_jn_j^2$. 再引入两个系数 $2B$ 和 H,即

$$H = C_j(X_T^2 + Y_T^2) \tag{7.3.11}$$
$$B = M_{j-1} - C_j(Y_TL_{j-1} + X_TK_{j-1}) \tag{7.3.12}$$

于是得

$$C_jn_j^2\left(\frac{A}{n_j}\right)^2 - 2B\left(\frac{A}{n_j}\right) + H = 0$$

解之得

$$\frac{A}{n_j} = \frac{B \pm n_j\left[\left(\frac{B}{n_j}\right)^2 - C_jH\right]^{1/2}}{C_jn_j^2}$$

当 C_j 趋向于 0 时,这个球面近似为一个平面,从图 7.3.8 也可以看出这一点,即此时 A 趋于 0,故上式只取负号. 从图 7.3.8 或 A/n_j 的表达式还可看出,A 和 C_j 符号相同. 当 A 为负时,切平面位于折射球面的右边. 从图 7.3.9 和 H 的定义还可以看到

$$H = C_j(X_T^2 + Y_T^2) = r_j\left[\frac{X_T^2 + Y_T^2}{r_j^2}\right] = r_j\tan^2\beta$$

这里,入射光线与切平面相交形成交点,该交点再连接折射球面的曲率中心,该连线和光轴的夹角就是 β. 从 H 的表达式和 B 的定义可知,B 是关于 n_j、β 和入射角 I 的关系式,如图 7.3.10 所示.

下面进一步求 A/n_j 的表达式.

根据图 7.3.10,由余弦定理可得

$$D^2 = X_T^2 + Y_T^2 + r_j^2 = A^2 + r_j^2 + 2Ar_j\cos I$$

式中,用 H 代替 $C_j(X_T^2 + Y_T^2)$,求出 $n_j\cos I$,得

$$n_j\cos I = \frac{H - C_jn_j^2\left(\frac{A}{n_j}\right)^2}{2\frac{A}{n_j}}$$

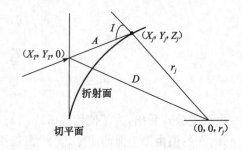

图 7.3.10　$n_j\cos I$ 的确定

再将前面取负号时的 A/n_j 的表达式带入上式,
于是得到了如下所示的 $n_j\cos I$,即

$$n_j\cos I = n_j\left[\left(\frac{B}{n_j}\right)^2 - C_jH\right]^{1/2} \tag{7.3.13}$$

于是我们将式(7.3.13)中的右边代入 A/n_j 的表达式中,得

$$\frac{A}{n_j} = \frac{B - n_j \cos I}{C_j n_j^2}$$

再将式(7.3.13)平方并移项，有

$$C_j n_j^2 = \frac{B^2 - n_j^2 \cos^2 I}{H} = \frac{(B + n_j \cos I)(B - n_j \cos I)}{H}$$

最终得到 A/n_j 的表达式为

$$\frac{A}{n_j} = \frac{H}{B + n_j \cos I} \tag{7.3.14}$$

3) 球面上的折射过程

前面已经计算出了交点坐标 (X_j, Y_j, Z_j)，这些数值将和 K_{j-1}、L_{j-1}、M_{j-1} 一起被用来计算光线折射后的光学方向余弦 K_j、L_j、M_j。如图 7.3.11 所示，球面的曲率半径位于光线的入射面内，折射后光线偏向常数为 Γ，偏转量的方向与法线方向即曲率半径方向平行。因此，单位矢量 N 平行于法线单位矢量 $r/|r|$，故

$$N = C_j[(0 - X_j)\boldsymbol{i} + (0 - Y_j)\boldsymbol{j} + (r_j - Z_j)\boldsymbol{k}]$$
$$= C_j[-X_j\boldsymbol{i} - Y_j\boldsymbol{j} + (r_j - Z_j)\boldsymbol{k}]$$

其中，$\boldsymbol{i}, \boldsymbol{j}, \boldsymbol{k}$ 是坐标系的单位矢量。由矢量形式的折射定律式(1.2.8)，得

$$A' - A = -C_j X_j \Gamma \boldsymbol{i} - C_j Y_j \Gamma \boldsymbol{j} + C_j(r_j - Z_j)\Gamma \boldsymbol{k}$$

现在，A 表示为

$$A = K_{j-1}\boldsymbol{i} + L_{j-1}\boldsymbol{j} + M_{j-1}\boldsymbol{k}$$

对折射光线 A' 有类似的表达式，故有

$$A' - A = (K_j - K_{j-1})\boldsymbol{i} + (L_j - L_{j-1})\boldsymbol{j} + (M_j - M_{j-1})\boldsymbol{k}$$

通过比较 $\boldsymbol{i}, \boldsymbol{j}, \boldsymbol{k}$ 的系数，我们就得到光线原光学方向余弦和折射后光线的光学方向余弦的关系式。

进一步通过式(1.2.8)，得出由初始数据或已计算过的数据来求解 K_j、L_j、M_j 的公式，即

$$n_{j+1}\cos I' = n_{j+1}\left[\left(\frac{n_j}{n_{j+1}}\cos I\right)^2 - \left(\frac{n_j}{n_{j+1}}\right)^2 + 1\right]^{1/2}$$
$$\tag{7.3.15}$$

$$\Gamma = n_{j+1}\cos I' - n_j \cos I \tag{7.3.16}$$

$$K_j = K_{j-1} - X_j C_j \Gamma \tag{7.3.17}$$

$$L_j = L_{j-1} - Y_j C_j \Gamma \tag{7.3.18}$$

$$M_j = M_{j-1} - (Z_j C_j - 1)\Gamma \tag{7.3.19}$$

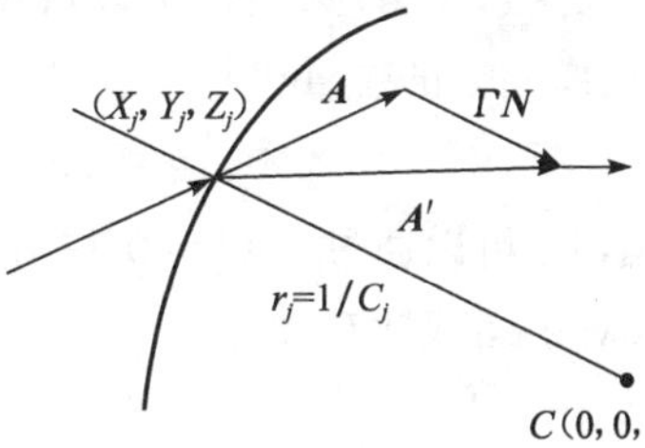

图 7.3.11　球面上的折射过程

4) 光线的光路计算公式总结

上面介绍了任意空间光线的光路计算过程。为清楚起见，用到的公式被重新列在下面。

$$\frac{d_{j-1}}{n_j} = (t_{j-1} - Z_{j-1})\frac{1}{M_{j-1}} \tag{7.3.5}$$

$$Y_T = Y_{j-1} + \frac{d_{j-1}}{n_j} L_{j-1} \tag{7.3.6}$$

$$X_T = X_{j-1} + \frac{d_{j-1}}{n_j} K_{j-1} \tag{7.3.7}$$

$$X_j = X_T + \frac{A}{n_j} K_{j-1} \tag{7.3.8}$$

$$Y_j = Y_T + \frac{A}{n_j} L_{j-1} \tag{7.3.9}$$

$$Z_j = \frac{A}{n_j} M_{j-1} \tag{7.3.10}$$

$$H = C_j(X_T^2 + Y_T^2) \tag{7.3.11}$$

$$B = M_{j-1} - C_j(Y_T L_{j-1} + X_T K_{j-1}) \tag{7.3.12}$$

$$n_j \cos I = n_j \left[\left(\frac{B}{n_j} \right)^2 - C_j H \right]^{1/2} \tag{7.3.13}$$

$$\frac{A}{n_j} = \frac{H}{B + n_j \cos I} \tag{7.3.14}$$

$$n_{j+1} \cos I' = n_{j+1} \left[\left(\frac{n_j}{n_{j+1}} \cos I \right)^2 - \left(\frac{n_j}{n_{j+1}} \right)^2 + 1 \right]^{1/2} \tag{7.3.15}$$

$$\Gamma = n_{j+1} \cos I' - n_j \cos I \tag{7.3.16}$$

$$K_j = K_{j-1} - X_j C_j \Gamma \tag{7.3.17}$$

$$L_j = L_{j-1} - Y_j C_j \Gamma \tag{7.3.18}$$

$$M_j = M_{j-1} - (Z_j C_j - 1) \Gamma \tag{7.3.19}$$

其中, $K_{j-1}, L_{j-1}, M_{j-1}$ 和 $X_{j-1}, Y_{j-1}, Z_{j-1}$ 是光线的初始数据, t_{j-1}, n_j 和 C_j 为系统结构参数. 最终计算得到的数据为 X_j, Y_j, Z_j 和 K_j, L_j, M_j, 它们又构成了下一面计算的初始数据. 这样, 就可使用这些光线的数据和系统结构参数通过以上公式对光线的光路进行计算. 采用这个方法, 我们可以从物面上任何一点追迹一条给定光线直到像面, 从而得到光线在像面上的位置坐标.

注意图 7.3.8 中, 当第 j 面与切平面重合时, $A=0, X_T, Y_T, Z_T$ 和 X_j, Y_j, Z_j 相等. 在数学上, 可以通过令 $C_j=0$ 并用上面公式也能得到该结果. 因此, 前面所列公式为通用公式, 对平面依然有效.

7.3.4 初始数据

从前节内容知, 为完成各类光线的光路计算, 除了需要给出光学系统的结构参数外, 实际中还需给出物体的位置 L 和视场大小 h 或视场角 ω, 入瞳位置 $\bar{L}$ 和大小 D_{EP} 或数值孔径 $n \sin U_{max}$ 等, 根据这些数据, 我们再将其转换成光线的坐标和光学方向余弦, 即初始数据, 这样就可以计算物点发出的任意光线到达像面上的位置坐标.

光线的光路计算是对整个系统逐面进行的, 用了相同的计算公式. 由于物处于不同的位置,初始数据也就不同,得出的像差也应不同,故首先应确定初始数据.下面分两种情况讨论如何确定子午面内光线的初始数据.

1. 物体位于无限远

望远镜、照相物镜等属于这一类.如图 7.3.12 所示,轴上点和轴外点均以平行光射入光学系统的入瞳.设入瞳的半径 $D_{EP}/2$ 和位置 $\overline{L}$ 为已知,视场范围为 $\pm\overline{U}$.这里的 $\overline{U}$ 是主光线与光轴相交时所成的夹角,即半视场角.这里有两种情况:

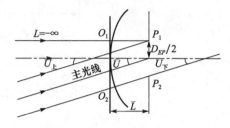

图 7.3.12　初始数据的确定

1) 对于无限远轴上点

由于物位于无限远,因此先过第一面的顶点作切平面 O_1O_2,如图 7.3.12 所示,将该切平面作为光线光路计算的第一面.因此,对于任意平行光线,由于 $U_1=0$,上光线的初始数据就为

$$X_1 = 0, \quad Y_1 = \eta, \quad Z_1 = 0; \quad K_1 = 0, \quad L_1 = 0, \quad M_1 = n_1 \qquad (7.3.20)$$

其中,$\eta \leqslant D_{EP}/2$,η 是该光线离轴高度坐标.如光线在入瞳上的高度为 $Y_1 = 0.707 \times D_{EP}/2$,该光线称为带光.因此,完成近轴光学系统计算得到入瞳直径 D_{EP} 后,就可确定该情况上、下光线追迹计算的初始数据,如式(7.3.20).类似地,任意入射高度的光线均可计算.对沿轴光线,$Y_1=0$.

2) 对于无限远轴外点

同理,依然将切平面作为光线光路计算的第一面,无限远轴外点的初始数据计算公式为

$$
\begin{aligned}
\text{上光线:} \quad & X_1 = 0, Y_1 = -\overline{L}\cdot\tan\overline{U} + D_{EP}/2, Z_1 = 0 \\
& K_1 = 0, L_1 = n_1\sin\overline{U}, M_1 = n_1\cos\overline{U} \\
\text{主光线:} \quad & X_1 = 0, Y_1 = -\overline{L}\cdot\tan\overline{U}, Z_1 = 0 \\
& K_1 = 0, L_1 = n_1\sin\overline{U}, M_1 = n_1\cos\overline{U} \\
\text{下光线:} \quad & X_1 = 0, Y_1 = -\overline{L}\cdot\tan\overline{U} - D_{EP}/2, Z_1 = 0 \\
& K_1 = 0, L_1 = n_1\sin\overline{U}, M_1 = n_1\cos\overline{U}
\end{aligned}
\right\} \qquad (7.3.21)
$$

代入 7.3.3 节的光线光路计算公式就可得出这三条光线与像面交点的坐标.

2. 物体在有限距离

显微物镜、复制镜头等属于这类情况,如图 7.3.13 所示,物面是光线光路计算的第一面,即局域坐标与物面重合.

因此,轴上点 A 的初始数据为

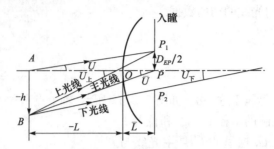

图 7.3.13 物在有限远的初始数据确定

上光线： $X_1 = 0, Y_1 = 0, Z_1 = 0$

$$K_1 = 0, L_1 = \frac{n_1 D_{EP}/2}{\sqrt{(D_{EP}/2)^2 + (\bar{L}-L)^2}}$$

$$M_1 = \frac{n_1(\bar{L}-L)}{\sqrt{(D_{EP}/2)^2 + (\bar{L}-L)^2}}$$

主光线： $X_1 = 0, Y_1 = 0, Z_1 = 0$

$$K_1 = 0, L_1 = 0, M_1 = n_1 \qquad\qquad (7.3.22)$$

下光线： $X_1 = 0, Y_1 = 0, Z_1 = 0$

$$K_1 = 0, L_1 = \frac{-n_1 D_{EP}/2}{\sqrt{(D_{EP}/2)^2 + (\bar{L}-L)^2}},$$

$$M_1 = \frac{n_1(\bar{L}-L)}{\sqrt{(D_{EP}/2)^2 + (\bar{L}-L)^2}}$$

对于轴外物点 B 发出的主光线及上、下光线,初始数据为

上光线： $X_1 = 0, Y_1 = h, Z_1 = 0$

$$K_1 = 0, L_1 = \frac{n_1(D_{EP}/2 - h)}{\sqrt{(D_{EP}/2 - h)^2 + (\bar{L}-L)^2}}$$

$$M_1 = \frac{n_1(\bar{L}-L)}{\sqrt{(D_{EP}/2 - h)^2 + (\bar{L}-L)^2}}$$

主光线： $X_1 = 0, Y_1 = h, Z_1 = 0$

$$K_1 = 0, L_1 = \frac{-h \cdot n_1}{\sqrt{(-h)^2 + (\bar{L}-L)^2}}, M_1 = \frac{n_1(\bar{L}-L)}{\sqrt{(-h)^2 + (\bar{L}-L)^2}} \qquad (7.3.23)$$

下光线： $X_1 = 0, Y_1 = h, Z_1 = 0$

$$K_1 = 0, L_1 = \frac{-n_1(D_{EP}/2 + h)}{\sqrt{(D_{EP}/2 + h)^2 + (\bar{L}-L)^2}}$$

$$M_1 = \frac{n_1(\bar{L}-L)}{\sqrt{(D_{EP}/2 + h)^2 + (\bar{L}-L)^2}}$$

式中, h 为物体高度,是已知的. 入射光瞳半径可由下式求得

$$\frac{D_{EP}}{2} = (\bar{L}-L)\tan U \qquad\qquad (7.3.24)$$

因此,将式(7.3.22)和式(7.3.23)中的初始数据代入 7.3.3 节中的式(7.3.5)～式(7.3.19),就可得出这三条光线与像面交点的位置坐标.

下面举例说明物位于无限远轴外点时主光线初始数据的确定方法.

根据图 3.2.6 所示的典型三片式 Cooke(库克)照相物镜的结构参数,设入瞳直径为 20mm,当无限远轴外点发出的平行光束以 14°视场角进入该系统时,试确定该光束主光线的初始数据.

首先,确定该结构的入瞳位置 $\overline{L}$.

由于系统没有专门设置的光孔,这里假设第四面为孔径光阑,于是先根据 ynu 光线追迹方法计算入瞳的位置(逆光线计算).设轴上点发出的光线在第一面上的高度为 $y_1 = 10\text{mm}$,物距此时等于间隔 $t_1 = 1.6\text{mm}$,所以,$u_1 = y_1/t_1 = 10/1.6 = 6.25$.按照第 2 章中的 ynu 光线追迹过程,得到入瞳的位置为 $l_4' = \overline{L} = 16.354\,52\text{mm}$.

再根据式(7.3.21)计算得

$$Y_1 = -\overline{L} \cdot \tan\overline{U} = -16.354\,52 \times \tan(14°) = -4.077\,64\text{mm}, X_1 = 0, Z_1 = 0$$

$$L_1 = n_1\sin\overline{U} = \sin(14°) = 0.241\,9\,22, M_1 = n_1\cos\overline{U} = \cos(14°) = 0.970\,296, K_1 = 0$$

将这些初始数据代入 7.3.3 节的光线光路公式,可得出子午面内这条主光线与像面交点的位置坐标为$(X=0, Y=20.418\,68\text{mm}, Z=0)$(表 7.5.1).

7.4　旋转对称光学系统的像差

从 7.3 节内容可知,实际光线与近轴光线或参考光线在像面上的交点坐标均可以通过光线的光路计算得到,对近轴像面或高斯像面也同样如此.为了测量实际像点相对于参考像点的偏离,采用垂轴像差、轴向像差以及波前像差的方式对光学系统的像差进行度量.本节将介绍垂轴像差和轴向像差的像差曲线描述方法、垂轴像差的点列图描述方法以及点列图的均方根(RMS)计算方法.几何像差描述方法具有直观、易算的优点,但仅由几何光线在像面上的密集程度来判断像质的好坏还是不够的.因此,根据光的波动性,引入了波前像差的概念来对光学系统的像差进行更精确的度量.于是,本书中从共轴光学系统的旋转对称性质出发,先得出波前像差的存在类型,一般表示方法和常见的波前像差系数,并介绍如何从光线的光路计算结果求出波像差的方法,最后通过对离焦和波前倾斜的分析,得出了波前像差与垂轴像差、轴向像差关系的一般分析方法.

7.4.1　像差曲线及点列图

几何像差的直观度量常采用像差曲线或像差特性曲线、点列图及其对应的弥散斑 RMS 尺寸实现像差的分析.

1. 像差曲线

图 7.4.1(a)中所示的子午光线在高斯像面上不会聚于一点,说明光学系统存在像

差.光学设计者为了方便对它进行描述,是通过追迹入瞳上一定数量的光线,求出它们在像面上的位置相对于参考像点位置的偏差,该垂轴像差被绘制成关于归一化入瞳坐标函数的形式,如图 7.4.1(b)所示,就得到系统的垂轴像差曲线.垂轴像差曲线的横坐标取值范围从 -1 到 $+1$,纵坐标表示垂轴像差,单位为毫米或微米.

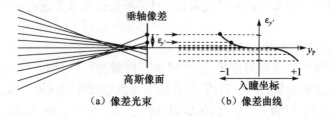

图 7.4.1　垂轴像差

　　垂轴像差曲线包含子午像差曲线和弧矢像差曲线.子午光线形成的像差曲线是 $x_P=0$ 时,描述了垂轴像差 $\varepsilon_{y'}$ 与归一化入瞳坐标 y_P 间关系的曲线.而弧矢光线形成的像差曲线是 $y_P=0$ 时,描述了垂轴像差 $\varepsilon_{x'}$ 与归一化入瞳坐标 x_P 间关系的曲线,也被称为扇面图,如图 7.4.2(a)和(b)所示.

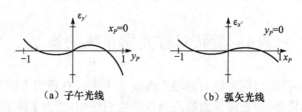

图 7.4.2　垂轴像差曲线

　　由于弧矢光线像差曲线具有原点对称性,有时只需要绘制像差曲线图的一半.

　　为了评价轴上物点经光学系统形成的像的不完善性,如球差,常采用轴向像差曲线来描述.该曲线的纵坐标是归一化入瞳坐标 y_P,取值范围从 0 到 $+1$,而横坐标表示轴向像差 $\varepsilon_{z'}$,如图 7.4.3(b)所示.

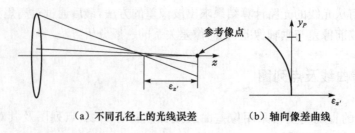

图 7.4.3　轴向像差

　　轴向像差反映了入射到系统孔径不同半径上的光线经折射后交光轴于不同位置的情况,即不同入射高度的光线产生了不同的轴向像差.这些光线包含了孔径内某一半径环带上的所有光线,每带光线相交于光轴上会形成不同的焦点.

2. 点列图

点列图是一种因系统像差而造成像模糊的几何评价方法,没有考虑衍射效应. 为了得到某物点到达像面的弥散情况,它追迹该物点发出的一定数量的光线,每条光线具有同样的能量,它们通过一个划分均匀的入瞳后再到达像平面. 点列图是所有这些光线与成像面的交点而形成的图案. 入瞳上划分的网格一般是正方形的、六边形的或网格内光线位置是随机分布的等几种类型.

点列图反映了像面上光线的弥散程度,图 7.4.4 表示了点列图的形成和性质. 点列图的直径越小,成像质量一般越好. 在图 7.4.4(b)中,点列图中每一点的位置对应于光线的垂轴像差 $\varepsilon_{x'}$ 和 $\varepsilon_{y'}$ 值. 对于一个旋转对称的光学系统,点列图关于子午面对称,即 $\varepsilon_{x'} = 0$. 类似地,弧矢像差曲线具有原点对称性,而弧矢波像差曲线是轴对

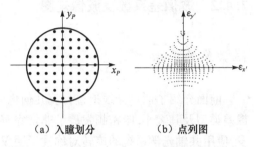

(a) 入瞳划分　　　(b) 点列图

图 7.4.4　点列图的形成

称的. 不同的像差度量结果(包括波像差曲线、像差曲线和点列图)都会随着物高(像高)或视场(FOV)大小的变化而变化.

点列图的评价常用到其质心,它与参考像面的位置有关. 质心位置可以通过对垂轴像差进行统计平均而得到. 如下式所示

$$\left. \begin{aligned} \bar{\varepsilon}_{y'} &= \frac{1}{N} \sum_{i=1}^{N} \varepsilon_{y'_i} \\ \bar{\varepsilon}_{x'} &= \frac{1}{N} \sum_{i=1}^{N} \varepsilon_{x'_i} \end{aligned} \right\} \tag{7.4.1}$$

其中,N 表示追迹光线的数目. 每条光线对质心的偏离而形成的误差可以得到

$$\left. \begin{aligned} \varepsilon'_{y'} &= \varepsilon_{y'} - \bar{\varepsilon}_{y'} \\ \varepsilon'_{x'} &= \varepsilon_{x'} - \bar{\varepsilon}_{x'} \end{aligned} \right\} \tag{7.4.2}$$

而垂轴像差 $\varepsilon_{x'}$ 和 $\varepsilon_{y'}$ 的大小就决定了点列图的尺寸. 在大多数的像差中,点列图尺寸的大小也可以直接从垂轴像差曲线图上得到,如图 7.4.5 所示中虚线间的距离.

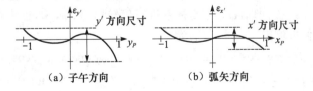

(a) 子午方向　　　　　(b) 弧矢方向

图 7.4.5　点列图大小的确定

更好的弥散点尺寸测量方法是求出弥散斑尺寸的均方根值(RMS). 弥散大小可通过积分或求和的方式得到,即

$$\mathrm{RMS}_{y'} = \left[\frac{1}{\pi}\int_0^{2\pi}\!\!\int_0^1 (\varepsilon_{y'}-\bar{\varepsilon}_{y'})^2 \rho\,\mathrm{d}\rho\,\mathrm{d}\theta\right]^{1/2} = \left[\frac{1}{N}\sum_{i=1}^N (\varepsilon_{x_i'}-\bar{\varepsilon}_{y'})^2\right]^{1/2}$$

$$\mathrm{RMS}_{x'} = \left[\frac{1}{\pi}\int_0^{2\pi}\!\!\int_0^1 (\varepsilon_{x'}-\bar{\varepsilon}_{x'})^2 \rho\,\mathrm{d}\rho\,\mathrm{d}\theta\right]^{1/2} = \left[\frac{1}{N}\sum_{i=1}^N (\varepsilon_{x_i'}-\bar{\varepsilon}_{x'})^2\right]^{1/2} \tag{7.4.3}$$

弥散斑的 RMS 尺寸为

$$\mathrm{RMS}_R^2 = \mathrm{RMS}_{y'}^2 + \mathrm{RMS}_{x'}^2 \tag{7.4.4}$$

7.4.2　波像差系数及波像差图

1. 波像差系数

前面介绍了通过光线追迹计算几何像差的方法,但我们难以得出系统中可能存在的像差类型及其大小.哈密顿发展了非常完善的像差分类理论,该理论从特征函数的定义出发,应用共轴光学系统的旋转对称性说明仅某些类型的像差可能出现,这些项对应球差、彗差等.我们现在分析旋转对称光学系统只可能存在的某些像差类型.

目前,将光学系统的像差表示成一个准确的函数形式还很困难.但是,一般情况下,具有旋转对称性的光学系统的波前像差可以被展开成为多项式的形式,而多项式的系数就反映了该光学系统存在的像差类型和大小.根据哈密顿特征函数的性质,波像差多项式可以被看成四个变量的函数,即 $W(x,y;x_P,y_P)$,其中,x_P、y_P 表示入瞳的坐标,x、y 表示物空间坐标.这里并不要求物点必须位于 yz 所在的平面内.但是,当 x、y 轴或 x_P、y_P 轴绕光轴 z 产生刚性旋转时,波像差 $W(x,y;x_P,y_P)$ 在形式上必须对这种旋转不敏感,即波像差具有旋转不变性,使像差的性质维持不变.很明显,$W(x,y;x_P,y_P)$ 波像差展开式中含有 x^2+y^2 和 $x_P^2+y_P^2$ 的像差项具有旋转对称性,因此这些像差类型是存在的.

下面分析波像差展开式中含有 xx_P+yy_P 变量的像差项的性质.如图 7.4.6 所示,像平面和入瞳坐标系均以角度 φ 相对于物平面坐标系产生了旋转,也不会影响像差的性质.根据坐标变换性质,坐标系旋转前后的坐标间关系为:$x'=x\cos\varphi+$

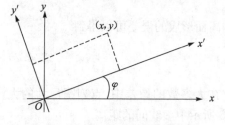

图 7.4.6　像平面坐标系的旋转

$y\sin\varphi,y'=y\cos\varphi-x\sin\varphi.$ 同理,x_P、y_P 坐标系进行旋转后为 x_P'、y_P',也具有相同形式的坐标变换关系,于是我们可求出 $x'x_P'+y'y_P'$,为

$$y'y_P' = yy_P\cos^2\varphi + xx_P\sin^2\varphi - xy_P\cos\varphi\sin\varphi - x_Py\cos\varphi\sin\varphi$$

$$x'x_P' = xx_P\cos^2\varphi + yy_P\sin^2\varphi + xy_P\cos\varphi\sin\varphi + x_Py\cos\varphi\sin\varphi$$

所以有,$x'x_P'+y'y_P'=(xx_P+yy_P)(\cos^2\varphi+\sin^2\varphi)=xx_P+yy_P.$ 这说明,波像差展开式中含有这种变量的像差项也具有旋转不变性.虽然,含其他变量的某些像差项也具有旋转不变性,但由于不满足连续性等其他要求,光学系统波像差展开式中也不应包含这些项.

由光学系统的轴对称性,可以设 $x=0$,根据图 7.3.1 和 7.3.2 所示的坐标系统,我们有

$$x^2 + y^2 \rightarrow y^2 = h^2 \rightarrow H^2, \quad \rho^2 = x_P^2 + y_P^2, xx_P + yy_P \rightarrow yy_P \rightarrow H\rho\cos\theta$$

因此，为了满足旋转对称性的要求，在归一化坐标系下波像差的变量是 H^2、ρ^2 和 $H\rho\cos\theta$，展开的多项式就是 H^2、ρ^2 和 $H\rho\cos\theta$ 的函数.

对于一个旋转对称光学系统，波像差展开就是波前像差的幂级数展开. 这些像差是客观存在的，并由所设计的系统决定. 设展开后的波前像差系数为 W_{ijk}，因此一般表达式可以写成

$$W(H^2, \rho^2, H\rho\cos\theta) = \sum_{i,j,k=0}^{\infty} W_{ijk}(H^2)^i(\rho^2)^j(H\rho\cos\theta)^k \tag{7.4.5}$$

将式(7.4.5)整理后，得到常用的波像差展开形式为

$$W(H^2, \rho^2, H\rho\cos\theta) = \sum_{i,j,k=0}^{\infty} W_{2i+k,2j+k,k}H^{2i+k}\rho^{2j+k}\cos^k\theta \tag{7.4.6}$$

在归一化坐标系下，波像差系数 $W_{2i+k,2j+k,k}$ 就是 $y_P=1$，$H=1$ 时的波前像差，即边缘视场边光线产生的光程差，单位通常是波长或微米. 表 7.4.1 中列出了一些常见的波像差项，具体见后续相关内容.

表 7.4.1　常见的波前像差项

像差名称/级数	波像差系数 $W_{2i+k,2j+k,k}$	波像差 $W_{2i+k,2j+k,k}H^{2i+k}\rho^{2j+k}\cos^k\theta$	下标编号		
			i	j	K
波像差					
零级					
常数项	W_{000}	W_{000}	0	0	0
二级波像差（一级像差）					
常数项	W_{200}	$W_{200}H^2$	1	0	0
离焦	W_{020}	$W_{020}\rho^2$	0	1	0
倾斜	W_{111}	$W_{111}H\rho\cos\theta$	0	0	1
四级波像差（三级像差，初级像差）					
球差	W_{040}	$W_{040}\rho^4$	0	2	0
彗差	W_{131}	$W_{131}H\rho^3\cos\theta$	0	1	1
像散	W_{222}	$W_{222}H^2\rho^2\cos^2\theta$	0	0	2
场曲	W_{220}	$W_{220}H^2\rho^2$	1	1	0
畸变	W_{311}	$W_{311}H^3\rho\cos\theta$	1	0	1
常数项	W_{400}	$W_{400}H^4$	2	0	0
六级波像差（五级像差）					
六级球差	W_{060}	$W_{060}\rho^6$	0	3	0
子午轴外球差（子午斜球差）	W_{242}	$W_{242}H^2\rho^4\cos^2\theta$	0	1	2
弧矢轴外球差（弧矢斜球差）	W_{240}	$W_{240}H^2\rho^4$	1	2	0
六级线性彗差	W_{151}	$W_{151}H\rho^5\cos\theta$	0	2	1
六级三次彗差	W_{331}	$W_{331}H^3\rho^3\cos\theta$	1	1	1
六级彗差	W_{333}	$W_{333}H^3\rho^3\cos^3\theta$	0	0	3

续表

像差名称/级数	波像差系数 $W_{2i+k,2j+k,k}$	波像差 $W_{2i+k,2j+k,k}H^{2i+k}\rho^{2j+k}\cos^k\theta$	下标编号		
			i	j	K
波像差					
六级波像差（五级像差）					
六级像散	W_{422}	$W_{422}H^4\rho^2\cos^2\theta$	1	0	2
六级场曲	W_{420}	$W_{420}H^4\rho^2$	2	1	0
六级畸变	W_{511}	$W_{511}H^5\rho\cos$	2	2	1
常数项	W_{600}	$W_{600}H^6$	3	0	0
其他高级波像差（高级像差）					

通常,波像差的名称是采用相应垂轴像差的级来命名.因波像差求导后得到的垂轴像差比求导前的阶数少 1,常导致如含 W_{040}（四级球差波像差系数）的项,被称为四级球差波像差,其相应的光线或几何像差又被称为三级球差、球差或初级球差,但讨论的物理量相同,注意区分.没有孔径依赖时,常数项（W_{000}）以及仅与视场相关的项（W_{200},W_{400} 等）通常忽略不考虑.

习惯上,式(7.4.6)包含的像差可分为初级像差和高级像差两大类型,三级像差及以下都是初级像差.尽管初级像差不能充分反映光学系统的成像质量,但是它正确地反映了光学系统在小视场和小孔径情况下的成像性质.本书主要讨论像差中的初级像差或三级像差,即与此相对应的四级波像差,而不涉及高级像差分析等内容.

2. 波像差图

部分波前像差项的三维形式如图 7.4.7 所示.从图中看出,W_{020}、W_{040} 和 W_{060} 表示的波像差具旋转对称性,W_{111}、W_{131}、W_{151} 和 W_{333} 表示的波像差具有单一面对称性,W_{222}、W_{242} 表示的波像差具有双面对称性.波像差的这些对称性决定了几何像差所呈现出来的性质.在本章后面对各初级像差类型的子午和弧矢面内光线像差的分析中将利用这些波像差图.

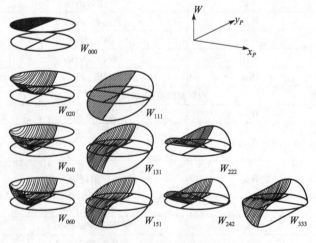

图 7.4.7　部分波像差图

7.4.3　波像差的计算

物点成理想像的等光程条件指出,物点通过光学系统成完善像(理想像)时,则物点和像点之间所有光线为等光程. 也就是说,当选定参考光线后,理想成像时任何光线与参考光线间的光程差为零,由物点发出的同心光束经光学系统出射后一定为同心光束会聚于像点.

为了得到实际光线的光程差,通常主光线被选作为参考光线. 主光线与高斯像面的交点就是参考球的球心,参考球的半径是该球心到参考球与出瞳面交(切)点间的距离. 由于出瞳是孔径光阑在像空间的像,它表示物点的成像光束唯一地在此位置具有清晰的边沿. 也就是说,光束波前在出瞳位置处没有衍射,而当光波前离开出瞳面继续传播到像点,光束截面的振幅和相位将变得十分复杂. 因此,经过出瞳的球面波前被选作参考波前.

不失一般性,考虑平行光束进入单透镜光学系统,如图 7.4.8 所示,光线 AA'(或 CC')和 BB' 分别表示边光线和主光线的传播情况,出瞳面位于透镜后表面. 设 BB' 是参考光线,B' 在像面上的交点作为参考像点. AA' 在像面上的交点为 A'(也可以是任意一条光线). 入射光束的等光程面由 ABC 表示,该波前经出瞳出射后得到的实际波前由 $P_2B_1C_2$ 表示,通过出瞳中心的参考波前用 $P_1B_1C_1$ 表示,其曲率中心在 B' 点. 设沿光线 AA' 的实际波前和参考波前间的光程差为 OPD,下面介绍由光线追迹的方式求出 OPD 大小的方法.

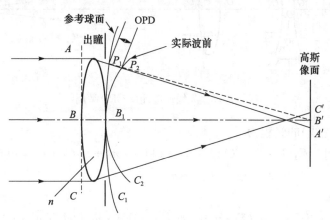

图 7.4.8　光线追迹计算波像差

由图 7.4.8 可知,参考光线 BB' 从入射等光程面到高斯像面的光程可表示为

$$[BB'] = [BB_1] + [B_1B']　　　　　　　　　　(7.4.7)$$

类似地,边光线 AA' 从入射等光程面到高斯像面的光程可表示为

$$[AA'] = [AP_2] + [P_2A']　　　　　　　　　　(7.4.8)$$

若我们又分别沿光线 AA' 和 BB' 反向追迹到参考球面上的 P_1 点和 B_1 点,并相减,得到此时这两条光线的光程差为

$$\mathrm{OPD}_{AA'P_1-BB'B_1} = [AA'P_1] - [BB'B_1] = \{[AP_2] + [P_2A'] - [A'P_1]\} - [BB_1]$$

$$= [P_2A'] - [A'P_1] + [AP_2] - [BB_1]　　　　　(7.4.9)$$

根据马吕斯定理,即两波面间的光程应相等,所以$[AP_2]-[BB_1]=0$.因此,式(7.4.9)变为

$$\mathrm{OPD}_{AA'P_1-BB'B_1} = [P_2A']-[A'P_1] = [P_1P_2] = OPD \qquad (7.4.10)$$

式(7.4.10)右边就是 7.2.2 节定义的波像差 $W(x,y)$.因此,根据式(7.4.9),我们可以先分别对参考光线和其他任意光线追迹至高斯像面(或成像面),再从各自与高斯像面(或成像面)的交点反向追迹至参考球面上的相应点,计算其对应的光程.它们的光程相减就可得这两条光线的光程差,$2\pi\times(\mathrm{OPD}/\lambda)$就是该光线相对参考光线的位相差.

上面介绍了子午面内光线的光程差计算过程,轴外视场的光程差计算也与此相似,见习题 3,这里不再赘述.以上光程差计算中所需的数据均能通过光线追迹得到,因此波像差是光线光路计算的间接结果.

现举一例说明如何用式(7.4.10)求出轴上点沿光轴光线光程和边光线光程的光程差 OPD.

设物位于无限远轴上点,系统结构如图 7.4.9 所示(参数见表 3.2.1),它是三片式 Cooke(库克)照相物镜.近轴光学计算得到该系统的出瞳面交于光轴上 O_8 点,试分析边光线的光程差 OPD.

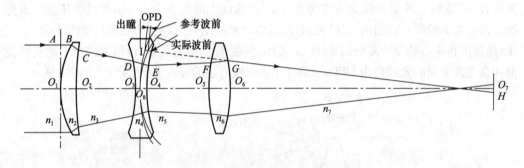

图 7.4.9　光线追迹计算 OPD 举例

光线沿光轴(主光线)的光程为

$$[O_1O_8] = O_1O_2\cdot n_2 + O_2O_3\cdot n_3 + O_3O_4\cdot n_4 + O_4O_5\cdot n_5 + O_5O_6\cdot n_6$$
$$+ O_6O_7\cdot n_7 - O_7O_8\cdot n_7$$

边光线的光程为

$$[AI] = AB\cdot n_1 + BC\cdot n_2 + CD\cdot n_3 + DE\cdot n_4 + EF\cdot n_5 + FG\cdot n_6 + GH\cdot n_7 - HI\cdot n_7$$

所以边光线的光程差为

$$OPD = ([O_1O_8]-[AI])/\lambda\,(波长)$$

若入射波前不是理想的平面或球面波前,还需考虑物方引入的波像差或光程差.

7.4.4　瑞利标准

离焦和波前倾斜是最基本的两种像差,也被称为一级像差.这两种像差的产生是由于选取了错误的参考像点或放大率误差而导致,因此不是真正意义上的像差.但离焦会造成像点的模糊,而倾斜造成理想像点的位置偏离.实际中可以通过对系统进行调焦或改变放

大率的方法来校正这些像差. 选取了错误参考像点而产生离焦,实质上是参考波前的曲率半径不正确,过大或过小. 成像放大率误差将造成实际波前相对于参考波前产生倾斜.

1. 离焦

如图 7.4.10 所示,因成像面没有位于高斯像面上,导致离焦,产生了垂轴像差. 由图可以看出,平行入射的光线经系统所成的像点因离焦而产生的弥散斑具有对称性,因此,弧矢光线产生的垂轴像差 $\varepsilon_{x'}$ 与子午光线形成的垂轴像差 $\varepsilon_{y'}$ 相同. 这里的实际像平面定义了参考球心所在的平面(图中虚线所示),即球心没有处于高斯像面上. 下面我们先求出离焦产生的垂轴像差 $\varepsilon_{y'}(\varepsilon_{x'}$ 相同)与孔径及 $f/\#$ 的关系. 这里,$\varepsilon_{z'}$ 是轴

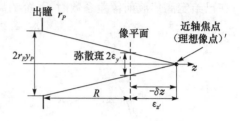

图 7.4.10　离焦引入垂轴像差

向像差,δz 是像平面相对于近轴焦点的偏移量,乘积 $r_P y_P$ 是实际光束的半径大小.

在图 7.4.10 中,根据相似三角形关系有,$\dfrac{\varepsilon_{y'}}{-\delta z}=\dfrac{r_P y_P}{R-\delta z}=\dfrac{r_P y_P}{R}$. 一般情况下满足 $R\gg\delta z$,所以有

$$\varepsilon_{y'}=-\delta z y_P\left(\frac{r_P}{R}\right) \tag{7.4.11}$$

又因 $r_P\approx D_{XP}/2, R\approx f'$ 或 l',或 $\dfrac{R}{r_P}\approx 2f/\#$,于是,子午和弧矢面内光线因像面离焦而产生的垂轴像差为

$$\left.\begin{aligned}\varepsilon_{y'}&=-\delta z y_P/2f/\#\\\varepsilon_{x'}&=-\delta z x_P/2f/\#\end{aligned}\right\} \tag{7.4.12}$$

式(7.4.12)就表示了因离焦像差 δz 而产生的弥散量,它们可以用像差曲线来表示.

波前矢高具有与第 2 章定义的折射球面矢高相同的含义,这里用它来推导离焦波前像差. 根据图 7.4.11(a)中的几何关系得,$(\rho r_P)^2+(R-z)^2=R^2$. 因 $z^2\ll\rho^2 r_P^2$,波前矢高 z 就为

$$z\approx\frac{\rho^2 r_P^2}{2R} \tag{7.4.13}$$

这里是用抛物线方程近似表示了球面波前上某点到出瞳的距离. 在图 7.4.11(b)中,W_A 表示实际入射光束对应的波前(没有任何像差),它是球面波,具有与式(7.4.13)相似的形式,聚焦于近轴焦点. W_R 表示选择的参考波前,曲率半径等于像面到出瞳的距离. 根据波前像差的定义,它等于实际波前与参考波前之差,因此有

$$\frac{\text{OPD}}{n'}=\frac{W_A-W_R}{n'}=\frac{\rho^2 r_P^2}{2(R-\delta z)}-\frac{\rho^2 r_P^2}{2R} \tag{7.4.14}$$

其中,n' 是像方空间的折射率. 考虑到 $\delta z\ll R$,式(7.4.14)变成

$$\text{OPD}=n'\frac{\delta z r_P^2}{2R^2}\rho^2 \tag{7.4.15}$$

定义 $W_{020}=\dfrac{\delta z r_P^2}{2R^2}n'$ 为离焦波像差系数,因此离焦波像差表示为

$$\text{OPD} = W_{020}\rho^2 \tag{7.4.16}$$

其中，W_{020} 是在出瞳边缘（$\rho=1$）测得的最大波前像差，常用单位为波长. 根据 $R/r_P \approx 2f/\#$，离焦波像差系数 W_{020} 可以写成

$$W_{020} = \frac{\delta z r_P^2}{2R^2}n' = \frac{\delta z}{8(f/\#)^2}n' \tag{7.4.17}$$

式 (7.4.17) 表示在一定离焦量下，系统的离焦波前像差大小与 F 数的平方成反比；反之，在已给定离焦波前像差系数时，系统的离焦量可以由下式确定，即

$$\delta z = 8(f/\#)^2 W_{020}/n' \tag{7.4.18}$$

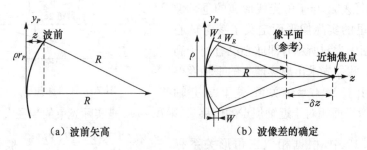

（a）波前矢高　　　　　　　（b）波像差的确定

图 7.4.11　离焦波像差

　　没有离焦而像面在近轴焦点处时，参考波前和实际波前是重合的. 在一个离焦波像差系数为 W_{020} 的系统中，实际的像平面偏离了近轴像平面 δz，虽然此时实际波前并未发生变化，但参考波前发生了变化. 因此，离焦时导致像平面或参考像点的移动具有平衡实际像差的作用，可获得更好的像质. 例如，如果光学系统有欠校正球差，近轴焦点左方一定距离上的像平面上能获得更好的像质. 这是一种有用的像差平衡方法.

　　在离焦量发生变化时，式 (7.4.18) 习惯上写为

$$\delta z = \frac{1}{n}8(f/\#)^2 \Delta W_{20} \tag{7.4.19}$$

其中，ΔW_{20} 代替了前面的 W_{020}，但意义相同. 图 7.4.12 给出了像面偏离近轴焦点的两种情况及其对应的垂轴像差曲线. 由该图看出，改变 δz 将会使原有垂轴像差曲线过原点的斜率变得更为平坦或发生改变，也会在原有波像差中引入二次像差平衡项.

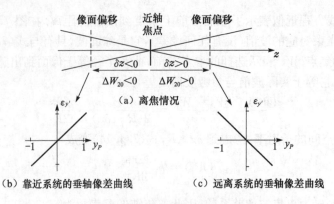

（a）离焦情况

（b）靠近系统的垂轴像差曲线　　　　　　　（c）远离系统的垂轴像差曲线

图 7.4.12　像面离焦

2. 瑞利标准和离焦

从前面分析看出,参考点的偏离与像面离焦是等效的. 衍射受限光学系统为了得到接近理想的像,瑞利认为,光学系统允许的最大离焦范围受其产生的波像差不能超过 1/4 波长的限制,这就是瑞利标准或瑞利 1/4 波长标准. 该标准认为:当光学系统的最大波像差小于 1/4 波长时,所成的像是完善的. 显微物镜和望远物镜应达到这种要求.

设波长 $\lambda = 0.5 \mu m, n' = 1$. 根据式(7.4.19)有

$$\delta z = 8(f/\sharp)^2 \Delta W_{20}/n' = 8(f/\sharp)^2 \frac{0.5 \mu m}{4} = (f/\sharp)^2 \mu m \tag{7.4.20}$$

式(7.4.20)指出了满足瑞利标准的离焦像差容限,或系统的最大轴向像差. 该式表明,在 1/4 波长瑞利标准下,可见光照明时像面的离焦量 δz 近似与光学系统 F 数的平方成正比. 表 7.4.2 列出了不同 $f/\sharp$ 下,满足 1 倍($\lambda/4$)和 4 倍(1λ)瑞利标准时的像面最大允许离焦量.

表 7.4.2 不同瑞利标准时 $f/\sharp$ 与离焦量的关系

$f/\sharp$	u'	$\delta z: \Delta W_{20} = 0.5 \mu m(1\lambda)$	$\delta z: \Delta W_{20} = 0.5 \mu m(\lambda/4)$
5.0	-0.1	$100 \mu m$	$25 \mu m$
3.5	-0.143	49	12.5
3.0	-0.166	36	9.0
2.5	-0.2	25	6.25
2.0	-0.25	16	4.0
1.0	-0.5	4	1.0

3. 波前倾斜

波前倾斜是由系统的近轴放大率和实际放大率存在差异而引起,对应于像的横向移动,移动大小与视场有关.

不失一般性,我们考虑子午面内的光线,如图 7.4.13(a)所示,因此波前倾斜带来的垂轴像差表示为

$$\varepsilon_{y'} = \bar{h}' - \bar{h}'_R = (m_A - m_R)h = \Delta m h \tag{7.4.21}$$

其中,m_A 和 m_R 分别表示实际和参考光线的垂轴放大率,$\bar{h}' = m_A h$ 和 $\bar{h}'_R = m_R h$ 表示实际像高和参考波前形成的像高,而 h 表示线视场大小. 可以看出,波前倾斜带来了像高的变化,该变化不依赖于孔径坐标 $x_P(\varepsilon_{x'} = 0)$,但是是视场的函数.

图 7.4.13(b)表示波前倾斜. 图中的 α 是参考像点主光线和实际像点主光线间的夹角,符号为负. 从图中看出,波前倾斜量与孔径大小成线性关系,即

$$W(y_P) = -\alpha \cdot (r_P y_P) \quad \text{或} \quad \alpha = -\frac{W(y_P)}{r_P y_P} \tag{7.4.22}$$

又由图 7.4.13(b)可知，$\varepsilon_{y'} = \alpha R = -\dfrac{W(y_P)R}{r_P y_P}$. 因此，式(7.4.21)可以写成

$$\varepsilon_{y'} = -\frac{W(y_P)R}{r_P y_P} = \Delta mh$$

因此有

$$W(y_P) = -\frac{\Delta mh r_P y_P}{R}$$

上式分子分母同乘以最大视场 $h_{\max}$，得

$$W(y_P) = \frac{-\Delta m r_P y_P h_{\max}}{R} \cdot \frac{h}{h_{\max}} = W_{111} H y_P \tag{7.4.23}$$

其中，$H = h/h_{\max}$ 是归一化视场；H 的通常取值为 0、0.707 和 1.0，分别表示轴上、0.707 视场和全视场. 其中，$H = 0.707$ 时，视场被分成面积相等的圆面和同心圆环两部分. $W_{111} = -\Delta m r_P h_{\max}/R$ 表示倾斜波像差系数，是最大视场边缘光线的波前像差，单位为波长.

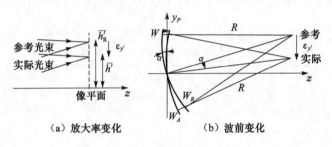

（a）放大率变化　　　　　　（b）波前变化

图 7.4.13　波前倾斜

因此，波前倾斜时的垂轴像差可以表示成

$$\varepsilon_{y'} = \frac{1}{n'u'} W_{111} H \approx -\frac{1}{n} 2(f/\#) W_{111} H, \quad \varepsilon_{x'} = 0 \tag{7.4.24}$$

可以看出，波前倾斜带来的垂轴像差是归一化视场 H 的线性函数，它是一个线性放大率误差.

7.5　单色像差

光学系统在单色光成像时所产生的像差称为单色像差. 根据单色像差性质的不同可分为球差、彗差、像散、场曲和畸变五种. 每种像差的形成原因和对成像的影响各不相同，与其他四种像差比较，由于畸变像差并不引起像的模糊，采用了不一样的评价方法，因此下面首先介绍畸变像差.

7.5.1　畸变

在讨论理想光组成像时，我们曾得出一对共轭物像平面上的垂轴放大率 m 是常数的结论. 在实际的光学系统中，只有视场较小时才具有这一性质，而视场较大或很大时，放大率要随视场变化. 因此，一对实际共轭物像面上的放大率不再为常值，使像相对于物失去

了相似性,这种使像产生变形的缺陷称为畸变.

有畸变的光学系统对大的平面物体成像时,如果物面为一系列等间距的同心圆,其像将是非等间距的同心圆. 若物面为正方形的结构,则因畸变将使图形成为枕形或桶形的形状,如图 7.5.1(a)和(b)所示,图中的虚线方框为理想像.

光学设计中常使用相对畸变 q' 表示畸变大小,其表达式为

$$q' = \frac{\bar{h}' - h'}{h'} \times 100\% \tag{7.5.1}$$

或者

$$q' = \frac{\bar{h}'/h - h'/h}{h'/h} = \frac{m_c - m}{m} \times 100\% \tag{7.5.2}$$

式中,$\bar{h}'$、h' 和 m_c 分别表示实际主光线像高、理想像高和实际主光线垂轴放大率. 式(7.5.2)表示的相对畸变值 q' 是光学系统的实际放大率对理想放大率的相对误差,反映了光学系统的所有畸变像差. 图 7.5.1(c)是相对畸变的曲线表示,纵坐标是视场,横坐标是相对畸变量.

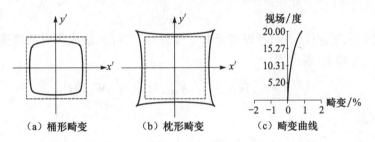

（a）桶形畸变　　　　（b）枕形畸变　　　　（c）畸变曲线

图 7.5.1　畸变

对称式的光学系统当放大率 $m_c = -1$ 时,畸变自动消除. 由图 7.5.2 可知

$$m_c = \frac{\bar{h}'}{h} = \frac{(\bar{L}' - L')\tan\bar{U}'}{(\bar{L} - L)\tan\bar{U}} \tag{7.5.3}$$

由于光学系统完全对称,不管 $\bar{U}'$ 为何值,比值 $\tan\bar{U}'/\tan\bar{U}$ 总等于 1,距离 $(\bar{L}' - L')$ 和 $(\bar{L} - L)$ 也总是数值相等,符号相反. 则由式(7.5.3)可知,$m_c = -1$,因而对称式系统在 $m_c = -1$ 时,由式(7.5.2)可知畸变自动消除. 畸变常在垂轴方向量度,为垂轴像差之一. 对称式系统,在 $m_c = -1$ 倍成像时,垂轴像差都自动消除.

单个薄透镜或薄透镜组,当孔径光阑与之重合时,也不产生畸变. 这是因为,此时的主光线通过主点. 当然,单光组也不可能是很薄的,实际上还是有些畸变,但数值很小. 由

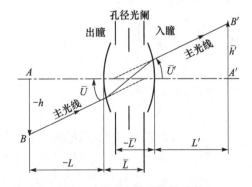

图 7.5.2　对称式光学系统的畸变

此易于推知,当光阑位于单透镜组之前或之后时,就一定有畸变产生,而且两种情况的畸变符号是相反的. 这表明了轴外点像差与光阑位置的依赖关系.

下面对初级畸变像差进行分析,了解像差产生的原因和一般规律.

根据表 7.4.1 中四级畸变波像差项的表达式,有

$$W = W_{311} H^3 \rho \cos\theta = W_{311} H^3 y_P \tag{7.5.4}$$

式(7.5.4)中的 W_{311} 是四级畸变波像差系数,是边缘视场边光线产生的光程差大小,它反映了系统的初级畸变像差,系统不同取值也不同.四级畸变波像差是视场三次方和孔径 y_P 一次方乘积的函数.

如将式(7.5.4)代入式(7.3.3),得到入射光线在高斯像面上产生的垂轴像差,为

$$\varepsilon_{y'}(x_P, y_P) = \frac{1}{n'u'} W_{311} H^3, \quad \varepsilon_{x'}(x_P, y_P) = 0 \tag{7.5.5}$$

从式(7.5.5)可知,光束中的子午光线将产生垂轴畸变像差,并且与光线在孔径上的入射位置无关,而光束中的弧矢光线不产生垂轴畸变像差.像的畸变量随着归一化视场 H 的增大而增大,图像放大率因此发生改变.通常,直线物体映射到像方后将变成曲线,但点物仍然成点像,因为畸变不导致像的模糊.

在近轴条件下,理想像高可以表示为

$$h' = h'_{\text{MAX}} H$$

其中,h'_{MAX} 是最大理想像高.只考虑初级畸变像差时,实际光线成像时的像高由理想像高和附加几何畸变构成,表示为

$$\bar{h}' = h'_{\text{MAX}} H + \varepsilon_{y'} = h'_{\text{MAX}} H + \frac{1}{n'u'} W_{311} H^3$$

因此,我们得到

$$\bar{h}' = \left(h'_{\text{MAX}} + \frac{1}{n'u'} W_{311} H^2\right) H \tag{7.5.6}$$

从式(7.5.6)可以看出,三级几何畸变附加项是归一化视场平方的函数,它导致像点位置在径向方向上产生变化.发生桶形畸变时,$W_{311} > 0$,对于 $H > 0$,则 $\varepsilon_{y'} < 0$,所以使图像产生压缩(注意:$u' < 0$),是负畸变;反之,发生枕形畸变时,$W_{311} < 0$,对于 $H > 0$,则 $\varepsilon_{y'} > 0$,所以使图像产生拉伸畸变,是正畸变.随视场增大,畸变也增大,它们在对角线方向产生更明显的畸变.

7.5.2 球差

1. 球差的定义

在 7.4.2 节中,我们已经知道球差是一种基本的像差,它只是孔径变量的函数,因为物点处于光轴上.因此,只需要分析子午面内的光线经系统折射的情况.

由实际光线光路的计算公式(2.1.1)~式(2.1.4)可知,物距 L 为定值时,像距 L' 是 U 或 y 的函数.对轴上点发出的光线,角 U 不同,通过光学系统以后有不同的像距 L',如图 7.5.3(a)所示.即由轴上点发出的同心光束,经光学系统各个折射面折射后,不同孔径角 U 的光线相交于光轴上不同点,这些点相对于理想像点的位置有不同的偏离,该偏离

量就是球面像差,简称球差.轴向球差值可由轴上点发出的不同孔径角的光线经系统后的像方截距和其近轴光线像方截距之差表示,即

$$\varepsilon_{z'} = LA = L' - l' \tag{7.5.7}$$

式中,LA 为轴向球差.图 7.5.3(b)表示入射于不同孔径上光线的轴向球差 LA 的变化曲线,图中纵坐标表示归一化入瞳,取值范围从 0 到 1,横坐标表示轴向球差值的大小,单位为毫米或微米.一般情况下,U 或 y 的值越大的光线,产生的球差值越大,并且其变化不与 U 或 y 的值成线性关系,如图 7.5.3(b)所示,边光线的球差值最大.又由于折射率是波长的函数,近轴焦点的位置将发生变化,因此不同波长时的球差值会不同.我们把随波长而变化的球差称为色球差.

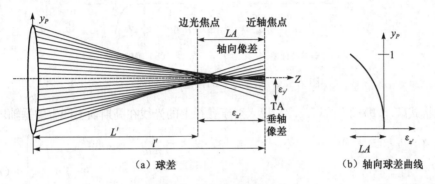

图 7.5.3　光学系统的球差

由于绝大多数光学系统具有圆形入射光瞳,轴上点光束是对称的,对称轴就是光轴,所以,子午面内、光轴上方的半个光束截面光线的球差可以代表整个系统的球差.

显然,与光轴成不同孔径角 U 的光线具有不同的球差值.如果式(7.5.7)中的 L' 是对 $U_1 = U_{\max}$ 或 $y = y_m$ 即由边缘光线求得的,被称为边光球差,用 LA_m 表示.若 $y = 0.707 y_{\max}$,则称为 0.707 带光线球差,用 $LA_{0.707}$ 表示.对 0.707 带的光线,称为带光,故 $LA_{0.707}$ 也称为带光球差.

$LA < 0$ 称为球差校正不足或欠校正;$LA > 0$ 称为球差校正过头或过校正;$LA = 0$ 则表示光学系统对这条光线校正了球差.大部分光学系统只能做到对一条或一带光线校正球差,一般是对边缘光线校正的,即 $LA_m = 0$,这样的光学系统称为消球差系统.

由于球差的存在,因此点光源在高斯像面上得到的不是几何像点,而是圆形弥散斑,于是球差可用弥散半径 TA 来表示,如图 7.5.3(a)所示.TA 称为垂轴球差,沿垂直于光轴方向进行度量.

根据图 7.5.3(a),边光线垂轴球差与轴向球差间的关系可以表示为.

$$TA = -LA \tan U' \tag{7.5.8}$$

其中,U' 为边光线与光轴的夹角.该关系式对其他光线也成立

2. 初级球差

下面讨论初级垂轴球差与初级球差波像差间的关系.

根据表 7.4.1 中的四级球差波像差表达式,有

$$W = W_{040}\rho^4 = W_{040}(x_P^2 + y_P^2)^2 \tag{7.5.9}$$

其中,W_{040} 是四级球差波像差系数,是轴上点边光线产生的光程差大小. 式(7.5.9)说明四级球差波像差 W 与孔径的四次方成正比,具有旋转对称性,但与视场无关. 子午和弧矢面内光线的初级球差波像差曲线如图 7.5.4(a)所示(假设 $W_{040}=1\lambda$). 由该图看出,近轴光线对应的波前接近球面波前,波像差很小,但远轴光线的波像差随光线入射高度的增加而迅速增加.

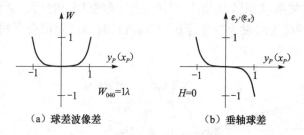

　(a) 球差波像差　　　　　　　(b) 垂轴球差

图 7.5.4　初级球差的像差特性曲线

现将式(7.5.9)代入式(7.3.3),得入射于孔径上的光线在高斯面上产生的垂轴球差,为

$$\varepsilon_{y'}(x_P, y_P) = \frac{4}{n'u'}W_{040}\rho^3\cos\theta, \qquad \varepsilon_{x'}(x_P, y_P) = \frac{4}{n'u'}W_{040}\rho^3\sin\theta$$

或

$$\varepsilon_{y'}(x_P, y_P) = \frac{4}{n'u'}W_{040}(x_P^2 y_P + y_P^3), \quad \varepsilon_{x'}(x_P, y_P) = \frac{4}{n'u'}W_{040}(y_P^2 x_P + x_P^3) \tag{7.5.10}$$

从式(7.5.10)看出,垂轴球差 $\varepsilon_{x'}$、$\varepsilon_{y'}$ 具有相同的形式,并与孔径 ρ 的三次方有关,简称三级球差. 因此,轴上点光源经光学系统成像后将变成圆形的弥散斑.

为了分析子午光线和弧矢光线在像面上产生的垂轴像差,于是由式(7.5.10)得子午面($x_P = 0$ 或 $\theta=0°$)和弧矢面($y_P = 0$ 或 $\theta=90°$)内的入射光线产生的垂轴球差,为

$$\varepsilon_{y'}(x_P = 0, y_P) = \frac{4}{n'u'}W_{040}y_P^3, \quad \varepsilon_{x'}(x_P, y_P = 0) = \frac{4}{n'u'}W_{040}x_P^3 \tag{7.5.11}$$

由式(7.5.11)知,三级垂轴球差是奇函数. $\varepsilon_{y'}$ 和 $\varepsilon_{x'}$ 除自变量外其他参变量都相同,因此子午光线和弧矢光线的成像性质相同,而且子午和弧矢垂轴球差都是系统孔径三次方的函数,它们的垂轴球差曲线如图 7.5.4(b)所示(假设 $W_{040}=1\lambda$). 从该图直观看出,近轴光线的垂轴像差较小,能在近轴焦点附近密集集中,但随着孔径增大,光线的弥散程度越加明显,这种像差性质是由三次方函数所决定的.

根据式(7.5.8)和图 7.4.10 知,$\tan U' = -\dfrac{TA}{LA} = -\dfrac{\varepsilon_{y'}}{\varepsilon_{z'}} \approx -\dfrac{r_P y_P}{R}$,所以有

$$\varepsilon_{z'} \approx \frac{R}{r_P}\frac{\varepsilon_{y'}}{y_P} = -4\frac{1}{n'}\left(\frac{R}{r_P}\right)^2\frac{W_{040}y_P^3}{y_P} = -\frac{1}{n'}16(f/\#)^2 W_{040}y_P^2 \tag{7.5.12}$$

由此可见,初级轴向球差是 $f/\#$ 和孔径平方乘积的函数,与视场无关. 由于轴向球差是关于 y_P 的偶函数,因此光束入射高度为 $\pm y_P$ 时,像差的大小就相等. 当 $W_{040}>0$ 时,由式(7.5.12)知,轴向像差 $\varepsilon_{z'}<0$,即 $LA<0$,球差校正不足;反之,当 $W_{040}<0$ 时,系统球差过校正.

3. 焦散曲线

根据球差的性质,出射光线在焦点附近不会聚于一点而是彼此相交,如图 7.5.3(a) 所示,连接这些相交点就定义了一条曲线,该曲线称为焦散曲线,如图 7.5.5 所示. 对初级球差的分析可知,受球差的影响,高斯像面上形成的近轴像点并不是能量最集中的. 因此,为了获得更好的像质,像平面常偏离近轴像点的位置. 由对离焦像差的分析知,像平面偏离近轴像面就意味着离焦波前像差将引入系统,于是它可以对现有系统的球差进行补偿. 显然,像平面的偏离量不同,引入的波像差就不同,对原有球差的补偿程度也就不相同,成像点的质量也各异. 例如,对于无限远轴上点即平行光入射时,像平面位于边光焦点、最小弥散斑焦点、最小均方根(RMS)弥散斑焦点、中间焦点和近轴焦点等位置,焦点的能量分布情况是不一样的,如图 7.5.5 所示. 其中,边光焦点是边光线与光轴相交时所形成的焦点;最小弥散斑焦点是边光线与焦散曲线相交时所确定的焦点,它的直径最小;像面偏离近轴焦点一定离焦量从而使得弥散斑的均方根直径具有最小值时的焦点,被称为最小 RMS 弥散斑焦点或最小 RMS 弥散斑;在边光焦点和近轴焦点的中间位置上得到的焦点就是中间焦点. 下面讨论像面处于不同焦点处时波像差的平衡情况和这些焦点在光轴上的具体位置. 这里采用离焦波像差对初级球差波像差进行平衡的方法来分析.

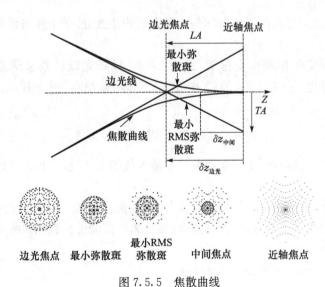

图 7.5.5 焦散曲线

4. 初级球差的平衡

位于无限远光轴上的点,并设系统只有初级球差. 当像面偏离高斯像面时,系统的波像差为

$$W = W_{040}\rho^4 + \Delta W_{20}\rho^2 \tag{7.5.13}$$

在式(7.5.13)中,第一项是系统的初级球差波像差,第二项是偏离近轴像面而引入的离焦波像差.它们都是孔径的函数,具有旋转对称性.

现将式(7.5.13)代入式(7.3.3)式,得到此时像面上光线的垂轴像差表达式,分别为

$$\varepsilon_{y'}(x_P=0,y_P) = \frac{4}{n\,u'}W_{040}y_P^3 + \frac{2}{n\,u'}\Delta W_{20}y_P, \quad \varepsilon_{x'}(x_P,y_P=0) = \frac{4}{n\,u'}W_{040}x_P^3 + \frac{2}{n\,u'}\Delta W_{20}x_P$$

$$(7.5.14)$$

由式(7.5.12)可知,边光线$(y_P=1)$的轴向像差为

$$LA_m = \varepsilon_{z'} \approx -\frac{1}{n'}16\,(f/\#)^2 W_{040} \tag{7.5.15}$$

从式(7.5.15)可知,边光焦点偏离近轴焦点的大小等于LA_m,LA_m的值就确定了边光焦点的位置.

下面分析前述五个焦点处的波像差及其在光轴上的位置.

(1) 当像平面位于近轴焦点位置,此时离焦波像差为零,即$\Delta W_{20}=0$.将其代入式(7.5.13)得,波前像差为$W=W_{040}\rho^4$,因此球差没有被平衡.再由式(7.4.19)得$\delta z=0$,说明此时像面位于高斯像面.

(2) 当像平面位于边光焦点位置,此时边光线的垂轴球差为零,即$\varepsilon_{y'}=0(y_P=1)$.于是,由式(7.5.14)中第一式得到离焦波像差系数$\Delta W_{20}=-2W_{040}$,将ΔW_{20}代入式(7.4.19),得

$$\delta z = -\frac{1}{n'}16\,(f/\#)^2 W_{040} = LA_m \tag{7.5.16}$$

式(7.5.16)说明,边光焦点位于轴向球差为最大值的位置处.子午面与弧矢面内光线的分析结果相同.

(3) 当像平面位于中间焦点位置,此时0.707视场光线的垂轴球差为零,即$\varepsilon_{y'}=0(y_P=0.707)$.同理,由式(7.5.14)中第一式得到$\Delta W_{20}=-W_{040}$,将$\Delta W_{20}$代入式(7.4.19),得

$$\delta z = -\frac{1}{n'}8\,(f/\#)^2 W_{040} = 0.5LA_m \tag{7.5.17}$$

式(7.5.17)说明,中间焦点位于轴向球差等于最大值的1/2处,并且边光球差已经被离焦波像差所补偿.

同理,可以得到像平面处于其他焦点位置时,离焦波像差对球差波像差的平衡情况,从而也就能得出这些焦点的位置.在其他焦点时,离焦波像差系数和初级球差波像差系数的关系式也可求出.

(4) 像平面位于最小弥散斑位置时,得

$$\Delta W_{20} = -1.5W_{040}, \quad \delta z = 0.75LA_m \tag{7.5.18}$$

它说明,最小弥散斑焦点位于轴向球差等于最大值的3/4处,靠近边光焦点.

(5) 像平面位于最小RMS弥散斑位置时,得

$$\Delta W_{20} = -1.333W_{040}, \quad \delta z = -\frac{10.6}{n'}(f/\#)^2 W_{040} = 0.67LA_m \tag{7.5.19}$$

它说明,最小RMS弥散斑焦点位于轴向球差等于最大值的0.67处,在最小弥散斑焦点和中间焦点之间.

图 7.5.6 是中间焦点和边光焦点处像差补偿前后的波像差曲线. 在中间焦点时, 由该图可知, 离焦波像差对边光球差实现了补偿, 具有最小波前变化. 但其他孔径上的光线仍存在球差, 且 0.707 孔径上有最大剩余波像差, 是近轴焦点处最大波像差的 1/4. 在边光焦点位置时, 离焦不能对孔径上所有光线的球差进行补偿, 不是最佳焦点.

图 7.5.7 是中间焦点和边光焦点处像差补偿前后的垂轴像差曲线. 在中间和边光焦点时, 由该图可知, 离焦后的垂轴像差曲线均有正的斜率(经过原点处), 能对球差进行平衡. 在边光焦点时, 离焦像差曲线的斜率更大, 补偿了边光线的垂轴像差; 而像面位于中间焦点位置时不能使边光线垂轴球差为零, 焦斑中心却能形成能量相对集中的区域. 这种性质对星点观察有利, 常用于天文望远镜的设计. 由此可见, 离焦能使三级垂轴球差曲线在原点处的斜率不再为零, 如图 7.5.7 中的右半部分, 边光线的三级垂轴球差得到了相应的补偿. 因此, 弥散斑的大小不再是近轴焦点时的焦斑尺寸.

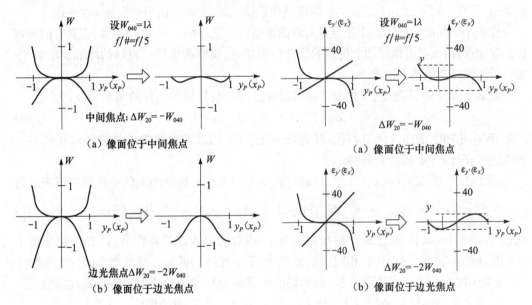

图 7.5.6　离焦平衡球差-球差波像差　　　　　　图 7.5.7　离焦平衡球差-垂轴球差

7.5.3　场曲(像面弯曲)

如图 7.5.8 所示, 折射球面的球心为 C, 现有一垂直于光轴的平面物体 $B_1 B_2$, 交光轴于 A 点. 在球心 C 放置一个通光小孔, 以限制物面上各点只能以细光束通过折射球面成像. 对于单折射球面来说, 通过球心 C 的任一条直线都可看成是它的光轴, 为区别于主光轴 AC, 我们称它为辅轴.

轴上物点 A 经球面后成像于 A' 点. 过 A' 作一垂直于光轴的平面, 称为高斯像面或理想像面. 物平面 $B_1 B_2$ 是否能成清晰像于此像面上是我们要研究的. 过 $B_1 C$ 和 $B_2 C$ 作两条辅轴, 因此轴外点 B_1 相对于辅轴 $B_1 C$ 来说相当于一个轴上点, B_2 对辅轴 $B_2 C$ 来说也是轴上点. 现以 CA 为半径作一球面, 分别交两辅轴于 A_1 和 A_2; 又以 CA' 为半径作球面, 分

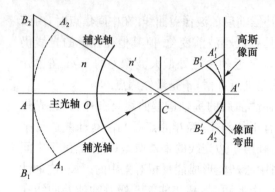

图 7.5.8　平面物体经单折射球
面成像的不完善性

别交两辅轴于 A_1' 和 A_2'. 显然,球面 A_1AA_2 经球面折射后的像面为球面 $A_1'A'A_2'$. 轴外物点 B_1 位于辅轴 B_1C 上,因此经球面折射后也必定成像在该辅轴上. 又因 B_1 在 A_1 的左边,故其像点 B_1' 也必然位于 A_1' 的左边,B_2 点的像也是如此. 也就是说,物平面 B_1B_2 的像 $B_1'B_2'$ 将是一个切于 A' 点的比球面更为弯曲的回转曲面,只有在这个曲面上对平面才能成清晰像. 由此可见,较大的平面物体即使以细光束成像也是不完善的,其像面将是一个曲面,这是像差的一种,称为像面弯曲或场曲. 只有当物平面 B_1B_2 很小时,即限制在近轴区时,才可以认为像面是一个平面.

像差中的场曲描述了光学系统具有弯曲像面的性质. 对于一个正单透镜,它具有向内弯曲的成像面,因而在近轴像面上得到的像产生模糊,且模糊程度随着视场的增加而增加. 下面分析初级场曲的基本性质.

在表 7.4.1 中,我们已经得到了四级场曲波像差与视场和孔径的关系,表示为
$$W = W_{220}H^2\rho^2 = W_{220}H^2(x_P^2 + y_P^2) \qquad (7.5.20)$$
式中,W_{220} 是四级场曲波像差系数,H 是归一化视场. 四级场曲波像差与视场和孔径平方的乘积成正比,具有旋转对称性.

现将式(7.5.20)代入式(7.3.3),轴外点发出的光线在高斯面上的垂轴像差可表示为
$$\varepsilon_{y'}(x_P, y_P) = \frac{2}{n'u'}W_{220}H^2y_P, \quad \varepsilon_{x'}(x_P, y_P) = \frac{2}{n'u'}W_{220}H^2x_P \qquad (7.5.21)$$
从式(7.5.21)可以看出,三级垂轴场曲 $\varepsilon_{y'}$ 和 $\varepsilon_{x'}$ 均与场曲波像差系数 W_{220}、归一化视场平方和孔径的一次方有关,具有相同的函数形式. 子午光线和弧矢光线将产生同样大小的像差. 与离焦波差的表达式比较可知,初级场曲可理解为与视场相关的离焦像差. 也就是说,初级场曲产生的离焦量是随着 H^2 增大而增大,从而产生弯曲的像面.

图 7.5.9(a)和(b)中的曲线反映了初级场曲,图(a)是不同视场的四级场曲波前像差,图(b)是不同视场的三级场曲产生的垂轴像差. 可以看出,它们的曲线与离焦完全相似,即四级场曲波像差是孔径的二次函数,场曲的垂轴像差是孔径的线性函数,并且随着视场增大,像差越大.

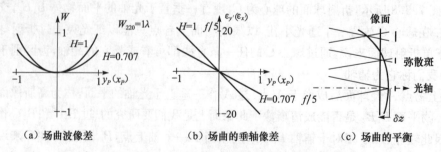

（a）场曲波像差　　　　　（b）场曲的垂轴像差　　　　　（c）场曲的平衡

图 7.5.9　初级场曲的像差特性曲线及场曲平衡

　　下面我们依然通过离焦对初级场曲波像差补偿的方法,来确定不同视场的清晰像面位置,即弯曲像面的离焦量变化.处理方法与有初级球差时确定焦点位置的过程相同.

　　当系统的像差只有初级场曲和离焦时,总的像差可以表示为

$$W = W_{220} H^2 \rho^2 + \Delta W_{20} \rho^2 \tag{7.5.22}$$

离焦对初级场曲完全补偿时,式(7.5.22)左边为零,于是得到

$$\Delta W_{20} = -W_{220} H^2 \tag{7.5.23}$$

式(7.5.23)表明,因补偿初级场曲而得到的离焦波像差系数是关于归一化视场的二次函数.也就是说,若像面偏离引入的离焦系数 ΔW_{20} 满足式(7.5.23),该视场的共轭点将没有像差,能形成清晰的像.

　　于是,将式(7.5.23)代入式(7.4.19)可得该弯曲像面的离焦量为

$$\delta z = -\frac{1}{n} 8 (f/\sharp)^2 W_{220} H^2 \tag{7.5.24}$$

从式(7.5.24)可知,离焦量 δz 是归一化视场的二次函数.因此,在一个弯曲的像面上才能得到一个完善像.对于正的 W_{220},成像面向内弯曲.有的照相机将胶片安置在一个圆柱表面上,来补偿成像透镜固有的场曲,从而获得清晰的像.

　　由于场曲的存在,导致完善的像只能成在弯曲的像面上,因此近轴像面上的像将模糊且随视场的平方发生变化.因此,一个折衷的成像平面应位于近轴像面之前,如图 7.5.9 (c)所示,它减少了近轴像面上的平均像模糊.

　　式(7.5.24)中的 δz 可被看成弯曲像面的矢高,并且是视场的函数.因此,我们可以得出初级场曲的曲率半径,即

$$\frac{1}{2} \frac{h'^2}{R_P} = -\frac{1}{n} 8 (f/\sharp)^2 W_{220} H^2 = -\frac{1}{n} 8 (f/\sharp)^2 W_{220} (h'/h'_{max})^2$$

其中,R_P 表示场曲的曲率半径,h'_{max} 表示最大像高度.所以有

$$R_P = n' \frac{h'^2_{max}}{16 (f/\sharp)^2 W_{220}} \tag{7.5.25}$$

7.5.4　像散

1. 像散的定义

　　轴外点发出的光束经过光学系统出射而产生的波前像差已不再具有旋转对称性,并且在不同方向上有不同的曲率,如图 7.4.7 中的 W_{222} 和 W_{242} 所示.因此,入射光束中子午光束的会聚点 B'_T(子午像点)和弧矢光束的会聚点 B'_S(弧矢像点)并不重合在一起,这种现象称为像散.

　　当轴外物点通过有像散的光学系统成像时,使一与光轴垂直的屏沿光轴移动,就会发现屏在不同位置时,轴外点 B 发出的成像光束的截面形状发生很大变化,如图 7.5.10 所示.在位置 1,成像光束为一长轴垂直于子午面的椭圆,移到位置 2 为垂直于子午面的短线(子午焦线),位置 4 形成一圆斑……位置 6 形成一子午面内的短线(弧矢焦线),位置 7 形成一短轴垂直于子午面的椭圆.

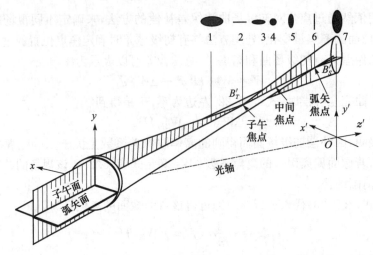

图 7.5.10　像散光学系统的子午和弧矢焦点

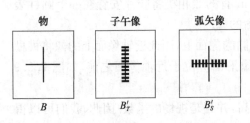

图 7.5.11　"十"字线的子午像和弧矢像

如果在轴外点 B 处放一个小"十"字线，如图 7.5.11 所示，则通过有像散的光学系统时，在 B_T' 处，"十"字图案的每一点都形成一垂直于子午面的水平短线，故"十"字的水平线成像清晰，铅直线的像模糊. 在 B_S' 处，"十"字图案的每一点成为铅垂短线，故"十"字的铅垂直线成像清晰，水平线的像模糊.

2. 轴外点细光束的光路计算

像散是成像物点不在光轴上时反映出来的一种像差，且随着视场增大而迅速增加. 为了对像散进行分析，我们将采用光线追迹的方法得出近轴子午像点和弧矢像点位置的计算方法，这对分析光学系统的像散和像面弯曲性质是很重要的.

1) 子午像点位置

如图 7.5.12 中，BP 是入射光束中的一条主光线，B 是子午面内的物点并与入射点 P 相距 t，t 是沿着主光线的长度. 因物点位于折射面的左侧，该值为负. BG 代表了一条和主光线相邻的光线，它同样位于子午面内. 由于 BG 与主光线相隔很近，短弧线 $PG = r\mathrm{d}\theta$，可

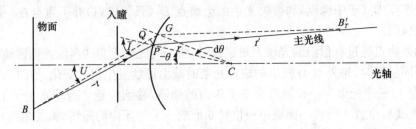

图 7.5.12　子午像点的计算

以看成折射面的切线.

在图 7.5.12 中,角 $\theta = U - \bar{I}$,所以有

$$d\theta = dU - d\bar{I} \tag{7.5.26}$$

线段 PQ 与入射光线垂直,它可以由下式求得,即

$$PQ = -tdU = PG\cos\bar{I} = -r\cos\bar{I}d\theta \tag{7.5.27}$$

又由式(7.5.26)可以得到 $dU = d\theta + d\bar{I}$,所以有 $PQ = -t(d\theta + d\bar{I}) = -r\cos\bar{I}d\theta$,从而得到

$$d\bar{I} = \left(\frac{r\cos\bar{I}}{t} - 1\right)d\theta \tag{7.5.28}$$

类似地,对折射光线有

$$d\bar{I}' = \left(\frac{r\cos\bar{I}'}{t'} - 1\right)d\theta \tag{7.5.29}$$

对折射定律两边微分得到

$$n\cos\bar{I}d\bar{I} = n'\cos\bar{I}'d\bar{I}' \tag{7.5.30}$$

把式(7.5.28)和式(7.5.29)代入式(7.5.30)得到

$$\frac{n'\cos^2\bar{I}'}{t'} - \frac{n\cos^2\bar{I}}{t} = \frac{n'\cos\bar{I}' - n\cos\bar{I}}{r} \tag{7.5.31}$$

式(7.5.31)中的 t' 就是到折射点子午焦点 B_T 的距离. 当物点位于透镜光轴上时, $\bar{I} = \bar{I}' = 0$ (它们分别是主光线的入射与折射角),式(7.5.31)中右边就退化为光焦度 $(n' - n)/r$. 所以,式(7.5.31)中右边这一项可以看成是主光线在折射面上的"斜光焦度". 斜光焦度总是略大于轴上焦度,它可用于计算的校验.

2) 弧矢像点位置

另一个焦点是弧矢像点 B_s',这是一个由一对位于近轴光线附近的弧矢(斜)光线所成的近轴像. 这种光线所形成的像点总是位于通过物点和曲率中心的辅光轴上. 弧矢光线的这种性质可以得出确定弧矢像点位置的方程.

图 7.5.13 中表示出了主光线、物点 B 和弧矢像点 B_s',以及连接物点 B,曲率中心 C 和弧矢像点 B_s' 的辅助光轴. 由于三角形 BPB_s' 的面积等于三角形 BPC 与三角形 PCB_s' 的面积之和,根据任意三角形 ABC 的面积计算公式 $\frac{1}{2}ab\sin C$,从而有

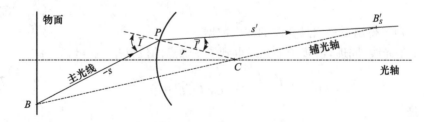

图 7.5.13　弧矢像点的计算

$$-\frac{1}{2}ss'\sin(180° - \bar{I} + \bar{I}') = -\frac{1}{2}sr\sin(180° - \bar{I}) + \frac{1}{2}s'r\sin\bar{I}'$$

于是得到

$$-ss'\sin(\bar{I} - \bar{I}') = -sr\sin\bar{I} + s'r\sin\bar{I}'$$

展开 $\sin(\bar{I}-\bar{I}')$，同时等式两边乘以 $(n'/ss'r)$，得

$$-\frac{n'\sin\bar{I}\cos\bar{I}'-n'\cos\bar{I}\sin\bar{I}'}{r}=-\frac{n'\sin\bar{I}}{s'}+\frac{n'\sin\bar{I}'}{s}$$

再通过折射定律 $n\sin\bar{I}=n'\sin\bar{I}'$，将 $\sin\bar{I}$ 消掉，于是得到

$$\frac{n'}{s'}-\frac{n}{s}=\frac{n'\cos\bar{I}'-n\cos\bar{I}}{r} \tag{7.5.32}$$

式(7.5.32)右边与式(7.5.31)右边相同，是折射面的斜光焦度. 子午像点和弧矢像点位置计算公式间的唯一不同是子午像点公式中含有$\cos^2$ 项. 这两个公式被称为 Coddington 方程或杨氏公式.

3）子午像点和弧矢像点的光路计算

类似前面的光线光路计算过程，我们通过追迹一条有一定倾角的主光线，就可以使用 Coddington 方程来计算光学系统的子午像点和弧矢像点位置，也就可以得到像散. 计算步骤如下：沿着主光线从物点到入射点，计算出初始值 s 和 t，利用式(7.5.31)和式(7.5.32)进行光线追迹，求出近轴子午像点 B'_T 和近轴弧矢像点 B'_S. 下面是具体的计算过程.

（1）斜光焦度计算. 每一个面的斜光焦度由下式确定，即

$$\phi=C(n'\cos\bar{I}'-n\cos\bar{I}) \tag{7.5.33}$$

其中，C 是球面的曲率. 如果曲面是非球面，需分别计算出射点处的弧矢面和子午面曲率.

（2）斜光线间距计算. 沿主光线计算斜光线在两表面对之间的斜光线距离，即

$$D=(d+Z_2-Z_1)/\cos\overline{U}'_1 \tag{7.5.34}$$

其中，Z 是折射面的矢高，它由不同折射面主光线的有关量确定（空间光线追迹计算中已经得出），也可由下式给出，即

$$Z=\frac{1-\cos(\overline{U}-\bar{I})}{C} \tag{7.5.35}$$

（3）弧矢光线的光路计算. 在每个面上应用下列公式追迹计算弧矢光线，得到弧矢像点的位置，即

$$s'=\frac{n'}{(n/s)+\phi} \tag{7.5.36}$$

过渡公式是

$$s_2=s'_1-D \tag{7.5.37}$$

由式(7.5.37)可得出下一面计算时的输入数据.

（4）子午光线. 同理，追迹子午光线得到子午像点的位置是

$$t'=\frac{n'\cos^2\bar{I}'}{[(n\cos^2\bar{I})/t]+\phi} \tag{7.5.38}$$

过渡公式是

$$t_2=t'_1-D \tag{7.5.39}$$

追迹子午光线的过程与弧矢光线类似，但需求出 $n\cos^2\bar{I}$ 和 $n'\cos^2\bar{I}'$ 的值，该值可看成材料的"折射率"，追迹过程与近轴光线追迹是相似的.

（5）初始数据. 如果物体位于无穷远，s 和 t 的开始值均为无穷远. 如果物体距前面透镜的顶点的距离为 B，用式(7.5.40)可以计算 s 和 t，如图 7.5.14 所示.

$$s = t = (B - \bar{z})/\cos\overline{U}$$
$$= -(\bar{y} - h)/\sin\overline{U} \tag{7.5.40}$$

（6）沿轴距离—像散的计算. 子午光线和弧矢光线追迹完成后，我们想知道子午焦点和弧矢焦点沿光轴到近轴像面之间的距离，如图 7.5.15(a) 所示，它们可以表示为

$$z'_t = t'\cos\overline{U}' + z - l', \quad z'_s = s'\cos\overline{U}' + z - l' \tag{7.5.41}$$

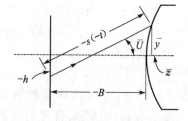

图 7.5.14　斜入射时的初始数据

其中，z 表示主光线在透镜表面上对应的矢高；z'_t 和 z'_s 分别称为子午场曲和弧矢场曲，由近轴主光线追迹得到.

近轴子午像点 B'_T 和近轴弧矢像点 B'_s 都位于主光线上，通常是将其投影到光轴上，以两者之间的沿轴距离来量度像散的大小，如图 7.5.15(a) 所示，由式 (7.5.42) 得

$$z_{ts} = l'_t - l'_s = z'_t - z'_s \tag{7.5.42}$$

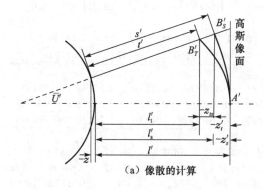

（a）像散的计算

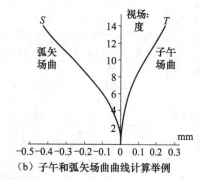

（b）子午和弧矢场曲曲线计算举例

图 7.5.15　像散与场曲

下面举例说明子午场曲、弧矢场曲和像散的计算过程.

根据图 3.2.6 所示的典型三片式 Cooke（库克）照相物镜的结构参数，当无限远轴外点以 14° 视场角入射该系统时，利用子午像点和弧矢像点的计算公式，求近轴子午像点和弧矢像点的位置以及像散的大小，并绘出子午和弧矢场曲的像差曲线（波长 $= 0.5876\mu m$）.

该例中，初始数据为 $X = 0, Y = -4.077\,64\text{mm}, Z = 0, K = 0, L = 0.241\,92, M = 0.970\,3$（见 7.3.4 节）. 这里利用空间光线的光路计算方法先分别求出主光线在折射面上的矢高和主光线的像方孔径角，如表 7.5.1 中的第 7 行、第 6 面下的值 $-0.118\,79\text{mm}$ 和第 10 行、最后列下的光学方向余弦 $0.967\,97$. 这里略有不同的是，采用了表 7.5.1 中空间光线光路计算的数据来计算相邻两个折射面间的斜光线距离 D，即

$$D = A + d_{j-1} = \left(\frac{A}{n_j} + \frac{d_{j-1}}{n_j}\right) \cdot n_j \tag{7.5.43}$$

通过式 (7.5.43) 以及式 (7.5.31)、式 (7.5.38)、式 (7.5.39) 以及式 (7.5.32)、式 (7.5.36) 和式 (7.5.37) 这些计算式，采用光线追迹的方法，就可分别求出主光线的子午像点和弧矢像点位置. s' 和 t' 的最终结果分别是表 7.5.1 中的最后列数据 69.398 69mm 和 70.103 06mm.

利用式 (7.5.41)，求出的子午和弧矢场曲 z'_t 和 z'_s 分别为

$$z'_t = t'\cos\overline{U}' + z - l' = 70.103\,06 \times 0.967\,97 - 0.118\,79 - 67.490\,723$$
$$= 0.248\,146\text{(mm)}$$

$$z'_s = s'\cos\overline{U'} + z - l' = 69.398\,69 \times 0.967\,97 - 0.118\,79 - 67.490\,723$$
$$= -0.433\,663(\text{mm})$$

相应的像散为

$$z_{ts} = l'_t - l'_s = z'_t - z'_s = 0.248\,146 + 0.433\,663 = 0.681\,809(\text{mm})$$

同理,可以计算其他视场的子午场曲和弧矢场曲,就得到场曲曲线,其结果如图 7.5.15(b)所示. 像散的校正是使某一视场(一般是 0.707 视场)的像散值 z_{ts} 为零,而其他视场仍有剩余像散.

表 7.5.1　子午像点和弧矢像点的计算举例表格

	物面	面#1	面#2	面#3	面#4	面#5	面#6	像面
C	0	0.037 495	0.005 272	−0.020 137	0.039 262	0.013 868	−0.028 571	0
T	∞	5.2	7.95	1.6	6.7	2.8	67.490 723	
n	1.0	1.614	1.0	1.6475	1.0	1.614	1.0	
X	0	0	0	0	0	0	0	0
Y	−4.077 64	−4.002 34	−2.960 41	−0.241 81	0.076 34	2.377 76	2.881 16	20.418 68
Z	0	0.302 02	0.023 10	−0.000 59	0.000 11	0.039 21	−0.118 79	0
K	0	0	0	0	0	0	0	
L	0.241 92	0.334 32	0.324 43	0.321 17	0.323 18	0.302 09	0.251 08	
M	0.970 30	1.579 00	0.945 91	1.615 90	0.946 34	1.585 48	0.967 97	
d_{j-1}/n_j	0	3.101 96	8.380 19	0.990 53	7.079 80	1.741 30	69.847 05	
X_T	0	0	0	0	0	0	0	
Y_T	−4.077 64	−2.965 31	−0.241 61	0.076 32	2.364 37	2.903 80	20.418 68	
$n_j\cos I$	0.995 61	1.584 02	0.944 32	1.614 92	0.935 17	1.604 96	0.967 97	
$n_j\cos^2 I$	0.991 24	1.554 60	0.891 74	1.582 99	0.874 54	1.595 98	0.936 96	
A/n_j	0.311 27	0.014 63	−0.000 62	0.000 071	0.041 44	−0.074 92	0	
$n_{j+1}\cos I'$	1.611 29	0.950 86	1.614 31	0.945 37	1.574 65	0.985 35	0.967 97	
$n_{j+1}\cos^2 I'$	1.608 58	0.904 13	1.581 79	0.893 72	1.536 27	0.970 91	0.936 96	
Γ	0.615 67	−0.633 17	0.670 00	−0.669 56	0.639 50	−0.619 62	0	
D		5.030 17	8.379 57	1.632 01	7.121 23	2.689 53	69.847 05	
ϕ		0.023 08	−0.003 34	−0.013 49	−0.026 29	0.008 87	0.017 70	
s		∞	64.885 83	38.053 85	127.209 84	−82.100 66	−490.013 56	
s'		69.916 00	46.433 41	128.841 86	−74.979 43	−487.324 03	69.398 69	
t		∞	64.650 84	35.281 62	132.608 21	−69.398 04	−414.163 99	
t'		69.681 02	43.661 19	134.240 22	−62.276 80	−411.474 46	70.103 06	

显然,子午宽光束或弧矢宽光束的交点相对于理想像面同样会产生偏离,它们称为宽光束子午场曲 Z'_T 或宽光束弧矢场曲 Z'_S,用公式表示为

$$Z'_T = L'_T - l', \quad Z'_S = L'_S - l' \tag{7.5.44}$$

细光束子午场曲与宽光束子午场曲之差为轴外点子午球差,细光束弧矢场曲与宽光束弧矢场曲之差为轴外点弧矢球差.

3. 初级像散

下面讨论光学系统中的初级像散. 根据表 7.4.1 中的四级像散波像差表达式,有

$$W = W_{222}H^2\rho^2\cos^2\theta = W_{222}H^2y_P^2 \tag{7.5.45}$$

式(7.5.45)中的W_{222}是四级像散波像差系数,H是归一化视场,说明四级像散波像差与归一化视场和孔径平方的乘积成正比,不具有旋转对称性,但具有面对称性.

现将式(7.5.45)代入式(7.3.3),我们得到光线在高斯像面上产生的垂轴像差为

$$\varepsilon_{y'}(x_P, y_P) = \frac{2}{n'u'}W_{222}H^2 y_P, \quad \varepsilon_{x'}(x_P, y_P) = 0 \qquad (7.5.46)$$

由式(7.5.46)看出,高斯像面上的垂轴像差由子午光线产生,而弧矢光线不产生.

根据式(7.5.45)和式(7.5.46),得到的四级像散波像差曲线如图7.5.16所示.其中,图(a)和(b)是像散波像差曲线.从这两幅图看出,子午光线的波像差随视场增大而增大,而弧矢光线的波像差为零,这说明波前在弧矢面内与参考波前重合,子午面内存在像差,出射光束对应的波像差函数已不再是回转对称的.于是,得到如图7.5.16(c)和(d)所示的三级像散垂轴像差曲线.图(c)中的纵坐标反映了像差大小,是上下两条子午光线相交后在高斯像面上形成的短线长度(弧矢焦线的长度),视场越大,直线的斜率也越大,弧矢焦线的长度就越长.又因为子午面前后的两条弧矢光线的交点位于高斯像面,所以$\varepsilon_{x'}=0$,这一点从图7.4.7中系数W_{222}不为零的波像差图也可以看出.随着光学系统结构的不同,子午面内的波前可能具有最大的曲率(相当于子午光束会聚程度最大),或者相反,弧矢光束会聚程度最大.

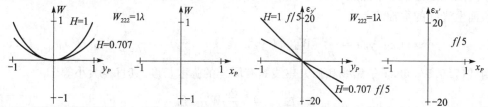

(a) 子午光线的像散波像差　(b) 弧矢光线的像散波像差　(c) 子午光线的垂轴像散　(d) 弧矢光线的垂轴像散差

图7.5.16　初级像散的像差特性曲线

4. 有像散系统的焦点

我们依然从离焦对像散补偿的方式来分析有初级像散的光学系统在子午、弧矢以及中间焦面上的成像特性.当系统只有初级像散和离焦时,系统的波像差为

$$W = W_{222}H^2 y_P^2 + \Delta W_{20}\rho^2 \qquad (7.5.47)$$

现将式(7.5.47)代入式(7.3.3),得到光线在该像面上的垂轴像差表达式,分别为

$$\varepsilon_{y'}(x_P, y_P) = \frac{2}{n'u'}W_{222}H^2 y_P + \frac{2}{n'u'}\Delta W_{20}y_P, \quad \varepsilon_{x'}(x_P, y_P) = \frac{2}{n'u'}\Delta W_{20}x_P \qquad (7.5.48)$$

下面分析存在像散时子午焦点、弧矢焦点和中间焦点及其性质.

(1) 像平面位于弧矢焦点(弧矢光线会聚形成的焦点)所在的平面时,满足$\varepsilon_{x'}=0$,于是由公式(7.5.48)中第二式得$\Delta W_{20}=0$,弧矢焦点离焦量$\delta z=0$(由式7.4.19),所以弧矢焦点位于高斯像面上.由式(7.5.48)得此时光线的垂轴像差为

$$\varepsilon_{y'}(x_P, y_P) = \frac{2}{n'u'}W_{222}H^2 y_P \qquad (7.5.49)$$

从式(7.5.49)知,$\varepsilon_{y'}$的大小是视场平方和孔径纵坐标乘积的函数.弧矢焦线的长度是子午

上下边光线($\pm y_P$)分别与近轴像面相交的两交点间距离,于是弧矢焦线的长度为

$$\Delta \varepsilon_{y'} = \frac{4}{n'u'} W_{222} H^2 \tag{7.5.50}$$

(2) 像平面位于子午焦点(子午光线会聚形成的焦点)所在的平面时,满足 $\varepsilon_{y'} = 0$,于是由式(7.5.48)中的第一式得 $\Delta W_{20} = -W_{222} H^2$,再由式(7.4.19)得到子午焦点离焦量 $\delta z = -8(f/\#)^2 W_{222} H^2/n'$. 因此,系统的 W_{222} 不为零时,子午焦点位于弯曲的像面上,因 δz 是视场平方的函数. 由式(7.5.48)得此时光线的垂轴像差为

$$\varepsilon_{x'}(x_P, y_P) = \frac{-2}{n'u'} W_{222} H^2 x_P \tag{7.5.51}$$

弧矢光线形成的子午焦线与子午面垂直. 同理,子午焦线的长度是弧矢边光线($\pm x_P$)与子午焦平面相交的两交点间距离,因此子午焦线的长度为

$$\Delta \varepsilon_{x'} = \frac{4}{n'u'} W_{222} H^2 \tag{7.5.52}$$

(3) 像平面位于中间焦平面上时,满足 $\varepsilon_{x'} = -\varepsilon_{y'}$,于是由式(7.5.48)得 $\Delta W_{20} = -W_{222} H^2/2$,再由式(7.4.19)得到中间焦点的离焦量 $\delta z = -4(f/\#)^2 W_{222} H^2/n'$. 因此,中间焦点是位于子午焦点和弧矢焦点中间的一个弯曲像面上. 由式(7.5.48)得此时中间焦面上光线的垂轴像差为

$$\varepsilon_{y'}(x_P, y_P) = \frac{1}{n'u'} W_{222} H^2 y_P, \quad \varepsilon_{x'}(x_P, y_P) = -\frac{1}{n'u'} W_{222} H^2 x_P \tag{7.5.53}$$

由式(7.5.53)知,子午焦线和弧矢焦线具有同样的弥散长度,其直径大小等于

$$\Delta \varepsilon_{x'y'} = \frac{2}{n'u'} W_{222} H^2 \tag{7.5.54}$$

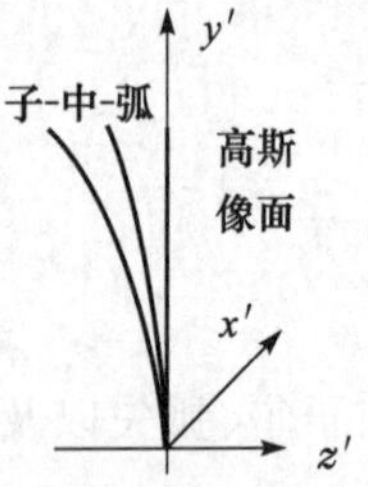

图 7.5.17 系统只有像散的子午、中间和弧矢焦面

因此,对于物上的一点,其像在中间焦面将成为一个圆形的弥散斑,如图 7.5.10 所示.

综上,弧矢焦点是弧矢光线聚焦点,弧矢焦线位于子午面内. 子午焦点是子午光线聚焦点,子午焦线位于与子午面相垂直的弧矢面内. 由子午焦点构成的像面称为子午像面,弧矢焦点构成的像面称为弧矢像面. 介于子午和弧矢焦线之间形成一个圆形焦点,称为中间焦点. 一个平面物通过有像散的光学系统必然形成两个像面,因轴上点无像散,所以两个像面必然同时相切于理想像面与光轴的交点上,如图 7.5.17 所示,形成两个弯曲的像面,二者均为对称于光轴的回转曲面. 在两回转曲面间的中间焦面不是一个能成像清晰的像面,但有时也被选作像面.

5. 倾斜平行板的像散

放置倾斜的平行板于一束发散或者会聚光束中,不仅引入球差,还会引入像散,如图 7.5.18 所示. 该轴向像散量由下式给出,即

$$z_{ts} = \frac{t}{\sqrt{n^2 - \sin^2 U_P}} \times \left[\frac{n^2 \cos^2 U_P}{n^2 - \sin^2 U_P} - 1 \right] \tag{7.5.55}$$

近轴条件下的三级轴向像散为

$$z_{ts} = \frac{-tu_P^2(n^2-1)}{n^3} \quad (7.5.56)$$

其中, U 和 u 是光线与光轴间的夹角, U_P 和 u_P 是平行板的倾角, t 是平行板的厚度, n 是平行玻璃板的折射率. 由倾斜的平行板引入的像散可以通过下面几种方法校正: 加入柱透镜, 加入倾斜的球透镜, 或在原来倾斜平行板的正交面方向加入另外一个倾斜平行板.

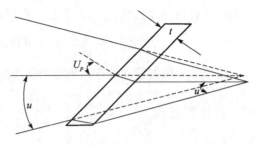

图 7.5.18 　平行板放入会聚光束中引入像散

6. 像散和场曲

不存在像散的光学系统依然存在像面弯曲, 即场曲. 若光学系统还存在像散, 与像散相关的曲率还将附加于场曲, 形成子午和弧矢场曲, 反之亦然. 因此, 可以利用像散来控制场曲. 这里, 我们依然采用离焦对初级场曲和像散波像差同时补偿的方法来分析光学系统在子午、弧矢以及中间焦面上的成像性质.

当系统含有像散、场曲和离焦时, 总的像差可以表示为

$$W = W_{222}H^2\rho^2\cos^2\theta + W_{220}H^2\rho^2 + \Delta W_{20}\rho^2 \quad (7.5.57)$$

我们将式(7.5.57)代入式(7.3.3), 于是得光线的垂轴像差, 分别为

$$\left.\begin{array}{l} \varepsilon_{y'}(x_P, y_P) = \dfrac{2}{n'u'}W_{222}H^2 y_P + \dfrac{2}{n'u'}W_{220}H^2 y_P + \dfrac{2}{n'u'}\Delta W_{20}y_P \\[2mm] \varepsilon_{x'}(x_P, y_P) = \dfrac{2}{n'u'}W_{220}H^2 x_P + \dfrac{2}{n'u'}\Delta W_{20}x_P \end{array}\right\} \quad (7.5.58)$$

下面分析同时存在像散和场曲时子午焦点、弧矢焦点和中间焦点的位置.

(1) 弧矢焦点. 弧矢焦点是弧矢光线的聚焦点, 因此 $\varepsilon_{x'}=0$, 于是由公式(7.5.58)中第二式得

$$\Delta W_{20} = -W_{220}H^2 \quad (7.5.59)$$

将式(7.5.59)代入式(7.4.19), 因此得弧矢像面偏离高斯像面的距离为

$$\delta z = -\frac{1}{n}8(f/\#)^2 W_{220}H^2 \quad (7.5.60)$$

(2) 子午焦点. 子午焦点是子午光线的会聚点, 因此 $\varepsilon_{y'}=0$, 于是由公式(7.5.58)中第一式得

$$\Delta W_{20} = -W_{220}H^2 - W_{222}H^2 \quad (7.5.61)$$

同理, 将式(7.5.61)代入式(7.4.19), 所以子午像面偏离高斯像面的距离是

$$\delta z = -\frac{1}{n}8(f/\#)^2 W_{220}H^2 - \frac{1}{n}8(f/\#)^2 W_{222}H^2 \quad (7.5.62)$$

(3) 中间焦点. 位于子午焦点和弧矢焦点间的中间焦点, $\varepsilon_{x'}=-\varepsilon_{y'}$ (当 $x_P=y_P$), 由式(7.5.58)得

$$\Delta W_{20} = -W_{220}H^2 - \frac{1}{2}W_{222}H^2 \quad (7.5.63)$$

同理,将式(7.5.63)代入式(7.4.19),所以中间焦点像面偏离高斯像面的距离是

$$\delta z = -\frac{1}{n}8\,(f/\sharp)^2 W_{220}H^2 - \frac{1}{n}4\,(f/\sharp)^2 W_{222}H^2$$

因此,子午和弧矢像面的弯曲来自场曲和像散像差,但场曲不改变像散的大小.

7. 匹兹万场曲

光学系统具有像散时,匹兹万像面位于离焦波像差等于式(7.5.64)所确定的像面,即

$$\Delta W_{20} = -W_{220}H^2 + \frac{1}{2}W_{222}H^2 = -\left(W_{220} - \frac{1}{2}W_{222}\right)H^2 \tag{7.5.64}$$

此时相应的离焦量为

$$\delta z = -\frac{1}{n}8(f/\sharp)^2\left(W_{220} - \frac{1}{2}W_{222}\right)H^2 \tag{7.5.65}$$

匹兹万像面是系统的基本场曲,并由下式确定

$$W_{220P} = W_{220} - \frac{1}{2}W_{222} = -\frac{1}{4}\mathcal{K}^2\sum C_i\left(\delta\frac{1}{n_i}\right) \tag{7.5.66}$$

其中,W_{220P} 是匹兹万场曲波像差系数,$\mathcal{K}$ 是光学不变量. 由式(7.5.66)可知,W_{220P} 仅取决于系统的曲率和折射率. 而当像散不存在时($W_{222}=0$),所有的焦平面都变为弧矢面或与弧矢面重合,且 $\Delta W_{20} = -W_{220}H^2 = -W_{220P}H^2$.

假设 $W_{222}=0$,系统像差只含匹兹万场曲,式(7.5.66)可由图 7.5.8 或图 7.5.19 求出. 根据图 7.5.19 所示,匹兹万场曲由 A_1' 点到高斯像面的距离和 B_1' 点到 A_1' 点间的距离这两部分构成,而 $B_1'A_1'$ 就等于 B_1A_1 与系统轴向放大率的乘积.

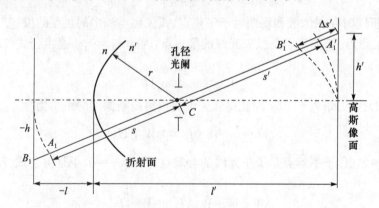

图 7.5.19　匹兹万场曲

根据式(2.1.8),有

$$\frac{n'}{s'+r} - \frac{n}{s-r} = \frac{n'-n}{r} \tag{7.5.67}$$

对式(7.5.67)进行化简整理,得到

$$\frac{1}{n's'} - \frac{1}{ns} = \frac{n'-n}{nn'r} \tag{7.5.68}$$

匹兹万场曲 $\Delta s'$ 可以近似表示为

$$\Delta s' \cong \frac{h'^2}{2(l'-r)} + \frac{h^2}{2(r-l)} \cdot \frac{n}{n'} \cdot \frac{l'^2}{l^2} = \frac{h'^2 n'}{2} \cdot \frac{n'-n}{nn'r} \tag{7.5.69}$$

由式(7.5.21)和式(7.5.8),有 $W_{220} \cdot \frac{2}{n'} \cdot \frac{1}{u'^2} = \Delta s'$,将式(7.5.69)代入该关系式,于是得单折射球面的匹兹万场曲为

$$W_{220} = W_{220P} = \frac{1}{4} h'^2 u'^2 n'^2 \frac{n'-n}{nn'r} = -\frac{1}{4} Ж^2 C \delta \left\{ \frac{1}{n} \right\} \tag{7.5.70}$$

有像散时,在匹兹万像面上,光线的垂轴像差为

$$\varepsilon_{y'}(x_P, y_P) = \frac{3}{n'u'} W_{222} H^2 y_P, \quad \varepsilon_{x'}(x_P, y_P) = \frac{1}{n'u'} W_{222} H^2 x_P \tag{7.5.71}$$

由式(7.5.71)可知,匹兹万像面上的弥散斑是一个轴长比为 3∶1 的椭圆.

根据式(7.5.59)、式(7.5.61)、式(7.5.63)和式(7.5.64),可以得出如下结论:子午像面、中间像面、弧矢像面和匹兹万像面这四个像面是等距且以相同的相对顺序排列,如 T-M-S-P 或 P-S-M-T. 其中,T 表示子午像面,M 表示中间像面,S 表示弧矢像面,P 表示匹兹万像面.

图 7.5.20 为欠校正像散曲线($W_{222}>0$). 当有像散时的各焦面在匹兹万像面左边时称为负像散,为 T-M-S-P;反之,称其为过校正像散,表示为 P-S-M-T.

当成像系统的像面处于中间焦面时,具有最好的成像质量. 因此,常通过像差平衡像散和场曲的方式,使中间像面 M 是一个平面(位于高斯像面),形成为所谓的平场系统. 即满足式(7.5.63)中的 $\Delta W_{20}=0$ 时,实现像散和场曲的补偿. 于是

$$W_{222} = -2W_{220}$$

平场系统的实现,通常是在像平面附近放置一个负透镜,在光学设计中有详细介绍.

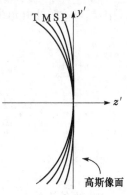

图 7.5.20　初级像散和场曲

像散和场曲既有联系又有区别. 有像散必然存在场曲,但场曲存在时不一定有像散. 光学系统存在场曲时,不能使一个较大的平面物体上的各点在同一像面上成清晰像.

7.5.5　彗差

1. 彗差的定义

1) 子午彗差

如图 7.5.21 所示的轴外点 B 发出的光束经光学系统的单折射面折射,B 发出的光束对于辅光轴来说就相当于轴上点光束. 光束中的上光线、主光线、下光线与辅光轴的夹角不同,故有不同的球差值,所以三条光线不能交于一点. 折射前主光线是子午光束的轴线,而折射后不再是光束的轴线,即光束失去了对称性. 用上、下光线的交点 B'_T 到主光线的垂直于光轴方向的偏离量来表示这种光束的不对称,称为子午彗差,以 C_T 表示. 它是

垂轴方向度量的,故是垂轴像差的一种.这种像差因轴外点宽光束的球差而引起.

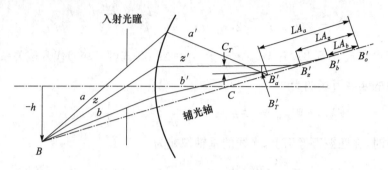

图 7.5.21　单折射面的彗差

子午彗差值以轴外点子午光束上、下光线在高斯像面上交点高度的平均值$(h_a'+h_b')/2$和主光线在高斯像面上交点高度$\bar{h}'$之差来表示,即

$$C_T = \frac{1}{2}(h_a'+h_b') - \bar{h}' \qquad (7.5.72)$$

式中,h_a',h_b',$\bar{h}'$可由光线追迹求得.子午彗差的几何表示如图 7.5.22 所示.

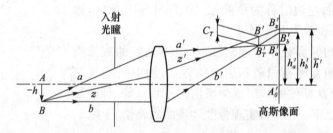

图 7.5.22　子午彗差

2) 弧矢彗差

如图 7.5.23 所示,由轴外点 B 发出的弧矢光束的前光线 c 和后光线 d,折射后为光线 c' 和 d' 交于 B_S',由于二光束对称于子午面,故 B_S' 应在子午面内.点 B_S' 到主光线的垂直于光轴方向的距离称为弧矢彗差,以 C_S 表示.弧矢彗差为

$$C_S = h_c' - \bar{h}' = h_d' - \bar{h}' \qquad (7.5.73)$$

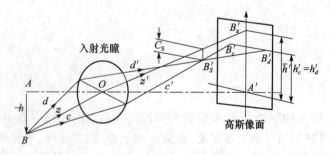

图 7.5.23　弧矢彗差

以上介绍了实际光学系统中彗差的性质,下面分析初级彗差.

2. 初级彗差

彗差可以看成因入射于系统孔径不同高度的光线在高斯面上的高度不同,即每条光线具有不同的垂轴放大率而导致的像不完善.受彗差的影响,物点经成像后会变成一个非对称的弥散斑,光斑的弥散程度随像高 H 线性增加,也受孔径的影响.下面对初级彗差进行分析.

根据表 7.4.1 中的四级彗差波像差表达式,有

$$W = W_{131}H\rho^3\cos\theta = W_{131}H\rho^2 y_P \tag{7.5.74}$$

将式 (7.5.74) 代入式 (7.3.3),光线在高斯像面上的垂轴彗差就表示为

$$\varepsilon_{y'}(x_P, y_P) = \frac{1}{n'u'}W_{131}H\rho^2(2+\cos2\theta), \quad \varepsilon_{x'}(x_P, y_P) = \frac{1}{n'u'}W_{131}H\rho^2\sin2\theta$$

或

$$\varepsilon_{y'}(x_P, y_P) = \frac{1}{n'u'}W_{131}H(x_P^2+3y_P^2), \quad \varepsilon_{x'}(x_P, y_P) = \frac{2}{n'u'}W_{131}Hx_Py_P$$

$$\tag{7.5.75}$$

为了找出某视场发出的光线在近轴像面上的会聚情况,我们先分析子午面和弧矢面内的光线.

子午面($x_P=0$ 或 $\theta=0°$)和弧矢面($y_P=0$ 或 $\theta=90°$)内光线产生的垂轴彗差分别由式(7.5.75)得

$$\varepsilon_{y'}(x_P=0, y_P) = \frac{3}{n'u'}W_{131}Hy_P^2, \quad \varepsilon_{x'}=0 \tag{7.5.76}$$

$$\varepsilon_{y'}(x_P, y_P=0) = \frac{1}{n'u'}W_{131}Hx_P^2, \quad \varepsilon_{x'}=0 \tag{7.5.77}$$

从式(7.5.76)和式(7.5.77)可知,子午和弧矢光线产生的垂轴彗差是孔径二次方和视场一次方乘积的函数.子午和弧矢光线均造成像点在垂直方向的弥散,弥散程度为 3∶1,但均不引起像点的水平方向弥散.

根据式(7.5.74)～式(7.5.77),得到的像差曲线如图 7.5.24 所示.从图(a)和(b)可知,子午面内光线的波像差随视场增大而增大,弧矢面内光线不产生波前像差.从图中的垂轴像差曲线(c)和(d)也可看出,某视场子午面内的光线产生垂轴像差 $\varepsilon_{y'}$,其大小随孔径的二次方函数变化,但弧矢光线会聚在高斯像面上,不产生水平方向的像差,仍产生垂轴像差.

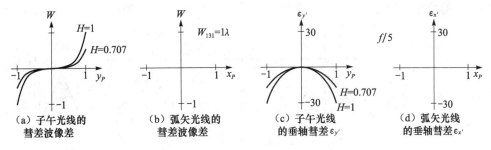

图 7.5.24　初级彗差的像差特性曲线

由式(7.5.76)可知,$\varepsilon_{y'}\propto y_P^2$,因此从 $\pm y_P$ 发出的光线将聚焦在近轴像平面上高度相同的位置,形成初级子午彗差,如图 7.5.25 所示.

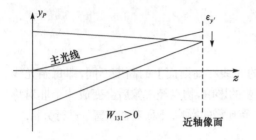

图 7.5.25　有初级彗差系统的子午面内光线

3. 彗差弥散斑

下面分析当初级彗差是光学系统中的主要像差时,彗差弥散斑的形成过程.

在图 7.5.26 中,图(a)是入瞳,设 A、B、C、D、E、F、G、H 是均匀分布于入瞳最大半径上的八个点,图(b)中的 P 点是主光线与高斯面的交点.图(a)中经过 A 点的是上光线,它位于子午面内($\theta=0$).由式(7.5.75)可知,该光线相对主光线的误差 $\varepsilon_{y'}$ 为负的最大值 $3W_{131}H\rho^2/n'u'(W_{131}>0,H>0,u'<0)$,$\varepsilon_{x'}$ 为零.因此,过 A 点的光线投射在弥散斑的最下端.在图 7.5.26(a)中,经过 B 的光线与子午面成 $45°(\theta=45°)$.同理,由式(7.5.75)可知,该光线的误差是 $\varepsilon_{y'}=2W_{131}H\rho^2/n'u'<0$,$\varepsilon_{x'}=W_{131}H\rho^2/n'u'<0$,因此该光线投射在 P 点的下方,如图(b)中的 B 点所示.经过图(a)中 C 点的光线是最大半径上的弧矢光线,它与子午面成 $90°(\theta=90°)$.同理,由式(7.5.75)可知,$\varepsilon_{y'}=W_{131}H\rho^2/n'u'$,负的最小值,而 $\varepsilon_{x'}$ 为零.因此,该弧矢光线投射在 P 点的正下方,如图(b)中的 C 点所示.以此类推,我们可以用式(7.5.75)分析余下每条光线投射到像面上的交点位置情况.可以发现,当对入瞳面圆周上的所有光线分析完成后,光线在高斯面上的投射点在半径等于 $W_{131}H\rho^2/n'u'$ 的圆上实际绕了两周.因此,由式(7.5.75)可知,最大孔径上的光线投射在高斯像面上形成的圆直径为

$$D = \frac{-2}{n'u'}W_{131}H\rho^2 \quad (\rho=1) \tag{7.5.78}$$

该圆的中心偏离主光线交点 P 的距离为

$$S = \frac{2}{n'u'}W_{131}H\rho^2 \quad (\rho=1) \tag{7.5.79}$$

同理,我们可以分析经过其他孔径上的光线与高斯像面相交的情况,即 $\rho<1$.容易发现,这些光线形成的圆的直径和偏离主光线交点 P 的距离均以 ρ^2 的系数减小,而且整个彗星状弥散斑被包含在孔径为 $60°$ 的角以内,如图 7.5.26(c)和(d)所示,且 55% 的光能被包含在弥散斑的前端,约全长的 $1/3$ 以内.$W_{131}>0$ 表示彗星状弥散斑的亮斑朝向光轴,$W_{131}<0$ 的情况正相反.

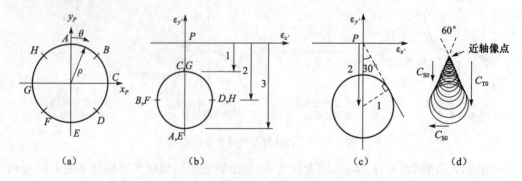

图 7.5.26　系统中有初级彗差时彗星状弥散斑的形成(设 $W_{131}>0,H>0$)

我们用子午彗差 C_{T0} 和弧矢彗差 C_{S0} 这两个分量度量初级垂轴彗差,如图 7.5.26(d) 所示,它们的大小分别是

$$C_{T0} = \frac{3}{n'u'}W_{131}$$
$$C_{S0} = \frac{1}{n'u'}W_{131}$$

$$(7.5.80)$$

对于一个薄透镜,彗差随透镜的整体弯曲和孔径光阑位置的改变而变化. 对于任何整体弯曲,都存在一个能消除彗差的孔径光阑位置. 图 7.5.27 示意了孔径光阑位置对彗差的影响.

放置倾斜的平行玻璃板于一束发散或者会聚光束中,还将引入彗差和球差,如图 7.5.18所示. 三级弧矢彗差大小的计算公式为

$$C_{S0} = \frac{tu^2 u_P(n^2-1)}{2n^3}$$

$$(7.5.81)$$

轴向球差的计算公式为

$$LA = L' - l' = \frac{t}{n}\left[1 - \frac{n\cos U}{\sqrt{n^2 - \sin^2 U}}\right] \approx \frac{tu^2(n^2-1)}{2n^3}$$

$$(7.5.82)$$

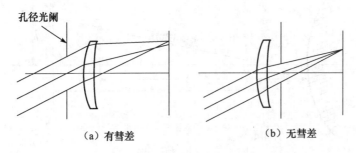

（a）有彗差　　　　　　　　（b）无彗差

图 7.5.27　孔径光阑位置变化对彗差的影响

4. 正弦差

如果光学系统校正了球差,并满足式(7.5.83)的阿贝正弦条件,那么彗差也将被校正.

$$\frac{\sin U'}{u'} = \frac{\sin U}{u}$$

$$(7.5.83)$$

其中,u 和 u' 是轴上物点和像点的近轴光线与光轴的夹角,U 和 U' 是宽光束的实际夹角.

彗差可看成是系统放大率随光瞳半径变化的函数,如果系统满足阿贝正弦条件,那么这种变化量则为零. 阿贝在设计显微镜物镜时发现,当阿贝正弦条件成立时,能够校正球差的显微镜物镜将具有理想的成像质量. 阿贝正弦条件只有当物靠近光轴时才成立,因为当视场增大时其他像差将起主要作用,如畸变和像散. 下面推导小视场条件下彗差与阿贝正弦条件的关系.

图 7.5.28 中表示轴外物点 B(未标出)经透镜成像的情况. 通常情况下,透镜都会存在球差,若近轴点宽光束与轴上点宽光束有相同的光束结构和等量的球差,则称为等晕成像,形成等晕成像的条件称为等晕条件. 我们将从 B 点的近轴光线和边光线放大率得到

满足该条件时的彗差允许值.

在图 7.5.28 中,B' 表示轴外物点经透镜成像于高斯像面上的近轴像点,它的高度 h' 可由拉赫不变量求出.点 S 表示由通过透镜的边光线而形成的弧矢像点,它的高度 h'_s 可由光学正弦定理式(1.6.4)计算得到.假设轴上某点的边光线形成的像为 M,并且 S 也处于 M 所在的焦平面.

下面用边光线像平面上的无量纲比值 QS/QM 表示弧矢彗差的大小,我们称这个比率为正弦差,或"违背阿贝正弦条件",即 OSC,意思是不满足阿贝正弦条件.于是有

$$\mathrm{OSC} = \frac{QS}{QM} = \frac{SM - QM}{QM} = \frac{SM}{QM} - 1$$

其中,SM 的长度 h'_s 由光学正弦定理得到;QM 的长度可以由下式得出

$$QM = h' \frac{L' - \bar{l}'}{l' - \bar{l}'}$$

所以有

$$\mathrm{OSC} = \frac{h'_s}{h'} \cdot \frac{l' - \bar{l}'}{L' - \bar{l}'} - 1$$

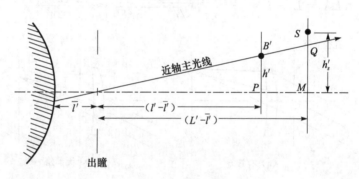

图 7.5.28 正弦差

对近轴物体,可以分别用拉赫不变量和光学正弦定理确定 h' 和 h'_s,于是得到

$$\mathrm{OSC} = \frac{u'}{u} \frac{\sin U}{\sin U'} \cdot \frac{l' - \bar{l}'}{L' - \bar{l}'} - 1 = \frac{n\sin U}{m \cdot n' \sin U'} \cdot \frac{l' - \bar{l}'}{L' - \bar{l}'} - 1$$

$$= \frac{M}{m} \cdot \frac{l' - \bar{l}'}{L' - \bar{l}'} - 1 = \frac{M}{m}\left(1 - \frac{LA}{L' - \bar{l}'}\right) - 1 \qquad (7.5.84)$$

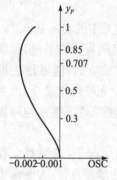

图 7.5.29 正弦差曲线

其中,M 和 m 分别是实际光线和近轴光线的像放大率,LA 是边光球差.

如果 $LA = 0$,由式(7.5.84)得

$$\mathrm{OSC} = \frac{u'}{u} \frac{\sin U}{\sin U'} - 1 \qquad (7.5.85)$$

如果式(7.5.85)中的正弦差为零,即 OSC=0,由式(7.5.85)就得出前面提到的阿贝正弦条件.也就是说,消除了球差的系统,若满足阿贝正弦条件,成像点将没有彗差.

对一个很远处的物体,M/m 可以替换为 F'/f'.其中,$F' = y_1/\sin U'_k$,称为边光线的焦长.这样,对于远处物体,公式(7.5.84)变为

$$OSC = \frac{F'}{f'}\left(1 - \frac{LA}{L' - \overline{l'}}\right) - 1 \qquad (7.5.86)$$

正弦差也被描绘成正弦差曲线,如图 7.5.29 所示.通常 OSC 对望远镜和显微镜的物镜的最大容许公差是 0.0025.这种大公差是由于在这些仪器中的物镜主要关注视场中央的细节,而很小的公差适用于摄影物镜.正弦差的公差范围是 0.0025~0.000 25.

7.6　色　　差

光学材料的折射率随光波长的变化而变化,光学元件的特性也就随折射率而变.一般情况下,短波长下光学材料具有高的折射率,蓝光形成的焦点相对于红光更靠近透镜,从而形成色差.该节将介绍位置色差和倍率色差这两种色差的形成、性质和校正方法,以及色球差、二级光谱的形成和控制等相关内容.

7.6.1　光学材料

光学材料是制作光学仪器系统的核心,恰当选择材料是仪器成像质量和成本价格的基本保证.光学材料通常可分为三大类:①非晶态材料,如无色光学玻璃、有色光学玻璃及其他技术用玻璃;②晶体材料;③有机塑料.其中尤以无色光学玻璃应用最广,因为无色光学玻璃种类多,性能好,生产方便.

1. 无色光学玻璃的分类和玻璃图

为了设计出各种优良性能的光学系统,所需光学玻璃种类很多,目前生产的光学玻璃多达 300 多种,它们的化学成分和物理性能是不同的.无色光学玻璃中,习惯上又分为冕牌玻璃(以字母 K 表示)和火石玻璃(以字母 F 表示).每类中又分为许多种类,如轻冕(QK),冕(K),磷冕(PK),钡冕(BaK),重冕(ZK),镧冕(LaK),冕火石(KF),轻火石(QF),火石(F),钡火石(BaF),重钡火石(ZBaF),重火石(ZF),镧火石(LaF),特种火石(TF)等.每个种类的玻璃中又分为许多种牌号,如冕玻璃分为 K1,K2,…,K12 等,K9 是实际中最常用的玻璃.

一般来讲,冕牌玻璃为低折射率,低色散;火石玻璃为高折射率,高色散.光学玻璃的折射率 n_d 和阿贝数 ν_d 之间有一定的规律,图 7.6.1 为我国光学玻璃的 n_d-ν_d 图,或玻璃图.由图可知,大多数玻璃符合折射率高,色散也高的规律,这对高性能光学系统设计有一定限制.近年来,人们利用稀土元素,如镧、钍、钽、铌等制造了高折射率、低色散的玻璃(称为稀土元素玻璃);利用氟化物、钛等制造了低折射率、高色散的玻璃(称为氟化玻璃),使光学系统设计有了很大进展.

某些军用仪器中,要求无色光学玻璃具有耐辐射的性质,即经过一定 γ 辐射剂量的辐照后,玻璃光透过率降低很少.我国将这类玻璃称为耐辐射玻璃.为了区别,在玻璃牌号旁另加说明,如耐 10^5 伦琴辐照的光学玻璃称为 500 号玻璃,K509 即表示玻璃的光学常数与 K9 相同,能经受 10^5 伦琴辐照.

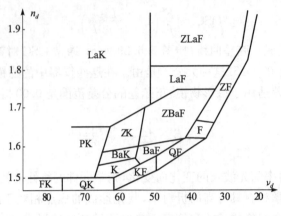

图 7.6.1　光学玻璃的 $n_d - \nu_d$ 图

2. 无色光学玻璃的光学性能和质量指标

光学玻璃的折射率和色散是它的最基本性能. 由于同一玻璃对不同色光具有不同的传播速度,即对不同色光有不同的折射率,光学玻璃折射率是用表 7.6.1 中八条特征谱线测出的.

表 7.6.1　测量光学玻璃折射率的特征谱线

光谱线	h	g	F	e	d	D	C	r
元素	Hg	Hg	H	Hg	He	Na	H	He
波长/nm	404.7	435.8	486.1	546.1	587.6	589.3	656.3	706.5

对 d 光的折射率 n_d 称为基本折射率. 欲知不属于特征谱线的折射率,可用如下经验公式计算

$$n_\lambda = A_0 + A_1\lambda^2 + A_2\lambda^{-2} + A_3\lambda^{-4} + A_4\lambda^{-6} + A_5\lambda^{-8}$$

式中,系数 $A_0 \sim A_5$ 可从光学玻璃目录中查出.

F 光和 C 光的折射率差称为平均色散或中部色散. 为了便于光学设计工作者的需要,光学玻璃目录中常列出如下光学性质性能参数.

基本折射率:　　　　　　　　　n_d

平均色散:　　　　　　　　　$n_F - n_C$

阿贝数:　　　　　　　　　$\nu_d = \dfrac{n_d - 1}{n_F - n_C}$

各波长折射率:　　　　　　n_h、n_g、n_F、n_e、n_c、n_r

相对部分色散:　$\dfrac{n_h - n_g}{n_F - n_C}$,$\dfrac{n_g - n_F}{n_F - n_C}$,$\dfrac{n_F - n_e}{n_F - n_C}$,$\dfrac{n_e - n_d}{n_F - n_C}$,$\dfrac{n_d - n_c}{n_F - n_C}$,$\dfrac{n_c - n_r}{n_F - n_C}$

光学玻璃质量则按另一些指标进行分类和定级. 它们是:

(1) 折射率和色散系数的允许偏差.

分为五类　　　　　n_d　　　$\pm 3 \times 10^{-4} \sim \pm 20 \times 10^{-4}$

　　　　　　　　　ν_d　　　$\pm 0.3\% \sim \pm 1.0\%$

(2) 折射率和色散系数的一致性,即同一批玻璃中 n_d 和 ν_d 的最大偏差.

(3) 光学均匀性,即同一块玻璃中,各部位间折射率微差的最大值 $(\Delta n_d)_{max}$.

(4) 应力双折射,用玻璃中最大光程差表示.

(5) 条纹度.

(6) 气泡度.

(7) 光吸收系数.

上述质量指标对高精度、中精度、一般精度的光学零件有不同要求,应列在光学设计图纸中.

3. 有色光学玻璃和其他技术用玻璃

有色光学玻璃主要用来制作观察、照相、红外等光学仪器的滤光镜,以便提高仪器的能见度或满足某些其他特定的要求. 有色光学玻璃按滤色性能有:透紫外线玻璃、透红外线玻璃,紫色玻璃,蓝色(青色)玻璃,绿色玻璃,黄色(金色)玻璃,橙色玻璃,红色玻璃,防护玻璃,中性(暗色)玻璃,透紫外线白色玻璃等种类.

其他技术用玻璃有:光学石英玻璃,分为远紫外、紫外和红外石英光学玻璃;TQ1 透气玻璃,用于光学仪器干燥器上;DM305 电真空玻璃,作为电真空器件所用的玻璃材料;乳白漫射玻璃,用于制造漫射作用的光学零件以及激光玻璃等.

4. 光学晶体和有机塑料材料

除光学玻璃外,光学仪器中还常用各种晶体做光学零件,如石英、荧石和其他碱金属卤化物的大块单晶体. 由于这些材料不可能在由紫外到红外的全部光谱区域具有良好的光学性能,因此对不同的光谱区域需要用不同的材料.

(1) 常用于紫外光谱区的晶体材料有:氟化锂(LiF)、氟化钠(NaF)、溴化钾(KBr)、天然石英(SiO_2);

(2) 用于红外区的晶体材料有:硅(Si)、三硫化二砷玻璃(As_2S_3)、氯化钠(NaCl);

(3) 激光器常用的光学材料有:宝石(Al_2O_3)、氟化钙(CaF_2)、钇铝石榴石等.

光学塑料是指可用来代替光学玻璃的有机材料. 常用的光学塑料有聚甲基丙烯酸甲酯(有机玻璃)、聚苯乙烯、聚碳酸酯等,折射率在 1.49～1.6. 有机塑料的光学性质比较难控制在很高的精度上(如 $n = \pm 0.0005$),同时有更大的温度折射率系数(用 dn/dT 表示),且光学均匀性比较差,这些都是光学塑料的缺点. 在这些缺点未进一步改善前,光学塑料还是难成为高级光学仪器的部件. 但是,由于光学塑料价格便宜,比重小而轻,易于模压成型和不易破碎等优点,近年来已在普通照相机、电视机、眼镜等方面扩大了取代光学玻璃的使用范围.

表 7.6.2 列出几种常用晶体材料的光谱透过范围.

表 7.6.2　常用晶体材料的光谱透过范围

材料名称	光谱透过范围/μm	材料名称	光谱透过范围/μm	材料名称	光谱透过范围/μm
氟化锂 LiF	0.1～7	氯化钾 KCl	0.2～20	二氧化钛 TiO_2	0.4～6.5
氟化钙(氟石)CaF_2	0.15～10	溴化钾 KBr	0.2～40	碳酸钙 $CaCO_3$	0.15～2.5

材料名称	光谱透过范围/μm	材料名称	光谱透过范围/μm	材料名称	光谱透过范围/μm
氟化纳(荧石)NaF	0.15～12	天然石英 SiO_2	0.2～4	云母(白云母)	0.3～7
氯化钠 NaCl	0.2～25	蓝宝石(Al_2O_3)	0.45～5.5	三硫化二砷玻璃 As_2S_3	0.6～11.5

5. 阿贝数和相对部分色散

折射率不是一个常数,它是波长的函数,这种现象被称为色散. 为求得光楔的色散,可以通过对式(4.5.6)即 $\delta = \alpha(n-1)$ 关于 n 进行微分,得到

$$\mathrm{d}\delta = \alpha \mathrm{d}n \tag{7.6.1}$$

如果从式(4.5.6)中求出 α,可以得出

$$\mathrm{d}\delta = \delta \frac{\mathrm{d}n}{n-1} \tag{7.6.2}$$

这里,比值 $(n-1)/\mathrm{d}n$ 是一个用来表征光学材料的基本量,称为相对色散的倒数,阿贝数 ν,或者 ν 数. 通常情况下 n 被认为是 d 线(0.5876μm)的折射率,$\mathrm{d}n$ 是 F 线(0.4861μm)和 C 线(0.6563μm)的折射率差值,于是 ν 数被定义为

$$\nu_d = \frac{n_d - 1}{n_F - n_C} \tag{7.6.3}$$

光学玻璃的阿贝数典型值范围是 30～70,低的 ν_d 值表示高色散.

相对部分色散或称 P 值是光学材料的另一个重要参数,它定义为 d 光和 C 光的折射率之差与 $(n_F - n_C)$ 的比值,即

$$P = P_{dC} = \frac{n_d - n_C}{n_F - n_C} \tag{7.6.4}$$

由于玻璃的色散曲线较为平坦,所以 P 值一般不大于 0.5. P 值也可以在其他波长上进行定义,如

$$P_{XY} = \frac{n_X - n_Y}{n_F - n_C} \tag{7.6.5}$$

针对我国不同玻璃类型作出的 $P_{dC} \sim \nu_d$ 曲线如图 7.6.2 所示. 由该图可知,大多数玻璃的 P 值在一条直线附近. 相对部分色散 P 值的这种性质对消色差镜头的设计具有重要意义,如二级光谱的控制等.

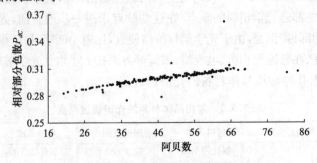

图 7.6.2　相对部分色散与阿贝数的变化

7.6.2　位置色差

1. 位置色差的定义

光学材料对不同波长色光折射率不同,从而造成透镜的焦距也因波长而异. 对一定物距上的物体成像,不同波长像距 L' 也不同. 按色光波长由短到长,其像点离透镜由近到远地排列在光轴上. 这种现象就是位置色差,也称轴向色差,如图 7.6.3 所示. 即使在光学系统的近轴区,也同样存在位置色差. 在靠近可见光谱区边缘的两种色光为蓝色(F 光,$0.4861\mu\mathrm{m}$)和红光(C 光,$0.6563\mu\mathrm{m}$),而对人眼敏感的为黄绿光,所以目视光学仪器对黄绿光(D 光,$5893\mathrm{\mathring{A}}$,或 d,e 光中的一种)计算和校正单色像差(如球差、彗差、像散等),对 F 光和 C 光计算并校正色差. 一般对接近接收器边缘的色光校正色差.

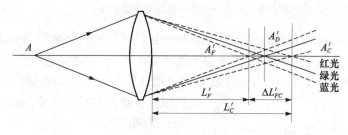

图 7.6.3　位置色差

在图 7.6.3 中,轴上点 A 发出白光,经透镜后,其中红光(C 光)因折射率低,像点 A'_C 离透镜最远,蓝光(F 光)折射率高,像点 A'_F 离透镜最近,黄绿光(D 光)像点 A'_D 居中. 如果把一个屏分别置于图中的 A'_F、A'_D 和 A'_C 处,将形成以蓝、绿、红为中心的彩色弥散斑. 该结论对负透镜同样有效.

目视光学仪器的位置色差为

$$\left.\begin{array}{l}\Delta L'_{FC} = L'_F - L'_C \\ \Delta l'_{FC} = l'_F - l'_C\end{array}\right\} \tag{7.6.6}$$

对 F 光和 C 光进行光路计算后,求得 L'_F、L'_C 或 l'_F、l'_C,就可由式(7.6.6)计算位置色差值.

2. 位置色差与阿贝数的关系

设平行光入射到一薄透镜,如图 7.6.4 所示,根据薄透镜光焦度计算公式,F 光和 C 光的光焦度之差为

$$\delta\phi = \phi_F - \phi_C = (n_F - 1)(C_1 - C_2) - (n_C - 1)(C_1 - C_2) \tag{7.6.7}$$

由式(7.6.3),式(7.6.7)可以表示为

$$\delta\phi = \phi_F - \phi_C = \frac{\phi_d}{\nu_d} \tag{7.6.8}$$

以 F 光和 C 光焦距表示的位置色差如下式

$$\delta f = f_F' - f_C' = \frac{1}{\phi_F} - \frac{1}{\phi_C} = \frac{\phi_C - \phi_F}{\phi_C \phi_F} \qquad (7.6.9)$$

令 $\phi_C \phi_F \approx \phi_d^2$,式(7.6.9)可以表示为

$$\delta f = f_F' - f_C' = -\frac{\phi_d}{\nu_d} \frac{1}{\phi_d^2} = -\frac{1}{\nu_d \phi_d} = -\frac{f_d'}{\nu_d} \qquad (7.6.10)$$

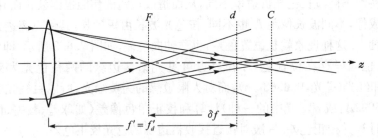

图 7.6.4　位置色差与阿贝数的关系

因此,由式(7.6.10)可知,平行入射的 F 光和 C 光经透镜会聚后,形成的位置色差与 ν 值即阿贝数成反比. 由于阿贝数的典型值范围是 30～70,因此单透镜产生的位置色差大小约是其焦距值的 1.5%～3%. 由于玻璃的色散曲线具有由陡峭逐渐变为平坦的性质,

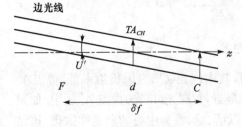

图 7.6.5　垂轴位置色差 TA_{CH}

所以 d 光焦点和 C 光焦点间的间距小于 F 光和 d 光间的间距.

位置色差是沿光轴方向对色差进行度量,而在垂直于光轴方向上会观察到彩色弥散斑,称为垂轴位置色差,用 TA_{CH} 表示,如图 7.6.5 所示. 由于焦距 $f' \gg \delta f$,三条边光线在焦点附近接近平行,于是得

$$\tan U' = -\frac{TA_{CH}}{\delta f} \qquad (7.6.11)$$

因 $\tan U' = -r_p / f'$,所以垂轴位置色差表示为

$$TA_{CH} = \frac{r_p}{\nu_d} \qquad (7.6.12)$$

由此可以看出,TA_{CH} 仅依赖于光学材料的阿贝数和入瞳半径 r_p.

3. 垂轴位置色差和波像差

位置色差可以看成是不同波长的像点位置相对于 d 光像点的位置存在离焦,即离焦量是波长的函数. 因此,垂轴位置色差可采用与离焦像差相类似的方法处理. 位置色差的垂轴像差和波像差曲线如图 7.6.6 所示,垂轴像差是孔径的线性函数,波像差是孔径平方的函数.

这里,d 光焦点作为近轴焦点,C 光形成的焦点在近轴焦点之外,更远离透镜,而 F 光

位于近轴焦点以内,靠近透镜. 又因 d 光焦点与 C 光焦点间距小于 F 光与 d 光焦点间的距离,所以图 7.6.6(a)中的 F 光垂轴像差曲线的斜率绝对值大于 C 光垂轴像差曲线的斜率绝对值,属于正透镜欠校正位置色差的情况.

设 $_\lambda W_{20}$ 是离焦波像差系数,它随波长变化. 位置色差引入的离焦波像差可以表示为

$$W =\, _\lambda W_{20}\rho^2 \tag{7.6.13}$$

由于 d 光波前是参考波前,因此 d 光的波像差为零,即 $_d W_{20}=0$,离焦量为零,而其他波长的色光将产生色差. 为了得到其他波长色光的离焦量,我们通过波像差平衡的方法来确定. 于是,离焦和某波长位置色差的波像差满足关系式

$$W(\lambda) =\, _\lambda W_{20}\rho^2 + \Delta W_{20}(\lambda)\rho^2 = 0 \tag{7.6.14}$$

因此,离焦波像差系数为

$$\Delta W_{20}(\lambda) = -\,_\lambda W_{20} \tag{7.6.15}$$

于是得该波长图像平面的离焦量(相对于 d 光焦点)为

$$\delta z(\lambda) = -8\,(f/\#)^2_\lambda W_{20}/n' \tag{7.6.16}$$

根据 F、d、C 光焦点的位置关系,得到

$$\left.\begin{array}{l} _F W_{20} > 0, \delta z(F) < 0 \\ _C W_{20} < 0, \delta z(C) > 0 \end{array}\right\} \tag{7.6.17}$$

F、d、C 光的波前如图 7.6.6(b)所示.

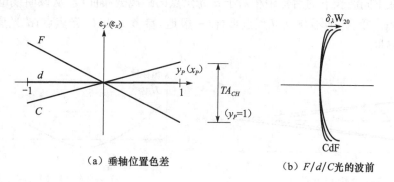

(a) 垂轴位置色差　　　　　　　　(b) $F/d/C$光的波前

图 7.6.6　位置色差特性曲线与波像差

4. 色球差和二级光谱

我们把随波长而变化的球差称为色球差. 用于消色差的两种色光经光学系统后,因两种色光的球差不等,所以两种色光的球差曲线只能在某一带相交,故只能对该带消色差. 一般光学系统对 0.707 带校正色差,即 $\Delta L'_{FC0.707}=0$ 的系统称为消色差系统. 色差小于零者为"校正不足",色差大于零者为"校正过头". 光学系统对带光校正了色差后,在其他带上有剩余色差. 因此,为全面了解色差情况,还必须计算边光和近轴光的色差.

例如,某双胶合物镜,其正负透镜玻璃分别为 K9 和 ZF2,它们的 F 光和 C 光的折射率分别为

$$K9 \text{ 玻璃}: n_F = 1.521, \quad n_C = 1.513\,85$$

$$ZF2 \text{ 玻璃}: n_F = 1.687\,49, \quad n_C = 1.666\,62$$

通过对 F 光和 C 光近轴光路和远轴光路计算,求得有关数据及位置色差值,如表 7.6.3 所示.

表 7.6.3　某双胶合透镜的位置色差数据

y/y_m	l_F'、L_F'/mm	l_C'、L_C'/mm	$\Delta l_{FC}'$、$\Delta L_{FC}'/\text{mm}$
0	97.205	97.075	-0.050
0.707	97.038	97.034	0.004
1	97.098	97.038	0.066

从表 7.6.3 还可看出,系统带光校正了色差,F 光的球差 $LA_F = 0.073\text{mm}$,C 光的球差 $LA_C = -0.037\text{mm}$,两者不相等,其差值称为色球差 $LA_{Fm} - LA_{Cm} = 0.110\text{mm}$,其值正好等于边缘光和近轴光色差之差 $\Delta L_{FCm}' - \Delta l_{FC}' = 0.066 - (-0.050) = 0.110\text{mm}$,即 $LA_{Fm} - LA_{Cm} = \Delta L_{FCm}' - \Delta l_{FC}'$.

还可看出,当在带孔径上对 F 和 C 光校正了位置色差,它们和光轴的公共交点并不与 d 光带孔径光线和光轴的交点重合,其偏差称为二级光谱. 在图 7.6.7(a) 中,双胶合透镜校正了 F 和 C 光的位置色差,但尚剩余二级光谱需要校正. 图 7.6.7(b) 表示一典型双胶合透镜在不同波长下的后焦距相对于 d 光焦点的距离分布曲线. 从该曲线也可看出,F 光和 C 光焦点重合,但不与 d 光焦点重合. 一般地,参考 F 和 C 光焦点,d 光焦点并不具有最大焦移量.

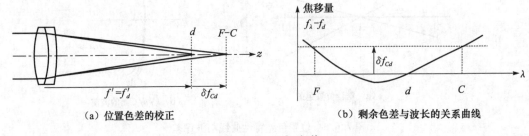

（a）位置色差的校正　　　　　　　　（b）剩余色差与波长的关系曲线

图 7.6.7　二级光谱

图 7.6.8 是色球差曲线. 从图(a)看出,d 光的边光球差得到了校正,但还存在高级球差;中间的虚线表示 C 光和 F 光的位置色差得到了校正,但实际上仅在近轴区得到了校正,且 C 光和 F 光的球差依然存在. 从图(b)还看出,C 光仍存在球差欠校正,而 F 光球差有过校正球差.

色球差和二级光谱在光学系统的色差校正是困难的. 不过,一般光学系统并不要求严格校正.

7.6.3　倍率色差

校正了位置色差的光学系统,只是使轴上点两种色光的像重合在一起. 但对轴外点来

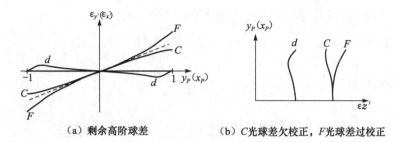

（a）剩余高阶球差　　　（b）C光球差欠校正，F光球差过校正

图 7.6.8　色球差

说，两种色光的垂轴放大率不一定相等．这是因为，对复杂光组两种色光的主平面不重合，即使焦点重合，焦距也不相等，因而两种色光的放大率不同．这样，同一物体成像将引起像的大小不同，称为倍率色差（或放大率色差，或垂轴色差），如图 7.6.9 所示．

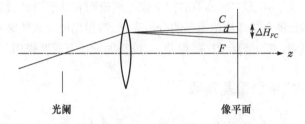

图 7.6.9　倍率色差

等同地可以理解为：透镜的边缘就像一个棱镜，轴外物点的像会出现径向色模糊．模糊程度随着像的高度线性增加，每种颜色都有不同的放大倍率．

光学系统的倍率色差是以两种色光的主光线在消单色光像差的高斯像面上交点高度之差来度量的．对目视光学系统以 $\Delta \bar{h}'_{FC}$ 和 $\Delta \bar{H}'_{FC}$ 来表示

$$\left.\begin{aligned}\Delta \bar{h}'_{FC} &= \bar{h}'_F - \bar{h}'_C \\ \Delta \bar{H}'_{FC} &= \bar{H}'_F - \bar{H}'_C\end{aligned}\right\} \tag{7.6.18}$$

为精确计算倍率色差，需对要求校正色差的两种色光，如 F 光和 C 光进行主光线的光路计算，以求出它们与高斯像面交点的高度 $\bar{H}'_F$ 和 $\bar{H}'_C$，再按式（7.6.18）进行计算．

倍率色差使物体像的边缘呈现颜色，影响成像清晰度，所以目镜等视场较大的光学系统必须校正倍率色差．倍率色差常用垂轴像差表示，对称系统以 $m = -1$ 倍成像时，倍率色差自动消除．

倍率色差波像差可以看成"色倾斜"，与波前倾斜像差类似，可以用公式表示为

$$W(\lambda) = {}_\lambda W_{11} H \rho \cos\theta \tag{7.6.19}$$

由式（7.3.3），垂轴倍率色差与倍率色差波像差的关系为

$$\varepsilon_{y'}(\lambda) = \frac{1}{n u} \lambda W_{11} H, \quad \varepsilon_{x'} = 0 \tag{7.6.20}$$

F 光和 C 光的倍率色差波像差之差可以表示为

$$\delta_\lambda W_{11} = {}_F W_{11} - {}_C W_{11} \tag{7.6.21}$$

放置倾斜的平行玻璃板于一束发散或者会聚光束中，还将引入位置色差和倍率色差，

如图 7.5.18 所示. 位置色差和倍率色差的计算公式分别为

三级位置色差： $$\Delta l'_{FC} = l'_F - l'_C = \frac{t(n-1)}{n^2 \nu_d} \tag{7.6.22}$$

三级倍率色差： $$\Delta \bar{h}'_{FC} = \frac{t u_p (n-1)}{n^2 \nu_d} \tag{7.6.23}$$

7.7　赛德尔初级像差——Seidel 像差

前面介绍了光线追迹、像差计算和各像差类型等方面的内容,知道了系统的波前像差可以通过光线追迹计算得到,并常用于分析接近衍射极限的光学系统,用于计算系统的 MTF,反映实际系统对衍射受限系统的接近程度等. 但若只有光线追迹结果,是不能提供有用的判断信息让透镜设计者知道系统为什么产生这样结果,也不能让设计者知道哪些参数应该被调整而实现像差的控制. 赛德尔(Seidel)的初级像差理论则有助于设计者理解像差和像差校正的基本原理. 该部分将介绍赛德尔像差的分析表达式,得出的公式能解释前面提到的三级(初级)像差增大的原因和如何降低这些像差,对镜头的设计有重要作用.

7.7.1　赛德尔初级单色像差系数

波前像差是同一物点发出的主光线和另一任意光线之间的光程差,下面我们用该概念讨论赛德尔初级波前像差系数的数学形式.

设任意光学系统,如图 7.7.1 中的三面透镜组,物位于 O 点,像位于 O' 点. 为分析方便,假设在每个透镜面之间的空间中成实像,即 B 点和 D 点. 根据光程的表示方法,波前像差可以表述为

$$W = [O\bar{A}B\bar{C}D\bar{E}O'] - [OABCDEO']$$
$$= \{[O\bar{A}B] - [OAB]\} + \{[B\bar{C}D] - [BCD]\} + \{[D\bar{E}O'] - [DEO]\} \tag{7.7.1}$$

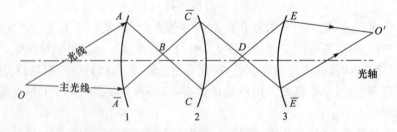

图 7.7.1　系统波像差的计算

式(7.7.1)中,第一项 $\{[O\bar{A}B] - [OAB]\}$ 是第一面产生的波前像差. 相似的,第二项 $\{[B\bar{C}D] - [BCD]\}$ 和第三项 $\{[D\bar{E}O'] - [DEO]\}$ 是第二面和第三面产生的波前像差. 因此,系统波前像差可以表示为光学元件的每个独立表面产生的波前像差之和. 这些贡献相互独立. 在评价五级和更高级像差时,像差贡献不能通过这种方法进行计算,因为第一面产生的像差会影响之后表面产生的五级和高级像差. 计算初级像差运用了近轴光线的数据,即物点发出的近轴边光线和主光线在孔径上的高度和相应角度. 这是赛德尔像差分析

方法的基础. 通过运用三级近似进行简化,然后推导出独立表面上球差、彗差以及其他初级像差的理论计算公式.

1. 赛德尔球差系数

这里介绍一种导出单球面赛德尔球差系数计算公式的方法,其他证明方法可参考相关文献.

如图 7.7.2 所示的单折射球面,其曲率半径为 R,曲率 $C=1/R$,物、像方的折射率分别为 n 和 n'. 该折射面的波前像差将以近轴像点 O' 为球心的参考球面来进行计算. 因此,主光线与边光线的光程差为

$$
\begin{aligned}
W &= \left[OAO'\right] - \left[OBO'\right] \\
&= n(OA - OB) + n'(AO' - BO')
\end{aligned}
\tag{7.7.2}
$$

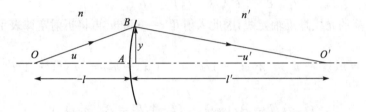

图 7.7.2　单球面产生球差

OA 是物点 O 到单折射球面顶点 A 的距离 $-l$,AO' 是顶点 A 到光线与光轴交点的距离 l'. 求赛德尔初级球差波像差的问题变为先近似求出 OB 与 BO' 的距离,于是 OB 表示为

$$
OB^2 = (z - l)^2 + y^2
\tag{7.7.3}
$$

其中,z 是光线入射到 B 点的矢高. 因此,z 的大小可被表示为

$$
z = \frac{1 - \sqrt{1 - C^2 y^2}}{C} \approx \frac{1}{2}Cy^2 + \frac{1}{8}C^3 y^4 + \frac{1}{16}C^5 y^6 + \cdots
\tag{7.7.4}
$$

在赛德尔近似中,忽略了 y^6 以上的项,于是得到

$$
z \approx \frac{1}{2}Cy^2 + \frac{1}{8}C^3 y^4
\tag{7.7.5}
$$

将式(7.7.5)代入式(7.7.3),并用同样的近似方法可得

$$
\begin{aligned}
OB^2 &= \left(\frac{1}{2}Cy^2 + \frac{1}{8}C^3 y^4 - l\right)^2 + y^2 = l^2 - lCy^2 - \frac{1}{4}lC^3 y^4 + \frac{1}{4}C^2 y^4 + y^2 \\
&= l^2\left[1 - \left(C - \frac{1}{l}\right)\frac{y^2}{l} - \left(C - \frac{1}{l}\right)\frac{C^2 y^4}{4l}\right]
\end{aligned}
$$

对上式开方,并作近轴近似($y \ll l$),得

$$
OB = -l + \frac{1}{2}y^2\left(C - \frac{1}{l}\right) + \frac{1}{8}C^2 y^4\left(C - \frac{1}{l}\right) + \frac{1}{8l}y^4\left(C - \frac{1}{l}\right)^2
$$

因此有

$$
OA - OB = -\frac{1}{2}y^2\left(C - \frac{1}{l}\right) - \frac{1}{8}C^2 y^4\left(C - \frac{1}{l}\right) - \frac{1}{8l}y^4\left(C - \frac{1}{l}\right)^2
\tag{7.7.6}
$$

同理可得

$$AO' - BO' = \frac{1}{2}y^2\left(C - \frac{1}{l'}\right) + \frac{1}{8}C^2y^4\left(C - \frac{1}{l'}\right) + \frac{1}{8l'}y^4\left(C - \frac{1}{l'}\right)^2 \quad (7.7.7)$$

再将式(7.7.6)和式(7.7.7)代入式(7.7.2),则波前像差为

$$W = \frac{1}{2}y^2\left[n'\left(C - \frac{1}{l'}\right) - n\left(C - \frac{1}{l}\right)\right] + \frac{1}{8}C^2y^4\left[n'\left(C - \frac{1}{l'}\right) - n\left(C - \frac{1}{l}\right)\right]$$

$$+ \frac{1}{8}y^4\left[\frac{n'}{l'}\left(C - \frac{1}{l'}\right)^2 - \frac{n}{l}\left(C - \frac{1}{l}\right)^2\right] \quad (7.7.8)$$

如果 O' 是近轴像点,根据第 2 章中的近轴折射公式(2.1.8),即

$$\frac{n'}{l'} = \frac{n}{l} + (n'-n)C \quad \text{或} \quad n'\left(C - \frac{1}{l'}\right) = n\left(C - \frac{1}{l}\right)$$

式(7.7.8)可简化为

$$W = \frac{1}{8}y^4\left[\frac{n'}{l'}\left(C - \frac{1}{l'}\right)^2 - \frac{n}{l}\left(C - \frac{1}{l}\right)^2\right] \quad (7.7.9)$$

假设被计算的光线是近轴光线,因此入射角 $i = yC + u$. 再将折射定律表示为 $A = ni = n'i'$,于是有

$$A = n(yC + u) = ny(C - 1/l) = n'(yC + u') = n'y(C - 1/l')$$

这样可得到

$$C - 1/l = A/(ny), \quad C - 1/l' = A/(n'y)$$

将它代入式(7.7.9),得

$$W = \frac{1}{8}y^4\left[\frac{n'}{l'}\left(\frac{A}{n'y}\right)^2 - \frac{n}{l}\left(\frac{A}{ny}\right)^2\right] = \frac{1}{8}y^2\left(\frac{A^2}{n'l'} - \frac{A^2}{nl}\right)$$

$$= \frac{1}{8}A^2y\left(\frac{y}{n'l'} - \frac{y}{nl}\right)$$

$$= \frac{1}{8}A^2y\left(\frac{u}{n} - \frac{u'}{n'}\right) \quad (7.7.10)$$

为了对式(7.7.10)作进一步化简,于是由式(2.1.7)

$$u = -\frac{y}{l} \text{ 和 } u' = -\frac{y}{l'}$$

可以得到

$$\delta\left(\frac{u}{n}\right) = \frac{u'}{n'} - \frac{u}{n}$$

由此,式(7.7.10)可表示为

$$W = -\frac{1}{8}A^2y\delta\left(\frac{u}{n}\right) \quad (7.7.11)$$

式(7.7.11)就是由近轴光线数据计算得到的赛德尔初级球差(波像差)系数. 设物点发出的一条光线在球面上的入射高度为 y,另一条光线的入射高度为 $y/2$,如果运用近轴光线数据计算球差波像差 W,两光线 W 的比值将是 $2^4 : 1 = 16 : 1$. 该计算结果说明,赛德尔初级球差正比于孔径的四次方.

式(7.7.11)中的 $-A^2y\delta(u/n)$ 被定义为赛德尔球差系数,即

$$S_{\mathrm{I}} = -A^2 y \delta \left(\frac{u}{n} \right) \tag{7.7.12}$$

对于球差,含有多个表面透镜系统的赛德尔球差系数是每个独立面系数之和,即

$$\sum S_{\mathrm{I}} = -\sum_{i=1}^{k} A_i^2 y_i \delta_i \left(\frac{u}{n} \right) \tag{7.7.13}$$

其中,下标 i 是指折射面的编号.

2. 轴外点赛德尔像差系数

当物点 O 在轴上时,我们通过较为复杂的推导过程得到式(7.7.12).对于轴外物点时,其他赛德尔系数的推导过程将更复杂.我们这里直接给出含有多个表面透镜系统轴外点赛德尔像差系数的计算公式,即

$$\left.
\begin{aligned}
&\text{赛德尔彗差系数:} \quad \sum S_{\mathrm{II}} = -\sum_{i=1}^{k} A_i \overline{A}_i y_i \delta_i \left(\frac{u}{n} \right) \\
&\text{赛德尔像散系数:} \quad \sum S_{\mathrm{III}} = -\sum_{i=1}^{k} \overline{A}_i^2 y_i \delta_i \left(\frac{u}{n} \right) \\
&\text{赛德尔场曲系数:} \quad \sum S_{\mathrm{IV}} = -\sum_{i=1}^{k} \mathcal{K}^2 C_i \delta_i \left(\frac{1}{n} \right) \\
&\text{赛德尔畸变系数:} \quad \sum S_{\mathrm{V}} = \sum_{i=1}^{k} \frac{\overline{A}_i}{A_i} \left(\sum S_{\mathrm{III}} + \sum S_{\mathrm{IV}} \right)
\end{aligned}
\right\} \tag{7.7.14}$$

在这些公式中,下标 i 是折射面的编号;$A = ni$,i 是近轴光线入射角;$\overline{A} = n\overline{i}$,$\overline{i}$ 是近轴主光线入射角;y 是近轴边光线入射高度;$\mathcal{K}$ 是拉格朗日不变量.

与球差类似,含有多个表面透镜系统的轴外点赛德尔像差系数也是每个独立面像差系数之和.赛德尔像差是依据近轴边光线和近轴主光线的入射高度和入射角而计算得来的.

在式(7.7.14)中,$\sum S_{\mathrm{II}}$ 称为赛德尔初级彗差系数或第二赛德尔和数,通过两条近轴光线的计算即可获得初级彗差值.对单个折射面而言,彗差由球差引起.但当 $\overline{i} = 0$ 即主光线通过该面球心时,因 $S_{\mathrm{II}} = 0$,故虽有球差,但无彗差.$\sum S_{\mathrm{III}}$ 称为赛德尔初级像散系数或第三赛德尔和数.当 $\sum S_{\mathrm{III}} = 0$,即初级像散为零时,子午像面和弧矢像面重合,但像面还是弯曲的.这种像面弯曲称为匹兹万场曲(见 7.5.4 节),$\sum S_{\mathrm{IV}}$ 称为赛德尔匹兹万和数或第四赛德尔和数,表示匹兹万像面弯曲程度,由系统的曲率和折射率决定.$\sum S_{\mathrm{V}}$ 称为赛德尔初级畸变系数或第五赛德尔和数,表示光学系统的初级畸变.

欲达到初级像散和场曲同时消除,须使

$$\sum S_{\mathrm{III}} = \sum S_{\mathrm{IV}} = 0$$

这样的像才是平的、消像散的清晰像.但是,光学系统要同时达到这两个要求是困难的.其中,$\sum S_{\mathrm{IV}}$ 被光学系统结构形式所限定,无法随意改变和减小.一般说来,光学系统的 $\sum S_{\mathrm{III}}$ 较 $\sum S_{\mathrm{IV}}$ 易于控制,常使 $\sum S_{\mathrm{III}}$ 和 $\sum S_{\mathrm{IV}}$ 异号来减少像面弯曲(见 7.5.4 节).但由

于像散的存在,视场边缘部分仍不能有清晰的像,大视场照相物镜常有这种现象.

对于大视场系统,当 $\sum S_{IV}$ 不能校正时,不论是使 $\sum S_{III}=0$ 获得清晰而弯曲的像面,还是使 $\sum S_{III}$ 和 $\sum S_{IV}$ 异号获得较为平坦而有像散的像面,都使像平面模糊不清.因此,设法校正和减小 $\sum S_{IV}$ 是很重要的,弯月形厚透镜可以控制 $\sum S_{IV}$.

根据式(3.6.2)的厚透镜焦距公式为

$$\phi = \frac{1}{f'} = (n-1)\left[\frac{1}{r_1} - \frac{1}{r_2} + \frac{d(n-1)}{r_1 r_2 n}\right]$$

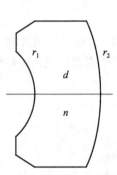

其形状是如图 7.7.3 所示的弯月形厚透镜. 当 $r_1 > r_2$($|r_1| < |r_2|$)时,上式中第一项为负值,第二项为正值. 当 d 比较小时,总光焦度为负值,d 足够大,总光焦度 ϕ 可为正值. 为求弯月形厚透镜的 $\sum S_{IV}$,使 $n_1 = n_2' = 1, n_1' = n_2 = n$,代入式(7.7.14)中的 $\sum S_{IV}$,整理后得

$$\sum S_{IV} = \mathcal{K}^2 \frac{n-1}{n}\left(\frac{1}{r_1} - \frac{1}{r_2}\right)$$

式中,$\mathcal{K}^2(n-1)/n$ 总为正值,故当 $r_1 > r_2$ 时,$\sum S_{IV}$ 为负值;

图 7.7.3　厚弯月透镜

$r_1 = r_2$ 时,$\sum S_{IV}$ 为零. 这说明弯月形厚透镜为正光焦度时,其所产生的 $\sum S_{IV}$ 可为负值,也可为零或正值,而一般正薄透镜只能有正的 $\sum S_{IV}$. 由于弯月形厚透镜可在正光焦度时产生负的 $\sum S_{IV}$,因此在光学设计中有重要的应用.

采用如下关系式

$$\left.\begin{aligned}
&\delta\left(\frac{u}{n}\right) = \frac{u'}{n'} - \frac{u}{n} = \frac{u'}{n'} - \frac{u}{n} + \frac{i}{n} - \frac{i'}{n'} = (i'+u)\left(\frac{1}{n'} - \frac{1}{n}\right) \\
&A \cdot \left(\frac{1}{n} - \frac{1}{n'}\right) = ni\left(\frac{1}{n} - \frac{1}{n'}\right) = i - \frac{ni}{n'} = i - i' \\
&y = -lu \\
&\mathcal{K} = n(\bar{u}y - u\bar{y}) = \left(\frac{\bar{i}}{i} - \frac{\bar{y}}{y}\right)niy
\end{aligned}\right\} \quad (7.7.15)$$

式(7.7.13)和式(7.7.14)的赛德尔像差系数还可以表示成

$$\left.\begin{aligned}
&\text{赛德尔球差系数:} \quad \sum S_I = -\sum_{i=1}^{k} luni(i-i')(i'+u) \\
&\text{赛德尔彗差系数:} \quad \sum S_{II} = \sum_{i=1}^{k} S_I \frac{\bar{i}}{i} \\
&\text{赛德尔像散系数:} \quad \sum S_{III} = \sum_{i=1}^{k} S_{II} \frac{\bar{i}}{i} \\
&\text{赛德尔场曲系数:} \quad \sum S_{IV} = \sum_{i=1}^{k} \mathcal{K}^2 \frac{n'-n}{n'nr} \\
&\text{赛德尔畸变系数:} \quad \sum S_V = \sum_{i=1}^{k} (S_{III} + S_{IV}) \frac{\bar{i}}{i}
\end{aligned}\right\} \quad (7.7.16)$$

式(7.7.16)所示的赛德尔初级像差系数被用于光学系统的初始结构计算,即 PW 方法的光学初始结构设计,将在 11 章中对其进行介绍. 这里,求和符号中的 i 是折射面的编号.

7.7.2　不晕面

球差和彗差为零的光学系统被称为不晕系统. 不晕系统可以是一个完整的光学系统,也可以是系统的一部分,也或者是单球面. 下面讨论单球面的情况.

当满足以下条件时

$$\delta\left(\frac{u}{n}\right) = 0 \tag{7.7.17}$$

根据赛德尔初级像差理论,可以得到 $S_{\text{I}} = S_{\text{II}} = S_{\text{III}} = 0$. 联立求解式(7.7.17)和式(2.1.6): $n'u' = nu - yC(n'-n)$,于是可以得到

$$-yCn = u(n'+n) \tag{7.7.18}$$

用 $u' = -\dfrac{y}{l'}$ 和 $u = -\dfrac{y}{l}$ 替换式(7.7.18)中的变量,可分别求出物距为

$$l = R\frac{n'+n}{n} \tag{7.7.19}$$

像距为

$$l' = R\frac{n'+n}{n'} \tag{7.7.20}$$

从式(7.7.19)和式(7.7.20)看到,l 和 l' 的符号是相同的. 这说明实物在一个不晕面或连续的不晕面上是不可能成实像的. 也就是说,物或像之一是虚的,如图 7.7.4 所示. 通常,不晕面是指满足 $S_{\text{I}} = S_{\text{II}} = 0$ 的表面,即使有时也满足 $S_{\text{III}} = 0$. 在 $A = 0$ 或 $y = 0$ 的条件下,能使 $S_{\text{I}} = S_{\text{II}} = 0$ 的表面也是不晕面.

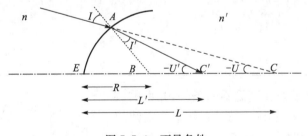

图 7.7.4　不晕条件

现已得出近轴条件下满足 $S_{\text{I}} = S_{\text{II}} = S_{\text{III}} = 0$ 的式(7.7.19)和式(7.7.20),下面将发现这种表面上的所有级次球差完全被校正,而不只是对 S_{I} 的赛德尔近似实现校正.

现使用大写字母 L、L'、U 和 U' 表示实际的距离和角度,它们对应于近轴的 l、l'、u 和 u'. 假设物距 L 满足 $L = R\dfrac{n'+n}{n}$,因此有 $\dfrac{n'}{n} = \dfrac{L-R}{R}$.

在图 7.7.4 中的三角形 ABC,由正弦定理得 $\dfrac{L-R}{R} = -\dfrac{\sin I}{\sin U}$,所以有 $\dfrac{n'}{n} = -\dfrac{\sin I}{\sin U}$. 再

由折射定律得 $n\sin I = n'\sin I' = -n'\sin U$，所以有

$$U = -I' \tag{7.7.21}$$

在图 7.7.4 中，根据角度的符号法则可得

$$-\angle ABE = I - U = I' - U' \tag{7.7.22}$$

于是由式(7.7.21)和式(7.7.22)可得

$$U' = -I \tag{7.7.23}$$

在图 7.7.4 中的三角形 ABC' 中，由正弦定理得

$$\frac{L' - R}{R} = -\frac{\sin I'}{\sin U'} = \frac{\sin I'}{\sin I} = \frac{n}{n'} \tag{7.7.24}$$

所以像点的位置为

$$L' = R\frac{n' + n}{n'} \tag{7.7.25}$$

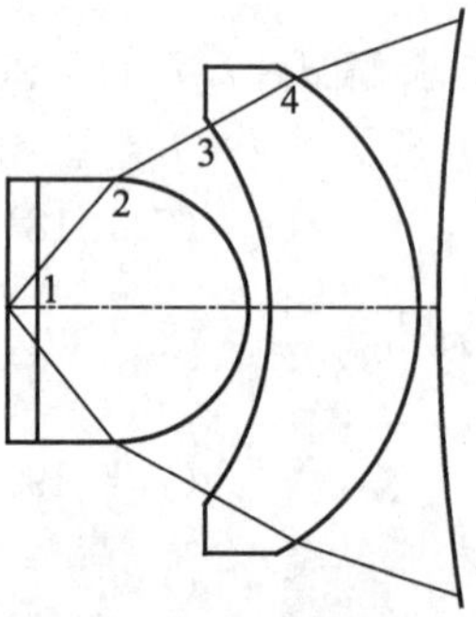

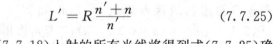

因此，按式(7.7.18)入射的所有光线将得到式(7.7.25)确定的像位置，即任何角度入射的光线所成的像与光线在表面上的入射高度无关. 这就意味着，这个表面上产生的任意级次的球差为零. 通常，式(7.7.21)和式(7.7.23)($U = -I'$ 和 $U' = -I$)也被用来描述不晕面.

不晕条件应用于经典的油浸显微物镜的设计. 设物体全部浸在折射率为 n 的油中，液体折射率与第一个透镜的折射率相匹配，如图 7.7.5 所示.

图 7.7.5　经典油浸显微物镜的前四面

前四个面满足的条件如表 7.7.1 所示.

表 7.7.1　经典油浸显微物镜满足的不晕条件

表面	满足的条件	S_I	S_{II}	S_{III}	S_{IV}
#1	$n' = n$	0	0	0	0
#2	$\delta(u/n) = 0$	0	0	0	>0
#3	$A = 0$	0	0	>0	<0
#4	$\delta(u/n) = 0$	0	0	0	>0

因为第二面和第四面满足不晕条件，光束的数值孔径减少到了原来的 $1/n^3$. 例如，如果物空间的数值孔径为 1.3，折射率 $n=1.5$，则第四面之后的数值孔径变为 $1.3/1.5^3 = 0.38$. 第四面之后，光束仍然保持了 0.38 的发散角，在设计中就要让后面的光学元件使光束汇聚成实像，如图 7.7.6 所示.

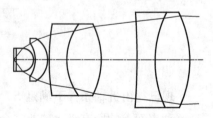

图 7.7.6　油浸显微物镜的结构

7.7.3　单薄透镜的赛德尔初级球差系数

分析初级赛德尔像差系数能发现一些可以控制光学系统像差的有效方法. 我们这

里将具体介绍导出单透镜赛德尔初级球差系数的过程,并得出如何控制单透镜球差的一些方法,如整体弯曲、正负透镜组合实现的双胶合透镜、增大透镜折射率和分裂透镜等.

根据赛德尔初级球差系数求和公式

$$S_{\mathrm{I}} = -\sum A_i^2 y_i \delta_i \left\{ \frac{u}{n} \right\} \tag{7.7.26}$$

其中,$A = nu + nyC = n'u' + n'yC$,并且 $\delta\left\{\dfrac{u}{n}\right\} = \left\{\dfrac{u'}{n'}\right\} - \left\{\dfrac{u}{n}\right\}$.

对于包含两个表面的单薄透镜,并设 $y_1 = y_2$,式(7.7.26)展开为

$$S_{\mathrm{I}} = -y\left\{ n_1^2(u_1 + yC_1)^2\left(\frac{u_1'}{n_1'} - \frac{u_1}{n_1}\right) + n_2^2(u_2 + yC_2)^2\left(\frac{u_2'}{n_2'} - \frac{u_2}{n_2}\right) \right\} \tag{7.7.27}$$

为了计算方便,使 $n_1 = n_2' = 1$,并且 $n_2 = n_1' = n$,于是有

$$S_{\mathrm{I}} = -y\left\{ (u_1 + yC_1)^2\left(\frac{u_1'}{n} - u_1\right) + n^2(u_2 + yC_2)^2\left(u_2' - \frac{u_2}{n}\right) \right\} \tag{7.7.28}$$

对式(7.7.28)中第二项作如下代换:$(u_2 + yC_2) = (n_2'/n_2)(u_2' + yC_2)$,并且重新整理得

$$S_{\mathrm{I}} = -\left(\frac{y}{n}\right)\{ (u_1 + yC_1)^2(u_1' - nu_1) - (u_2' + yC_2)^2(u_2 - nu_2') \} \tag{7.7.29}$$

为了简化式(7.7.29),用形状因子 X、放大率 Y 和光焦度 ϕ 这三个量来替换该式中括号内的因子,因此得到薄透镜的赛德尔初级球差系数,为

$$S_{\mathrm{I}} = -\left(\frac{1}{4}\right)y^4\phi^3\left[aX^2 - bXY + cY^2 + d \right] \tag{7.7.30}$$

其中,括号"[ ]"内的量被称为结构像差系数 σ_{I},并且

$$X = \frac{C_1 + C_2}{C_1 - C_2}, \quad Y = \frac{1+m}{1-m}, \quad a = \frac{n+2}{n(n-1)^2}, \quad b = \frac{4(n+1)}{n(n-1)},$$

$$c = \frac{3n+2}{n}, \quad d = \frac{n^2}{(n-1)^2}.$$

对于单薄透镜,其光焦度为 $\phi = (n-1)(C_1 - C_2)$.可见,当焦距和透镜的玻璃一定时,两个面的曲率中,只有一个独立变量.因要保持 f' 不变,$(C_1 - C_2)$ 不能变,若取 C_1 为变量,C_2 必须随 C_1 的改变而改变.这样改变 C_1 值就可以得到一系列焦距相同而形状不同的透镜,故 X 就表示透镜的形状.保持焦距不变,改变透镜形状的做法,称为整体弯曲.

由式(7.7.30)可见,薄透镜的赛德尔初级球差除与物体位置、透镜折射率、焦距有关外,还与透镜的形状 X 有关.当作整体弯曲改变 X 时,球差将按二次抛物线的规律变化.假定 Y 是一个常量,$\sigma_{\mathrm{I}}(X)$ 就是关于形状因子 X 的二次函数,$\sigma_{\mathrm{I}}(X)$ 有最小值.为求出这一点,对 $\sigma_1(X)$ 求导并使其等于 0,即

$$\frac{\mathrm{d}\sigma_1}{\mathrm{d}X} = 2aX - bY = 0$$

解出 X 为

$$X = \left(\frac{b}{2a}\right)Y \tag{7.7.31}$$

将 a 和 b 的值代入式(7.7.31),有

$$X = \frac{1}{2}\left[\frac{4(n+1)}{n(n-1)}\right]\left[\frac{n(n-1)^2}{n+2}\right] \cdot Y = 2\frac{(n^2-1)}{(n+2)} \cdot Y \qquad (7.7.32)$$

式(7.7.31)说明,对于给定的物体位置,一定的透镜形状将会使球差值达到最小.例如,当 $n=1.5,\phi=1$ 时,对于无限远处的一个物体,此时 $Y=1$,透镜的形状为 $X=2(n^2-1)/(n+2)$,正透镜的结构像差系数 $\sigma_{\mathrm{I}}(X)$ 随 C_1 而变的数据和曲线分别如表7.7.2和图7.7.7所示.

表7.7.2 正透镜的结构像差系数 $\sigma_{\mathrm{I}}(X)$ 与 C_1 的变化关系

透镜形状		$n=1.5$		
		C_1	C_2	$\sigma_{\mathrm{I}}(X)$
平凸		0	-2	36
双凸		1	-1	$\frac{40}{3}$
最优良形式		$\frac{12}{7}$	$-\frac{2}{7}$	$\frac{60}{7}$
凸平		2	0	$\frac{28}{3}$
月凸	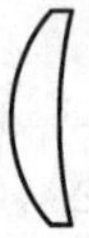	3	1	24

由数据和曲线可知,单正透镜总产生负球差,不能通过整体弯曲使球差为零.但球差有最小值,与此对应的形状称为透镜的最优良形状,接近凸平形状.对于物像满足垂轴放大率为 $m=-1$ 时,$Y=0$,而 $X=0$,即透镜的形状是双凸时具有最小的球差,是最优良形式的透镜.

图7.7.8给出了上述条件下负透镜的球差曲线,单负透镜恒产生正球差,同样不能通过整体弯曲使之为零.

鉴于正、负透镜产生不同符号的球差,确定了两块不同的玻璃正负透镜的光焦度后,将其组合,再用整体弯曲的方法,可达到消球差的目的.常用的双胶合透镜和双分离透镜为其简单的形式,如图7.7.9(a)和(b)所示.

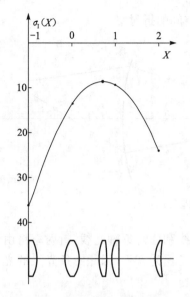

图 7.7.7　正透镜球差与其形状的关系

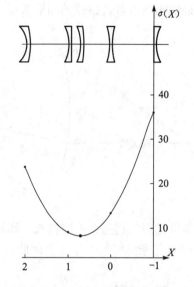

图 7.7.8　负透镜球差随其形状的变化

计算还表明,若保持光焦度 ϕ 不变,单透镜的球差将随折射率的增大而减小. 这是因为 n 增大将使透镜表面曲率减小的缘故. 而球差随曲率减小而减小易于从式(7.7.30)得知.

此外,保持总光焦度 ϕ 不变,使用多个正透镜单元来实现单透镜成像性质的方式也可以减小球差,此即分裂透镜方法.

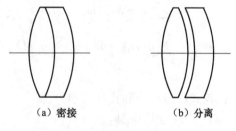

（a）密接　　　　　　（b）分离

图 7.7.9　双胶合透镜

7.7.4　初级色差系数

色差是由于光学材料对不同色光的折射率存在差异而引起的. 因此,光学系统的近轴区同样有色差存在. 初级色差是指近轴区的色差. 位置色差是轴上点色差,它和球差一样可展开成光线入射高度 y(或孔径角 U)的幂级数. 下面先介绍 Conrady 的色差公式,或波色差公式,再分别对初级位置色差和初级倍率色差进行讨论.

1. Conrady 色差公式

如果从物点 O 到像点 O',我们追迹波长为 λ 的两条光线,如图 7.7.10 所示. 主光线和任意光线的光程差由下式给出

$$W_\lambda = [\overline{OBCDEO'}] - [OBCDEO'] = \sum_i n_i D_{Ci} - \sum_i n_i D_i$$

$$= \sum_i n_i (D_{Ci} - D_i) \tag{7.7.33}$$

其中,D_{Ci} 是主光线从一个面到下一个面的长度,D_i 是同一个空间内从同一个物点出发的

任意近轴光线沿着其路径的相应长度，n_i 表示对应空间的折射率.

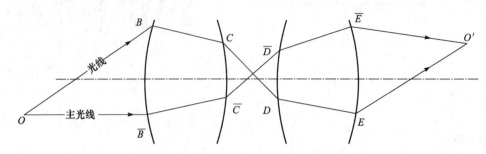

图 7.7.10　Conrady 色差公式

如果我们分别追迹不同波长 λ 和 $\lambda+\delta\lambda$ 的主光线和任意近轴光线，折射率将由 n 变为 $n+\delta n$，每条光线的光程也会因此改变.设附加的光程为 δW_λ，因此两条光线的光程差变为

$$W_{\lambda+\delta\lambda} = W_\lambda + \delta W_\lambda$$
$$= \sum_i (n+\delta n)(D_{Ci}+\delta D_{Ci}) - \sum_i (n+\delta n)(D_i+\delta D_i)$$
$$= \sum_i n(D_{Ci}-D_i) + \sum_i n(\delta D_{Ci}-\delta D_i) + \sum_i \delta n(D_{Ci}-D_i) + \sum_i \delta n(\delta D_{Ci}-\delta D_i)$$

$$(7.7.34)$$

比较式(7.7.34)和式(7.7.33)，得

$$\delta W_\lambda = W_{\lambda+\delta\lambda} - W_\lambda$$
$$= \sum_i n(\delta D_{Ci}-\delta D_i) + \sum_i \delta n(D_{Ci}-D_i) + \sum_i \delta n(\delta D_{Ci}-\delta D_i) \quad (7.7.35)$$

假设 δD_{Ci} 和 δD_i 很小，因此可以忽略二次项 $\sum_i \delta n(\delta D_{Ci}-\delta D_i)$，于是式(7.7.35)变成

$$\delta W_\lambda = \sum_i n(\delta D_{Ci}-\delta D_i) + \sum_i \delta n(D_{Ci}-D_i) \quad (7.7.36)$$

现在分析 $\sum n\delta D_i$. 它表示我们选择了近邻非实际光线的光路，且是在波长 λ 处的光程改变($\lambda+\delta\lambda$ 处可能存在物理光线，但在 λ 处不存在).通过费马原理可知，近邻光线的光程为恒定值，这意味着 $\sum n(\delta D_{Ci}-\delta D_i)$ 是二阶小量并可以忽略.

最终，我们得到 Conrady 的"D-D"表达式，为

$$\delta W_\lambda = \sum_i \delta n(D_{Ci}-D_i) \quad (7.7.37)$$

为了计算出 δW_λ，因此我们用 D_C 的值作为主光线长度，D 作为其他光线长度.它们的值是在波长为 λ 处，通过光线追迹可以得到.对于设计一个典型的可见光波段透镜，我们采用 δn 的值，可由 $\delta n = n_F - n_C$ 给出，该值视应用领域的不同而确定.式(7.7.37)对系统的初级色差系数分析非常有用，但是如果透镜经过 Conrady 公式优化过，它也必须用光线追迹或者对几个波长上点列图的计算进行验证.

2. 初级位置色差系数和初级倍率色差系数

在推导单色初级赛德尔球差系数 S_{I} 的过程中,如图 7.7.11 所示,轴上物点的单色波前像差可由式(7.7.2)计算得到,即

$$W = n(OA - OB) + n'(AO' - BO') \tag{7.7.38}$$

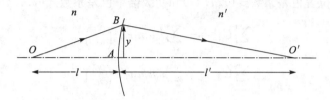

图 7.7.11 单球面产生位置色差

由 Conrady 公式(7.7.37)可以看出,波色差方程与式(7.7.38)相似,表示为

$$\delta W_\lambda = \delta n(OA - OB) + \delta n'(AO' - BO') \tag{7.7.39}$$

在对初级球差系数进行推导时,我们已经得到

$$OA - OB = -\frac{1}{2}y^2\left(C - \frac{1}{l}\right) - \frac{1}{8}C^2 y^4\left(C - \frac{1}{l}\right) - \frac{1}{8l}y^4\left(C - \frac{1}{l}\right)^2 \tag{7.7.40}$$

但是在推导初级位置色差系数时,我们只需要考虑式(7.7.40)中的第一项,因为我们感兴趣的是低阶像差,也就是包含 y^2 的项. 因此,由式(7.7.39)得

$$
\begin{aligned}
\delta W_\lambda &= \frac{1}{2}y^2\left[\delta n'\left(C - \frac{1}{l'}\right) - \delta n\left(C - \frac{1}{l}\right)\right] \\
&= \frac{1}{2}y\left[\left(C - \frac{1}{l'}\right)n'y\frac{\delta n'}{n'} - \left(C - \frac{1}{l}\right)ny\frac{\delta n}{n}\right]
\end{aligned}
\tag{7.7.41}
$$

考虑到 $A = ni = n(yC + u) = ny(C - 1/l) = n'(yC + u') = n'y(C - 1/l')$,于是得到

$$\delta W_\lambda = \frac{1}{2}Ay\left(\frac{\delta n'}{n'} - \frac{\delta n}{n}\right) \tag{7.7.42}$$

因此

$$\delta W_\lambda = \frac{1}{2}Ay\delta\left(\frac{\delta n}{n}\right) \tag{7.7.43}$$

其中

$$\delta\left(\frac{\delta n}{n}\right) = \frac{\delta n'}{n'} - \frac{\delta n}{n} \tag{7.7.44}$$

因初级位置色差系数 C_{I} 是其波前像差系数的两倍,于是可以表示为

$$C_{\mathrm{I}} = Ay\delta\left(\frac{\delta n}{n}\right) \tag{7.7.45}$$

运用相同的方法求主光线,得到的初级倍率色差系数 C_{II} 为

$$C_{\mathrm{II}} = \overline{A}y\delta\left(\frac{\delta n}{n}\right) \tag{7.7.46}$$

含有多个表面的透镜系统的色差系数是每个独立面色差系数之和,于是有

$$\sum C_{\mathrm{I}} = \sum_{i}^{k} A_i y_i \delta_i \left(\frac{\partial n}{n}\right) \tag{7.7.47}$$

$$\sum C_{\mathrm{II}} = \sum_{i}^{k} \overline{A}_i y_i \delta_i \left(\frac{\partial n}{n}\right) \tag{7.7.48}$$

其中,下标 i 是折射面的编号. 采用类似式(7.7.15)中赛德尔初级像差系数的推导过程,我们可以将初级位置色差系数式(7.7.47)和初级倍率色差系数式(7.7.48)分别表示成

$$\sum C_{\mathrm{I}} = -\sum_{i}^{k} l_i u_i n_i i_i \delta_i \left(\frac{\partial n}{n}\right) \tag{7.7.49}$$

$$\sum C_{\mathrm{II}} = -\sum_{i}^{k} l_i u_i n_i \overline{i}_i \delta_i \left(\frac{\partial n}{n}\right) \tag{7.7.50}$$

3. 单薄透镜的初级位置色差和倍率色差

1) 初级位置色差

由于近轴区也产生位置色差,它比球差更严重地影响光学系统的成像质量. 因此,消色差具有重要意义. 为了解决消色差问题,我们从薄透镜着手讨论.

对单个薄透镜,初级位置色差系数可表示成

$$\sum_{1}^{2} C_{\mathrm{I}} = -\left[l_1 u_1 n_1 i_1 \left(\frac{dn_1'}{n_1'} - \frac{dn_1}{n_1}\right) + l_2 u_2 n_2 i_2 \left(\frac{dn_2'}{n_2'} - \frac{dn_2}{n_2}\right) \right] \tag{7.7.51}$$

设薄透镜的厚度 d 为零,且在空气中,因此有 $y_1 = y_2 = y$,$n_1 = n_2' = 1$,$dn_1 = dn_2' = 0$,$n_1' = n_2 = n$. 再利用 $i_1 = y C_1 + u_1$,$n_2 i_2 = n_2' i_2'$,$i_2' = (y C_2 + u_2')$ 以及高斯公式,式(7.7.51) 经简化后得

$$\sum_{1}^{2} C_{\mathrm{I}} = y^2 \phi \frac{dn}{n-1} = y^2 \frac{\phi}{\nu} \tag{7.7.52}$$

于是,单个薄透镜的初级位置色差为

$$\Delta l_{FC}' = -\frac{1}{n_2' u_2'^2} \sum_{1}^{2} C_{\mathrm{I}} = -\frac{1}{n_2' u_2'} \cdot y^2 \frac{\phi}{\nu} = -l'^2 \frac{\phi}{\nu} \tag{7.7.53}$$

当物体位于无限远时,$l = -\infty$,

$$\Delta l_{FC}' = -\frac{f'}{\nu} \tag{7.7.54}$$

该结果与式(7.6.10)一致. 可见,单薄透镜的初级位置色差仅决定于透镜的光焦度和制造透镜的玻璃,而与透镜的形状无关. 对同一光焦度,阿贝常数 ν 值越大,色差越小. 又由式(7.7.54)可知,单薄透镜色差的正负决定于透镜的光焦度,正透镜产生负色差,负透镜产生正色差. 因此,消色差系数由正透镜和负透镜组成,以使其色差互相补偿.

薄透镜系统的色差系数只要使各单薄透镜的系数相加即可得到,则

$$\sum_{n=1}^{m} C_{\mathrm{I}} = \sum_{n=1}^{m} y^2 \frac{\phi}{\nu} \tag{7.7.55}$$

式中,m 为系统中透镜的个数. 由式(7.7.55)可知,每块透镜的色差贡献,除与光焦度 ϕ 和阿贝数 ν 有关外,还和透镜在光路中的位置,即入射高度 y 有关.

光学系统对初级位置色差的校正必须使 $\sum\limits_{n=1}^{m} C_{\mathrm{I}}$ 为零. 当各个透镜的玻璃选定后(ν_d 值已定),光学系统消初级位置色差就成为各个透镜的光焦度的分配问题.

下面讨论初级位置色差校正和双胶合透镜的二级光谱控制问题.

(1) 密接薄透镜系统. 可认为各透镜入射高相等,故消色差条件由式(7.7.52)可知,为

$$\sum_{n=1}^{m} C_{\mathrm{I}} = \sum_{n=1}^{m} y^2 \left(\frac{\phi_1}{\nu_1} + \frac{\phi_2}{\nu_2} + \cdots + \frac{\phi_m}{\nu_m} \right) = 0 \tag{7.7.56}$$

对于双胶合或分离物镜,有

$$\frac{\phi_1}{\nu_1} + \frac{\phi_2}{\nu_2} = 0 \tag{7.7.57}$$

各透镜的光焦度 ϕ_1 和 ϕ_2 还应满足总光焦度要求,即

$$\phi_1 + \phi_2 = \phi$$

联立解以上二式得

$$\left. \begin{aligned} \phi_1 &= \frac{\nu_1}{\nu_1 - \nu_2}\phi \\ \phi_2 &= \frac{-\nu_2}{\nu_1 - \nu_2}\phi \end{aligned} \right\} \tag{7.7.58}$$

由式(7.7.58)可知:

① 具有一定光焦度的双胶合或分离透镜组,只有用两种不同玻璃($\nu_1 \neq \nu_2$)时才有可能消色差,而且为了使 ϕ_1 和 ϕ_2 尽可能小一些(减小单个透镜的像差),($\nu_1 - \nu_2$)的差值应尽可能大些. 因此,通常选冕牌玻璃(ν_d 大)和火石玻璃(ν 小)进行组合.

② 若要求 $\phi > 0$,不管哪类玻璃在前,正透镜必须用冕牌玻璃,负透镜必须用火石玻璃;若 $\phi < 0$,则正透镜用火石玻璃,负透镜用冕牌玻璃.

③ 若二透镜选用同一种玻璃($\nu_1 = \nu_2$),如果要求消色差,就必须 $\phi_1 = -\phi_2$,此时 $\phi_1 + \phi_2 = \phi = 0$,为无光焦度双透镜组. 它产生一定的单色像差,可用于折、反射系统中校正反射镜的像差.

例 7.7.1　设计一个 $D_{EP}/f' = 1:4$,$f' = 120\mathrm{mm}$ 的双胶合消色差望远物镜,选用 K9 玻璃($\nu_d = 64.1$)和 ZF2 玻璃($\nu_d = 32.2$),冕牌在前,试计算焦距分配.

解　利用式(7.7.58)得

$$\phi_1 = \frac{\nu_1}{\nu_1 - \nu_2}\phi = \frac{64.1}{64.1 - 32.2} \times \frac{1}{120} = 0.016\,745, \quad f_1' = 59.719\mathrm{mm}$$

$$\phi_1 = \frac{-\nu_2}{\nu_1 - \nu_2}\phi = \frac{-32.2}{64.1 - 32.2} \times \frac{1}{120} = -0.008\,411\,7, \quad f_2' = -118.88\mathrm{mm}$$

如果将两透镜适当配合作整体弯曲,可获得消球差的结果;如果玻璃已选得恰当,当球差消好时,等晕条件也能得到满足.

(2) 保留一定剩余色差的密接薄透镜组. 有时光组后面要用反射棱镜转折光轴或正像. 反射棱镜相当于一块平行板, 它要产生色差. 这时, 前面的透镜必须保留一部分色差以抵消平板的色差. 平板的色差可按两种色光轴向位移量之差求得, 根据式(4.4.7)有

$$\Delta l'_{FCP} = \Delta l'_F - \Delta l'_C = d\left(1 - \frac{1}{n_F}\right) - d\left(1 - \frac{1}{n_C}\right) = d\left(\frac{n_F - n_C}{n_F n_C}\right)$$

因 $n_F \cdot n_C \approx n_d^2 = n^2$, 故可得

$$\Delta l'_{FCP} = d\left(\frac{n_F - n_C}{n^2}\right) \tag{7.7.59}$$

可见, 平行平板总产生正色差, 它必须由另外的球面系统来补偿. 当物镜需保留一定的 $\Delta l'_{FC}$ 时, 则

$$\sum_1^2 C_{\mathrm{I}} = y^2\left(\frac{\phi_1}{\nu_1} + \frac{\phi_2}{\nu_2}\right) = -n'u'^2 \Delta l'_{FC}$$

若双透镜组对无穷远物体消色差, 则

$$\frac{\phi_1}{\nu_1} + \frac{\phi_2}{\nu_2} = -\left(\frac{u'}{y}\right)^2 \Delta l'_{FC} = -\phi^2 \Delta l'_{FC}$$

将此式与 $\phi = \phi_1 + \phi_2$ 联立求解, 得

$$\left.\begin{array}{l} \phi_1 = \dfrac{\nu_1}{\nu_1 - \nu_2}\phi(1 + \nu_2\phi\Delta l'_{FC}) \\[3mm] \phi_2 = -\dfrac{\nu_2}{\nu_1 - \nu_2}\phi(1 + \nu_1\phi\Delta l'_{FC}) \end{array}\right\} \tag{7.7.60}$$

当 $\phi > 0$, 保留负色差时, 初级倍率色差求得的 ϕ_1、ϕ_2 值要小, 这对像差校正有利.

(3) 双胶合透镜的二级光谱控制. 双胶合透镜能达到校正位置色差的目的, 若使用合适玻璃材料的 ν_1、P_1 和 ν_2、P_2 的正透镜和负透镜组合, 则可以有效控制透镜的二级光谱.

组合透镜的二级光谱可以表示为

$$\delta\phi_{dC} = \delta\phi_{1dC} + \delta\phi_{2dC} \tag{7.7.61}$$

$$\delta\phi_{1dC} = (n_{d1} - 1)(C_1 - C_2) - (n_{C1} - 1)(C_1 - C_2)$$

$$= \frac{n_{d1} - n_{C1}}{n_{F1} - n_{C1}}(n_{F1} - n_{C1})(C_1 - C_2) \tag{7.7.62}$$

$$= P_1\delta\phi_{1FC}$$

同理, $\delta\phi_{2dC} = P_2\delta\phi_{2FC}$. 再由式(7.6.8), 所以有 $\delta\phi_{1FC} = \phi_1/\nu_1$, $\delta\phi_{2FC} = \phi_2/\nu_2$.

将 ϕ_{1dC}、ϕ_{2dC}、$\delta\phi_{1FC}$、$\delta\phi_{2FC}$ 带入式(7.7.61), 可得

$$\delta\phi_{dC} = P_1\frac{\phi_1}{\nu_1} + P_2\frac{\phi_2}{\nu_2} \tag{7.7.63}$$

对于满足色差校正的双胶合透镜, 满足式(7.7.58), 所以有

$$\delta\phi_{dC} = \frac{P_1 - P_2}{\nu_1 - \nu_2}\phi = \frac{\Delta P}{\Delta\nu}\phi \tag{7.7.64}$$

于是从式(7.7.64)可知,为了减小该双胶合透镜的二级光谱,选择的玻璃应使$(\nu_1-\nu_2)$的差值尽可能大,而(P_1-P_2)的差值要尽可能小. 对现有的玻璃材料,ν_d 数约为 50,$\Delta P/\Delta\nu\approx$ 0.000 45,因此单透镜的原始色差约为 $\delta f=f/50$,而消色差双胶合透镜的二级光谱将减小到单透镜色差的 1/40 左右.

2) 初级倍率色差

对 m 个薄透镜组成的光学系统,初级倍率色差系数也可表示成按透镜分布的形式,有

$$\sum_{n=1}^{m} C_{\text{II}} = \sum_{n=1}^{m} y\bar{y}\frac{\phi}{\nu} \tag{7.7.65}$$

现对几种具体情况进行扼要讨论.

(1) 密接薄透镜系统. 因 $y_1=y_2=\cdots=y,\bar{y}_1=\bar{y}_2=\cdots=\bar{y}$,所以

$$\sum_{n=1}^{m} C_{\text{II}} = y\bar{y}\sum_{n=1}^{m} \frac{\phi}{\nu} \tag{7.7.66}$$

(2) 具有一定空气间隙的双透镜系统. 校正倍率色差条件为:$y_1\bar{y}(\phi_1/\nu_1)+y_2\bar{y}(\phi_2/\nu_2)=0$. 经一定运算,并设为同种玻璃,得到双透镜消倍率色差的条件,为

$$d = (f_1'+f_2')/2 \tag{7.7.67}$$

惠更斯目镜满足该条件,具有良好的倍率色差校正.

(3) 同时校正位置色差和倍率色差的双组分离系统. 这种系统用途较广,如中倍显微物镜即由双组分离的双胶合透镜组成. 对该系统,分别列出满足消位置色差和倍率色差的条件,经过比较,得到同时满足的条件为

$$\frac{\phi_1}{\nu_1}+\frac{\phi_2}{\nu_2}=0, \quad \frac{\phi_3}{\nu_3}+\frac{\phi_4}{\nu_4}=0$$

即只有当每一个透镜组本身校正位置色差时,系统才能同时校正位置色差和倍率色差.

7.7.5　初级波像差与几何像差

根据已介绍的像差知识,我们是先从哈密顿特征函数和光学系统的旋转对称性出发,得到了波像差的视场和孔径变量的函数描述(表 7.4.1);再依据波像差与垂轴像差间的数学关系式(7.3.3),得出了各种类型像差的初级或四级波像差与垂轴像差的计算关系;进一步通过式(7.5.8),实现了每种像差类型的垂轴像差和轴向像差间的相互计算. 赛德尔初级像差系数的计算有利于光学设计中的像差控制,它与初级或四级波前像差系数有相同的含义.

1. 像差间的计算关系

赛德尔初级像差系数、初级或四级波前像差系数、垂轴像差和轴向像差间的计算关系如表 7.7.3 所示. 赛德尔初级像差系数是近轴边光线和近轴主光线的计算数据,波

前像差系数是边缘视场边光线的计算数据,它们之间具有对应关系.表中的"垂轴像差"和"轴向像差"栏中的缩写分别是每种像差的简写.例如,"TSPH"表示"垂轴球差",含义是:T-Transverse,SPH-Spherical;"LSPH"表示"轴向球差",含义是:L-Longitudinal.其他缩写的含义请参见附录"中英文对照表".表中的计算关系由前面内容中的垂轴像差公式,如式(7.5.11)等,以及垂轴像差与轴向像差的关系式(7.5.8)均可推导出来.

表 7.7.3　初级波像差与几何像差的换算关系

名称	赛德尔	波像差系数	含义	垂轴像差	轴向像差
球差	S_{I}	$W_{040}=\dfrac{S_{\mathrm{I}}}{8}$	球差	$\mathrm{TSPH}=\dfrac{S_{\mathrm{I}}}{2n'u'}$	$\mathrm{LSPH}=-\dfrac{S_{\mathrm{I}}}{2n'u'^2}$
彗差	S_{II}	$W_{131}=\dfrac{S_{\mathrm{II}}}{2}$	弧矢彗差	$\mathrm{TSCO}=\dfrac{S_{\mathrm{II}}}{2n'u'}$	$\mathrm{LSCO}=-\dfrac{S_{\mathrm{II}}}{2n'u'^2}$
			子午彗差	$\mathrm{TTCO}=\dfrac{3S_{\mathrm{II}}}{2n'u'}$	$\mathrm{LTCO}=-\dfrac{3S_{\mathrm{II}}}{2n'u'^2}$
像散	S_{III}	$W_{222}=\dfrac{S_{\mathrm{III}}}{2}$	子午焦点到弧矢焦点	$\mathrm{TAST}=\dfrac{S_{\mathrm{III}}}{n'u'}$	$\mathrm{LAST}=-\dfrac{S_{\mathrm{III}}}{n'u'^2}$
场曲	S_{IV}	$W_{220P}=\dfrac{S_{\mathrm{IV}}}{4}$	高斯像面到匹兹万像面	$\mathrm{TPFC}=\dfrac{S_{\mathrm{IV}}}{2n'u'}$	$\mathrm{LPFC}=-\dfrac{S_{\mathrm{IV}}}{2n'u'^2}$
	$S_{\mathrm{III}}+S_{\mathrm{IV}}$	$W_{220S}=\dfrac{S_{\mathrm{III}}+S_{\mathrm{IV}}}{4}$	高斯面到弧矢像面	$\mathrm{TSFC}=\dfrac{S_{\mathrm{III}}+S_{\mathrm{IV}}}{2n'u'}$	$\mathrm{LSFC}=-\dfrac{S_{\mathrm{III}}+S_{\mathrm{IV}}}{2n'u'^2}$
	$2S_{\mathrm{III}}+S_{\mathrm{IV}}$	$W_{220M}=\dfrac{2S_{\mathrm{III}}+S_{\mathrm{IV}}}{4}$	高斯面到中间像面	$\dfrac{2S_{\mathrm{III}}+S_{\mathrm{IV}}}{2n'u'}$	$-\dfrac{2S_{\mathrm{III}}+S_{\mathrm{IV}}}{2n'u'^2}$
	$3S_{\mathrm{III}}+S_{\mathrm{IV}}$	$W_{220T}=\dfrac{3S_{\mathrm{III}}+S_{\mathrm{IV}}}{4}$	高斯面到子午像面	$\mathrm{TTFC}=\dfrac{3S_{\mathrm{III}}+S_{\mathrm{IV}}}{2n'u'}$	$\mathrm{LTFC}=-\dfrac{3S_{\mathrm{III}}+S_{\mathrm{IV}}}{2n'u'^2}$
畸变	S_{V}	$W_{311}=\dfrac{S_{\mathrm{V}}}{2}$	畸变	$\mathrm{TDIS}=\dfrac{S_{\mathrm{V}}}{2n'u'}$	$\mathrm{LDIS}=-\dfrac{S_{\mathrm{V}}}{2n'u'^2}$
位置色差	C_{I}	$W_{20}=\dfrac{C_{\mathrm{I}}}{2}$	两边缘色光相对参考波长像的色差	$\mathrm{TAXC}=\dfrac{C_{\mathrm{I}}}{n'u'}$	$\mathrm{LAXC}=-\dfrac{C_{\mathrm{I}}}{n'u'^2}$
倍率色差	C_{II}	$W_{11}=C_{\mathrm{II}}$		$\mathrm{TLAC}=\dfrac{C_{\mathrm{II}}}{n'u'}$	$\mathrm{LLAC}=-\dfrac{C_{\mathrm{II}}}{n'u'^2}$

需要明确的是,通常不通过赛德尔初级像差系数来计算光学系统的实际波前像差,而是通过光线追迹的方式得出.表 7.7.3 所示各像差系数关系的目的在于,理解赛德尔初级波像差、初级或四级波前像差、轴向像差以及垂轴像差间的关系.通常,赛德尔像差还不足以完全确定光学系统的成像性质,只在小视场和小孔径情况下与光线追迹的结果相近.

2. 赛德尔像差系数与波像差系数

在 7.7.1 节中，我们曾提到赛德尔初级球差系数是对应初级或四级球差波像差系数的 8 倍，事实上，其他赛德尔初级像差系数与对应的初级波前像差系数也存在类似的关系，我们将其整理如下：

$$
\left.\begin{aligned}
&W_{040} = \frac{1}{8}S_{\mathrm{I}}, &&W_{220\mathrm{P}} = \frac{1}{4}\big[S_{\mathrm{IV}}\big] = W_{220} - \frac{1}{2}W_{222} \\
&W_{131} = \frac{1}{2}S_{\mathrm{II}}, &&W_{220\mathrm{S}} = \frac{1}{4}\big[S_{\mathrm{IV}} + S_{\mathrm{III}}\big] = W_{220} \\
&W_{222} = \frac{1}{2}S_{\mathrm{III}}, &&W_{220\mathrm{M}} = \frac{1}{4}\big[S_{\mathrm{IV}} + 2S_{\mathrm{III}}\big] = W_{220} + \frac{1}{2}W_{222} \\
&W_{220\mathrm{P}} = \frac{1}{4}S_{\mathrm{IV}}, &&W_{220\mathrm{T}} = \frac{1}{4}\big[S_{\mathrm{IV}} + 3S_{\mathrm{III}}\big] = W_{220} + W_{222} \\
&W_{311} = \frac{1}{2}S_{\mathrm{V}},
\end{aligned}\right\}
\tag{7.7.68}
$$

光学系统的初级波像差可以展开为

$$
\begin{aligned}
W(x_P, y_P, H) = {}&\frac{1}{8}S_{\mathrm{I}}(x_P^2 + y_P^2)^2 + \frac{1}{2}S_{\mathrm{II}}Hy_P(x_P^2 + y_P^2) + \frac{1}{2}S_{\mathrm{III}}H^2 y_P^2 \\
&+ \frac{1}{4}(S_{\mathrm{IV}} + S_{\mathrm{III}})H^2(x_P^2 + y_P^2) + \frac{1}{2}S_{\mathrm{V}}H^3 y_P
\end{aligned}
\tag{7.7.69}
$$

其中，H 表示归一化视场，x_P, y_P 是归一化入瞳坐标.

孔径光阑的位置移动改变了系统的主光线，也改变像差的大小. 此时的赛德尔初级像差系数被表示为

$$
\begin{aligned}
S_{\mathrm{I}}^* &= S_{\mathrm{I}} \\
S_{\mathrm{II}}^* &= S_{\mathrm{II}} + S_{\mathrm{I}} \\
S_{\mathrm{III}}^* &= S_{\mathrm{III}} + 2kS_{\mathrm{II}} + k^2 S_{\mathrm{I}} \\
S_{\mathrm{IV}}^* &= S_{\mathrm{IV}} \\
S_{\mathrm{V}}^* &= S_{\mathrm{V}} + k(S_{\mathrm{IV}} + 3S_{\mathrm{III}}) + 3k^2 S_{\mathrm{II}} + k^3 S_{\mathrm{I}}
\end{aligned}
\tag{7.7.70}
$$

其中，$k = \Delta \bar{A}/A$. 由此可知，孔径光阑的位置移动对球差和匹兹万项没有影响. 而球差存在时将会引入彗差，球差或彗差存在时将会引入像散，球差、彗差或像散存在时将会引入畸变. 对于无像差的系统，移动孔径光阑不会引入像差.

3. 赛德尔像差系数与部分初级像差的计算

下面举例用表 7.7.3 所示公式的计算光学系统赛德尔初级像差系数、初级波前像差系数、垂轴像差和轴向像差的过程.

根据图 3.2.6 所示的典型三片式 Cooke(库克)照相物镜的结构参数(设入瞳直径为

20mm),当无限远轴外点发出的平行光线以 14°视场角入射该系统时,设主波长为 $0.5876\mu m$,F 光和 C 光的波长分别为 $0.4861\mu m$ 和 $0.6563\mu m$,玻璃的阿贝数分别为正透镜 55 和负透镜 34. 试求该系统的赛德尔初级像差系数、初级波前像差系数、垂轴像差和轴向像差.

入瞳位置:16.354 52mm(入瞳到第一面的距离)

主光线数据:$\bar{u}=\tan(14°)=0.249\,328$, $\bar{y}=-4.077\,640$mm

$\bar{u}'=0.262\,448$, $\bar{y}'=20.458\,731$mm(由 ynu 光线追迹得到)

拉格朗日不变量: $\mathfrak{K}=n(\bar{u}y-u\bar{y})$

$$=(n\bar{u}+n\bar{y}C)y-(nu+nyC)\bar{y}$$

$$=\bar{A}y-A\bar{y}$$

$$=0.096\,435\times10-0.374\,953\times(-4.077\,644)$$

$$=2.493\,280$$

根据已知条件,由式(7.7.13)先计算赛德尔初级球差系数 S_{I},所需其他数据可从表 7.7.4 中查到,下面逐面进行计算.

赛德尔初级球差系数为

第一面:$A_1=n_1u_1+n_1y_1C_1=1.0\times0+1.0\times10\times0.037\,4953$

$$=0.374\,953$$

$$\delta_1\left\{\frac{u}{n}\right\}=\frac{u_2}{n_2}-\frac{u_1}{n_1}=\frac{-0.142\,640}{1.614}-\frac{0}{1.0}$$

$$=-0.088\,377$$

$$S_{\mathrm{I}1}=-A_1^2y_1\delta_1\left\{\frac{u}{n}\right\}$$

$$=-(0.374\,953)^2\times10\times(-0.088\,377)$$

$$=0.124\,249(\mathrm{mm})$$

第二面:$A_2=n_2u_2+n_2y_2C_2$

$$=1.614\times(-0.142\,640)+1.614\times9.258\,271\times0.005\,272$$

$$=-0.151\,438$$

$$\delta_2\left\{\frac{u}{n}\right\}=\frac{u_3}{n_3}-\frac{u_2}{n_2}=\frac{-0.200\,250}{1.0}-\frac{-0.142\,640}{1.614}=-0.111\,874$$

$$S_{\mathrm{I}2}=-A_2^2y_2\delta_2\left\{\frac{u}{n}\right\}$$

$$=-(0.151\,438)^2\times9.258\,271\times(-0.111\,874)$$

$$=0.023753(\mathrm{mm})$$

第三面:$A_3=n_3u_3+n_3y_3C_3$

$$=1.0\times(-0.200\,250)+1.0\times7.666\,281\times(-0.020\,137)$$

$$=-0.354\,626$$

$$\delta_3\left\{\frac{u}{n}\right\}=\frac{u_4}{n_4}-\frac{u_3}{n_3}=\frac{-0.060\,875}{1.6475}-\frac{-0.200\,250}{1.0}$$

$$=0.163\,300$$

$$S_{I3} = -A_3^2 y_3 \delta_3 \left\{ \frac{u}{n} \right\}$$

$$= -(0.354\,626)^2 \times 7.666\,281 \times 0.163\,300$$

$$= -0.157\,439(\text{mm})$$

第四面：$A_4 = n_4 u_4 + n_4 y_4 C_4$

$$= 1.6475 \times (-0.060\,875) + 1.6475 \times 7.568\,880 \times 0.039\,262$$

$$= 0.389\,293$$

$$\delta_4 \left\{ \frac{u}{n} \right\} = \frac{u_5}{n_5} - \frac{u_4}{n_4} = \frac{0.092\,124}{1.0} - \frac{-0.060\,875}{1.6475} = 0.129\,074$$

$$S_{I4} = -A_4^2 y_4 \delta_4 \left\{ \frac{u}{n} \right\} = -0.389\,293^2 \times 7.568\,880 \times 0.129\,074$$

$$= -0.148\,056(\text{mm})$$

第五面：$A_5 = n_5 u_5 + n_5 y_5 C_5 = 1.0 \times 0.092\,124 + 1.0 \times 8.186\,113 \times 0.013\,868$

$$= 0.205\,647$$

$$\delta_5 \left\{ \frac{u}{n} \right\} = \frac{u_6}{n_6} - \frac{u_5}{n_5} = \frac{0.013\,892}{1.614} - \frac{0.092\,124}{1.0}$$

$$= -0.083\,517$$

$$S_{I5} = -A_5^2 y_5 \delta_5 \left\{ \frac{u}{n} \right\} = -0.205\,647^2 \times 8.186\,113 \times (-0.083\,517)$$

$$= 0.028\,913(\text{mm})$$

第六面：$A_6 = n_6 u_6 + n_6 y_6 C_6$

$$= 1.614 \times 0.013\,892 + 1.614 \times 8.225\,010 \times (-0.028\,571)$$

$$= -0.356\,869$$

$$\delta_6 \left\{ \frac{u}{n} \right\} = \frac{u_7}{n_7} - \frac{u_6}{n_6} = \frac{-0.121\,869}{1.0} - \frac{0.013\,892}{1.614} = -0.130\,476$$

$$S_{I6} = -A_6^2 y_6 \delta_6 \left\{ \frac{u}{n} \right\}$$

$$= -(0.356\,869)^2 \times 8.225\,010 \times (-0.130\,476)$$

$$= 0.136\,673(\text{mm})$$

再由 $\sum S_I = -\sum_{i=1}^{k} A_i^2 y_i \delta_i \left(\frac{u}{n} \right)$，所以

$$S_I = \Sigma S_{Ii} = S_{I1} + S_{I2} + S_{I3} + S_{I4} + S_{I5} + S_{I6} + S_{I7}$$

$$= 0.124\,249 + 0.023\,753 + (-0.157\,439) + (-0.148\,056)$$

$$+ 0.028\,913 + 0.136\,673 + 0$$

$$= 0.008\,095(\text{mm})$$

初级波前球差系数为

$$W_{040} = \frac{1}{8} \sum S_I = \frac{1}{8} \times 0.008\,095 / 0.5876 \times 1000 = 1.722\,05\lambda$$

垂轴像差为

$$\text{TSPH} = \frac{\sum S_{\mathrm{I}}}{2n'u'} = -\frac{0.008\,095}{2\times1\times0.121\,869} = -0.033\,211(\text{mm})$$

轴向像差为

$$\text{LSPH} = -\frac{\sum S_{\mathrm{I}}}{2n'u'^2} = -\frac{0.008\,095}{2\times1\times0.121\,869^2} = -0.272\,521(\text{mm})$$

上面是赛德尔球差的计算过程,其他像差的计算过程类似,不再赘述.

通过已知相关数据和计算公式,该系统的赛德尔像差系数(mm)、波前像差系数(波长)、垂轴像差(mm)和轴向像差(mm)的计算结果如表 7.7.4 所示.

表 7.7.4　像差系数与几何像差计算举例表格

	物面	面♯1	面♯2	面♯3	面♯4	面♯5	面♯6	像面
r	∞	26.67	189.67	-49.66	25.47	72.11	-35	∞
C	0	0.037 4953	0.005 272	$-0.020\,137$	0.039 262	0.013 868	$-0.028\,571$	0
t	$\boxed{\infty}$	5.2	7.95	1.6	6.7	2.8	$\boxed{67.490\,723}$	
n	1	1.614	1	1.6475	1	1.614	1	
$-\phi$		$-0.023\,022$	0.003 237	0.013 039	0.025 422	$-0.008\,515$	$-0.017\,543$	0
t/n	∞	3.221 809	7.95	0.971 168	6.7	1.734 820	67.490 723	
y		10	9.258 271	7.666 281	7.568 880	8.186 113	8.225 010	0
nu	0	$-0.230\,221$	$-0.200\,250$	$-0.100\,292$	0.092 124	0.022 421	$-0.121\,869$	
$\bar y(14°)$		$-4.077\,640$	$-2.971\,902$	$-0.319\,915$	$-0.000\,001$	2.207 060	2.745 928	$\boxed{20.458\,731}$
$n'\bar u(14°)$	0.249 328	0.343 204	0.333 583	0.329 412	0.329 412	0.310 619	0.262 448	
u	0	$-0.142\,640$	$-0.200\,250$	$-0.060\,875$	0.092 124	0.013 892	$-0.121\,869$	
u/n	0	$-0.088\,377$	$-0.200\,250$	$-0.036\,950$	0.092 124	0.008 607	$-0.121\,869$	
$\delta(u/n)$		$-0.088\,377$	$-0.111\,874$	0.163 300	0.129 074	$-0.083\,517$	$-0.130\,476$	
A		0.374 953	$-0.151\,438$	$-0.354\,626$	0.389 293	0.205 647	$-0.356\,869$	$-0.121\,869$
$\bar A$		0.096 436	0.317 914	0.340 025	0.329 412	0.360 019	0.183 993	0.262 448
$\delta(1/n)$		$-0.380\,421$	0.380 421	$-0.393\,020$	0.393 020	$-0.380\,421$	0.380 421	0
nF	1	1.621 785	1	1.660 979	1	1.621 785	1	
nd	1	1.614 000	1	1.647 500	1	1.614 000	1	
nC	1	1.610 622	1	1.641 935	1	1.610 622	1	
$\delta(\delta n/n)$		0.006 916	$-0.006\,916$	0.011 559	$-0.011\,559$	0.006 916	$-0.006\,916$	∞
								$\sum$
S_{I}	0	0.124 249	0.023 753	$-0.157\,439$	$-0.148\,056$	0.028 913	0.136 673	0.008 095
S_{II}	0	0.031 956	$-0.049\,866$	0.150 957	$-0.125\,282$	0.050 618	$-0.070\,465$	$-0.012\,082$
S_{III}	0	0.008 219	0.104 683	$-0.144\,742$	$-0.106\,011$	0.088 614	0.036 330	$-0.012\,906$
S_{IV}	0	0.088 671	$-0.012\,468$	$-0.049\,198$	$-0.095\,924$	0.032 795	0.067 568	0.031 444
S_{V}	0	0.024 920	$-0.193\,588$	0.185 955	$-0.170\,873$	0.212 548	$-0.053\,567$	0.005 394
C_{I}	0	$-0.025\,933$	$-0.009\,697$	0.031 426	0.034 060	$-0.011\,643$	$-0.020\,310$	$-0.002\,089$
C_{II}	0	$-0.006\,670$	0.020 357	$-0.030\,132$	0.028 821	$-0.020\,384$	0.010 467	0.002 459

续表

	物面	面#1	面#2	面#3	面#4	面#5	面#6	像面
W_{040}	0	26. 431 420	5. 053 056	−33. 491 913	−31. 495 814	6. 150 722	29. 074 518	1. 721 988
W_{131}	0	27. 191 987	−42. 431 665	128. 452 065	−106. 604 588	43. 071 422	−59. 960 413	−10. 281 192
W_{222}	0	6. 993 610	89. 077 098	−123. 163 559	−90. 206 735	75. 403 646	30. 914 108	−10. 981 832
W_{220P}	0	37. 726 122	−5. 304 770	−20. 931 867	−40. 811 799	13. 953 067	28. 747 305	13. 378 058
W_{311}	0	21. 204 561	−164. 727 505	158. 232 948	−145. 399 497	180. 860 851	−45. 581 351	4. 590 006
W_{20}	0	−22. 066 964	−8. 251 442	26. 740 893	28. 982 037	−9. 907 531	−17. 274 717	−1. 777 724
W_{11}	0	−11. 350 972	34. 644 620	−51. 279 886	49. 048 075	−34. 689 542	17. 812 834	4. 185 129
TSPH	0	−0. 269 847	−0. 059 309	0. 784 900	−0. 803 564	0. 644 770	−0. 560 741	−0. 033 211
TSCO	0	−0. 069 403	0. 124 508	−0. 752 585	−0. 679 960	1. 128 776	0. 289 104	0. 049 572
TTCO	0	−0. 208 209	0. 373 525	−2. 257 754	−2. 039 881	3. 386 328	0. 867 312	0. 148 715
TAST	0	−0. 035 700	−0. 522 763	1. 443 200	−1. 150 738	3. 952 218	−0. 298 110	0. 105 900
TPFC	0	−0. 192 579	0. 031 132	0. 245 274	−0. 520 623	0. 731 338	−0. 277 215	−0. 129 007
TSFC	0	−0. 210 429	−0. 230 249	0. 966 874	−1. 095 992	2. 707 447	−0. 426 270	−0. 076 057
TTFC	0	−0. 246 129	−0. 753 012	2. 410 074	−2. 246 731	6. 659 665	−0. 724 379	0. 029 843
TDIS	0	−0. 054 121	0. 483 364	−0. 927 067	−0. 927 407	4. 739 834	0. 219 774	−0. 022 131
TAXC	0	−0. 112 644	−0. 048 425	0. 313 343	−0. 369 715	0. 519 25	−0. 166 583	−0. 017 143
TLAC	0	−0. 028 971	0. 101 659	−0. 300 442	−0. 312 845	0. 909 111	0. 085 886	0. 020 179
LSPH	0	−1. 891 799	−0. 296 176	12. 893 539	8. 722 607	−46. 413 565	−4. 601 184	−0. 272 513
LSCO	0	−0. 486 559	0. 621 764	−12. 362 699	7. 380 901	−81. 254 619	2. 372 257	0. 406 762
LTCO	0	−1. 459 677	1. 865 291	−37. 088 097	22. 142 703	−243. 763 857	7. 116 770	1. 220 286
LAST	0	−0. 250 280	−2. 610 546	23. 707 427	12. 491 151	−284. 499 289	−2. 446 154	0. 868 964
LPFC	0	−1. 350 103	0. 155 465	4. 029 120	5. 651 311	−52. 645 169	−2. 274 700	−1. 058 571
LSFC	0	−1. 475 243	−1. 149 808	15. 882 833	11. 896 887	−194. 894 813	−3. 497 777	−0. 624 089
LTFC	0	−1. 725 522	−3. 760 354	39. 590 261	24. 388 037	−479. 394 102	−5. 943 931	0. 244 875
LDIS	0	−0. 379 423	2. 413 801	−15. 228 921	10. 066 915	−341. 195 593	1. 803 368	−0. 181 598
LAXC	0	0. 789 709	0. 241 822	−5. 147 284	−4. 013 215	37. 381 290	1. 366 904	0. 140 667
LLAC	0	0. 203 051	−0. 507 516	4. 933 683	−3. 394 748	65. 423 798	−0. 704 544	−0. 165 579

习　题

1. 设参考像点在像平面上的坐标为(0,0),有五条光线与像面相交,它们相对于该参考像点的坐标分别为(3,1),(2,3),(−2,2),(−1,−2),(2,−1),求该弥散斑的 RMS 尺寸(单位:μm).

2. 根据图 3.2.6 所示的三片式 Cooke(库克)照相物镜的结构参数,设入瞳直径为 20mm,试确定光束光线的初始数据:(1)当无限远轴外点发出的平行光束以 21°视场角进入该系统时,求上光线、主光线和下光线的初始数据;(2)当物高为 $h=-20$mm 时,位于系统前 100mm 处时,分别求物顶端发出上光线、主光线和下光线的初始数据.

3. 根据图 3.2.6 所示的三片式 Cooke(库克)照相物镜的结构参数,设入瞳直径为 20mm,第四面是孔径光阑. 如图 7.1 所示,当入射光的波长 $\lambda = 587.562\text{nm}$,并以 $14°$ 视场角从无限远轴外点入射时,试确定:

(1) 该照相物镜入瞳和出瞳的位置.

(2) 子午面内上光线($x_P = 0, y_P = 1$)和下光线($x_P = 0, y_P = -1$)的光程差 OPD.

(3) 弧矢面内前光线($x_P = -1, y_P = 0$)和后光线($x_P = 1, y_P = 0$)的光程差 OPD.

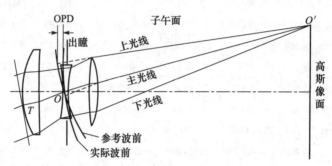

提示:主光线和其他光线分别从垂直于主光线并过第一面上T点的切平面进行光线追迹至参考球,再求它们间的光程差

图 7.1

4. 假设位于无穷远的物体经理想光学系统成像,并只有几何像差. 当像面产生离焦时,就会产生一个圆形的光斑. 求该光斑的直径与离焦量 δz 的函数关系. 结果用透镜的 $f/\sharp$ 表示.

5. 一个八级波像差系数是 W_{442}.

(1) 写出该像差系数下波像差 W 的表达式.

(2) 运用该系数推导垂轴像差 $\varepsilon_{x'}$、$\varepsilon_{y'}$ 的表达式,结果用 x_P、y_P 来表示.

(3) 运用这些结果,写出子午和弧矢光线的垂轴像差表达式.

(4) 画出光线在 $H = 0$、$H = 0.7$、和 $H = 1$ 时的垂轴像差曲线图. 在坐标轴上标出数值和单位. 假设系统的 F 数为 $5(f/5)$,$W_{442} = 1\mu m$.

6. 为一个地图公司设计航空测绘相机,透镜焦距为 1000mm,最大成像尺寸为 $\pm 10\text{cm}$,F 数为 $f/5$,像的最大允许畸变量为 0.1%,即实际主光线成像位置与近轴主光线成像位置不超过 0.1%. 设 $\lambda = 0.5\mu m$,物体处于无限远处,则允许的最大初级畸变波像差系数 W_{311} 为多少波长?

7. 光线追迹计算得出某光学系统的两条光线的轴向球差分别为 -1.0mm 和 -0.5mm,该两光线的斜率($\tan U'$)分别为 -0.05 和 -0.035. 这两条光线在近轴像面和近轴像面前 0.2mm 处的垂轴几何像差分别为多少?

8. 一光学系统 F 数为 $f/5$,四级球差波像差系数为 $W_{040} = 5\mu m$,要求轴上点发出并入射在归一化光瞳半径 $\rho = 0.5$ 上的光线能聚焦,则像平面偏离近轴焦平面的距离是多少?

9. 给出六级球差 W_{060} 的轴向几何像差 $\varepsilon_{z'}(y_P)$ 一般表达式,作出 F 数为 $f/2$ 的光学系统、$W_{060} = 1\mu m$ 的轴向像差曲线图.

10. 当系统只存在三级球差,像平面位于最小 RMS 弥散斑位置时,满足下列关系

$$\Delta W_{20} = -1.333 W_{040}, \quad \delta z = -\frac{10.6}{n'}(f/\sharp)^2 W_{040} = 0.67 LA_m$$

(1) 试推导上面的关系式. 注意:弥散斑尺寸的均方根大小是沿径向方向上测量所得到的$(\varepsilon_r)^2 = (\varepsilon_{x'})^2 + (\varepsilon_{y'})^2$.

(2) 求径向弥散斑尺寸的均方根大小.

(3) 将第(2)问的结果与近轴焦点处的径向弥散斑尺寸的均方根值相比较.

11. 为了获得更好的成像质量,可将系统的三级和五级球差进行平衡. 此时,满足球差平衡的条件是边光线的球差系数为 $W_{040}=-1.5W_{060}$,试推导该关系. (注意:边光线球差平衡是指经过入瞳边缘的光线产生的垂轴像差为零.)

12. 在某 F 数为 $f/2$ 的光学系统中,全视场弧矢焦线的长度为 $32\mu m$. 试求:

(1) 当 $\lambda=0.5\mu m$ 时,三级像散波像差系数 W_{222} 为多少个波长?

(2) 在该视场中,弧矢焦点和子午焦点之间的轴向距离为多少?

13. 某一透镜的子午彗差为 $C_T=1.0$ 单位,作图示意光线入射于孔径为 1、0.707 和 0.5 带时,12 条等间距的光线在像平面上的分布情况.

14. 作出以下情况中的像差曲线图,假设均为第三级像差.

(1) 垂轴球差为 1 单位;

(2) 垂轴子午彗差为 1 单位;

(3) 垂轴球差和垂轴子午彗差均为 1 单位;

(4) 根据像差曲线图估算(3)中的最小光斑尺寸.

15. 某一 F 数为 $f/10$ 的光学系统二级和四级波像差如下:$\Delta W_{20}=2\mu m$,$W_{040}=-2\mu m$,$W_{131}=1\mu m$,$W_{220}=3\mu m$,$W_{222}=-3\mu m$,$W_{311}=-2\mu m$.

(1) 写出波像差 W 的表达式;

(2) 写出子午和弧矢像差曲线的表达式;

(3) 作出 $H=0$ 和 $H=1$ 时子午和弧矢光线的像差曲线图. (注意:标注出坐标及数值.)

16. 现有焦距为 $100mm$,材料为 $BK7$ 的薄透镜,

	F	d	C
BK7	1. 522 37	1. 516 80	1. 514 32

(1) 该透镜总的轴向色差是多少?

(2) 如果该透镜在 d 光下的焦距为 100mm,那么在 F 光和 C 光下的焦距为多少?

(3) 作出在 d 光焦点处的 F、d、C 的垂轴位置色差曲线,透镜的直径为 20mm,假设除了色差之外没有其他像差(请在图上标出对应数值).

17. 一焦距为 200mm 的消色差双胶合薄透镜是使用以下两种玻璃制成. 下面给出了其在 F、d、C 光下的折射率. 假设双胶合透镜的 F 数为 $10(f/10)$,并且不存在其他像差.

		F	d	C
Glass1	FK5	1. 492 27	1. 487 49	1. 485 35
Glass2	F2	1. 632 08	1. 620 04	1. 615 03

(1) 求两薄透镜的焦距.

(2) 求该透镜二级光谱,并作图指出三种波长的相对焦点位置.

(3) 作出 d 光线焦点处的垂轴位置色差曲线,在图上标出对应数值.

18. 已知两个投影物镜,在其像平面上绝对畸变分别为 (5000 ± 1)mm 和 (500 ± 0.25)mm. 试分别求其相对畸变 q.

19. 设计一个双胶合物镜,光焦度 $\phi=-1$,选用两种玻璃 F2($n_d=1.6218$,$\nu_d=36.9$)和 K9($n_d=$

1.5163，$\nu_d=64.1$），要求近轴区消除位置色差. 计算 F2 在前和 K9 在前两种情况下各自的光焦度分配.

20. 设计一个双胶合望远物镜，焦距为 100mm，用 K9（$n_d=1.5163$，$\nu_d=64.1$）和 ZF2（$n_d=1.6725$，$\nu_d=32.2$）玻璃组合，K9 在前，为了补偿反射棱镜的位置色差，物镜需保留— 0.26mm 的位置色差. 试求 f_1' 和 f_2'.

21. 有一惠更斯目镜，两块透镜的焦距比为 $f_1':f_2'=1:2.5$，同一种玻璃材料，总焦距为 50mm，要求消倍率色差. 求 f_1'、f_2' 和间隔 d.

第8章 眼睛及显微系统

许多光学系统都属于或类似于显微系统、望远系统、摄影和投影系统中的一种,常把这三种系统称为典型光学系统.本书将以几何光学为基础介绍典型光学系统的光学特性,并举例说明其外形尺寸的计算方法.典型光学系统中的显微系统和望远系统属于目视光学仪器,其作用是扩展人的视觉能力.人的眼睛是这类仪器的光能接收器,故在学习这类仪器时,首先应了解人眼的结构及其光学特性.

8.1 人眼的构造及其光学特性

8.1.1 眼睛的构造

人眼的剖面如图 8.1.1 所示,其形状近似于一个直径 25mm 的圆球,故称为眼球.眼球本身就是一个光学系统,其主要部分分述如下:

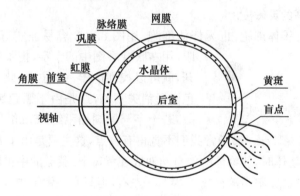

图 8.1.1 人眼剖面图

(1) 角膜.角膜位于眼球最前端,是一层透明的半球状角质膜,膜厚约 0.55mm,折射率为 1.3771,外界光线首先通过角膜进入眼睛.

(2) 前室.前室是角膜后的一部分空间,其中充满了折射率为 1.3374 的透明液体,称为水状液.前室的深度约 3.05mm.

(3) 水晶体.水晶体是由多层薄膜构成的一个双凸透镜,中间较硬,折射率为 1.42;外层较软,折射率为 1.373.在自然状态下,前表面的半径约 1.02mm,后表面半径约 6mm.借助水晶体周围肌肉的作用,可以使前表面的半径发生变化,以改变水晶体的焦距,使不同距离处的物体成像在视网膜上.

(4) 虹膜.在水晶体前面有一虹膜,其颜色随人而异.中央有一圆孔,称瞳孔.瞳孔可以在 1.5～8mm 范围内改变自己的直径,以调节进入人眼的光能量.

(5) 后室.水晶体后面的空间称后室,其内充满折射率为 1.336 的透明液体,称为玻璃液. 前室、水晶体、后室构成眼的内腔.

（6）视网膜. 视网膜简称网膜,在后室的内壁,为一层由神经细胞和神经纤维构成的膜. 它是眼睛的感光部分,水晶体将物体的像成在网膜上. 网膜的结构非常复杂,共有十层,前八层对光透明但不起刺激作用,第九层是感光层,布满了神经细胞,第十层直接与脉络膜相连.

（7）脉络膜. 网膜外面的一层不透光的黑色膜,称为脉络膜,其作用是把后室变成一个暗室.

（8）巩膜. 巩膜是一层白色的不透明的坚韧膜层,与角膜相接把眼球包围起来.

（9）黄斑. 在网膜近于中间的地方,有一椭圆形小区域,呈黄色,称为黄斑. 其水平方向长轴约为 1mm,垂轴方向短轴约为 0.8mm. 黄斑上有一个不大的凹坑,直径约为 0.25mm,称为中央凹. 在中央凹处密集了大量的感光细胞,它是网膜上视觉最灵敏的区域.

（10）盲点. 盲点在视神经纤维的出口,由于没有感光性能,故称为盲点.

外界物体发出的光线经过角膜、水晶体等折射成像在网膜上,使视神经细胞得到刺激,便产生视觉. 网膜上分布着锥体细胞和杆体细胞. 人眼的锥体细胞的长度为 0.028～0.058mm,直径为 0.0025～0.0075mm,总数约 650 万个,在黄斑部位和中央凹大约 3°视角范围主要是锥体细胞. 离开中央凹,杆体细胞逐渐增多,在离中央凹 20°的地方,杆体细胞数量最多. 杆体细胞长度约为 0.04～0.06mm,直径约为 0.002mm,总数约 1 亿个,主要分布在黄斑以外的地方. 两种细胞的分布与它们的功能有关,锥体细胞能分辨颜色和细节,而杆体细胞有高的灵敏度.

在盲点处,既无锥体细胞,也无杆体细胞. 用图 8.1.2 容易证实盲点的存在:遮住左眼,用右眼观看图中的十字,把眼靠近图而后逐渐离开,就可以找到这样一个位置,此时在视场边缘处黑色圆盘消失不见,这是由于黑色圆成像于盲点的缘故. 若十字与黑圆相距约 35mm,则黑圆消失将发生

图 8.1.2　人眼盲点的证实

在眼睛离纸面约 15～17cm 处. 通常我们不觉得有盲点,这主要是由于人眼活动的缘故.

眼睛注视某一物体时,使物体的像自动地成在黄斑上. 黄斑的中央凹和眼睛水晶体像方节点的连线称为视轴. 眼睛的视场可达 150°左右,但只有在视轴周围 6°～8°的范围内能清晰地观察物体,此时锥体细胞起主要作用. 其他部分只能感觉到模糊的像,这是因为杆体细胞不能分辨细节. 人们在观察物体时,眼球自动旋转,使视轴通过该物体.

由于水晶体成像犹如透镜,故视网膜上成的是倒像. 只是由于神经系统内部的调节使人们感觉为正立的像.

为了使某些近似计算的方便,可把眼睛光学系统简化为一个折射面来代替,其光学参数为:

介质的折射率　　　　　　　1.33
折射面曲率半径　　　　　　5.77mm
物方焦距　　　　　　　　　−17.1mm
像方焦距　　　　　　　　　22.8mm
光焦度　　　　　　　　　　58.48（屈光度）
网膜的曲率半径　　　　　　9.7mm

8.1.2　人眼的光学特性

1. 明视觉与暗视觉

视网膜上锥体细胞和杆体细胞执行着不同的视觉功能. 在光亮条件下,锥体细胞能够分辨颜色和物体细节,而杆体细胞只有在较暗条件下起作用,适宜于微光视觉,且不能分辨颜色和细节. 图 8.1.3 表示明视觉的视见函数曲线 $V(\lambda)$ 及与此相应的暗视觉曲线 $V'(\lambda)$,峰值波长由原来的 555nm,向短波推移到 507nm. 这种人眼光感受性随照明条件而变化的明视觉与暗视觉现象称为培金野现象. 由于杆体细胞分布在黄斑中央凹以外,故暗视觉不要求物体在视轴上,而用侧视发现物体.

人眼明视觉与暗视觉感受不同光亮度能力的范围很大,其比值约为 10^{12} ∶ 1. 这种视觉功能变化的过程称为眼睛的适应,且又分为暗适应和亮适应,前者发生在由光亮处到光暗处,后者发生在由光暗处到光亮处.

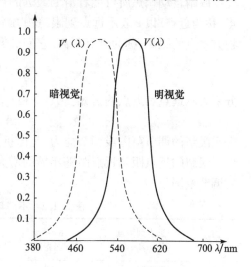

图 8.1.3　人眼的明视觉与暗视觉

眼睛的适应有一个过程. 例如,由光亮处进入暗室,开始看不清任何物体,随着对暗适应的逐渐完成,瞳孔自动地由 2mm 扩大到 8mm,进入眼球的光能量增加. 同时,视网膜感光化学物质的变化,杆体细胞的感受性逐步提高,视觉能力也随之提高. 在黑暗处停留的时间越长,眼睛的暗适应越好,经过一段时间(约 60min)以后,其敏感度达到一定的极限,即被眼睛感受的最低光照度值,称为绝对暗阈限,约为 10^{-6} lx,这相当于一支蜡烛在 30km 远处产生的光照度.

同样,人们由暗处走到光亮处,也看不清周围的物体,发生眩目现象. 可见,对亮适应也有一个过程,此适应过程较快,只要几分钟即可. 眼睛亮适应后,敏感度大为降低,但因光照度良好,并不影响眼睛的工作能力.

正常眼睛对周围环境光亮度适应后的瞳孔直径如表 8.1.1 所示.

无月亮的夜间,理想白毛面的光亮度为 1×10^{-4} cd/m^2,与此相应的眼睛瞳孔直径为 8mm. 日光直射在白纸上,照度为 100 000lx,设反射率为 0.628,其反射光的光亮度为 2×10^4 cd/m^2,与此相应的瞳孔直径为 2mm.

表 8.1.1　正常眼睛适应环境光亮度后的瞳孔直径

适应视场亮度/(cd/m^2)	10^{-5}	10^{-3}	10^{-2}	0.1	1	10	10^2	10^3	2×10^4
瞳孔直径/mm	8.17	7.8	7.44	6.72	5.66	4.32	3.04	2.32	2.24

2. 眼睛的调节

眼睛看清某物是由于该物能在视网膜上成一清晰的像. 观察不同距离的物体, 水晶体的焦距自动改变, 仍能在视网膜上成清晰的像. 对于近物, 眼肌收缩, 水晶体曲率增大, 焦距变短; 对于远物, 水晶体曲率减少, 焦距变长. 眼睛这种本能地改变焦距大小以看清不同远近物体的过程, 称为眼睛的调节.

眼睛自动调焦所可能看清的最远的点, 称为远点; 眼睛自动调焦所可能看清的最近的点, 称为近点. 以 r 表示远点到眼睛物方主点的距离, 称为远点距离; 以 p 表示近点到眼睛物方主点的距离, 称为近点距离. 它们的倒数

$$\frac{1}{r} = R, \quad \frac{1}{p} = P$$

分别表示远点和近点的折光度数(p 和 r 均以 m 为单位), 称为视度. 它们的差值

$$A = R - P$$

表示眼睛的调节范围或调节能力, 是以折光度为单位的视度表示.

眼睛的远点距和近点距随年龄的增大而变化. 表 8.1.2 给出了不同年龄人群的眼睛的调节范围.

表 8.1.2　不同年龄人群的眼睛调节范围

年龄	远点到主点的距离 r/m	$R=1/r$（屈光度）	近点到主点的距离 p/m	$P=1/p$（屈光度）	调节范围 $A=R-P$
10	∞	0	-0.071	-14	14
15	∞	0	-0.083	-12	12
20	∞	0	-0.100	-10	10
25	∞	0	-0.118	-8.5	8.5
30	∞	0	-0.143	-7	7
35	∞	0	-0.182	-5.5	5.5
40	∞	0	-0.222	-4.5	4.5
45	∞	0	-0.286	-3.5	3.5
50	∞	0	-0.400	-2.5	2.5
55	4.0	0.25	-0.666	-1.5	1.75
60	2.0	0.5	-2.000	-0.5	1.00
65	1.33	0.75	$+4.00$	$+0.25$	0.50
70	0.80	1.25	$+1.00$	$+1.00$	0.25
75	0.57	1.75	$+0.57$	$+1.75$	0
80	0.4	2.50	$+0.4$	$+2.50$	0

由表 8.1.2 中数据可知, 青少年时期, 远点距离为无穷远, 近点距离很近, 调节范围很大, 可认为是正常眼. 在正常照明条件下(光照度约 50lx), 正常眼最方便和最习惯的工作距离称为明视距离, 它等于 -250mm. 一般眼睛的近点距离小于明视距离, 而在 45 岁以后, 随着眼肌调节能力的衰退, 近点距离变远, 大于明视距离, 调节范围减小. 年龄的进一步增加, 远点和近点均在眼球之后, 只有会聚光才能在视网膜上成像, 而成为老年性远视或老花眼. 至 75 岁时, 就几乎没有调节能力了.

眼睛通过调节观察不同远近物体时, 远物感觉小, 近物感觉大. 观察同一距离的物体也能分辨出其大小差异. 眼睛对不同尺度的感觉是取决于物体在视网膜上所成像的大小,

成像的大小则取决于物体对人眼的张角(称为视角).网膜上两个像大小的比值,等于相应的两个视角正切的比值.

3. 眼睛的缺陷及仪器的视度调节

正常人眼在肌肉完全放松的自然条件下,能够看清楚无限远处的物体,即远点在无穷远($R=0$),此时人眼像方焦点与网膜重合,如图 8.1.4(a)所示.如果远点不在无穷远,像方焦点不与网膜重合,则称为非正常眼.非正常眼有好几种,最常见的是近视眼和远视眼.

像方焦点位于网膜的前方,其远点位于眼睛前方有限距离处的非正常眼称为近视眼,如图 8.1.4(b)所示.像方焦点和远点位于网膜之后的,称为远视眼,如图 8.1.4(c)所示.远视眼只有会聚光束射入眼睛才能聚焦在网膜上.

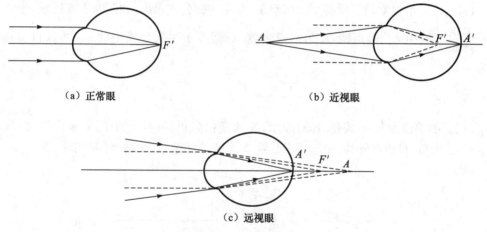

（a）正常眼　　　　　（b）近视眼

（c）远视眼

图 8.1.4　人眼及缺陷

通常采用非正常眼远点距离对应的视度表示近视或远视的程度.例如,当近视眼的远点距离为$-0.5\mathrm{m}$时,近视为-2视度(或屈光度).对应医院或眼镜店,则是 200 度近视.弥补眼睛缺陷的方法,最简单的是戴眼镜.近视眼配负透镜,远视眼配正透镜,使它们与非正常眼组合后,无限远物体成像在网膜上.

眼镜片的像方焦点正好和非正常眼的远点重合,如图 8.1.5 所示.眼睛的缺陷还有散光现象,可以用柱透镜矫正.

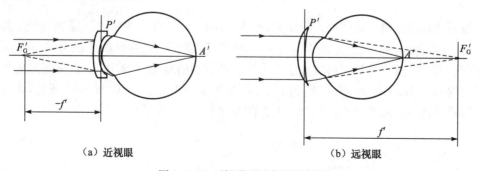

（a）近视眼　　　　　（b）远视眼

图 8.1.5　近视眼和远视眼的矫正

　　显微镜和望远镜等目视光学仪器是物体经物镜成像在目镜的物方焦平面上,从仪器出射的是平行光束,相当于人眼观察无穷远的物.为了适应视力不同的人使用,目视光学仪器设计应使目镜能改变前后位置,使经仪器所成的像能位于前方、位于无穷远、位于网膜后方一定距离上来适应近视眼、正常眼和远视眼的需要.目视光学仪器目镜前后移动的过程称为目视光学仪器的视度调节.

　　对于近视眼,必须将仪器的目镜向里调,物镜成的像落在目镜前焦面以内,由目镜射出的是发散光束,相当于近视眼戴了一块负透镜的眼镜.对远视眼目镜往外调,物镜所成的像落在目镜前焦面以外,目镜出射的是会聚光束,适合远视眼的观察.

　　由目视光学仪器目镜射出的光束对出射光瞳的会聚度,称为目视光学仪器的视度,通常用 N 表示. $N=0$,目镜出射光束是平行的; N 为正,出射光束是会聚的; N 为负,出射光束是发散的.目镜所需调节的视度值 N,与非正常眼观察者远点视度值一致.

　　目镜作 N 个视度调节所需要的移动量,易由牛顿公式求出,如图 8.1.6 所示,于 $N=R=\dfrac{1000}{r(\text{mm})}$,式中 r 为远点距,R 为远点视度.近似等于牛顿公式中的 x',所以目镜移动量为

$$x=\frac{ff'}{x'}=-\frac{f'^2}{r}=-\frac{f'^2}{1000}N \tag{8.1.1}$$

式中,x、f' 的单位为 mm.式(8.1.1)表示,N 为负值(近视)时,x 为正,目镜向里移; N 为正值时,x 为负,目镜向外移.一般要求目视光学仪器应有 ±5 个视度的调节范围.

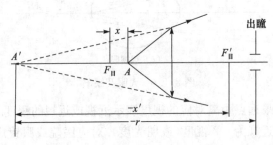

图 8.1.6　目镜作 N 个视度调节

4. 人眼的分辨率及瞄准精度

　　眼睛能分辨开两个近邻物点的能力,称为眼睛的分辨率.它主要由网膜视神经细胞直接决定.若两物点在视网膜上的像落在一个视神经细胞上,视神经就无法分辨这是两个点.因此,网膜上最小分辨距离应大于一个视神经细胞的直径.在黄斑上,锥体细胞的平均直径大约 0.005mm,因此,能分辨开两物点的最短像距不会小于 0.005mm.通常,将人眼能分辨的两物点之间的最小视角称为人眼的视角分辨率.由图 8.1.7 得

$$\tan\omega_{\min}=\frac{h'_{\min}}{x'_N}=\frac{h'_{\min}}{f} \tag{8.1.2}$$

由前已知,$f=-17.1$mm,若取 $h_{\min}=-0.005$mm,得

$$\omega_{min} = \frac{-0.005}{-17.1} = 0.000\,29(rad) = 60''$$

所以在良好照明条件下,视角分辨率可取 $1'$.

若把眼睛看成理想光学系统,根据物理光学中的
衍射理论,极限分辨角为

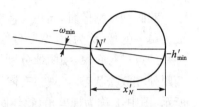

图 8.1.7　人眼的分辨率

$$\psi = \frac{1.22\lambda}{D} \approx \frac{140''}{D(mm)}$$

式中,λ 为波长,且设 $\lambda = 0.55\mu m$;D 为入射光瞳. 在白天,眼瞳的直径为 $D = 2mm$,$\psi = 70''$,即能被眼瞳分辨开的两物点也能被网膜分辨.

上述分辨率是指眼睛能分辨两个发光点之间角距离或线距离的能力. 但是,把一个点(或一个图案)与另一个点(或图案)相重合时,对眼睛来说,感觉已经重合在一起,而实际上并没有完全重合在一起,其偏离开的角距离或线距离称为人眼的瞄准精度.

瞄准精度和分辨率是两个不同的概念,但两者又有一定的联系. 经验证明,眼睛的瞄准精度为分辨率的 $1/6 \sim 1/10$.

人眼的瞄准精度和所选取的图案有关. 图 8.1.8(a)为二直线的端部瞄准,瞄准精度可达 $10'' \sim 20''$;图 8.1.8(b)为叉线对单线瞄准,瞄准精度可达 $10''$;图 8.1.8(c)为双线夹单线瞄准,精度最高,可达 $5''$.

（a）端部瞄准　　　　　　　（b）叉线瞄准　　　　　　　（c）夹线瞄准

图 8.1.8　人眼的瞄准方式

5. 双眼视觉

眼睛观察物体时,除了能感觉物体的形状、大小、明暗程度以及颜色以外,还能产生远近的感觉. 这种纵深的远近感觉称为空间深度感觉或立体视觉. 单眼或双眼都能产生空间深度感觉,但产生的原因和效果都是不同的,双眼观察比单眼观察的深度感觉强,也准确得多.

单眼观察物体的深度感觉极为粗略. 对近距离物体是依靠眼睛的调节而产生远近的感觉. 但当物体的位置较远时,水晶体的曲率不变或变化微小,所以估计不准确,估计距离一般不超过 5m. 对于熟悉的物体,深度感觉是以人的经验为基础的. 已知物体大小,根据其对眼睛所张视角大小来判断其远近;或者根据其细节被分辨的程度来判断其远近. 这种判断准确度是很差的.

　　双眼观察物体时,同一物体在左右两只眼中各成一个像,由两眼的视觉汇合到大脑中成为单一的像,称为"合像".合像是产生空间深度的基础.合像的过程是指两眼视轴对被观察的点进行会聚,使两像分别处于两眼黄斑的中心.当物体在无穷远时,两眼视轴平行,两眼处在放松状态.当观察有限距离物体时,两眼转动使其视轴向物体会聚,如图 8.1.9 所示.图中,α 称为视差角,物体距离越近,α 越大.视差角不同,眼肌的紧张程度也不同,从而辨别出物体远近,但只有距离较近时才有准确的结果.

　　双眼观察等距离的物体 A、B 时,如图 8.1.10 所示,其像分别为 a_1、a_2、b_1、b_2,有 $\alpha_A = \alpha_B$,且 b_1、b_2 位于黄斑同一侧.

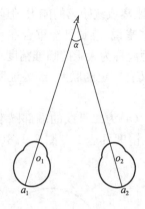

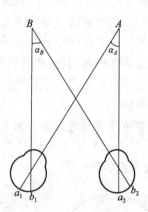

图 8.1.9　双目视觉　　　　　　图 8.1.10　双眼观看等距离物体

　　双眼观察不同距离物体 A、B 时,如图 8.1.11 所示,仍设 A 的像位于黄斑中央凹,有 $\alpha_A \neq \alpha_B$,图 8.1.11(a)中 b_1 和 b_2 位于黄斑的两侧;图 8.1.11(b)中 b_1 和 b_2 虽位于黄斑同一侧,但 $a_1 b_1 \neq a_2 b_2$.这就说明,物体 B 在网膜上的像 b_1 和 b_2 不对应,视觉中枢就产生了远近的感觉,这种深度感觉称为体视感觉.

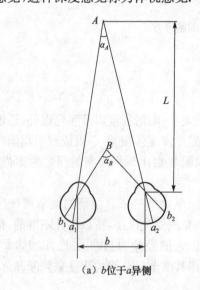

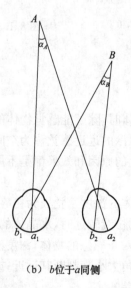

（a）b 位于 a 异侧　　　　　　（b）b 位于 a 同侧

图 8.1.11　立体锐度

体视感觉能够精确地判断两物体间的相对位置. 体视感觉程度取决于

$$\Delta\alpha = \alpha_A - \alpha_B \tag{8.1.3}$$

人眼能感觉到的最小的 $\Delta\alpha$ 值称为体视锐度,记为 $\Delta\alpha_{\min}$. 通常,人眼的体视锐度为 $30'' \sim$ $60''$,通过训练的人可达 $3'' \sim 10''$. 一般取人眼体视锐度为 $10''$.

无穷远物体的视差角 $\alpha_\infty = 0$. 对于近物,只有当它的视差角 $\alpha > \alpha_{\min}$ 时,才能把它和无穷远的物区分开来. 因此,称与 $\alpha = \alpha_{\min}$ 相对应的距离 l_m 为眼睛的体视半径,则

$$l_m = \frac{b}{\Delta\alpha_{\min}} \tag{8.1.4}$$

式中,b 为人眼两瞳孔之间的距离,取 $b = 65\text{mm}$,$\Delta\alpha_{\min} = 10''$,则 $l_m = \dfrac{0.065}{10''} \times 206\ 265'' =$ $1341(\text{m})$. 体视半径以外的物体,用眼睛观察时,好像都在同一平面上,分辨不出它们的远近.

由图 8.1.11(a)知,$\alpha = b/L$,微分该式并取绝对值得

$$\Delta\alpha = \frac{b}{L^2}\Delta L \text{ 或 } \Delta L = \Delta\alpha\frac{L^2}{b} \tag{8.1.5}$$

其中,ΔL 是观察者用双眼分辨空间两点间的最短空间深度距离,称为立体视觉限.

由式(8.1.5)可知,当定位在不同距离处,即 L 取不同值时,立体视觉限有不同数值;当用体视光学仪器增加基线长度 b 时,ΔL 减小,有更短的立体视觉限. 取 $\Delta\alpha_{\min} = 10''$,$b = 65\text{mm}$,得 $\Delta L = 7.5 \times 10^{-4} L^2\text{m}$. 对于 50m 远物体,$\Delta L = 1.88\text{m}$. 对于明视距离为 250mm,$\Delta L = 0.05\text{mm}$,此时眼睛有最灵敏的深度感觉.

8.2　放　大　镜

眼睛能分辨出物体的细节,这些细节对眼睛所张视角必须大于眼睛的极限分辨角 $60''$. 物体对眼睛所张视角的大小取决于该物离眼睛的距离,距离越近,视角越大. 但物体不能无限地移近眼睛,受调节能力的限制,物体必须在眼睛近点距离之外才能看得清楚. 当物体已移到观察的最近距离而细节对人眼的张角仍小于 $60''$ 时,必须借助放大镜或显微镜将其放大,使放大像的视角大于人眼的极限分辨角,才能看清物体的细微结构.

8.2.1　放大镜的视角放大率

眼睛通过目视光学仪器来观察物体时,有意义的是在眼睛视网膜上像的大小. 如图 8.2.1所示,同一物体,眼睛直接观察时,视角为 $\omega_{眼}$,在网膜上像高为 $h'_{眼}$;通过仪器观察时,在网膜上产生了 $h'_{仪}$ 的像高,对应的视角为 $\omega_{仪}$. 故有意义的放大率应为两种像高的比值,即 $h'_{眼}/h'_{仪}$. 设 x'_N 为眼睛像方节点到视网膜的距离,在不考虑调节的情况下,有

$$h'_{眼} = x'_N \tan\omega_{眼}, \quad h'_{仪} = x'_N \tan\omega_{仪}$$

故放大率为

$$\Gamma = \frac{h'_{仪}}{h'_{眼}} = \frac{x'_N \tan\omega_{仪}}{x'_N \tan\omega_{眼}} = \frac{\tan\omega_{仪}}{\tan\omega_{眼}} \tag{8.2.1}$$

为通过目视观察仪器观察物体时其像对眼所张视角的正切与眼直接观察物体时物体对眼所张视角正切的比值,通常称为视角放大率.

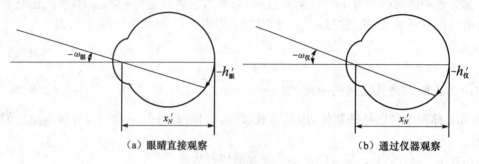

（a）眼睛直接观察　　　　　　　（b）通过仪器观察

图 8.2.1　视角放大率

放大镜是单组正透镜.图 8.2.2 是放大镜成像的光路图.位于放大镜物方焦点以内的物体高为 h,其放大虚像高为 h',h' 对眼张角 $\omega_{仪}$ 的正切为

$$\tan\omega_{仪} = \tan\omega' = \frac{-h'}{-x' + x'_z}$$

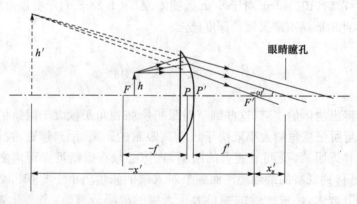

图 8.2.2　放大镜的视角放大率

在明视距离眼睛直接观察物体时,物体 h 对眼睛张角的正切为

$$\tan\omega_{眼} = \frac{-h}{250}$$

则放大镜的视角放大率为

$$\Gamma = \frac{\tan\omega_{仪}}{\tan\omega_{眼}} = \frac{250h'}{(-x' + x'_z)h}$$

由于 $m = h'/h = -x'/f'$,代入上式得

$$\Gamma = \frac{250}{f'} \cdot \frac{x'}{x' - x'_z} \tag{8.2.2}$$

式(8.2.2)说明,放大镜的视角放大率除了和透镜焦距有关外,还和眼睛的位置有关.当物

体和物方焦平面重合时,放大镜的放大率为

$$\Gamma = \frac{250}{f'} \tag{8.2.3}$$

式中,f' 单位为 mm,此时放大率仅决定于透镜焦距,焦距越短,视角放大率 Γ 越大.由于放大镜焦距不可能太短,故视角放大率受到限制,一般在 10 倍以内.

　　目视光学仪器目镜的工作原理和视角放大率的计算,与放大镜完全相同.

8.2.2　放大镜的光束限制

　　由单透镜构成的低倍放大镜,往往和眼瞳一起考虑光束限制问题.如图 8.2.3 所示,物平面置于放大镜的前焦面内,眼瞳在放大镜后焦面外.此时,眼瞳是孔径光阑,也是出射光瞳,它限制成像光束的孔径.其通过放大镜的共轭像 P' 处为入射光瞳.作为放大镜,一般不在物平面或像平面设置专门的视场光阑.放大镜本身是视场光阑,也起着渐晕光阑的作用.放大镜同时也是入窗和出窗,有渐晕存在.

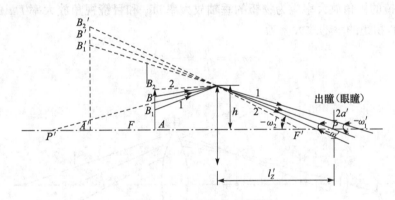

图 8.2.3　放大镜的光束限制

　　由图 8.2.3 可知,放大镜像空间渐晕系数分别为 100%、50%、和 0 的视场角的正切分别为

$$\tan\omega_1' = -\frac{h-a'}{l_z'}, \quad \tan\omega' = -\frac{h}{l_z'},$$

$$\tan\omega_2' = -\frac{h+a'}{l_z'} \tag{8.2.4}$$

式中,l_z' 为眼瞳至放大镜的距离,$2a'$ 为眼瞳口径,$2h$ 为放大镜口径.渐晕为 0 的物方 B_2 点,限定了可见视场.

　　通常,放大镜的视场用物方线视场 $2h$ 表示.由图 8.2.4 可知,当物平面位于放大镜物方焦平面时,像平面在无限远,得

$$2h = 2f'\tan(-\omega')$$

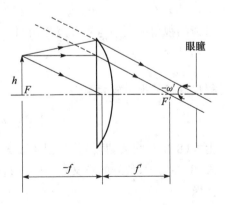

图 8.2.4　放大镜的线视场

将式(8.2.4)中的 $\tan\omega'$ 和 $\Gamma=250/f'$ 代入,得

$$2h = \frac{500h}{\Gamma l'_z} \tag{8.2.5}$$

可见,放大镜的视场与放大率、放大镜口径、观察距离有关.

8.3　显微镜系统及其光学特性

8.3.1　显微镜工作原理

　　放大镜不能有高的视角放大率,要进一步分辨物体的细节,必须使用有两次放大作用的显微镜. 显微镜系统广泛应用于各种科技领域和精密测量中.

　　显微镜由物镜和目镜两个部分组成,如图 8.3.1 所示. 在显微镜中,物镜后焦点和目镜前焦点之间有一定间隔,称为显微镜的光学间隔,用 Δ 表示. 物体 h 先经过物镜,在目镜前焦面或以内成一个放大的实像 h',再经过目镜放大成像在无穷远或明视距离附近. 所以,显微镜的视角放大率应为物镜的垂轴放大率 $m_物$ 和目镜视角放大率 $\Gamma_目$ 的乘积. 由图 8.3.1知,物镜的垂轴放大率为

$$m_物 = \frac{h'}{h} = -\frac{\Delta}{f'_物}$$

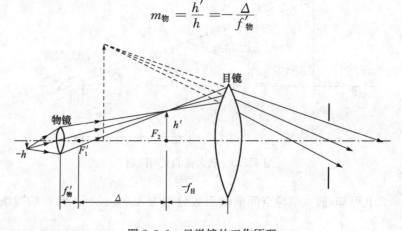

图 8.3.1　显微镜的工作原理

目镜的视角放大率与放大镜的相同

$$\Gamma_目 = \frac{250}{f'_目}$$

得显微镜的视角放大率为

$$\Gamma_显 = m_物 \cdot \Gamma_目 = -\frac{250\Delta}{f'_物 \cdot f'_目} \tag{8.3.1}$$

由式(8.3.1)可知,显微镜的视角放大率与光学筒长成正比,和物镜及目镜的焦距成反比. 式(8.3.1)中,负号的意义是,在一般显微镜有正物镜和正目镜的情况下,整个显微镜给出倒像.

　　如果把物镜和目镜看成一个组合系统,组合系统的焦距为

$$f' = -\frac{f'_物 \cdot f'_目}{\Delta}$$

代入式(8.3.1),得

$$\Gamma_显 = \frac{250}{f'} \tag{8.3.2}$$

与放大镜视角放大率有相同的形式. 由于 f' 为负值,故与放大镜不同的是,得到的是倒立的虚像.

　　绝大多数显微镜,其物镜和目镜各有多个组成一套,以便通过调换得到各种放大率. 一般物镜有四个,放大率分别为 4×、10×、40×、100×;目镜有三个,放大率分别为 5×、10×、15×. 这样,整个显微镜就能有从 20×～1500× 的多种放大率. 在使用中,为了迅速改变放大率,把几个物镜同时装在一个可转动的圆盘上,旋转该圆盘就能方便地选用不同放大率的物镜. 目镜一般为插入式,调换很方便.

8.3.2　显微镜的光束限制

　　对于低倍显微物镜,镜框是孔径光阑. 复杂物镜一般以最后一组透镜的镜框作孔径光阑. 精密测量显微镜在物镜像方焦平面或其附近,设置专门的孔径光阑,其入瞳在物方无限远,以构成物方远心光路.

　　孔径光阑经目镜所成的像为显微镜的出射光瞳. 不论上述孔径光阑具体位置如何,它到目镜的距离都大于目镜的二倍焦距,故出瞳应在目镜像方焦点外一定的距离,如图 8.3.2 所示.

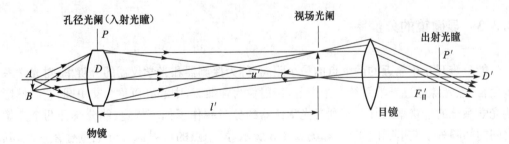

图 8.3.2　显微镜的光束限制

　　若孔径光阑位于物镜的后焦面上,入射光瞳位于无限远,出射光瞳则应在显微系统的后焦点上. 其相对于目镜后焦点的位置为

$$x' = -\frac{f_目 f_目}{\Delta} = \frac{f_目^2}{\Delta} \tag{8.3.3}$$

用显微镜观察物体时,眼瞳应与出瞳重合.

　　如图 8.3.2 所示,设出射光瞳直径为 D',物镜的像方孔径角为 u',它们之间有如下关系

$$\tan u' = \frac{D'}{2f'_目}$$

因显微镜像方孔径角很小,用正弦代替正切,得

$$\sin u' = \frac{D'}{2f'_{目}}$$

显微镜应满足光学正弦定理,故有

$$n'\sin u' = \frac{h}{h'}n\sin u$$

式中,$h/h' = 1/m_{物} = -f'_{物}/\Delta$,且 $n'=1$,所以

$$D' = 2f'_{目} \cdot \sin u' = 2f'_{目} \cdot \frac{h}{h'}n\sin u = -2\frac{f'_{物} \cdot f'_{目}}{\Delta} \cdot n\sin u = \frac{500}{\Gamma_{显}} \cdot n\sin u = \frac{500NA}{\Gamma}$$

$$(8.3.4)$$

式中,$NA = n\sin u$ 称为显微镜的数值孔径,是表征显微镜特性的重要参量.

由式(8.3.4)知,已知显微镜的放大率和物镜数值孔径,可求出瞳直径 D'. 例如,$\Gamma = 1500$,$NA = 1.25$,$D' = 0.42$;$\Gamma = 90$,$NA = 0.25$,$D' = 1.39$. 故显微镜的出瞳很小,一般都小于眼瞳直径,只有在低倍数时,才能达到眼睛瞳孔直径的大小.

由图 8.3.2 可知,目镜物方焦平面的圆孔光阑(或分划板框)限制了系统的成像范围,为显微镜的视场光阑. 由于入射窗与物面重合,又因显微镜的视场很小,而且要求像面上有均匀的照度,不专门设渐晕光阑,故显微镜视场没有渐晕. 显微镜系统的视场直接用成像物体的最大尺寸表示(线视场). 由 $m_{物} = h'/h$,所以

$$h_{\max} = \frac{h'}{m_{物}}$$

$$(8.3.5)$$

h' 随目镜的放大率而异,如 $5\times$ 目镜,$h' = 20\text{mm}$;使用 $40\times$ 物镜的线视场为 0.5mm.

8.3.3　显微镜的分辨率

能分辨开互相靠近的两个点的最小距离,称为探测器和光学仪器的分辨率. 对光学系统而言,点光源通过光学系统产生衍射,衍射像为弥散斑,中心亮斑称为艾里圆,它必然影响光学系统的分辨率. 为此,瑞利对光学仪器的分辨率作了如下规定:能分辨开两个点像之间的间隔等于艾里圆的半径. 如图 8.3.3 所示,两个点的衍射像部分地重叠在一起,其中一个衍射斑的中心和另一个衍射斑的第一个暗环重合,这时两个弥散斑的叠加光强分布曲线的极大值和极小值之间的差异为 1:0.736. 与此对应的二像点之间的最小距离,即为分辨率 σ',其表达式为

$$\sigma' = \frac{3.83}{\pi}\frac{f'\lambda}{D}$$

$$(8.3.6)$$

式中,f' 为光学系统焦距,λ 为波长,D 为光学系统入射光瞳直径. 式(8.3.6)也可以用角距离 ψ 表示,即

$$\psi = \frac{1.22\lambda}{D}$$

$$(8.3.7)$$

若使 $\lambda = 0.55\mu\text{m}$,并以角秒表示角距离 ψ,得

$$\psi = \frac{1.22 \times 0.000\,55}{D} \times 206\,265'' \approx \frac{140''}{D} \tag{8.3.8}$$

式中，D 以 mm 为单位，适合物体位于较远的情况，如望远镜、照相机、人眼等.

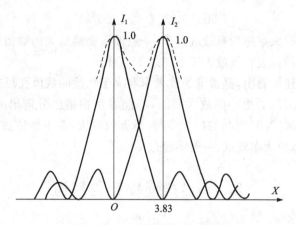

图 8.3.3 显微镜的分辨率

由图 8.3.2 所示的显微物镜成像系统，式(8.3.6)可以表示为

$$\sigma' = \frac{3.83}{\pi} \frac{l'\lambda}{D} \approx \frac{0.61\lambda}{\sin u'} \tag{8.3.9}$$

对于显微镜的分辨率，用物方空间的分辨距离 σ 表示. 根据垂轴放大率公式 $\sigma' = m\sigma$ 和光学正弦定理 $n\sigma \sin u = n'\sigma' \sin u'$，设 $n' = 1$，代入式(8.3.9)，得

$$\sigma = \frac{0.61\lambda}{n\sin u} = \frac{0.61\lambda}{NA} \tag{8.3.10}$$

式中，$NA = n\sin u$ 为显微物镜的数值孔径.

式(8.3.10)为两个自发光点分辨率的表示式. 当被观察物体不发光而被其他光源照明时，$\sigma = \lambda/NA$；在斜射光照明时，$\sigma = 0.5\lambda/NA$.

以上各式表明：数值孔径越大，分辨率越高；波长越短，分辨率越高. 增大数值孔径和减小波长是提高显微镜分辨率的途径.

当显微镜物方介质为空气时，$n = 1$，物镜可能具有的最大数值孔径为 1，一般只能达到 0.9 左右；而当在物体和物镜之间浸以液体（如杉木油 $n_D = 1.517$，溴化萘 $n_D = 1.656$，二碘甲烷 $n_D = 1.741$）时，数值孔径可增加到 1.5～1.6. 在物体和物镜之间浸以液体的物镜，称为阿贝油浸物镜.

8.3.4 显微镜的有效放大率

显微镜必须有足够的放大率，使被显微物镜分辨出来的细节，放大后被眼睛分辨. 便于眼睛分辨的角距离为 $2'\sim4'$，该角距离在眼睛明视距离—250mm 处对应的线距离 σ' 可表示为

$$250 \times 2 \times 0.000\,29 \leqslant \sigma' \leqslant 250 \times 4 \times 0.000\,29$$

换算到物空间，$\sigma' = \Gamma\sigma$. 取 $\sigma = 0.5\lambda/NA$，得

$$250 \times 2 \times 0.000\,29 \leqslant \Gamma \cdot \frac{0.5\lambda}{NA} \leqslant 250 \times 4 \times 0.000\,29$$

设照明的平均波长为 0.000 55mm,代入上式,得

$$527NA \leqslant \Gamma \leqslant 1054NA$$

或近似写为

$$500NA \leqslant \Gamma \leqslant 1000NA \tag{8.3.11}$$

满足式(8.3.11)的放大率称为有效放大率. 一般油浸物镜最大的数值孔径为 1.5,所以光学显微镜所能达到的最大有效放大率不超过 1500 倍.

由式(8.3.11)还可看出,显微镜的放大率取决于物镜的数值孔径或分辨率. 当使用比有效放大率下限($500NA$)更小的放大率时,不能看清物镜已分辨出的某些细节;若用比有效放大率上限($1000NA$)更高的放大率时,是无效放大,并不能使被观察物体的细节更清晰. 计量用显微镜放大率较低,一般不超过 100 倍.

8.4 显微镜物镜与目镜

8.4.1 显微物镜的特性及类型

1. 显微物镜的特性

物体经显微物镜成一放大实像,供目镜再一次放大观察. 显微物镜光学特性主要有放大率、数值孔径和线视场. 由于有效放大率限制,放大率越高,数值孔径越大. 国内生产的生物显微镜的放大率和数值孔径的匹配已成系列,如表 8.4.1 所示. 显微物镜的视场光阑一般为在其像面上设置的专门的金属光阑. 因此,随物镜和目镜放大率不同有不同的线视场,仍如表 8.4.1 所示.

表 8.4.1 显微物镜和目镜的特性及类型

目镜 \ 物镜		m	4×		10×		40×		100×	
		NA	0.1		0.25		0.65		1.25	
		$f_物/mm$	36.2		19.894		4.126		2.745	
$\Gamma_目$	$2h'/mm$	显微系统	Γ	$2h/mm$	Γ	$2h/mm$	Γ	$2h/mm$	Γ	$2h/mm$
5×	20		20	5	50	2	200	0.5	500	0.2
10×	14		40	3.5	100	1.4	400	0.35	1000	0.14
15×	10		60	2.5	150	1	600	0.25	1500	0.1

物镜前片顶点到物面的距离称为工作距离,放大率越高,工作距离越短,如 100× 物镜的工作距离只有 0.2mm 左右.

常将放大率和数值孔径刻于物镜金属筒上,如图 8.4.1 所示. 图 8.4.1(a)表示一生物显微镜,其放大率为 40×,数值孔径为 0.65. 机械筒长(物镜支承面到目镜支承面间的距离)为 160mm,盖玻片厚度为 0.17mm.

若在物镜后设置折光镜(如自准直显微镜、金相显微镜、干涉显微镜),为了避免引入

像散,常采用无限筒长物镜,如图 8.4.2 所示.无限筒长物镜由两组双胶合透镜组成,物体位于前组双胶合透镜的物方焦平面上,两透镜组之间为平行光束,经后组双胶合透镜(又称补偿透镜)后,在其焦点 F_2' 处形成实像.折光镜置于平行光束中.这种物镜的放大率 $m=-f_2'/f_1'$.图 8.4.1(b)表示一无限筒长的金相显微镜前置物镜,放大率为 $10\times$,数值孔径为 0.25,筒长为 ∞,0 表示不用盖玻片.

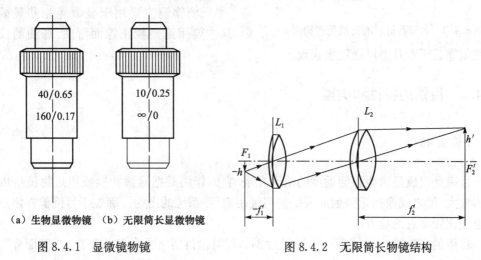

（a）生物显微物镜　（b）无限筒长显微物镜

图 8.4.1　显微镜物镜　　　　　图 8.4.2　无限筒长物镜结构

2. 显微物镜的基本类型

显微物镜按校正像差情况的不同,分为消色差物镜、复消色差物镜和平场物镜三大类.

消色差物镜是常用的一类显微物镜,它的数值孔径较大,分辨率也较高,对轴上点像差,如色差、球差和正弦差校正得很好;对轴外像差一般也能满足要求.消色差物镜结构比较简单,按数值孔径大小分为四种结构形式,如表 8.4.2 所示.

表 8.4.2　消色差物镜结构

结构	形式	放大率	数值孔径
	双胶合型（低倍）	1~5	0.1~0.15
	李斯特型（中倍）	8~20	0.25~0.3
	阿米西型（中倍及高倍）	25~40	0.40~0.65
	油浸型（高倍）	90~100	1.25~1.4

复消色差物镜主要用于研究用显微镜及显微照相. 它除了严格要求校正轴上点像差外,同时要求校正二级光谱,常选用莹石作某些单片透镜的材料,其结构形式复杂,如图 8.4.3 所示,图中有阴影线的透镜为用莹石制造.

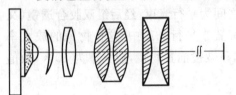

图 8.4.3 含莹石材料的复消色差物镜

平视场物镜主要用于显微照相和显微投影,其主要用途是校正像面弯曲. 场曲的校正往往依靠若干弯月型厚透镜来实现.

8.4.2 目镜的特性和类型

1. 目镜的特性

目镜是组成显微镜和望远镜的重要光组. 它的作用是把显微物镜或望远物镜所成的像再放大,使之成像在无穷远或人眼的明视距离处. 系统的出射光瞳位于目镜像方焦点外与焦点比较靠近的地方.

目镜的光学特性有:焦距 f',视场角 $2\omega'$,相对镜目距 p'/f',工作距离 l_F. 下面分别加以介绍.

(1) 目镜焦距越短,显微镜或望远镜的视角放大率越大. 目镜最后一面到出瞳的距离称为镜目距,因眼瞳要与出瞳重合,镜目距不宜太短,一般不应小于 6mm,故常用目镜焦距在 15~30mm.

(2) 目镜的视场角取决于系统的视角放大率和物镜的视场角,即 $\tan\omega' = \Gamma\tan\omega$. 一般目镜视场角可达 60°~80°,特广角目镜的视场角在 90°以上.

(3) 相对镜目距 p'/f',是目镜的镜目距 p' 与目镜焦距 f' 的比值. 它由仪器的用途和使用条件决定. 最小镜目距不得小于 6mm,如戴眼罩的仪器最小镜目距在 20mm 以上,故一般目镜 $p'/f' = 0.5~0.8$,特殊要求目镜 p'/f' 可达 1 以上.

(4) 目镜的工作距离 l_F 是目镜第一面的顶点到目镜物方焦平面的距离,即目镜物方截距. 目视光学仪器为适应非正常眼的需要,目镜要进行视度调节. 为使目镜第一面不与分划板相碰,目镜工作距离应大于视度调节范围内的轴向移动量.

综合上述可知,目镜是一个大视场,中、小孔径,短焦距的光组. 目镜的轴上点像差不大,无需特别注意即可满足要求. 但目镜视场大、轴外像差严重,应主要校正与视场有关的彗差、像散、场曲、畸变和倍率色差. 由于视场大,上述像差也无法全部校正.

2. 目镜的类型

在显微镜和望远镜中,最常用的有惠更斯目镜、冉斯登目镜、对称式目镜、无畸变目镜、长出瞳距离目镜等. 现将其视场、镜目距、形式列表,如表 8.4.3 所示.

惠更斯目镜由两块同种玻璃的平凸透镜构成,靠近出瞳的称为接目镜,靠近物镜的称为场镜. 两透镜间的距离满足 $d = (f_1' + f_2')/2$, 满足消倍率色差的条件. 视场光阑在两透镜间, 不宜设置分划板. 这种目镜可用于观察显微镜和天文望远镜中.

　　冉斯登目镜仍由两块平凸透镜构成, 前焦面在镜组之前, 不满足消倍率色差条件. 工作距、出瞳距小, 适于简单显微、望远系统.

　　凯涅尔目镜类似于冉斯登目镜, 但接目镜改为双胶合透镜, 能消倍率色差, 像质、视场均优于冉斯登目镜, 应用广泛.

　　对称式目镜由结构对称的双胶透镜组成, 倍率色差、位置色差、像散、彗差均得到校正, 场曲也小, 是中等视场, 像质好的目镜, 应用广泛, 特别常用于瞄准仪器.

　　无畸变目镜像质好, 其相对畸变仅为 3‰～4‰, 适用于大地测量和军用望远系统.

表 8.4.3　目镜的类型和性质

形式		名称	视场	镜目距
		惠更斯	40°～60°	$\frac{1}{3}f'$
		冉斯登	30°～40°	$\frac{1}{4}f'$
		凯涅尔	40°～50°	$\frac{1}{2}f'$
		对称式	40°～42°	$\frac{1}{2}f'$
		无畸变	40°	$0.8f'$

续表

形式	名称	视场	镜目距
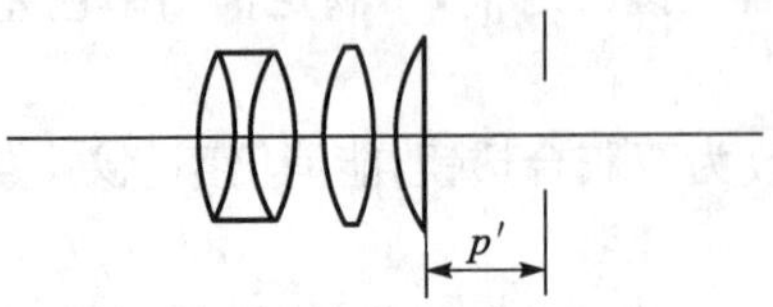	广角	$60°\sim70°$	$0.7f'$
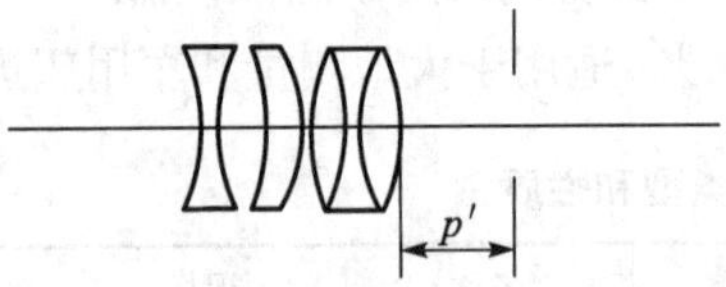	长出瞳距离	$40°$	$1.37f'$

广角目镜和长出瞳距离目镜用于大视场或出瞳距离长的特殊情况. 另外, 还有平场目镜配合平场显微物镜使用. 为了摄影, 有显微摄影或投影用目镜, 一般为一负透镜组. 让物镜的初次像面成在负透镜组的物方焦面附近, 通过该目镜成一放大的实像, 在该像面可放置胶片或投影屏.

8.5　显微镜的照明系统

显微镜观察的物体, 一般是不发光的, 必须通过照明系统实现对物体的照明, 故显微光学系统一般由成像和照明两个部分组成. 成像系统主要包括物镜和目镜, 照明系统包括光源和聚光系统. 照明系统除用自然光外, 一般都配专用灯具, 如低压钨丝灯、氙灯、高压水银灯等.

8.5.1　照明方式

1. 透明物体的照明

1) 直接照明
普通显微镜利用自然光或灯泡直接照明. 在显微镜下部安置平面或凹面反射镜, 利用凹球面反射镜对自然光有一定的会聚作用, 增加被照明物体的亮度.

2) 临界照明
光源发光面通过聚光镜成像在物面上或其附近的照明方式称为临界照明, 如图 8.5.1 所示. 若略去聚光系统的光能损失, 则光源像的亮度与光源本身相同, 这相当于物平面上放置光源, 物面视场有最大的亮度. 缺点是光源亮度的不均匀性将直接反映在物面上.

显微物镜成像光束的孔径角由聚光镜像方光束的孔径角所决定. 为使物镜的孔径角

得以充分利用,聚光镜应有与物镜相同或稍大的数值孔径.

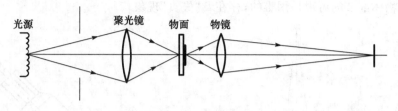

图 8.5.1　临界照明

读数显微镜中的刻线尺或度盘采用这种方式照明,电影放映机也多半采用这种照明方式.

3) 柯拉照明

柯拉照明克服了临界照明不均匀的缺点.显微镜柯拉照明系统常由两个光组构成,前者称为集光镜(或柯拉镜),后组称为聚光镜.光源经集光镜成实像于聚光系统的视场光阑处,聚光镜又将该光源实像成像于无穷远,即物镜的入瞳位置,如图 8.5.2 所示.该系统称为远心柯拉照明.在测量显微镜中,为了避免调焦不准而引起的测量误差,柯拉照明以配合显微镜的物方远心光路.柯拉照明系统在显微镜、投影仪中得到普遍应用.

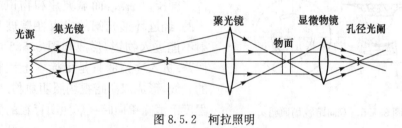

图 8.5.2　柯拉照明

如果光源经聚光系统成像于物镜框,则显微镜框与入瞳重合,这种情况称为非远心柯拉照明.同时,被光源均匀照明的集光镜被聚光镜成像于物平面,从而获得均匀的照明.

2. 不透明物体的照明

不透明物体利用侧面自然光或侧面加小灯泡进行照明,靠物体的反射光或散射光进入物镜成像.另外,利用物镜本身兼作聚光镜,如图 8.5.3 所示,光源经半反半透镜和显微物镜照明物体,物体的反射光再经物镜和半反半透镜成像.

3. 暗视场照明

用暗视场可观察超显微质点.所谓超显微质点就是小于显微镜分辨极限的微小质点.暗视场照明是不使主要的照明光线进入物镜,能够进入物镜成像的只是由微粒所散射的光线.因此,在暗的背景上给出了亮的微粒的像.由于暗视场对比度很好,可使分辨率提高.暗视场照明又有单向和双向之分:

(1) 单向暗视场照明.如图 8.5.4 所示,照明器发出的光线经不透明的物体反射后,只有散射光线进入物镜成像. 显然,这种单向的暗视场照明对视察微粒的存在和运动是有效的,但对物体细节的再现是困难的,存在着"失真"现象.

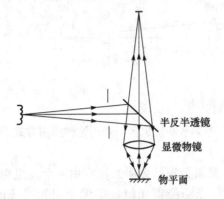

图 8.5.3　反射物体的照明

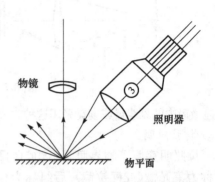

图 8.5.4　单向暗视场照明

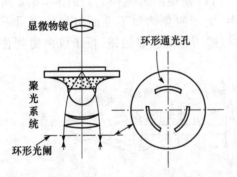

图 8.5.5　双向暗视场照明

（2）双向暗视场照明. 在普通的三透镜聚光系统的前面,安置一个环形光阑,如图 8.5.5 所示. 在聚光镜最后一片和载物玻璃片之间浸以油液,而盖玻片和物镜之间却是干的. 经过环形光阑的光束在盖玻片内全反射不能进入物镜,形成如图 8.5.5 中所示的回路. 进入物镜的只是由标本上微粒所散射的光线,形成双向暗视场照明成像. 它在一定程度上消除单向暗视场照明存在的失真.

8.5.2　聚光镜

聚光镜的作用是会聚光能并均匀地照明物体. 聚光镜不使被观察物体成像,故对像差校正要求不高. 只是在高倍显微镜用柯拉照明时,应该使用消色差聚光镜. 聚光镜球差过大,将使光能不集中,且影响照明区光能分布的均匀性. 为使聚光镜球差不致过大,仅使每一镜片所能承担的偏角 $\Delta u' = u' - u = 0.2 \sim 0.3$ 即可.

聚光镜的结构形式如图 8.5.6 所示.

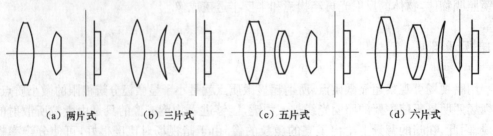

　（a）两片式　　　　　（b）三片式　　　　　（c）五片式　　　　　（d）六片式

图 8.5.6　聚光镜的结构形式

习 题

1. 正常人眼由观察前方 5m 至明视距离 0.25m 处,眼睛的视度调节范围多大?

2. 目视光学仪器目镜的焦距为 20mm,要求 ±5 视度调节范围,求目镜的总移动量.

3. 焦距仪上测微目镜焦距为 17mm,使用叉线对准,问瞄准误差等于多少?

4. 观察 1m 远和 10m 远处,立体视觉限分别为多少?

5. 有一焦距为 50mm,口径为 50mm 的放大镜,眼睛到它的距离为 125mm,物体经放大镜后所成的像在明视距离处和无穷远,计算两种情况下放大镜的视角放大率和线视场.

6. 已知显微镜目镜 $\Gamma = 15$,问其焦距为多少? 物镜的 $m = -2.5$,设为薄透镜,共轭距 $L = 180mm$,求其焦距及物、像方距离. 问显微镜总放大率为多少? 总焦距为多少?

7. 一架显微镜,物镜焦距为 4mm,中间像成在第二焦面(像方焦面)后 160mm,如果目镜为 10 倍,求显微镜的总放大率.

8. 显微镜目镜的 $\Gamma = 10$,物镜的 $m = -2$,$NA = 0.1$,物像共轭距为 180mm,物镜框为孔径光阑. 试求:

(1)出射光瞳的位置和大小.

(2)物镜和目镜的通光孔径(设物体 $2h = 8mm$,允许边缘视场拦光 50%).

9. 欲辨别 0.0005mm 的微小物体,显微镜的放大率至少应为多大? 数值孔径 NA 取多少较为合适(设人眼便于分辨的角距离为 $2'$,且用斜光束照明)?

10. 有一生物物镜,物镜的数值孔径 $NA = 0.5$,物体大小 $2h = 0.4mm$,照明灯灯丝半径为 0.6mm,灯丝到物面的距离为 100mm,采用临界照明,求聚光镜的焦距和通光孔径.

第9章 望远系统

9.1 望远系统概述

对于近处物体,当它对眼睛的视角小于 $60''$ 时,可借助放大镜或显微镜观察.对于远处物体,当它对眼睛的视角小于 $60''$ 时,应借助望远镜观察.望远镜在天文观测、工业计量、民用及国防等众多领域,均有十分广泛的用途.本节介绍望远系统的一般性质.

9.1.1 望远系统的原理与基本类型

望远系统是由物镜和目镜组成,物镜的像方焦点与目镜的物方焦点重合,即光学间隔 $\Delta=F_1'F_2=0$,所有的基点均位于无穷远.具有这种性质的光学系统,称为望远系统.

严格来说,望远系统是用来观察无穷远的物体.实际上,只要目标达到眼睛感觉不到它发出的光束是不平行的,这样的物体就可认为是在无穷远.

望远系统的出射光束为平行光束,成像在无穷远,因此用望远镜观察物体时,正常人的眼睛无须调节,观察时也不易疲劳.根据望远系统的组成特点,可分为两大类型,即开普勒望远镜和伽利略望远镜.

开普勒望远镜是由正透镜的物镜和正透镜的目镜组成的望远系统,如图 9.1.1 所示.无穷远物体经物镜后,在物镜的像方焦点(目镜的物方焦面)成一实像.该实像再经目镜放大成像于无穷远,整个系统形成倒像.

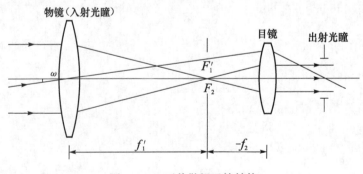

图 9.1.1 开普勒望远镜结构

伽利略望远镜是由正透镜的物镜和负透镜的目镜组成的望远系统,如图 9.1.2 所示.物镜的像方焦点与目镜的物方焦点重合于系统外部,整个系统成正像.

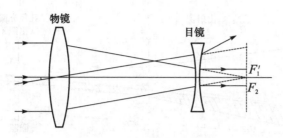

图 9.1.2　伽利略望远镜结构

9.1.2　望远系统的光束限制

1. 开普勒望远镜

如图 9.1.3 所示,最简单的开普勒望远镜物镜框是孔径光阑,也是入射光瞳.物镜框经目镜所成的像是出射光瞳,一般位于目镜像方焦点外附近,观察时眼瞳与之重合.在物镜的后焦面放置分划板或专门的光孔作为视场光阑,它也位于目镜的物方焦平面,因此系统的入射窗和出射窗位于物方无穷远和像方无穷远.由于视场光阑和像面重合,这样的系统可以没有渐晕.但是,当望远镜目镜尺寸不够大,或物镜视场角较大时,目镜可能成为渐晕光阑,斜光束就有渐晕存在.

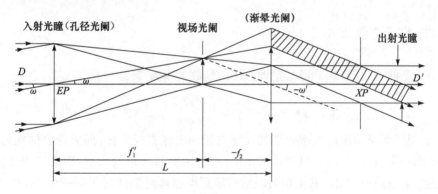

图 9.1.3　开普勒望远系统的光束限制

开普勒望远镜视场一般不超过 $10°\sim15°$,视场放大率为 $8\times$ 左右.若目镜作为渐晕光阑,一般允许存在 50% 以下的渐晕.开普勒望远镜的物镜像面可设置分划板,故可用于瞄准和测量,用途十分广泛.

2. 伽利略望远镜

如图 9.1.4 所示,伽利略望远镜不考虑眼瞳时,物镜框是系统的孔径光阑,也是入射光瞳.经目镜所成的像是虚像,位于目镜的前面 O_1' 处.O_1' 是系统的出射光瞳,眼瞳无法与之重合.

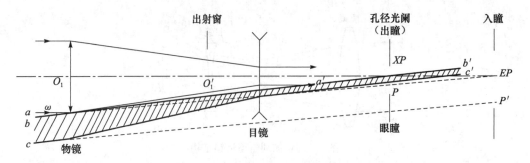

图 9.1.4　伽利略望远镜的光束限制

望远系统多数用于观测,应把眼瞳作为系统的一个光孔来考虑,此时眼瞳成为限制伽利略望远系统光束的孔径光阑 P,也是出射光瞳,P 经目镜、物镜所成的像 P' 为入射光瞳.在物平面或像平面没有设置专门的视场光阑.物镜框是视场光阑,也是入射窗,经目镜所成的像 O_1' 为出射窗.物镜框对轴外物点产生渐晕,也起着渐晕光阑的作用,一般按大于 50% 的渐晕设计物镜框.

伽利略望远镜结构简单而紧凑,光能损失小,观察物体能得到正像.但伽利略望远镜没有中间实像,不能设置分划板,因而不能用于瞄准和测量,其用途远不如开普勒望远镜.

9.1.3　望远系统的主要光学性能参数

1. 望远镜的视角放大率

从第 5 章的式(5.5.10)可知,望远系统的角放大率为

$$\gamma = \frac{\overline{u}_p'}{u_p} = \frac{y_p n}{y_p' n'}$$

上式说明,望远系统的角放大率等于其入瞳直径和出瞳直径之比,即无论物体在何处,上述放大率都是常数.但是对于目视系统来说,有意义的是视角放大率,即通过望远镜观察时物体的像对眼睛视角 $\omega_{仪}$ 的正切与眼睛直接观察物体时物体对眼睛视角 $\omega_{眼}$ 的正切之比.由于物体到眼睛的距离比望远镜筒长大得多,故物体直接对眼睛的视角 $\omega_{眼}$ 与物体对入瞳中心的张角 ω 可认为相等.望远系统的视角放大率以 Γ 表示,于是由图 9.1.3 得

$$\Gamma = \frac{\tan\omega_{仪}}{\tan\omega_{眼}} \approx \frac{\tan(-\omega')}{\tan\omega} = -\gamma = -\frac{D}{D'} = -\frac{D_{EP}}{D_{XP}} \tag{9.1.1}$$

即望远镜的视角放大率也等于入瞳直径和出瞳直径之比,与望远镜的角放大率相同,但符号不一致.对开普勒望远系统,$\Gamma < 0$;对伽利略望远系统,$\Gamma > 0$.

由图 9.1.3 可知,$\dfrac{D}{2f_1'} = \dfrac{D'}{2f_2'}$,所以

$$\Gamma = -\frac{D}{D'} = -\frac{f_1'}{f_2'} \tag{9.1.2}$$

由式(9.1.1)和式(9.1.2)可知,望远镜的视角放大率决定于望远系统的结构.通常 $|f_1'| >$

$|f_2'|$，于是$|\Gamma|>1$，通过望远镜观察远处物体时，给人一种物体被拉近的感觉. 使一望远系统与另一望远系统组合，则仍为望远系统；使一望远系统与一有焦系统组合，则成为有焦系统.

2. 望远镜的分辨率及正常放大率

望远镜的分辨率用衍射分辨角表示，即

$$\psi = \frac{140''}{D} \tag{9.1.3}$$

式中，D 为入射光瞳直径，单位为 mm.

若设人眼的分辨率为 $60''$ 时，为了使望远镜所能分辨的细节能被人眼所分开，则望远镜的视角放大率与分辨率的关系应为

$$\psi\Gamma = 60'' \tag{9.1.4}$$

把式(9.1.4)代入式(9.1.3)，得

$$\Gamma = \frac{60''}{140''/D} \approx \frac{D}{2.3} \tag{9.1.5}$$

由式(9.1.5)求得的视角放大率为满足分辨率要求的最小视角放大率，称为正常放大率. 由式(9.1.5)与式(9.1.2)可知，此时的出射光瞳直径为 2.3mm. 设计的望远镜为正常放大率时会使眼睛感到疲劳，这是因为，此时眼睛处于分辨极限($60''$)的条件下观察望远镜对物体所成的像. 为了减小眼睛的疲劳，在设计望远镜时使眼睛的分辨角为 $1.5\sim2$ 倍 $60''$，此时所得的放大率比正常放大率大 $1.5\sim2$ 倍，称为望远镜的工作放大率.

3. 望远镜视角放大率的确定

望远镜视角放大率的大小直接关系到仪器的测量精度. 对瞄准仪器，其瞄准误差为 $\Delta\varphi$，则视角放大率与瞄准误差的关系为

压线瞄准时

$$\Delta\varphi = \frac{60''}{\Gamma} \tag{9.1.6}$$

对线、叉线或双线瞄准时

$$\Delta\varphi = \frac{10''}{\Gamma} \tag{9.1.7}$$

由视角放大率的定义式(9.1.1)可知，望远镜的视角放大率与视场有关. 由于望远系统目镜的视场角因校正像差的困难，一般已定，在 $40°\sim60°$，故望远镜的视角放大率 Γ 与其视场角的 $\tan\omega$ 成反比. 要增大视角放大率 Γ，必然引起系统的视场角减小，这在设计时必须同时兼顾，一起考虑.

手持望远镜(如双筒望远镜)，由于人手不稳定及环境的振动，宜用低倍率大视角的望远镜. 大倍率的望远镜应有固定支架.

望远镜的倍率还影响仪器的结构尺寸，设出射光瞳大小基本确定，在目镜最短焦距确

定的条件下,高倍率的望远镜就需要有大的 D_{EP} 值和 f_1' 值,即增加仪器的横向尺寸和轴向尺寸.

4. 望远镜的视场角 2ω

视场角 2ω 表示用望远镜观察空间角度的最大范围,也称物方视场角. 以最大入射角 ω 入射的主光线,经过系统后以 ω' 角度出射,此 ω' 的两倍即为像方视场角,即目镜的视场. 正如上所述,当目镜视场角确定后,望远镜的视场和视角放大率是互相制约的.

视场角由分划板框半径 h' 和物镜焦距 f_1' 确定,即

$$\tan\omega = \frac{h'}{f_1'} \tag{9.1.8}$$

用于精密瞄准的系统,主要利用视场中心进行瞄准,可以减小视场. 例如,大地测量用水准仪、经纬仪的望远系统视场仅 $1°\sim3°$.

5. 望远镜的出射光瞳直径 D' 和出瞳距 p'

出瞳直径 D' 是表示望远系统主观亮度的特征量. 人眼通过望远镜观察时的主观亮度与系统出瞳直径的平方成正比. 出瞳直径大,系统的像就亮,否则就暗. 当观察发光面时,为了保证系统的主观亮度,系统的出瞳直径不应小于人眼的瞳孔直径. 人眼瞳孔的直径随着外界景物的亮度而改变,白天大约为 2mm,黄昏为 $4\sim5$mm,夜间可达 $7\sim8$mm. 从系统的主观亮度出发,军用光学仪器都应能在白天和黄昏时使用,出瞳直径一般取 4mm 左右,夜间使用的仪器,出瞳直径可达 8mm.

望远镜的出射光瞳到目镜最后一面的距离称为镜目距或出瞳距. 观察时,眼睛瞳孔应与出射光瞳重合,镜目距不得小于 5mm,军用望远镜使用环境有振动,镜目距不小于 16mm,防毒面具使用的光学仪器,要求有更长的出瞳距.

望远系统的视角放大率 Γ、视场角 2ω、出射光瞳直径 D'、出射光瞳距离 p' 和分辨率 ψ 等五个指标,表示望远系统的主要光学性能.

9.2 望 远 物 镜

9.2.1 望远物镜的特性和分类

望远物镜是望远系统的重要成像元件. 一般望远物镜用相对孔径 D_{EP}/f'、焦距和视场角 2ω 表示其主要光学特性. 相对孔径 D_{EP}/f' 决定物镜结构的复杂程度及像面的光照度,其中入射光瞳直径 D_{EP} 决定物镜的分辨率,而 D_{EP} 和 f' 又分别决定系统的外形尺寸. 物镜的成像大小与焦距 f' 成正比,视场 2ω 决定观察范围.

一般望远物镜相对孔径和焦距较大,视场较小,以考虑轴上点像差为主,即对轴上点

宽光束校正球差、色差和正弦差. 当物镜后有转像系统时, 两者可分别校正像差. 若用棱镜作转像系统时, 必须用物镜的像差去补偿.

　　物镜的结构形式分为: 折射式望远物镜、反射式望远物镜和折反式望远物镜.

9. 2. 2　折射式望远物镜

　　下面介绍几种典型的折射式望远物镜.

1. 双胶合物镜

　　双胶合物镜如图 9.2.1 所示, 由一块正透镜和一块负透镜胶合而成, 当合理地选择玻璃时, 可同时校正球差、彗差和色差. 由于胶合面曲率很大, 产生大的高级球差, 因而孔径受到限制. 又因其不能校正轴外像差, 所以它适合小视场光学系统, 视场角不超过 10°, 能满足望远物镜的要求.

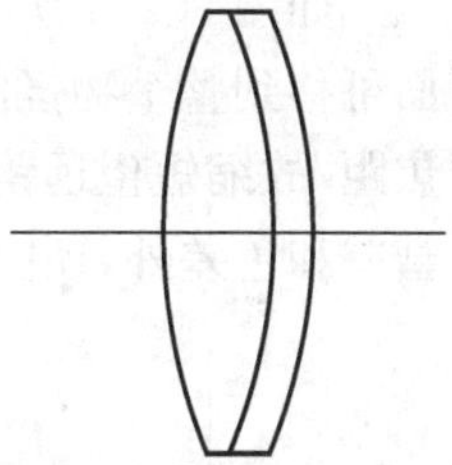

　　双胶合物镜结构简单, 安装方便, 光能损失小, 是最常用的一种简单的望远物镜. 为满足像质要求, 其焦距和相对孔径值如表 9.2.1 所示. 从表中可知, 双胶合物镜最大口径不宜超过 100mm. 口径过大, 因温度等因素影响, 容易脱胶且内应力难于消除、像质不易保证. 增大口径可采用双分离物镜.

图 9.2.1　双胶合物镜

表 9.2.1　常用望远物镜的焦距和相对孔径

焦距 f'/mm	50	100	150	200	300	500	1000
相对孔径 D_{EP}/f'	1：3	1：3.5	1：4	1：5	1：6	1：8	1：10

2. 双分离物镜

　　如图 9.2.2 所示, 正负透镜用一空气隙隔开, 弯曲比双胶合物镜自由, 能减小中间带球差, 加大相对孔径 (1：3～2：2.5), 视场角达 12°, 色球差同样不能校正. 双分离物镜可适合大的口径, 但装配和校正比双胶合物镜麻烦得多, 因两透镜的共轴性很难保证.

3. 三片型物镜

　　如图 9.2.3 所示, 物镜由一胶合组和一单片透镜组成, 光焦度由两组负担, 使胶合面曲率半径增大. 这对高级球差和色球差校正有利, 相对孔径可增大到 1：2. 同样, 装配校正麻烦, 且光能损失也略有增加.

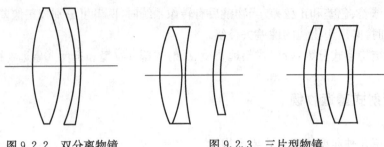

图 9.2.2 双分离物镜 图 9.2.3 三片型物镜

4. 摄远物镜

如图 9.2.4 所示,摄远物镜由一正透镜组和一远离的负透镜组组成. 物镜的像方主平面可移到整个物镜的前方. 物镜的机械筒长 L 为物镜第一面到焦平面的距离,小于物镜焦距,故缩短望远镜筒长. 它适合高倍率望远镜焦距很长的需要. 这种物镜除能校正球差、彗差和色差外,还能校正场曲和像散. 因其能校正场曲,故有较大视场.

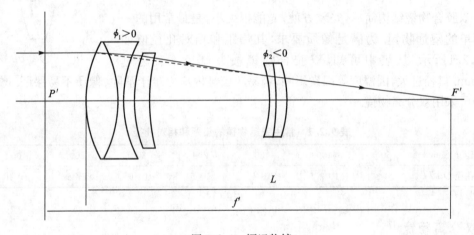

图 9.2.4 摄远物镜

9.2.3 反射式望远物镜与折反射式望远物镜

反射式和折反射式物镜在大孔径、长焦距等天文望远物镜中采用. 因为反射镜不产生色差,所以光路反射转折可缩短轴向长度.

双反射面系统是应用较多的反射式物镜,主要有两种型式:图 9.2.5(a)为卡塞格林系统,主镜(大反射镜)是抛物面,副镜(小反射镜)是双曲面,成倒像,镜筒短;图 9.2.5(b)为格里高里系统,主镜仍是抛物面,副镜是椭球面,成正像,镜筒长.

反射式望远物镜均由非球面做成,加工困难,且轴外像差不能校正,视场一般在 $2'\sim 3'$ 左右. 为了扩大视场,把反射镜改成高次曲面,或者在光路中加入轴外像差的校正板. 后者就构成了折反射式的望远镜,比较典型的有施密特物镜和马克苏托夫物镜.

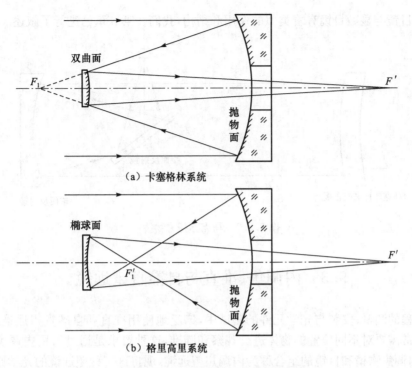

图 9.2.5　双反射式天文望远物镜

图 9.2.6 为施密特物镜,由一块球面反射镜和一块校正板构成. 校正板是一透射元件,放在球面反射镜的球心位置上. 校正板一面为平面,另一面为非球面. 光线经过校正板时,近轴的光束呈会聚状态,边缘光束呈发散状态. 会聚和发散的程度刚好能补偿反射镜的球差. 由于校正板很薄,所以产生的色差极小. 在校正板上,即球面反射镜的球心上设置光阑,于是球面反射镜和校正板都不产生彗差和像散. 整个系统只存在场曲,场曲半径为主镜球面半径的一半. 施密特物镜的最大缺点是结构长度较大,其值等于球面反射镜焦距的两倍.

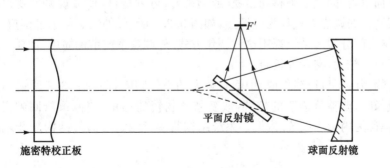

图 9.2.6　施密特物镜

图 9.2.7 为马克苏托夫物镜,它采用一块弯月形厚透镜,称为马克苏托夫校正板,用于校正主镜的像差. 若把光阑和弯月型透镜设在主镜的球心附近,就可以进一步减小物镜的轴外像差.

望远目镜与显微目镜有着类似的作用和结构,我们在第 8 章已进行了叙述.

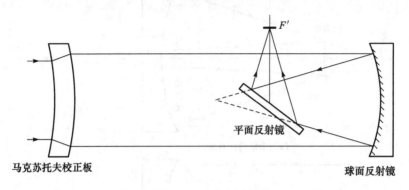

图 9.2.7   马克苏托夫物镜

9.3   内调焦、准直与自准直望远镜

在工程的测量、安装与光学元件的测试中,广泛地使用准直和自准直望远镜.在准直望远镜中常需要对不同位置的物体进行观察和瞄准,这种要求是通过采用内调焦物镜而实现的.内调焦物镜和目镜的组合称为内调焦望远镜.现将这三种望远镜的光学原理分述如下.

9.3.1   内调焦望远镜

1. 望远镜的调焦方式

望远物镜对无限远物体成像在其焦平面上,由于望远镜的光学间隔为零,故此时物镜所成的像也在目镜焦平面和分划板上.但当物体位于有限距离时,通过物镜所成的像在目镜物方焦平面以内,因此必须移动目镜(或物镜)及分划板,以使被观察像变得清晰.这种移动目镜或物镜的调焦方式称为外调焦,如图 9.3.1 所示.外调焦望远镜调焦时镜筒长度发生变化,绝大部分望远系统都用这种调焦方式.外调焦系统结构简单,像质也较易保证,但它的外形尺寸较大,密封性较差.

若望远物镜由正负透镜组成,中间有较大的空气间隔,如图 9.3.2 所示,对于不同距离的物体成像时,调整负透镜的位置,改变整个物镜的焦距,使像重新回到目镜焦点 F_2 处,这种调焦称为内调焦系统.内调焦系统结构紧凑,密封性好,但结构复杂,加工要求相当严格.

2. 内调焦望远镜

具有内调焦装置的系统称为内调焦望远镜,广泛地用于大地测量仪器中.设内调焦望远镜前组光焦度为 ϕ_1,后组光焦度为 ϕ_2,当物体在无限远时,空气间隔为 d_0,则物镜的总

光焦度为

$$\phi = \phi_1 + \phi_2 - d_0 \phi_1 \phi_2$$

像距为

$$L'_2 = f' \left(1 - \frac{d_0}{f'_1} \right)$$

物镜的筒长应小于物镜的焦距 f'，即

$$L_{筒} = d_0 + f' \left(1 - \frac{d_0}{f'_1} \right) < f' \qquad (9.3.1)$$

式中，f'_1 和 f'_2 为前组和后组的焦距.

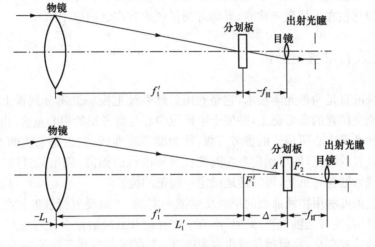

图 9.3.1　外调焦望远镜

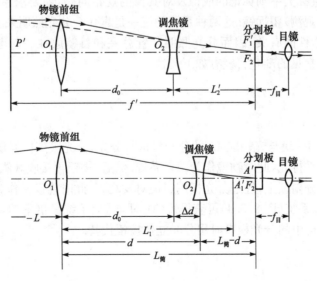

图 9.3.2　内调焦望远镜

设物体在有限距离 L 处，物镜必须调焦，物镜前组不动，调后组移动距离 Δd，使物镜

所成的像调焦到目镜前焦面处,故称后组为调焦镜. 此时,前后组之间的空气间隔为 $d_0 + \Delta d = d$,可对调焦镜按高斯公式写出物像关系,即

$$\frac{1}{L_筒 - d} - \frac{1}{L_1' - d} = \frac{1}{f_2'} \qquad (9.3.2)$$

式中,L_1' 是有限距离 L 处物体通过物镜前组成像的像距,可由高斯公式计算,则有

$$\frac{1}{L_1'} - \frac{1}{L} = \frac{1}{f_1'}$$

当已知 f_1'、f_2'、L 后,由上面二式即可确定 $d(\Delta d)$ 与物距 L 的关系,从而确定望远镜对某一位置调焦时,调焦镜的位置. 必须指出,调焦镜移动时会使整个物镜的像差平衡发生变化,为了保持像的质量,一般调焦镜的移动范围不能太大.

内调焦望远镜在近代激光准直,导向等测量仪中有广泛的应用.

9.3.2　准直、自准直望远镜

准直和自准直是两种光学技术,它是利用望远系统把视场光阑分划板上的十字标记投射到某一调焦位置的参考靶上,并使十字标记中心与参考靶的中心重合. 由分划板十字标记中心和参考靶中心所描述的参考直线,称为准直或准线,它也是系统的光轴. 通过望远镜对不同位置的调焦,即可确定各中间靶位置对准线的偏离. 采用氦氖激光器作光源,这条参考直线为红色可见光,可方便地确定中间靶的位置.

自准直过程可利用物镜前面的平面反射镜来实现. 平面反射镜被安置在被观测目标上,并使平面反射镜与光轴垂直. 此时,准直十字标记及其反射像在分划板上是重合的. 随着被测目标的位置变化,反射镜位置也发生改变,准直标志与其反射像的不重合程度,即可作为被观测目标的角度偏差和偏差值.

准直和自准直都关系到标记的成像及对其像的观察问题,即要求系统既是发射望远镜同时又是接收(观测)望远镜. 这两种系统的统一是靠一个分光照明来实现的. 分光照明装置与目镜的光学性能有关,因而分光照明装置总是和目镜放在一起考虑,统称为准直(或自准直)目镜. 常见的准直目镜有如下几种.

1. 高斯目镜

如图 9.3.3,用一块与光轴成 45° 的分光板进行分光,分光膜朝向光源,光源照亮分光膜,经物镜后发出平行光,此时物镜作为发射系统. 然后,物镜再接收观测目标反射回来的光束,反射像成在分划板上,经过分光板用目镜对其观察,此时物镜又作为接收系统. 在高斯目镜中引进转像系统(图 9.3.4)可获得短的焦距,适应系统高倍率的要求,但这种目镜结构复杂. 这种结构中的分光板有时用分光立体棱镜代替.

2. 阿贝目镜

如图 9.3.5 所示,阿贝目镜采用几何分光方法. 光源通过 45° 的反射棱镜照亮分划板

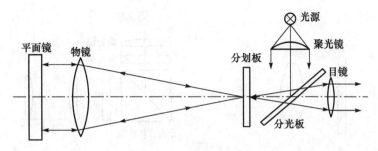

图 9.3.3　高斯目镜

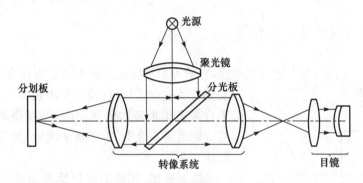

图 9.3.4　有转像系统的高斯目镜

上标尺刻线,由标尺中心 A 发出的主光线与自准直光轴成 α 角,并经物镜成像于无穷远,再经物镜前面垂直于光轴的平面反射镜反射后,其反射像的主光线与光轴的夹角为一对称的 α 角.因此,再经物镜成像时,像点 A' 和原标尺中心 A 关于光轴对称.当反射镜较远时,不宜采用这种目镜,因为反射光线不可能全部进到物镜里去.该目镜透过系数为 0.3,由图可见,这种目镜的视场有一半被棱镜遮住.

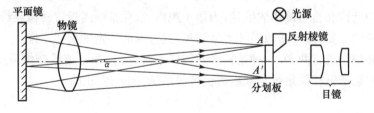

图 9.3.5　阿贝目镜

3. 带两个分划板的立方体目镜

　　如图 9.3.6 所示,采用分光立体棱镜分光,设置在目镜前面分划板上的刻划在形式上有别于自准直像(光源前分划板的反射像).另外,目镜的焦距可以短,适用于高倍的自准直望远镜.其缺点是,两个分划板的校正状态易因振动和温度变化而遭破坏.该目镜的透过系数为 0.04~0.09.

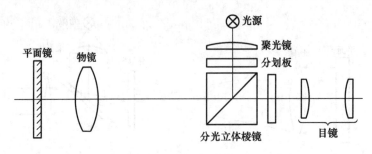

图 9.3.6   带分光立体棱镜分光的目镜

4. 带一个分划板的立方体目镜

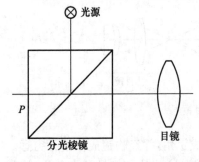

图 9.3.7   带分划板的立方体目镜

如图 9.3.7 所示,与上述目镜相比,它的刻划板标记直接刻在立方体表面 P 上,其自准像与其重合,因而目镜的焦距相当长. 这样就限制了自准直望远镜的倍率提高,所以要求在立方体上的分划间隔不能小,否则难于读数. 该目镜的透过系数达 0.11.

综上所述,凡是上述目镜和物镜构成的望远镜系统都称为准直望远镜. 准直望远镜和物镜前的平面反射镜构成自准直望远镜. 如果光源直接照明物镜焦面上的分划板以构成单一的发射系统,称为平行光管.

9.4   转像系统与场镜

开普勒望远镜和显微镜形成倒像,为便于观察,常在系统内设置转像系统. 同时,根据系统结构布局的需要,设置转像系统可使筒长加长,形成一定的潜望高度.

常用的转像系统有两种,一种是棱镜式转像系统,另一种是透镜转像系统. 透镜转像系统又分为单组透镜转像系统和双组透镜转像系统,现分述如下.

9.4.1   棱镜式转像系统

1. 普罗 I 型棱镜转像系统

图 9.4.1 是一种最常用的民用和军用望远镜光学系统的示意图. 图中,普罗 I 型转像棱镜组由两块双反射面直角棱镜彼此斜面相对相交 90°组合而成,共有四个反射面,物像的上下、左右均改变 180°,完成了转像任务. 光路方向不变,只是改变了位置.

2. 普罗Ⅱ型棱镜转像系统

如图 9.4.2 所示,图中棱镜 1 和棱镜组 2 组成了普罗Ⅱ型棱镜转像系统.其原理如图 4.3.7 所示,它由三块棱镜组成,棱镜 1 和棱镜 3 的主截面平行,棱镜 2 的主截面则与之垂直.系统共有四个反射面,使物像上下、左右均改变 180°,出射光线相对于入射光线平移了一个距离,该距离称为潜望高度,是潜望仪器重要特征之一.

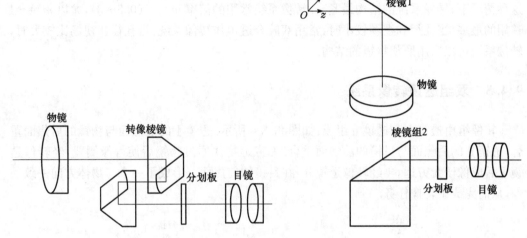

图 9.4.1　普罗Ⅰ型棱镜转像系统　　　　　图 9.4.2　普罗Ⅱ型棱镜转像系统

9.4.2　单透镜转像系统

单透镜转像系统由物镜、转像透镜和目镜组成,如图 9.4.3 所示.无穷远的物体成像在物镜后焦面上,像 AB 再经转像透镜成像在目镜的前焦面上,像 $A'B'$ 与 AB 相比,颠倒一次,完成了转像任务.

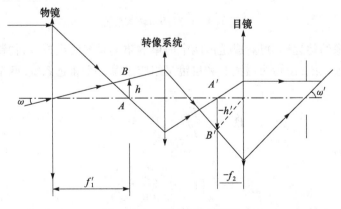

图 9.4.3　单透镜转像系统

望远镜的视角放大率为

$$\Gamma = \frac{\tan\omega'}{\tan\omega} = \frac{-h'/(-f_2)}{h/f_1'} = \frac{h'}{h} \cdot \left(-\frac{f_1'}{f_2'}\right) = -m_转 \Gamma_0 = m\Gamma_0 \qquad (9.4.1)$$

其中,$\Gamma_0 = -f_1'/f_2'$,为开普勒望远系统的视角放大率.设转像系统焦距为 f_3',放大率为 m 的共轭距为

$$L = f_3'\left(2 - m - \frac{1}{m}\right)$$

当 $m = -1$ 时,L 有极小值,为

$$L_{\min} = 4f_3'$$

这种情况下,转像系统的结构最紧凑.转像系统常用的倍率 $m = -(0.5\sim3)$,尤以 $m = -1$ 选用的最多.当孔径和视场较小时,常用双胶合透镜作转像系统;当孔径和视场比较大时,转像系统可以采用照相物镜的结构.

9.4.3 双组透镜转像系统

转像组由透镜 I 和透镜 II 组成,如图 9.4.4 所示.透镜 I 的前焦面与物镜的后焦面重合,透镜 II 的后焦面与目镜的前焦面重合.无穷远物体通过物镜后使得像倒置,经转像透镜 I 后成像于无穷远,再经转像透镜 II,在目镜的前焦面上形成了一个与物体方向一致的像,从而完成了转像任务.

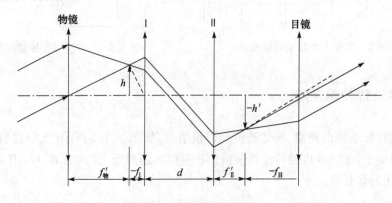

图 9.4.4 双透镜转像系统

双透镜转像的望远镜,可看成是由两个简单的望远系统所组成.由物镜和转像透镜 I 组成第一个望远系统;由转像透镜 II 和目镜又组成了第二个望远系统.两个望远系统的放大率分别为

$$\Gamma_1 = -\frac{f_物'}{f_I'}, \quad \Gamma_2 = -\frac{f_{II}'}{f_目'}$$

系统的放大率为

$$\Gamma = \Gamma_1\Gamma_2 = \frac{f_物'}{f_目'} \cdot \frac{f_{II}'}{f_I'} \qquad (9.4.2)$$

若转像系统透镜的焦距相等,转像系统的放大率 $m = -1$ 时,系统的放大率为

$$\Gamma = \frac{f'_{物}}{f'_{目}}$$

此时转像系统仅起转像作用.

　　通常,两个透镜组做成相同结构的双胶合透镜,且把光阑放在中间,具有较好的像质.转像透镜间的间隔和焦距应有合理的分配,d 大 f' 小,利于改善像质,但系统轴向和横向尺寸均加大,并使斜光束渐晕加大;d 小 f' 大,与上述结果恰好相反,一般以 $f'_1 = f'_2 \approx 3d/4$ 为宜.

　　双透镜转像望远系统的特点是可将系统拉长,在火炮瞄准仪器中得到广泛的应用.转像系统也可安装在目镜里,称为正像目镜.

9.4.4　场镜

　　光学系统中,为了改变斜光束的方向,使系统的外形尺寸减小,在成像的焦平面或焦平面附近加入的一块透镜,称为场镜.

　　如图 9.4.5 所示,物镜和转像透镜间有一中间像,中间像在转像透镜上的投射高度很高.若在中间像平面附近加入一块场镜,随着斜光束的方向改变,转像透镜(或目镜等)的通光孔径也减小.

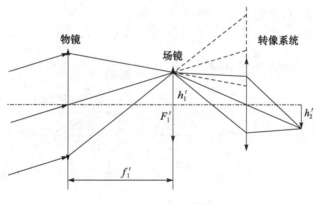

图 9.4.5　场镜及其作用

　　由于场镜位于焦平面上,其主平面与场镜所成的像重合,因此场镜的加入,并不影响像的大小.场镜的光焦度可由场镜的出瞳与转像系统或目镜的入瞳互为物像关系的条件中得出.

　　同样,由于场镜位于像平面上,轴上点近轴光线的高度为零,不产生球差、彗差、像散和色差,只产生匹兹万场曲和由此引起的畸变.因此,它除了转折光线的作用外,有时也被用来校正系统的场曲和畸变.在不需要用场镜的畸变来校正系统的畸变时,场镜可以选用平凸透镜.在目镜焦面上安置分划板的望远镜,往往把分划板的刻线直接刻在场镜的平面表面上.

9.5　望远系统的外形尺寸计算

　　光学系统的设计过程一般分为两步:

(1) 根据使用要求拟制光学系统原理图,确定系统整体结构尺寸,称为光学系统的外形尺寸计算;

(2) 根据像差理论,通过像差计算确定出光学零件的曲率半径、透镜的厚度及选择玻璃等,这一步也称为光学系统的初始结构计算.进一步通过像差校正设计出成像质量符合要求的光学系统.

望远系统的外形尺寸计算内容有:由使用要求提出的技术条件,如视角放大率 Γ、镜筒长度 L、视场角 2ω、出瞳直径 D'、出瞳距离 l'_z 等,根据高斯光学理论,确定系统中各光学零件的焦距、横向尺寸和相对位置;根据系统像质要求选择系统中各光学零件的形式,并绘制出光路图.

外形尺寸计算过程没有统一的模式,下面举三个例子来说明望远系统外形尺寸计算的特点和方法.

9.5.1 简单开普勒望远系统

天文望远镜、测量望远镜属这类系统.开普勒望远系统由物镜和目镜组成,都是正透镜组,成倒像.物镜的像平面设为视场光阑.物镜框是系统的孔径光阑和入射光瞳,出射光瞳靠近目镜的像方焦点,如图 9.5.1 所示.

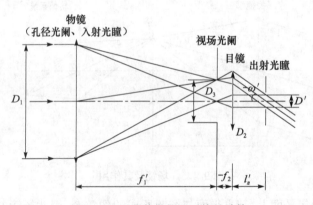

图 9.5.1 开普勒望远系统的计算

例 9.5.1 计算镜筒长度 $L=f'_1+f'_2=175\text{mm}$、$\Gamma=-6\times$,$2\omega=7°$,$D'=4\text{mm}$ 的开普勒望远系统.

解 计算如下:

(1)求物镜和目镜的焦距 f'_1,f'_2. 由方程组

$$\begin{cases} L = f'_1 + f'_2 = 175\text{mm} \\ \Gamma = -\dfrac{f'_1}{f'_2} = -6 \end{cases}$$

得

$$f'_1 = 150\text{mm}, \quad f'_2 = 25\text{mm}$$

（2）求物镜的通光孔径 D_1.
$$D_1 = -\Gamma D' = 6 \times 4 = 24 \text{(mm)}$$

物镜的相对孔径 $\dfrac{D_1}{f_1'} = \dfrac{24}{150} < \dfrac{1}{4}$，$2\omega = 7° < 12°$，由此可知，可采用双胶合物镜.

（3）求视场光阑，即分划板直径 D_3.
$$D_3 = 2f_1' \tan\omega = 2 \times 150 \times \tan 3.5° = 18.3 \text{(mm)}$$

（4）求目镜视场角 $2\omega'$.
$$\tan\omega' = \Gamma \tan\omega = 6 \times \tan 3.5° = 0.366$$
$$2\omega' = 40°18'$$

（5）求镜目距 l_z'. 用牛顿公式求得
$$l_z' = f_2' + \frac{f_2 f_2'}{-f_1'} = 25 + \frac{-25 \times 25}{-150} = 29.167 \text{(mm)}$$

（6）求目镜的通光孔径. 根据几何关系得
$$D_2 = D_1' + 2l_z' \tan\omega' = 4 + 2 \times 29.17 \times 0.366 = 25.35 \text{(mm)}$$

根据目镜的视场角 $40°18'$，选择对称目镜或凯涅尔目镜均可.

（7）求视度调节量 x.
$$x = \pm \frac{5f_2'^2}{1000} = \pm \frac{5 \times 25^2}{1000} = \pm 1.25 \text{(mm)}$$

以上计算的透镜直径均为有效通光孔径，在实际制造加工时，应根据透镜的固定方式留有一定的固定余量. 各种固定方式的余量，可由《光学仪器手册》中查出.

最后，根据计算结果绘出系统的总体尺寸，并绘出光路图，如 9.5.2 所示.

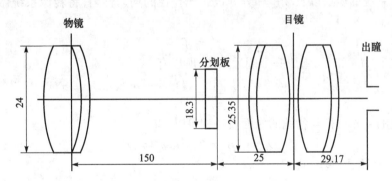

图 9.5.2　计算完成的系统总体尺寸

9.5.2　双透镜转像望远系统

潜望镜是这类系统的代表. 现在，计算一个具有双镜组的、转像倍率为 −1 倍转像系统的望远镜结构.

例 9.5.2　已知对称型双透镜转像望远镜的参数为：转像倍率 $m = -1$，视角放大率 $\Gamma = 6\times$，视场角 $2\omega = 8°$，镜管长度 $L = 1000\text{mm}$，出射光瞳直径 $D' = 4\text{mm}$，渐晕系数 $K =$

$1/3$，入瞳距 $l_z = -100\text{mm}$，要求转像系统的通光孔径与物镜的像面直径相等.

解　计算如下：

（1）按上述条件绘出光路图，如图 9.5.3 所示. 设场镜 L_2 位于物镜的焦面上，轴上点光线在转像系统中沿平行光轴的方向. 可把整个系统分解成两个望远系统，一个望远系统由 L_1、L_2 和 L_3 组成，另一个望远系统由 L_4 和 L_5 组成.

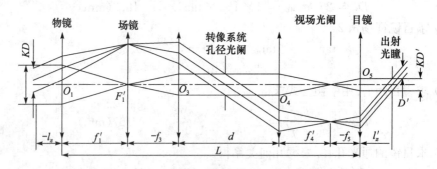

图 9.5.3　有转像系统的望远系统计算

（2）根据图 9.5.3 所示的几何关系确定物镜的焦距 f_1'. 由图可得

$$L = f_1' + f_3' + d + f_4' + f_5' \tag{9.5.1}$$

要从式（9.5.1）中求出 f_1'，首先要确定 f_3'、f_4'、f_5' 和 d 对 f_1' 的关系. 因为转像倍率 $m = -1$，所以有

$$\Gamma = \frac{f_1'}{f_5'} \tag{9.5.2}$$

考虑到转像系统的质量以及场镜和分划板通光孔径的均匀性，宜将转像系统做成对称结构，即

$$f_3' = f_4' \tag{9.5.3}$$

由于透镜组 L_1、L_2 和 L_3 组成一个望远系统，所以有

$$\frac{f_1'}{f_3'} = \frac{D}{D_3} \tag{9.5.4}$$

当转像系统的通光口径与物镜的像面直径相等时，有

$$D_3 = D_2 = 2f_1'\tan\omega = D_4 \tag{9.5.5}$$

把式（9.5.5）代入式（9.5.4），得

$$f_3' = f_4' = \frac{D_3}{D}f_1' = \frac{2\tan\omega}{D}f_1'^2 \tag{9.5.6}$$

当 $K = 1/3$，转像倍率 $m = -1$ 时，有

$$d = \frac{(1-K)D_3}{u_{z_3}'} = \frac{(1-K)D_3}{D_2/2f_3'} = 2(1-K)f_3' = \frac{4(1-K)\tan\omega}{D}f_1'^2 \tag{9.5.7}$$

将式（9.5.2）～式（9.5.7）代入式（9.5.1）求得焦距 f_1' 的解析方程为

$$\frac{4(1-K)\tan\omega}{D}f_1'^2 + \frac{4\tan\omega}{D}f_1'^2 + \left(1 + \frac{1}{\Gamma}\right)f_1' - L$$

$$= \frac{4(2-K)\tan\omega}{D}f_1'^2 + \left(1 + \frac{1}{\Gamma}\right)f_1' - L = 0 \tag{9.5.8}$$

代入有关数据,其中 $D=\Gamma D'=6\times4=24(\text{mm})$,得二次方程

$$0.019\,424f_1'^2+1.166\,67f_1'-1000=0$$

此方程有两个解,应选 $f_1'>0$ 且 $f_1'<L$ 的解,得

$$f_1'=198.90\text{mm}$$

(3) 计算转像透镜、目镜焦距、转像间隔 d、验算总长度.

$$f_3'=f_4'=\frac{2\tan4°}{24}\times(198.9)^2=230.53(\text{mm})$$

$$d=2(1-K)f_3'=307.38\text{mm}$$

$$f_5'=\frac{198.9}{6}=33.15(\text{mm})$$

$$L=198.9+230.53+307.38+230.53+33.15=1000.49(\text{mm})\approx1000(\text{mm})$$

(4) 确定场镜的焦距. 为了使光阑在系统中互相衔接,场镜应该使物镜的出射光瞳与转像系统的入射光瞳重合. 当光阑位于转像系统的中间时,入射光瞳位置可由高斯公式求出,为

$$\frac{1}{l_{z_3}'}-\frac{1}{l_{z_3}}=\frac{1}{f_3'}$$

将 $l_{z_3}'=d/2=153.69\text{mm}$ 和 $f_3'=230.53\text{mm}$ 代入,求得 $l_{z_3}=461.09\text{mm}$,则转像系统的入射光瞳到场镜的距离为

$$l_{z_2}'=l_{z_3}+f_3'=691.62\text{mm}$$

由于 $l_z=-100\text{mm}$,则入射光瞳经物镜的像,其像距为

$$l_{z_1}'=\frac{l_zf_1'}{f_1'+\bar{l}_z}=-201.11\text{mm}$$

$$l_{z_2}=l_{z_1}'-f_1'=-400.01\text{mm}$$

根据光阑衔接的原则,利用高斯公式求得场镜的焦距为

$$f_2'=\frac{l_{z_2}l_{z_2}'}{l_{z_2}-l_{z_2}'}=253.43\text{mm}$$

(5) 求出射光瞳的位置. 转像系统的孔径光阑经透镜组 L_4 和 L_5 成的像就是系统的出射光瞳,其位置可按下列各式计算,则

$$l_{z_4}'=\frac{l_{z_4}f_4'}{l_{z_4}+f_4'}=-461.09\text{mm}$$

$$l_{z_5}=l_{z_4}'-(f_4'+f_5')=-724.77\text{mm}$$

$$l_z'=l_{z_5}'=\frac{l_{z_5}f_5'}{l_{z_5}+f_5'}=34.74\text{mm}$$

(6) 求系统的孔径. 若按轴外光线所需的高度计算通光孔径,则

$$D_1=KD+2l_z\tan\omega=21.99\text{mm}$$

该值小于轴上点所需要的孔径,可选 $D_1=24\text{mm}$.

场镜的通光孔径为

$$D_2=2f_1'\tan\omega=27.8\text{mm}$$

转像系统的通光孔径为

$$D_3 = D_5 = D_2 = 27.8\text{mm}$$

位于分划板上的视场光阑的直径为

$$D_{视} = D_2 = 27.8\text{mm}$$

目镜的通光孔径为

$$D_5 = KD' + 2l_z\tan\omega' = 30.48\text{mm}$$

9.5.3　带有棱镜转像系统的望远系统

棱镜在光路中的作用是转折光路和正像. 棱镜展开后相当于平行平板,由物镜所成的像将产生轴向位移,即向后移动距离 Δl,为

$$\Delta l = \left(1 - \frac{1}{n}\right)d$$

式中,d 为棱镜展开厚度,n 为材料折射率.

在棱镜的外形尺寸计算过程中,关键是计算出棱镜的通光孔径 D_P. 当 D_P 确定后,根据棱镜类型,由 D_P 与 d 的关系,整个棱镜尺寸就决定了. 同时,在计算中,宜将平板玻璃换算成等效空气层厚度 $\bar{d}$,且 $\bar{d} = d/n$. 以等效空气层厚度代替平板玻璃,就能在不考虑折射的情况下,计算出射光线的高度,以确定棱镜通光孔径.

例 9.5.3　计算视角放大率 $\Gamma = 10\times$、视场角 $2\omega = 5°$、出射光瞳直径 $D_1' = 3.5\text{mm}$,物镜采用 $D_{EP}/f' = 1/4.5$ 的双胶合物镜,使用普罗 I 型棱镜作转像系统的望远镜.

解　计算如下:

(1) 求物镜口径 D_1.

$$D_1 = \Gamma D_1' = 35\text{mm}$$

(2) 计算物镜和目镜焦距. 由 $D_{EP}/f' = 1/4.5$ 及 $D_1 = 35\text{mm}$,得

$$f_1' = \frac{D_1}{D_{EP}/f'} = 157.5\text{mm} \quad (\text{取 } f_1' = 160\text{mm})$$

$$f_2' = \frac{f_1'}{\Gamma} = 16\text{mm}$$

(3) 计算目镜视场角 $2\omega'$ 并选型.

$$\tan\omega' = \Gamma\tan\omega = 0.4366$$

$$\omega' = 23.59°, \quad 2\omega' = 47.2°$$

根据其视场可选用凯涅尔目镜.

(4) 计算视场光阑直径 D_3.

$$D_3 = 2f_1'\tan\omega = 14\text{mm}$$

(5) 求镜目距和目镜通光孔径.

$$l_z' = f_2' + \frac{f_2 f_2'}{-f_1'} = 17.6\text{mm}$$

$$D_{眼} = D_1' + 2l_z'\tan\omega' = 18.9\text{mm}$$

(6) 计算普罗 I 型棱镜的几何尺寸. 普罗 I 型棱镜由两个直角棱镜构成,它们的主截

面互成 90°,两个斜面相对,如图 9.5.4 所示.普罗 I 型棱镜通光孔径只有斜面长度的一半,棱镜展开后平行平板的厚度是通光孔径的两倍,用 D_P 表示通光孔径,则

$$d = 2D_P$$

等效空气层厚度为

$$\bar{d} = \frac{2D_P}{n}$$

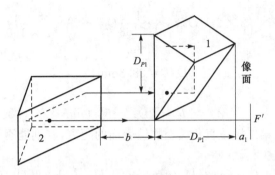

图 9.5.4 普罗 I 棱镜转像系统

计算棱镜之前首先要确定棱镜的位置,棱镜最好放在横向尺寸最小的地方,以有利于减小棱镜的尺寸和质量.在视场不大的望远镜中,棱镜应放在物镜像平面附近.实际上,对普罗 I 型棱镜而言,应使棱镜 I 的直角棱靠近分划板,设其间隔 $a_1 = 2\text{mm}$,而两个棱镜斜面间的距离设为 $b = 2\text{mm}$.

图 9.5.5 是把棱镜用等效空气层代替后的光路图.从图中看到,在规定的视场里,在没有渐晕的条件下,所有光线都包括在锥体 $ABCD$ 中,其中 AB 和 CD 是物镜和视场光阑边框.如果棱镜不拦光,它的通光孔径为

$$D_P = D_3 + 2(a + \bar{d})\tan\alpha \qquad (9.5.9)$$

式中,D_3 是视场光阑直径,a 是棱镜出射面到视场光阑(物镜像平面)的距离,且

$$\tan a = \frac{D_1 - D_3}{2f_1'} \qquad (9.5.10)$$

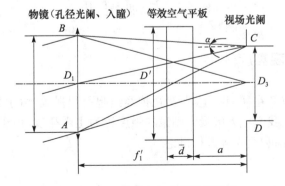

图 9.5.5 用等效空气平板进行计算

为了加工及安装的方便,特别是斜光束经第二棱镜出射面出射时,不致于被第一棱镜

拦光,宜将普罗Ⅰ型棱镜的两个直角棱镜作成同样大小.当没有渐晕时,斜光束在第一棱镜入射面的通光孔径 D_{P_1} 为最大,由图9.5.4可得

$$D_{P_1} = D_3 + 2(a + \bar{d}_1)\tan\alpha = D_3 + 2(b + \bar{d}_2 + b + D_{P_1} + a_1 + \bar{d}_1)\tan\alpha$$

$$= D_3 + 2(2b + D_{P_1} + 2\bar{d}_1 + a_1)\tan\alpha$$

$$= D_3 + 2\left(2b + D_{P_1} + \frac{4D_{P_1}}{n} + a_1\right)\frac{D_1 - D_3}{2f_1'}$$

$$= 14 + 2 \times \left(2 \times 2 + D_{P_1} + \frac{4}{1.5163}D_{P_1} + 2\right) \times \frac{35 - 14}{2 \times 160}$$

解得

$$D_{P_1} = 28.3\text{mm}$$

棱镜展开长度为

$$d_1 = d_2 = 2D_P = 56.6\text{mm}$$

至此,再核实一下第二棱镜直角棱至物镜表面的距离,鉴别能否进行安装.设该距离为 S,由图9.5.4可知

$$S = f_1' - (a_1 + D_{P_1} + b + \bar{d}_2 + b + \bar{d}_1 + b + D_{P_2})$$

$$= f_1' - (a_1 + 3b + 2D_{P_1} + 2\bar{d}_1)$$

$$= f_1' - \left(a_1 + 3b + 2D_{P_1} + \frac{4D_{P_1}}{n}\right)$$

$$= 160 - (8 + 56.6 + 74.66) = 20.74(\text{mm})$$

故有充分的余量可能进行安装.

另外,当有渐晕时,图9.5.5光锥 $ABCD$ 所决定的棱镜通光面将大于实际最大通光面.实际最大通光面的确定,必须计算渐晕斜光束的通光面,此时,式(9.5.10)应为

$$\tan\alpha = \frac{KD_1 - D_3}{2f_1'}$$

当 $KD_1 > D_3$ 时,入射通光面大;$KD_1 < D_3$ 时,出射通光面大.再与沿轴光线入射通光面大小进行比较,以其中实际最大通光面计算棱镜尺寸.

9.6　主观亮度

9.6.1　人眼的主观亮度

物体通过眼睛成像在视网膜上,刺激视神经细胞引起视觉.由于刺激强度的不同,从而产生明、暗的感觉.我们把人眼受光刺激的强度称为主观亮度.由于视网膜上成像情况的不同,可分为点光源和面光源进行讨论.

1. 点光源

点光源在视网膜上成的像,仅落在一个视神经细胞上.显然,对该细胞刺激的强度决

定于它所接收的光通量. 从物点出发能进入眼瞳的光通量越大,人眼感觉越亮,即主观亮度越大.

设物点 A 距人眼的距离为 p,发光强度为 I,眼瞳直径为 a,再考虑到人眼的透过率 $K_眼$,则进入人眼的光通量由式(6.1.11)计算,即

$$\Phi = K_眼 Id\omega = K_眼 I \cdot \frac{\pi a^2}{4p^2} \tag{9.6.1}$$

即人眼对点光源的主观亮度和光源的发光强度 I 及眼瞳直径的平方成正比,而与物距的平方成反比.

2. 面光源

当光源有一定的面积时,它在视网膜上的像也有一定的大小. 因此,对于视神经细胞刺激的强弱决定于网膜上单位面积所接收的光通量,即取决于像面的照度. 根据成像的照度公式(6.5.18),有

$$E'_0 = K_眼 \, \pi L \left(\frac{n'}{n}\right)^2 \sin^2 U'$$

因 $\sin U' = a/(2f')$,f' 为眼睛像方焦距,有 $f' = -f(n'/n)$,所以

$$E'_0 = K_眼 \, \pi L \left(\frac{a}{2f}\right)^2 \tag{9.6.2}$$

式中,f 为眼睛物方焦距,当人眼肌肉松弛时,$f = -17.1\text{mm}$;L 为面光源亮度,$K_眼$ 为眼睛透过率. 由式(9.6.2)知,发光面的主观亮度与物体亮度和眼睛直径的平方成正比,而与物体的距离无关. 当我们在不同距离观察同一发光面时,若距离相差不大,可忽略空气对光线的吸收,则将会感觉有相同的亮度.

9.6.2　通过望远镜观察时的主观亮度

本节仍分为点光源和面光源进行讨论,而且把它和人眼直接观察时的主观亮度进行比较.

1. 点光源

设仪器的入瞳直径为 D,出瞳直径为 D',由点光源发出进入仪器的光通量为 $\Phi_仪$,类似于式(9.6.1),有 $\Phi_仪 = I\pi D^2/4p_仪^2$.

通过仪器的光通量为

$$\Phi'_仪 = K_仪 \, I\pi \frac{D^2}{4p_仪^2} \tag{9.6.3}$$

式中,$K_仪$ 为仪器的透过率,$p_仪$ 为点源至仪器入瞳的距离.

下面分析进入人眼的光通量多少. 当 $D' < a$ 时,即出瞳直径小于眼瞳直径,通过仪器的光通量全部进入眼瞳.

　　我们把通过望远镜观察的主观亮度与直接观察的主观亮度之比称为相对主观亮度. 比较式(9.6.3)和式(9.6.1)可知,相对主观亮度为

$$\frac{\Phi'_{仪}}{\Phi} = K_{仪}\left(\frac{D}{a}\right)^2\left(\frac{p}{p_{仪}}\right)^2$$

因望远镜长度与物距相比甚小,故 $p = p_{仪}$,有

$$\frac{\Phi'_{仪}}{\Phi} = K_{仪}\left(\frac{D}{a}\right)^2 \tag{9.6.4}$$

显然有 $D \gg a$,即使 $K_{仪} < 1$,仍有 $\Phi'_{仪} > \Phi$,即通过望远镜观察点光源时,大大提高了主观亮度.

　　当 $D' = a$ 时,由式(9.6.4)有

$$\frac{\Phi'_{仪}}{\Phi} = K_{仪}\left(\frac{D}{D'}\right)^2 = K_{仪}\,\Gamma^2 \tag{9.6.5}$$

当 $D' > a$ 时,如图9.6.1所示,即出瞳直径大于眼瞳直径,此时能进入眼瞳的有效光束由眼瞳的直径决定,且此时眼瞳是整个系统的出射光瞳. 望远镜的入射光瞳面上只有直径为 Γa 的孔径内所透过的光能量进入眼瞳,因此,由式(9.6.3)可知

$$\Phi'_{仪} = K_{仪}\,I\pi\left(\frac{\Gamma a}{2p_{仪}}\right)^2$$

相对主观亮度为

$$\frac{\Phi'_{仪}}{\Phi} = K_{仪}\,\Gamma^2$$

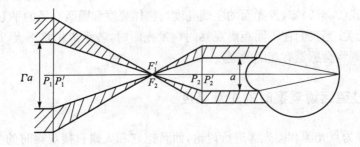

图 9.6.1　望远系统的主观亮度

　　由此可知,若忽略 $K_{仪} < 1$,当出瞳直径大于或等于眼瞳直径时,通过望远镜观察时的主观亮度等于人眼直接观察时主观亮度的 Γ^2 倍.

2. 面光源

　　通过仪器观察面光源时,主观亮度仍由视网膜上像的照度决定. 此时,系统所成的像相当于眼睛的物,但物像之间的亮度关系为 $L' = K_{仪}\,L$, $K_{仪}$ 为系统的透过率.

　　当 $D' < a$ 时,能进入眼睛的光束口径不是眼瞳直径 a,而是出瞳直径 D'. 由式(9.6.2)可知

$$E'_{仪} = \pi K_{眼}\,K_{仪}\,L\left(\frac{D'}{2f}\right)^2 \tag{9.6.6}$$

比较式(9.6.6)和式(9.6.2),得相对主观亮度为

$$\frac{E'_{仪}}{E'_0} = K_{仪} \left(\frac{D'}{a}\right)^2 \tag{9.6.7}$$

因为 $K_{仪} < 1$,当 $D' < a$ 时, $D'/a < 1$,所以通过望远镜观察的主观亮度将小于人眼直接观察时的主观亮度.

当 $D' \geqslant a$ 时,能进入眼睛的有效光束口径仍为 a,因此,视网膜上的照度为

$$\left.\begin{aligned} E'_{仪} &= \pi K_{眼}\, K_{仪}\, L \left(\frac{a}{2f}\right)^2 \\ \frac{E'_{仪}}{E'_0} &= K_{仪} \end{aligned}\right\} \tag{9.6.8}$$

因为 $K_{仪}$ 永远小于 1,因此通过望远镜观察面光源时,其主观亮度将永远小于直接观察时的主观亮度,尤以 $D' < a$ 时为甚.如果在白天用望远镜观察天空的星星,由于星星系点光源,主观亮度提高,而天空为面光源,主观亮度降低,因而可以看到人眼所不能直接看到的许多星星.

习　　题

1. 假定用人眼直接观察敌人的坦克时,可以在 $L = -400\text{m}$ 的距离上看清坦克上的编号,如果要求在距离 2km 处也能看清,问应使用几倍望远镜?

2. 一望远镜物镜焦距为 1m,相对孔径 1:12,测得出瞳直径为 4mm.试求望远镜的视角放大率和目镜的焦距(成倒像).

3. 已知一个 5 倍的伽利略望远镜,其物镜又可作放大镜,其视角放大率也为 5 倍,试求物镜及目镜的焦距及其筒长.

4. 拟制一个 6 倍望远镜,已有一个焦距为 150mm 的物镜,问组成开普勒型和伽利略型望远镜时,目镜焦距应为多少? 筒长为多少?

5. 欲看清 10km 处相隔 100mm 的两个物点,用开普勒型望远镜.试求:

(1) 望远镜至少应选用多大倍率(正常倍率).

(2) 当筒长 450mm 时,物镜和目镜的焦距.

(3) 保证人眼极限分辨角为 $1'$ 时,物镜口径 D_1 为多少?

(4) 物方视场角 $2\omega = 2°$,像方视场角为多少? 在 10km 处能看见多大范围? 在不拦光情况下目镜通光孔径 D_2 为多少?

(5) 如果视度调节 ± 5 个折光度,目镜应移动多少距离?

第 10 章　摄影及投影系统

以感光底片或光电传感器件(CCD 或 CMOS)为接收器的光学成像系统称为摄影系统.摄影系统包括照相机,电影摄影机,科研和生产中用到的显微照相、制版印刷、航空及水下摄影、信息处理等光学系统.摄影系统的工作过程就是摄影系统把景物影像记录下来的过程.其中,透镜完成景物成像,快门和光圈对曝光量进行控制,底片或者光电传感器实现影像记录.投影系统则相当于倒置的摄影系统.

摄影系统种类繁多,根据不同用途其结构形式和技术特性有一定差异.照相机类型按结构分为旁轴取景照相机、双镜头照相机、单镜头反光照相机和机背取景照相机等.按感光材料类型分为传统相机和数码相机.采用在片基上涂布的银盐或其他能发生光化学反应的材料来记录影像的相机称为传统相机.传统相机的感光材料一般不能多次使用,并且需经化学处理才能将片基上形成的潜影变成看得见的影像.而以各种光电元件阵列为基础记录影像的相机称为数码相机.数码相机首先将光信号转换为二进制的数字信号,再将其处理、存储为可由电子设备读出并显示的图像信号.数码与传统两种相机在原理和技术上基本是相同的,而数码摄影的后期处理又具有传统摄影无法比拟的优越性,因此数码摄影系统已成为当今的主流.

10.1　照相机的基本结构及其作用

照相机一般包含以下几个部分.

10.1.1　主体、镜头及取景器

1. 主体

照相机主体为一金属或塑料坚固骨架,用以支撑照相机其他各个部分.安装后的主体内部形成暗腔,以便安放胶卷或光电传感器,并控制像幅的大小.

2. 镜头

镜头由照相物镜、光圈、调焦机构和镜筒等组成,其作用是使景物成像.

物镜由多片透镜组成,其性能决定了整个系统的特性.镜筒多用强度较高且质量较轻的铝合金或塑料等组成.光圈一般由薄金属片组成,起控制光量、变化景深和改善像质的作用,其位置由光学系统的要求来决定.光圈分固定光圈(只有一个光孔)和可变

光圈两种. 可变光圈又分调定光圈和跳动光圈两种. 调定光圈调好后在拍照过程中光孔固定不动,而跳动光圈在拍照开始快门尚未打开的瞬间,光圈自动缩到所选择的位置,在快门启闭之后,光圈孔又回到最大位置. 调焦机构分为两种:①旋转式,即旋转镜头,通过螺纹使镜头前后移动;②移动式,即靠凸轮移动镜头或由镜头螺纹及导向钉控制镜头移动.

3. 取景器

　　摄影者通过照相机的光学取景器观察被摄景物,并确定其取舍. 按取景器和光轴的关系可分为:同轴取景器,单镜头反光照相机即属此类;旁轴取景器,依靠独立的物镜和目镜来完成取景,取景的光学主轴在成像光轴旁侧,且互相平行,双镜头反光式和光学透镜取景器即属此类. 按取景器结构方式,常用的有以下几种.

　　1) 聚焦屏取景器

　　这种取景器属同轴取景,大型照相座机采用. 先用毛玻璃聚焦屏在像面取景并观察清晰像,然后闭合快门,换上感光片摄影.

　　2) 逆伽利略望远镜式取景器

　　如图 10.1.1 所示,如同把伽利略望远镜倒转,凹透镜为物镜,凸透镜为目镜,其视角放大率 $\Gamma=0.35\sim0.85$,成正立缩小虚像. 图中 AB 是对准平面上被取景的范围,为了使取景画面全部落入照相物镜的视场范围以内,特使取景器的视场角小于照相物镜的视场角,其差约为 $10\%\sim20\%$. 该取景器的优点是结构紧凑,但眼瞳位置和直径的变化均会引起取景范围变化,从而产生取景误差.

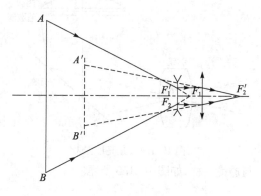

图 10.1.1　逆伽利略望远镜式取景器

　　3) 反光取景器

　　(1) 双镜头反光取景器. 在双镜头反光照相机中,上镜头专为取景之用,如图 10.1.2 所示. 景物光线通过镜头,经反射镜反射,成像在毛玻璃平面上. 毛玻璃尺寸相当于拍照画面尺寸,拍照范围可从毛玻璃上看出. 该取景器属旁轴取景,有视差,且毛玻璃上的像与直接看到的景物左右方向相反.

　　(2) 单镜头反光取景器. 取景物镜与照相物镜采用同一个物镜,属同轴取景,无视差,如图 10.1.3 所示. 拍照时,反光板自动抬起,"关"掉取景光路,"打开"拍摄光路. 图中五棱镜起倒像和转折光路作用.

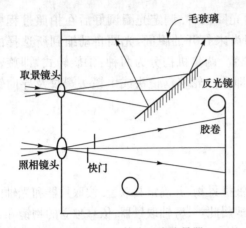

图 10.1.2　双镜头反光取景器

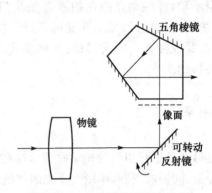

图 10.1.3　单镜头反光取景器

(3) 光亮取景器. 用毛玻璃取景,由于光的散射作用,会出现边缘变得很暗,甚至完全看不见景物的情况. 为了克服这一缺点,常在毛玻璃的上端加一块场镜,如图 10.1.4 所示. 场镜把照相物镜的出射光瞳成像在眼瞳附近,到达物镜中的光线均被眼睛接收,使得成像清晰均匀. 场镜多用一块平凸透镜,其尺寸由取景面积决定,面积较大时,场镜厚度、质量均增加. 近代照相机中,已经用菲涅耳透镜,即螺纹透镜代替一般场镜. 菲涅耳透镜是用有机玻璃压制而成的,它的形状好像是把透镜的球面分成若干环带后,按次序排在一个平面内. 其聚光作用

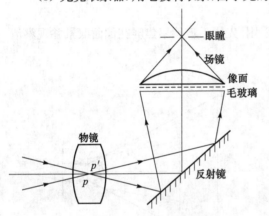

图 10.1.4　光亮取景器

与透镜一样,如图 10.1.5 所示.

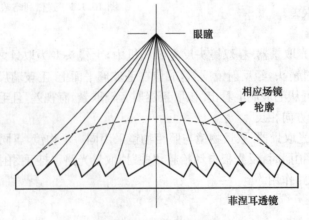

图 10.1.5　菲涅耳透镜

另外,当取景器与摄影物镜不共轴时,会有视差存在. 这里的视差是指通过取景器看

到的景物范围与实际拍摄的景物范围不一致,有一定差别.图 10.1.6 表示双镜头反光取
景器在无限远位置与像面吻合,距离越近,视差越大.

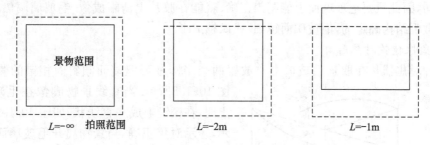

$L=-\infty$　拍照范围　　　　　$L=-2m$　　　　　$L=-1m$

图 10.1.6　景物范围与实际拍摄范围不一致

为了解决视差问题,需加装视差补偿装置,即根据不同距离景物调焦时,取景框作相
应的移动进行补偿;或者减小取景面积,使任何距离的取景范围都包括在照相范围内.这
种方法虽不能真正消除视差,但也保证了取景可靠.

10.1.2　测距器及对焦器

1. 测距器

照相时,在选取景物拍摄范围的同时,还需确定物镜与景物间的距离,即测距.在一般
相机里,取景光路和测距光路是重叠的,因此,取景过程和测距过程以及根据测距结果调
整物镜位置关系的调焦过程,都是同步进行的.
例如,有的照相机装有转动反光镜式测距器,如
图 10.1.7 所示.测距器由半透镜和可以转动的
反光镜组成.两镜距离 b 称为基线长度,基线与
胶片平面的距离 c 由测距器结构安排决定.

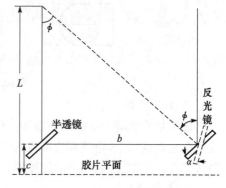

当无限远的物点光线(与半透镜和反射镜的
夹角 $\varphi=0$)经过与基线成 45°的半透镜和反射镜
后,人眼可以看到一个重叠的像点.而当距离为
L 的景物点(此时与两镜的夹角为 φ)通过测距
器仍能看到一个重合的像点时,则反射镜需转动

图 10.1.7　转动反光镜式测距器

角度 α.景物距离不同,转角 α 大小也不同,因而可以根据转角多少,测得景物的距离.同
时,镜头由连动装置调节好位置.与此原理类似的有转动棱镜式测距器、摆动负透镜式测
距器、移动负透镜式测距器、转动光楔式测距器等.

2. 对焦器

1) 毛玻璃对焦器
这种对焦器用毛玻璃作对焦屏,常在毛玻璃上附加一放大镜观察,放大镜放大率为

3～5倍. 毛玻璃对焦是反光取景与机背取景相机通用的对焦方法. 在反光取景相机中,镜头所成的影像被反光镜反射到毛玻璃上对焦,由于从反光镜到毛玻璃面与到胶片平面的距离相同,因此只要毛玻璃面上能调焦正确,就能在胶片上清晰成像. 毛玻璃调焦的精度是由其微观结构确定的,毛玻璃面越细,成像越清晰.

2) 裂像棱镜对焦器

这种对焦器是在取景毛玻璃中心放置两个半圆柱形但端面倾斜而相错的棱镜,如图 10.1.8 所示. 当直线景物成像在毛玻璃面上时,在棱镜中成一直线状,如图 10.1.9(b)所示,表示对焦正确. 当景物离开毛玻璃面时,棱镜中直线左、右分开,如图 10.1.9(a)和(c)所示,说明对焦不准. 因此,利用裂像,可以达到精细对焦的目的.

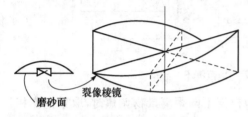

图 10.1.8 裂像棱镜对焦器

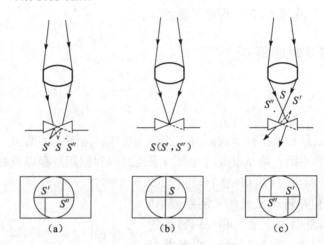

图 10.1.9 裂像棱镜的像

3) 微型角锥对焦器

在取景毛玻璃中心部位放置多个微小棱型角锥,构成微型角锥对焦器. 使用时,景物成像在毛玻璃面上,角锥部位影像清晰;景物离开毛玻璃面时,角锥部位影像迅速模糊. 微型角锥有三面体、四面体和六面体等几种形式.

4) 自动对焦

自从 1977 年第一架实用型自动对焦(AF-Auto Focus)照相机诞生以来,许多照相机生产厂家均开展了对自动对焦系统的研究,从而产生了形形色色的自动对焦系统. 根据所基于的原理,有主动式自动调焦和被动式自动调焦两大类. AF 系统是一个闭环的控制系统,它包括信号的自动检测和自动调整两部分. AF 系统指由照相机根据被摄物体距离的远近,自动地调节镜头的对焦距离.

常用的主动式调焦是在相机主体上设置信号的发射与接收装置,调焦时半按快门按钮后,发射装置先发出一束测距信号,如红外光,信号遇到目标后返回被接收装置内的传感器,通过对收到的信号进行运算与处理,测距系统就能算出目标的距离,并据此对镜头调焦. 由于主动式调焦相机依靠自己发出的光线工作,因此,无论是在黑暗环境下,还是对反差低弱的目标,仍然能够调焦. 但是,当目标较远时,目标过小或目标反射率过低,相机接收的反射光过于微弱,自动调焦的测距系统将无法正常工作. 当红外线被定向反射到其他方向时,也会使测距失效. 主动式调焦属于中、低档的调焦机构,由于结构简单、价格低廉,广泛应用于轻便相机上对中、短焦距的镜头调焦.

被动式自动调焦是相机系统通过测距机构利用来自景物的光线而工作的,因此称为被动式自动调焦. 目前在单反相机上主要使用相位法自动调焦. 其基本原理是,进入物镜的光线在焦平面位置之后被分离透镜分成两光束,然后被聚焦到 CCD 阵列上. 当两个像点间距离与预设值一致时,调焦清晰,否则成像模糊. 被动式自动调焦利用环境光线调焦,工作范围可达到无穷远,但要求目标必须有足够清晰的纹理,当目标反差过低或外界亮度过低时,都可能无法正确调焦. 为保证在暗环境下能正常工作,多数被动式调焦相机都设置了闪光灯.

10.1.3 快门及其他部件

1. 快门

按照快门的结构与安装,常见的快门可以分为两大类,即中心快门与焦平面快门.

现代的中心快门或镜头快门都安装在镜头附近,因此又称为镜头快门. 其中,置于镜头内的称为镜间快门,置于镜头后的称为镜后快门. 多数中心快门均由 2~5 片极薄的金属叶片组成. 它们在驱动机构的作用下,从镜头中心逐渐开启,达到全开状态后,经过延时机构延时,再逐渐关闭. 其曝光过程从镜头中心开始又结束于镜头中心,因此称为中心快门.

焦平面快门位于感光介质之前,焦平面附近,因此称为焦平面快门. 早期的焦平面快门多为横走式帘幕快门. 它由两片帘幕构成,快门工作时,前帘先启动开始曝光,经过一段延时,后帘随之同向运动,前后帘幕之间形成一条狭缝沿横向(画面长边方向)掠过画面,使底片逐段曝光. 但多数横走的帘幕快门的结构无法形成独立的部件,不符合工业化需要,正在被纵走钢片快门代替. 纵走钢片快门简称钢片快门,它们的帘幕各由一组薄金属片或塑料片构成,工作时,前、后帘形成的狭缝沿纵向(画面短边方向)掠过画面. 纵走钢片快门是独立组件,一般由专业的快门厂制造、生产、装配、维修,是新型单反相机的标准配置.

按快门驱动与控制的方法,还可以将快门类型分为机械快门与电子快门.

机械快门主要由控制、驱动、延时、执行等机构组成,采用机械方式工作. 电子快门初期用延时电路取代了机械延时组件,此后逐渐用开关、电磁铁甚至电机实现了控制、驱动的全面电子化,成为现代的电子快门. 两者比较,电子快门机械结构简单,精度及稳定性高,控制范围达 $30\sim1/4000\mathrm{s}$(最高达到 $1/12\,000\mathrm{s}$),精度与稳定性都远高于机械快门,但电子快门环境适应性较差,对高温、高湿度及静电,比机械快门更敏感.

传统的中心快门仅控制曝光时间. 有一种中心快门,叶片开启的程度随曝光时间而变化,光圈和快门速度组合实现的快门,称为程序快门. 多数程序快门使用双快门叶片,将快门与光圈的作用合二为一.

快门的速度系列一般规定为 $T,B,1,2,3,8,15,30,60,125,500,1000$ 等的倒数,单位

为秒.用 T 门时,按下按钮,快门打开,放开按钮,快门不关闭,再按下按钮或转动调速盘,快门关闭.用 B 门时,按下按钮,快门打开,放开按钮,快门关闭.

2. 其他部件

照相机的基本结构中,还有如下部件:

(1) 自拍器.自拍器使快门滞后一段时间释放,以便把摄影者自己也拍照进去.

(2) 连闪装置.连闪装置是使闪光灯的点燃时间和快门开启时间相配合的装置.

(3)测光系统.测光元件是测光系统的输入端,用以感知被摄物或拍摄环境明暗的程度.为保证测试光系统准确地工作,照相机上使用的测光元件主要有 4 种:硒光电池,硫化镉光敏电阻(CdS),蓝光灵敏硅光电池,磷砷化钾光电二极管.硒光电池由于体积大、灵敏度低、精度低、稳定性差,仅在某些中、低档相机上使用.硫化镉光敏电阻的光谱灵敏区与人眼比较接近、价格便宜、配套电路简单,广泛应用于中、低档的袖珍相机中.蓝光灵敏硅光电池响应速度极快、精度高(误差范围小于 0.3eV)、工作范围宽、稳定性极好,但是价格高、配套电路复杂,主要用于高档袖珍相机与各种单反相机中.由于磷砷化钾光电二极管价格昂贵,处理电路更复杂,因此很少使用.

按测光元件安装的位置分为:外侧光和内侧光.内侧光的测光元件置于机身内,测试通过镜头射入的光线,又常称为 TTL("通过镜头")测光.

若测光系统和控制系统连动,可自动控制光圈和速度.

(4) 输片倒片机构.机构的作用是拉动胶片不断为拍照服务,常与快门连动,即在输片过程中,同时上紧快门.胶片照完后,倒片机构可将胶片倒回胶卷盒,以便取出冲洗.

(5)计数器.计数器的作用是统计已摄照片的张数.

此外,照相机还有一些附件连接部位,以连接滤色片、遮光罩、三脚架、快门线和闪光灯等附件,从而改善拍照效果和扩大照相机使用范围.

10.2　数码照相机简介

数码相机的基本结构有很大一部分源于传统照相机的结构.比如,主体、镜头和取景器等基本上是相同的.它也有不同的机构,如测距器和自动调焦器等,其主要结构如图 10.2.1所示,增加了较多电子部件.下面对其作简单介绍.

10.2.1　数码相机的主要电子部件

1. 光电传感器

光电传感器取代了传统照相机中胶片的感光器件,这是与传统照相机最大的区别.其作用是将光信号转变为电信号.光电传感器的体积通常很小,但却包含了几百万个乃至上千万个具有感光特性的二极管——光电二极管.每个光电二极管即为一个像素.当有光线

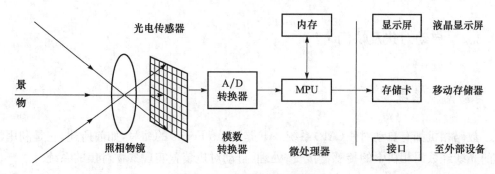

图 10.2.1　数码相机的结构

照射时,光电二极管就会产生电荷累积,光线越多,电荷累积的就越多,然后这些累积的电荷就会被转换成相应的像素数据.

2. A/D 转换器和数字信号处理器

　　A/D 转换器(模拟数字转换器)是将模拟信号转换成数字信号的部件.它能将每一个像素的模拟电信号量化为若干个等级的数字信号.

　　数字信号处理器(DSP)的主要功能是通过一系列复杂的数学运算,如加、减、乘、除、积分等,对数字图像进行优化处理,包括白平衡、彩色平衡、伽玛校正与边缘校正等.

3. MPU(微处理器)

　　数码相机要实现测光、运算、曝光、闪光控制、拍摄逻辑控制及图像压缩等处理操作,必须依靠一套完整的控制系统,数码相机则是通过 MPU 来实现对各部件操作的统一协调和控制的.

　　一般数码相机采用的微处理器模块的结构如图 10.2.2 所示,包括光电传感器数据处理 DSP、SRAM 控制器,显示控制器、JPEG 编码器、USB 等接口、运算处理单音频接口(非通用模块)和光电传感器时钟生成器等功能模块.

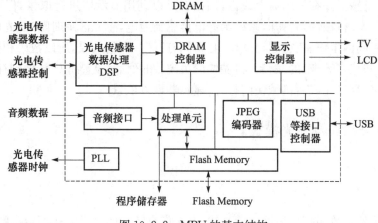

图 10.2.2　MPU 的基本结构

10.2.2　自动对焦及快门

1. 自动对焦系统

数码相机都有自动对焦(AF)系统. AF 是 Auto Focus 的缩写,如前所述,它是利用物体的光线经数码相机上的传感器接受、处理,自动对焦装置实现景物对焦的系统.

2. 数码照相机的快门

快门在数码照相机与传统照相机中的作用是相同的,而且快门的速度系数也相同.但随着电子设备的引入,较之于传统照相机的快门,数码照相机的快门有更丰富的快门种类,一般分为机械快门、机械电子混合式快门和纯电子快门.

较早的数码单反相机使用了机械快门.数码相机的机械快门主要置于反光镜的后面,通常采用帘幕式快门结构.由于机械快门的反应速度有限,快门无法快速启动来拍摄高速运动的物体,所以大多数数码单反相机会在较长快门时间下使用机械快门.

而在较短快门时间(如低于 1/250s)下使用电子快门,即采用机械电子混合式快门.在所有数码相机中,真正控制曝光时间的是电子快门.数码相机的电子快门与传统相机的电子快门有本质上的不同,传统相机的电子快门是利用电磁力来控制快门开启,而数码相机的电子快门并没有实际物理存在的"门",而是利用光电传感器的通电时间控制曝光时间.在数码单反相机的机械电子混合式快门中,快门按键按下,机械快门打开,然后感光器件根据设置的快门时间记录信号,记录结束后,机械快门等待一定时间再关闭,感光器件再将处理好的信号存储起来.

纯电子快门主要应用在普通数码照相机中.其实普通数码相机中仍存在机械快门部分,不过它的作用恰好与数码单反相机中的机械快门相反,主要起遮光的作用.在使用普通数码相机时,快门按钮按下前,所谓的机械快门是一直开启着的,光电传感器并没有被遮挡,而是一直感光并在显示器上成像,拍摄者可以利用显示器进行取景,但此时感光器件并不记录图像.机械快门打开,系统给光电传感器通电,感光区瞬时曝光,光电传感器在设置的一定时间内工作,获得同物理快门"瞬间打开"一样的效果,所以数码相机的电子快门在按下快门时是"无声"的.随后,机械快门关闭,图像信号从感光区传输到存储区,并将图像记录下来,存储完成后机械快门打开,显示器恢复取景.

10.2.3　测光系统及曝光模式

1. 测光系统

测光系统就是数码相机根据环境光线,系统依靠特定的测量方式而给出的光圈/快门组合. 简单的说,也就是对被摄物体的受光情况进行测量.

测光方式如果按测光元件的安放位置不同则可分为外测光和内测光两种. ①外测光:在外测光方式中,测光元件与镜头的光路是各自独立的,这种测光方式广泛应用于平视取景照相机(取景器与镜头的光轴平行)中,它具有足够的灵敏度和准确度;②内测光:这种测光方式是通过光电传感器接收图像的亮度来进行测光,与摄影条件一致,在更换镜头、摄影距离变化和加滤色镜时均能进行自动校正,目前几乎所有的单反相机都采用这种测光方式.

根据拍摄画面测光区域的不同可分多种测光模式,常见的测光模式有:多区域矩阵式测光、中央重点测光和点测光. 多区域矩阵式测光是指将拍摄画面分为多个区域,数码相机通过 MPU,对所有区域内的光线分别做出评价,并经过计算得出画面的曝光组合;中央重点测光又称中央重点加权测光,这种测光方式是相机对画面中央约 1/4 的区域按80%的比例测光;点测光的工作原理是,相机仅对拍摄画面中央占整个画面 1%～3%的区域进行测光.

2. 曝光模式

数码相机一般有四种曝光模式:手动曝光,光圈优先自动曝光,速度优先自动曝光和程序曝光. ①手动曝光:依靠手动调节光圈和设定曝光时间的曝光方式. 虽然操作繁琐,但能掌握相机的曝光状态,完成绝大多数的拍摄目的. ②光圈优先自动曝光:也称光圈先决自动曝光,属于自动曝光方式的一种,用于景深需要控制的场合. 需大景深时,选定小光圈,如 $f/8$,$f/11$,或更小;需小景深和虚化背景时,选用大光圈,如 $f/2.8$,$f/4$ 等,数码照相机会根据光电传感器的感光度和景物亮度来自动调节快门速度,以实现正确曝光. ③速度优先自动曝光:也称快门优先自动曝光. 先根据需要手动设定快门曝光时间,数码相机会根据测光结果自动设定光圈值,它适用于新闻、体育、舞台等题材的动态摄影. ④程序曝光:数码相机会根据测光结果自动选择光圈与曝光时间,适用于抢拍、抓拍等拍摄任务.

10.2.4　存储设备及显示屏

1. 存储设备

存储设备用于保存数字图像数据,分为内置存储器和移动存储器两种. 内置存储器为芯片,用于临时存储图像. 常见的移动存储器有 SD 卡(secure digital memory card)、TF卡(trans flash)、CF 卡(compact flash)和记忆棒(memory stick)等.

2. 显示屏

主要有液晶显示器. 显示屏用于电子取景器、图片显示和功能菜单显示,数码相机也采用光学取景器取景.

10.3　摄影物镜的特性和种类

摄影物镜是照相机的重要部件,一般由多片正透镜和负透镜与相应的金属零件组合而成.它的光学特性由三个参数来表示,即摄影物镜的焦距、相对孔径和视场角.

10.3.1　摄影物镜的光学特性

1. 物镜的焦距

物镜的焦距(f')长短决定被摄景物在胶片上成像的大小.对同一距离,同一目标拍摄时,焦距长成像大,焦距短成像小.物体在无穷远时,物与像的关系为

$$h' = f'\tan\omega' \tag{10.3.1}$$

物与像为倒立关系,像的大小由物镜的焦距和物体对应的视场角决定.物体在有限远时,有如下关系

$$h' = mh = \frac{f'}{x}h \tag{10.3.2}$$

式中,m 是物体所在位置对应的垂轴放大率.

为了适应各种摄影条件和摄影要求,物镜的焦距长短不一.显微照相物镜的焦距只有数毫米,远距离摄影物镜焦距可达数米,普通照相物镜和电影摄影物镜焦距短者数十毫米,长者数百毫米.变焦距物镜在一定范围内焦距连续变化,其缩放比也随之改变.照相物镜的焦距系列有多种,如 25mm,35mm,40mm,45mm,50mm,58mm,75mm,80mm,90mm,105mm,135mm,180mm,210mm,250mm,300mm,400mm,500mm,600mm,800mm,1000mm.

2. 相对孔径

物镜的入射光瞳直径 D_{EP} 与有效焦距 f' 的比值 D_{EP}/f' 为物镜的相对孔径,它是决定像面照度与分辨率的重要因素.一般以其倒数形式 $F = f'/D_{EP}$ 表示,称为光圈数(F 数),标刻在镜头的口圈上.

摄影物镜按相对孔径的大小可分为:超强透光力物镜,$D_{EP}/f' = 1：2.8$ 以上;强透光物镜,$D_{EP}/f' = 1：3.5\sim1：5.8$;正常透光力物镜,$D_{EP}/f' = 1：6.3\sim1：9$;弱透光力物镜 $D_{EP}/f' < 1：9$.

国产相机光圈数(F 数)标准系列为:1,1.4,2,2.8,4,5.6,8,11,16,22,32,45.相邻两挡 F 数比值为$\sqrt{2}$.

3. 视场与视场角

摄影物镜在底片上成清晰像的范围称为视场.视场边缘与镜头后节点的夹角称为视

场角,它受底片大小和焦距长短的限制.焦距与视场角的对应关系如图 10.3.1 所示,基本的规律是,视场角越大,焦距越小.

底片面幅对角线对应的视场角 $2\omega'$ 有如下关系

$$2\omega' = 2\arctan\frac{S}{2f} \tag{10.3.3}$$

式中,S 为底片面幅对角线的长度.

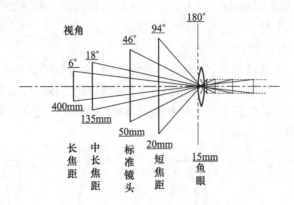

图 10.3.1　焦距与视场角的对应关系

照相物镜按视场角的大小可分为:摄远物镜,$2\omega' < 45°$;标准物镜,$2\omega' = 45° \sim 75°$;广角物镜,$2\omega' = 75° \sim 110°$;特广角物镜,$2\omega' = 110° \sim 133°$;超广角物镜,$2\omega' > 133°$;鱼眼物镜,视场角接近甚至超过 $180°$.长焦距物镜,视场角有时仅 $10°$ 左右,物镜的焦距长,获得的像也大,在远距离摄影或特写的拍摄中是非常必要的.该划分标准也不是严格的.

4. 摄影物镜三个特性参数间的关系

焦距、相对孔径、视场角这三个表示物镜特性的参数,它们之间的关系是彼此联系而又互相制约的.要同时达到很高的性能要求相当困难,只能根据使用的要求重点选择.一般的照相物镜,这三个参数的关系有如下经验公式

$$\frac{D_{EP}}{f'}\tan\omega'\sqrt{\frac{f'}{100}} = A \tag{10.3.4}$$

对于中上质量的物镜,$A = 0.24 \sim 0.3$.

10.3.2　摄影物镜的种类

摄影系统中,物镜的性能决定了整个系统的性能.现代摄影物镜多具有大孔径和大视场的待点,要求对所有单色像差和色差进行校正.为了有足够的变量来控制高级像差,摄影物镜结构一般是较为复杂的.高性能的物镜结构更为复杂,如变焦距物镜有几十个折射面.下面把摄影物镜分为五类进行讨论.

1. 大孔径物镜

1）匹兹万物镜

匹兹万物镜是世界上第一个用像差理论设计的镜头,其基本型式如图 10.3.2 所示. 匹兹万物镜由两组透镜构成,各组透镜分别校正色差. 匹兹万物镜常用作放映镜头和人像摄影镜头,相对孔径较大,$D_{EP}/f'=1:3.5\sim1:1.5$,视场角一般在 $20°\sim30°$,由它改进而得的型式不少于二三十种.

2）库克物镜（三片式物镜）

库克物镜由三片薄透镜组成,中间是一块负透镜,两边是两块正透镜,如图 10.3.3 所示. 库克物镜中,有八个变量(三个光焦度、三个形状和两个间隔)可以参加像差的校正,因此它是薄透镜结构中能够校正全部七种像差的最简单结构. 目前有几十种之多. 其相对孔径 $1:8\sim1:35$,视场角一般在 $40°\sim60°$.

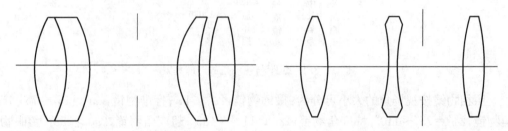

图 10.3.2　匹兹万物镜　　　　　　　图 10.3.3　库克物镜（三片式物镜）

3）天塞物镜和海利亚物镜

将库克物镜最后的正透镜增加一个胶合面,轴外像差能得到很好校正,即构成四片三组天塞物镜,如图 10.3.4(a)所示. 天塞物镜相对孔径为 $1:3.5\sim1:2.8$,视场角为 $40°\sim70°$,是当今用得很普遍的一种物镜,类似设计不少于 30 种.

天塞物镜的第一片再加上胶合面形成海利亚物镜,如图 10.3.4(b)所示. 其结构更趋于对称,可用于视场较大的情况,如航空摄影等.

4）对称型物镜

通常由两组相同的部分构成,其间有一光阑,当 $m=-1$ 时,垂轴像差自动消失,可用于复制资料等工作. 普通相对孔径为 $1:4.5$,如图 10.3.5 所示.

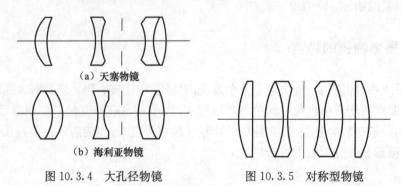

（a）天塞物镜

（b）海利亚物镜

图 10.3.4　大孔径物镜　　　　　图 10.3.5　对称型物镜

对称型物镜的结构随相对孔径的增加而趋于复杂.当这类物镜用于普通摄影、放映及放大等工作时,由于物距和像距相差很大,垂轴像差得不到自动校正.解决的办法是将一组透镜的形状改变一些,而另一组则保持不变,即常用的双高斯物镜,如图 10.3.6 所示.由于形状改变很小,仍可认为双高斯型物镜是对称的.双高斯物镜相对孔径可达 1:2,视场角为 40°.

5) 松纳型物镜

松纳型物镜可以简单看成是在三片式物镜前空气端添加一片弯月透镜衍生出来的,但是,松纳型的结构要复杂得多.松纳型物镜首先由蔡司于 1931 年发明.图 10.3.7 是一种六镜片的松纳型物镜,相对孔径达到 1:2,视场角为 43°.

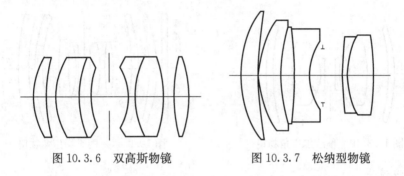

图 10.3.6　双高斯物镜　　　　图 10.3.7　松纳型物镜

2. 广角物镜

广角物镜多为短焦距物镜,在标准的底片画幅范围内,使用短焦距物镜可得到更大的视场.

1) 反摄远物镜

这种物镜由负、正透镜组成,负透镜在物的一方,又名反远距物镜,如图 10.3.8.它的特点是焦距较短,后截距较长,视场角可达 60°以上.这种物镜常用于摄制彩色电影,由于后焦距较长,便于物镜和感光片之间安放分景棱镜等光学元件,视场照度比较均匀.各种形式的反摄远物镜,世界上有上百种之多.

2) 广角物镜

视场角 $2\omega \in [60°, 90°]$ 的物镜有时也被称为广角物镜.对于 35mm 单反相机,由于反光镜的机械构造,单反相机的镜头需要较长的后焦距,一般在 38~40mm.图 10.3.9 是一种七镜片的 35mm 单反相机广角物镜,视场角达 72°,焦距为 28.5mm,后焦距为 39mm.

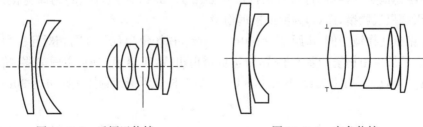

图 10.3.8　反摄远物镜　　　　图 10.3.9　广角物镜

3) 超广角物镜

视场角 $2\omega>90°$ 的物镜有时也被称为超广角物镜. 像面上边缘照度下降很厉害,是这种物镜最严重的问题. 例如,$2\omega=120°$ 的物镜,在不考虑渐晕的情况下,按 $\cos^4\omega$ 下降,像面边缘照度只有中心照度的 6.25%. 通常,超广角物镜是一种对称式的球壳型结构,由两个反摄远物镜对称于光阑放置而成. 下面举两个例子.

一是鲁沙尔物镜. 如图 10.3.10 所示,相对孔径为 1∶5.6,视场角为 100°.

二是阿维岗物镜. 该镜头包括 4~6 个球壳透镜,成像质量很理想,相对孔径达 1∶5.6,如图 10.3.11 所示. 用镀不均匀透光膜的方式改善像面照度分布,中心附近照度比例于 $\cos^2\omega$,超过 90°视场角时,照度分布呈 $\cos^3\omega$ 规律变化. 常用于航测相机镜头.

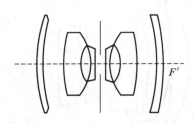

图 10.3.10 鲁沙尔广角物镜

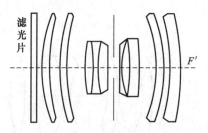

图 10.3.11 阿维岗广角物镜

4) 鱼眼镜头

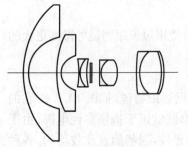

图 10.3.12 鱼眼镜头

鱼眼镜头又称全景镜头,它仍是一种超广角镜头,视场角等于或大于 180°,镜头的前镜片突出,犹如鱼眼,如图 10.3.12 所示. 这种镜头的外壳上常刻有"Fish-eye"字样.

鱼眼镜头有两种:一种是圆形鱼眼镜头,它拍出的像画面在底片上呈圆形;另一种拍出的像画面呈矩形.

由于鱼眼镜头的视场角特别大,焦距非常短,所以它的景深特别深,从 1m 到无穷远都可以成清晰的像,但有严重的畸变,画面感光也不均匀,出现中心亮四周暗的情况. 鱼眼镜头适用于拍摄圆形的景物,如圆形剧场、广场全景和天空等.

3. 长焦距物镜

长焦距物镜是一种特写镜头,结构形式如图 10.3.13 所示,图(a)为库克摄远物镜,图(b)为天塞摄远物镜,图(c)为罗斯摄远物镜.

以库克摄远物镜为例,焦距 $f'=100\sim500\text{mm}$,视场角为 20°~40°,相对孔径为 1∶8~1∶3.5. 它是长焦距物镜的基本形式,由正负透镜组成,正透镜在前,主面前移,机械筒长 L 比焦距 f' 小,L/f' 为摄远比,常在 0.8 以下,高空长焦距摄远物镜焦距可达 3m.

4. 变焦距物镜

变焦距物镜能在一定范围内迅速地改变焦距,从而获得不同比例的像.当焦距连续变化时.像面上的景物由小变大,或由大变小,给人以由远到近,或由近及远的感觉,这是定焦距镜头难以达到的.变焦距物镜是利用系统中的镜组相对移动来达到变焦目的的.

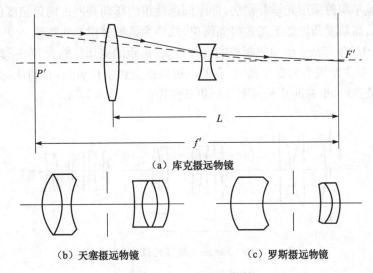

（a）库克摄远物镜

（b）天塞摄远物镜　　　　　（c）罗斯摄远物镜

图 10.3.13　长焦距物镜

图 10.3.14 是一种变焦距镜头的工作原理图.图中有四个镜组,1 是前固定组,2 是变倍组,3 是补偿组,4 是后固定组.该图为机械补偿法,3 为正透镜组者称为机械正组补偿（图中为正组补偿）,3 为负透镜组者称为机械负组补偿.变焦物镜在变焦过程中,要严格地保持像面稳定不动,这样才能在固定的像面上始终都能得到清晰的像.同时,也要保证各种焦距时的相对孔径稳定不变,这样才能使像面照度不发生突然的变化.

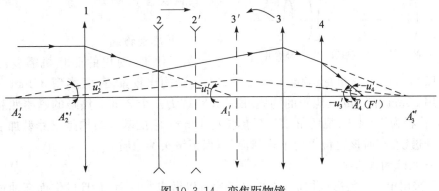

图 10.3.14　变焦距物镜

透镜 1 将平行光会聚于 A_1' 点,该点经透镜 2 成虚像于 A_2',放大率为 m_2.当透镜 2 移动时,m_2 随之变化,A_2' 移动到 A_2''.为使经透镜 3 的像点 A_3' 保持不动（放大率为 m_3）,透镜 3 作相应的移动,A_2'' 亦相应变化 A_3'',m_3 也相应变化,故透镜 3 称为补偿组.A_3' 经透镜 4 成像于

A_4'. 透镜组 2 是沿光轴作线性移动的,而透镜 3 的移动规律往往是非线性的,它们用精密凸轮协调起来. 用凸轮来控制变倍组与补偿组的运动的变焦距物镜称为机械补偿.

由图 10.3.14 知,系统的总焦距为

$$f' = -\frac{h_1}{u_4'} = -\frac{h_1}{u_1} \cdot \frac{u_1'}{u_2} \cdot \frac{u_2'}{u_3} \cdot \frac{u_3'}{u_4} = f_1' m_2 m_3 m_4$$

式中,f_1' 为前固定组的焦距,当 $m_2 m_3$ 连续变化时,系统的焦距以同一比例作连续的改变.

变焦物镜早期曾采用光学补偿法,即不同透镜组的移动是同方向等速度的,其物镜结构复杂. 后来,高精度凸轮加工工艺得到解决,故多为机械补偿变焦物镜.

图 10.3.15 为 35mm 小型照相机的变焦镜头,焦距的变化范围为 36～82mm,相对孔径为 1:2.8. 变焦距镜头的变焦范围,有的从短焦距变到中长焦距,有的从标准焦距变到中长焦距或长焦距,也有的从长焦距变到更长焦距.

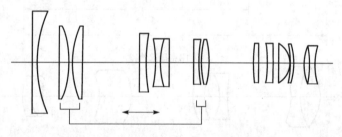

图 10.3.15　35mm 小型照相机的变焦镜头

另一种常用的三光组变焦镜头,如图 10.3.16 所示,前组光学元件为固定组,第二和第三光组为移动组. 固定组能提供大部分的系统光焦度,两个移动组改变系统的光焦度,并且保持像面不动. 它也通过机械凸轮来提供复杂的透镜移动过程.

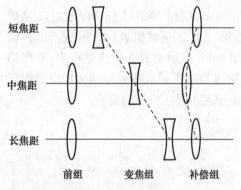

图 10.3.16　三光组变焦物镜

5. 其他类型的物镜

1) 紧凑型物镜

为了便携,现代的照相机需要减小体积,使结构比较紧凑. 紧凑型 35mm 照相机一般采用 35mm 或 30mm 焦距的物镜. 图 10.3.17 为一个 35mm 焦距的紧凑照相机物镜,相对孔径为 1:4.5,视场角 62°,后焦长约 10mm. 它的基本结构是三片型加上一片弯月平场透镜. 有时该物镜含两个非球面,以保证镜头的像质.

2) 一次性相机物镜

一般采用单片塑料透镜构成. 该塑料镜片可以做成非球面,并且成像面弯曲成为柱面,如图 10.3.18 所示. 虽然彗差能被校正,但像散仍存在,场曲、位置和倍率色差都无法校正. 图 10.3.18 中的一次性相机物镜焦距为 30mm,在相对孔径为 1:16 时,像差可达到接受的范围内,视场角可达到 70°.

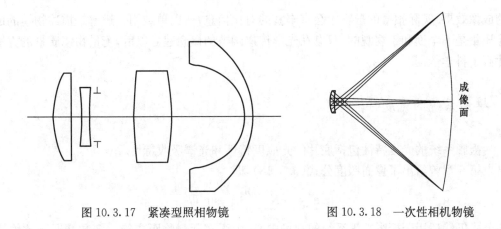

图 10.3.17　紧凑型照相物镜　　　　图 10.3.18　一次性相机物镜

10.4　摄影系统的技术特性与摄影闪光灯简介

摄影物镜的焦距、相对孔径和视场角可以基本上确定摄影系统的技术特性. 摄影系统的技术特性包括系统的分辨率(摄影艺术上称为解像力)、像面的照度、光谱吸收特性、焦深和景深等.

10.4.1　摄影系统的技术特性

1. 分辨率

摄影系统的分辨率 N 用每毫米能分辨的黑白条纹组成的线条数来表示,它决定于摄影物镜的分辨率 N_L 和感光底片的分辨率 N_p,有经验公式

$$\frac{1}{N} = \frac{1}{N_L} + \frac{1}{N_p} \tag{10.4.1}$$

摄影物镜的理论分辨率是指在没有像差的假定下,由衍射理论和瑞利标准定义,即

$$N_L = \frac{1}{\sigma} = \frac{D_{EP}/f'}{1.22\lambda}$$

式中,σ 为最小分辨距. 当 $\lambda = 0.55\mu m$ 时,有

$$N_L = 1475\frac{D_{EP}}{f'} = \frac{1475}{F}(线对 /mm) \tag{10.4.2}$$

式中,$F = f'/D_{EP}$ 为光圈数. 视场边缘的理论分辨率低于式(10.4.2)确定的理论分辨率.

当物镜存在像差和加工缺陷时,光能在衍射分布的基础上更加扩散了,因而物镜的实际分辨率低于理论分辨率,而且像差越大,实际分辨率下降越多. 所以,可以用物镜的实际分辨率综合地考查镜头的成像质量.

上述分辨率的概念是用高对比度的线条来定义的,因此只能描述物镜对高对比景物

的成像效果.实际拍摄的景物中会有丰富的对比信息,所以单纯用分辨率来描述物镜的成像质量是不全面和不客观的,只有在光学传递函数的概念建立以后,衡量物镜质量的方法才有了科学依据.

2. 摄影系统的光度特性

摄影系统的光度特性包括底片的光照度特性和光谱吸收特性.

第 6 章曾给出了像面照度公式(6.5.18),即

$$E_0' = \pi K L \left(\frac{n_k'}{n_1} \right)^2 \sin^2 U'$$

该公式仍然适用于摄影光学系统的视场中心.由于实际景物距离绝大多数情况下比物镜焦距大得多,可近似认为像平面位于物镜的像方焦平面,此时有, $\sin U' = D_{XP}/2f'$,代入上式且令 $n_k' = n_1 = 1$,得

$$E_0' = \pi K L \left(\frac{D_{XP}}{2f'} \right)^2 = \frac{\pi K L}{4F^2} \tag{10.4.3}$$

即像面中心照度与光圈数 F^2 成反比.由于相邻两光圈数的比值为 $\sqrt{2}$,故在同一景物和同一曝光时间下,每增大一挡光圈(减小一次 F 数),像面照度增加一倍.

轴外视场的光照度,在忽略渐晕的情况下,仍有公式

$$E' = E_0' \cos^4 \omega'$$

物镜的光谱特性即各波段光线的透过率特性,以透过率对波长的关系曲线来表示,如图 10.4.1所示.在彩色照相中,照片的颜色应与原物的颜色吻合(称为彩色还原),这就要求可见光的透过率基本相等.物镜的光谱特性主要决定于膜层的干涉特性和玻璃材料的吸收特性.

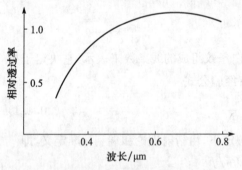

图 10.4.1　物镜的光谱特性

3. 几何焦深和景深

物镜对有限距离的物体拍照时,需要调焦才能得到清晰的照片.由于接收器的不完善,即使像面沿光轴有少许位移,仍感觉图像是清晰的.保持接收器感觉为清晰像使像面可沿光轴移动的范围,称为几何焦深.

几何焦深有别于物理焦深.物理焦深是离焦引起波像差变化为 $\lambda/4$ 时对应的离焦量,而几何焦深决定于接收器对物点成像为弥散斑的判断能力.设弥散斑直径小于 B' 时,接收器感觉为点像,则几何焦深 $2b'$ 为

$$2b' \approx 2B'f/\# = 2B'F \tag{10.4.4}$$

式中, F 仍为光圈数.摄影系统的景深与几何焦深有关,由式(5.6.10)确定.

10.4.2 摄影闪光灯

从摄影光度特性知道,像面照度与物体亮度成正比. 一般情况下,被摄物体本身是不发光的,依靠光源照明. 摄影光源有自然光源和人工光源两大类. 自然光源是指日光,它是摄影的主要光源. 日光分为直射光和漫射光两类:阳光直接照射在被摄物体上称为直射光;阳光被其他物体(如云彩,树木等)遮挡,光线间接地照射在被摄物体上,称为漫射光. 日光对黑白全色感光片和彩色片摄影都适用.

日光对地球表面的照度随季节、时间、天气和地理位置的不同而发生变化. 运用日光摄影时,只要掌握其变化规律,加以灵活运用,就能获得满意的效果.

人工光源指灯光. 摄影中使用的人工光源有:普通白炽灯、卤钨灯、金属卤钨灯、短弧氙灯和闪光灯等. 闪光灯因其体积小,重量轻,携带方便,能直接安装于相机上,所以是最普及的人工光源. 这里只对闪光灯的一般知识进行讨论.

1. 闪光灯的类型及其特性曲线

摄影闪光灯分单次闪光和万次闪光灯(又称电子闪光灯)两类. 单次闪光灯每闪光一次都要消耗一次闪光灯泡,很不经济,随着电子闪光灯的迅速发展和广泛应用,单次闪光灯几乎不再使用.

电子闪光灯是利用电子激发惰性气体而发光的脉冲光源. 灯的玻壳通常用硬质玻璃做成,电极芯柱和螺旋灯丝用钨丝做成,并涂有电子粉. 电子闪光灯可以产生连续发光光源难以获得的极强的瞬时功率,从而得到极强的瞬时光输出,峰值光通量可达 $1 \times 10^7 \sim 5 \times 10^7 \mathrm{lm}$,总光能输出从微型闪光管的 $1000 \mathrm{lm \cdot s}$ 至摄影棚用大型闪光管的 $5 \times 10^5 \mathrm{lm \cdot s}$;电子闪光灯的光色与日光接近,色温一般为 5500K 左右,适合彩色摄影;发光时间短,可用于拍摄高速运动目标.

电子闪光灯的闪光特性可用图 10.4.2 所示的 t_1、t_2、t_3 及光通量 Φ 四个参数来表示. t_1 为半峰值迟滞时间;t_2 为峰值迟滞时间;t_3 为有效闪光时间;Φ 为通电点. 图 10.4.3 给出了某电子闪光灯的闪光特性曲线. 从图中可以看出:$t_1 = 0.2 \mathrm{ms}$,$t_2 = 1 \mathrm{ms}$,$t_3 = 0.2 \sim 1.5 \mathrm{ms}$.

2. 闪光灯的闪光指数

闪光灯的闪光指数是指闪光灯在瞬间内所发出的光亮程度,单位为米或英尺,用符号 GN 表示. 闪光指数是闪光摄影感光的主要依据. 在运用闪光灯时应首先了解所用闪光灯的闪光指数大小. 闪光灯的闪光指数与它的总光能量输出、反射器系数以及胶片的感光度有关. 当条件发生变化时(如采用不同感光度的胶片),闪光灯的闪光指数也随之发生变化.

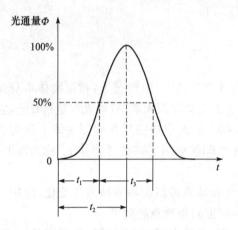

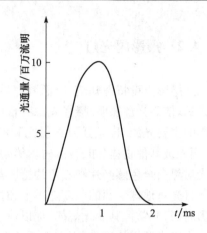

图 10.4.2　电子闪光灯的闪光特性　　　　图 10.4.3　某电子闪光灯的闪光特性曲线

1) 闪光指数计算公式

闪光指数可用如下公式计算

$$GN = \sqrt{0.05 \times ECPS \times ASA}（英尺）\tag{10.4.5}$$

式中,ECPS 为电子闪光灯的有效烛光·秒值,ASA 为美国标准的胶片感光度,GN 为闪光指数.

例如,对 ASA＝100(即 21DIN)胶片

ECPS＝	350	500	1000	2000	4000	8000	（烛光·秒）
GN＝	40	50	70	100	140	200	（英尺）

备有变亮度系数选择系统的闪光灯,可选用不同级别的功率系数进行曝光.功率系数 K 一般分为 $K=1$(全功率),$1/2,1/4,1/8,1/16,1/32$(功率),此时实际闪光指数计算公式为

$$GN = GN（全功率）\times \sqrt{K}\tag{10.4.6}$$

2) 使用不同感光度胶片时闪光指数的换算

闪光灯闪光指数的测定,是在使用感光度一定的某种胶片条件下进行的,如果换用感光速度快(或慢)的其他胶片时,闪光指数也随着增加或减小.对于以 ASA 标号的胶片,当已知闪光灯对 A 种胶片的闪光指数 $GN(A)$ 时,则该灯对于 B 种胶片的闪光指数 $GN(B)$ 为

$$GN(B) = GN(A) \times \sqrt{\frac{ASA(B)}{ASA(A)}}\tag{10.4.7}$$

对于以中国标准制 GB 或国际上常用的其他标号的感光片,可首先查表(见 10.5 节),将它换算成以美国标准制 ASA 标号的数值,再按上述公式计算.

例如,已知某闪光灯对于 GB21 感光胶片的闪光指数为 55m,求对于 GB24 感光胶片的感光指数.我们首先查感光度对照表,GB21 和 GB24 相当于 ASA100 与 ASA200,则

$$GN(B) = GN(A) \times \sqrt{ASA(B) \div ASA(A)} = 55 \times \sqrt{200 \div 100} = 77（m）$$

闪光灯的闪光指数单位为米或英尺,米、英尺互换是根据 1 米＝3.2809 英尺.

3. 闪光灯的曝光时间

用闪光灯作摄影光源,由于闪光灯明灭时间极短,一般情况下,快门速度无法起到调节光通量的作用.通常根据所用胶片的感光度和闪光灯到被摄目标的距离,调节相应光圈数的大小来控制曝光量.

1）直接闪光的曝光计算

闪光灯的闪光指数等于灯至被摄目标距离与相机所用光圈数的乘积,即

$$GN = L \times F \tag{10.4.8}$$

式中,GN 为闪光指数,单位为米或英尺;L 为闪光灯至被摄目标的距离,单位为米或英尺.

当灯距 L 一定时,相机所用光圈数 $F = GN/L$;当光圈数 F 一定时,则灯距为 $L = GN/F$.

2）间接闪光的曝光计算

间接闪光摄影的方法,是让闪光灯照射到天花板或墙壁上,再反射到被摄景物上,此时相应的光圈数可按下式计算

$$F = \frac{GN}{L_1 + L_2} \times 70\% \tag{10.4.9}$$

式中,L_1 为闪光灯至天花板（或墙壁）的距离,L_2 为天花板（或墙壁）至主要景物的距离,70%为反光系数的近似值.

4. 电子闪光灯选择

电子闪光灯有手动闪光、自动闪光和配合卷片器（或电机）全自动连续闪光（每秒闪光约 2～5 次）三种控制方式.为了适应高速感光胶片的曝光,许多闪光灯备有变亮度指数选择系统,可以分别选用不同级别的功率系数进行曝光.

自动闪光灯的自动光圈选择,其光圈数可分别用 2,2.8,4,5.6,8,11 等各级中的一级或数级自动选择,因此在较大距离范围内采用自动闪光摄影,均能得到需要的曝光量.

新型电子闪光灯还常备有滤光器、远摄器、广角镜头、反光板、分体式光敏器和闪光同步器等附件,功能齐全,使用方便.

闪光灯种类很多,根据需要,可选用不同性能特点的闪光灯.例如,某款自动 3600 电子闪光灯,闪光指数 36(m,ASA100),闪光持续时间 1/850～1/20 000s,自动作用距离 0.5～12.8m,照射角度 60×45°,色温 5500K,具有自动、手动闪光和连闪（3 次/秒）三种模式,闪光头可任意方向转动,全光至 1/64 七级功率系数,四级光圈自动选择等.

10.5　感　光　材　料

感光材料是照相中使用的干板、胶片、胶卷和相纸等的总称,下面按其分类和特性进行讨论.

10.5.1　感光材料的种类

1. 种类的区分

感光材料一般分为黑白感光材料和彩色感光材料两大类:黑白感光材料是以不同程度的黑、白、灰来表现被摄景物的影像;而彩色感光材料则用丰富的色彩再现被摄景物的彩色影像.

不论黑白或彩色感光材料,都可以按以下几个方面进一步加以区分.

1) 按用途类别分类

①负性感光材料:经曝光和显影加工后,得到的影像其明暗正好与被摄景物相反,色彩则为被摄景物的补色.该材料经加工后得到所谓"底片".②正性感光材料:经曝光和显影加工后,得到的影像,其明暗与色彩都与被摄景物相一致,故它用于对各种底片进行复印.③反转感光材料:经曝光和反转显影加工后,得到的是与被摄景物相同的影像.

2) 按感光材料不同的支持体分类

①胶片:以无色透明的塑料薄膜(常称为片基)作为感光乳剂层的支持体.现在常用的有醋酸片基、涤纶片基、聚碳酸酯片基、聚苯乙稀片基等.胶片是应用最广的感光材料,它又分为卷片和页片两种.②相纸:以光泽洁白的硫酸钡底纸基作为感光乳剂的支持体.把感光乳剂涂布在这种纸基上面就成为感光纸.这种纸通常由棉类或亚麻的纤维制成,具有颜色洁白,水浸后不变形,干燥后不起皱纹,有足够的强度等特点.③干板:用无色透明的平板玻璃作为感光乳剂层的支持体,用于印刷部门和科研单位.

2. 黑白感光胶片的分类

按感光胶片对各种色光的敏感范围可分为 X 光片、紫外片、色盲片、分色片、全色片、红外片等.

X 光片用于医疗和工业拍摄.紫外片用于工业、公安和科技拍摄.红外片既有黑白片,又有彩色片,多用于军事、科技和航空拍摄.色盲片只感受紫、蓝色光,多用于翻拍,复印黑白文字图片资料.分色片又名正色片,能感受除红光外的大部分可见光,也在翻拍复印和印刷行业中使用.全色片能感受全部可见光,对一般景物的明暗层次能相当丰富地表现出来.普通摄影所用的胶卷几乎都是全色片.

3. 彩色感光胶片的分类

彩色感光胶片除了分为彩色正片、彩色负片、彩色中间片和彩色反转片外,按感光乳剂本身所使用的成色剂不同,又可分为水溶性成色剂彩色胶片、油溶性成色剂彩色胶片及Ⅱ型片.成色剂不同,冲洗加工过程中使用的药液和操作也稍有不同.

按摄影光源色温的不同,可分为日光型彩色片、灯光型彩色片和通用型彩色片.日光型适宜于白天,特别是在色温 5500K 的光线下拍摄,灯光型适宜的色温是 3200K.

4. 感光纸的分类

感光纸即照相纸,分为黑白感光纸和彩色感光纸两大类.黑白相纸分为放大纸和印相纸两种,且根据反差性能的不同又分为特别软性、软性、中性、硬性和特别硬性五类,按号排列为 0,1,2,3,4 号.

彩色相纸分为水活性和油溶性两种,但只有中性反差一种规格.另有反转型彩色放大纸,可直接把反转片印放成照片.

10.5.2　感光材料的基本结构与感光成色机理

1. 感光片的基本结构及感光原理

感光片是多层结构,由感光材料的支持体——片基、感光乳剂层和各种附加层构成.片基,前面已有叙述,下面讨论感光乳剂层和各种附加层.

1) 感光乳剂层

目前已有的感光材料种类很多,其中以卤族元素的银盐应用最广.感光乳剂层由银盐、明胶和一些补加剂三种材料构成.卤化银中,溴化银感光能力最强,用于胶片;碘化银感光能力次之;氯化银感光力弱,常用于相纸.卤化银遇光后,产生化学反应,形成潜影,经显影处理,潜影处还原为黑色的金属银,光越强,还原生成的金属银越多,故越黑;再经定影除去未感光的卤化银,剩下深浅不同的金属银,构成景物的影像.银盐的晶体颗粒直径为 $50nm\sim50\mu m$,但大部分在 $0.1\sim4\mu m$.

明胶是由动物皮、筋、骨提取的一种透明胶体,其作用是使卤化银颗粒均匀地悬浮在胶液中,避免银盐沉淀,使感光均匀.

感光乳剂层中的补加剂主要是增感剂,银本身仅对蓝、紫光敏感,加入光学增感剂,可扩大感光乳剂的感光范围;加入化学增感剂,可提高感光速度.

2) 各种附加层

涂在乳剂表面起保护作用的明胶薄膜层称为保护层;涂在乳剂与片基之间,防止乳剂层在冲洗时从片基上脱落的黏合层,一般称为结合层;涂在片基背面上的假漆层,它的作用是防止片基产生静电,防止产生光晕,防止卷曲等;在片基和假漆层之间也可以有结合层.

图 10.5.1 为一般黑白胶片结构示意图.其他电影胶片、感光纸等略有差异.彩色片结构更为复杂一些.

2. 彩色片成色原理

黑白感光片一般只有一层感光乳剂,而彩色感光片涂有三层感光乳剂,图 10.5.2 给

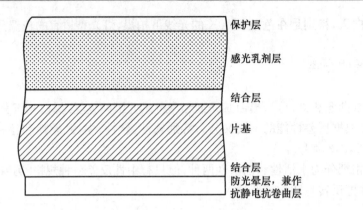

图 10.5.1　黑白胶片的基本结构

出了彩色感光负片的多层结构. 上层乳剂感受蓝光,带有黄色成色剂,形成黄色单色影像；中层感受绿色,形成品红影像；下层感受红色,形成青色影像. 这种结构称为正型排列.

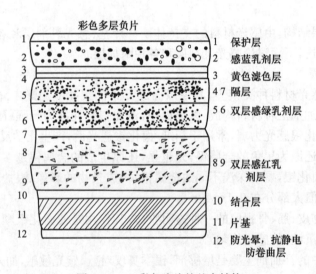

图 10.5.2　彩色胶片的基本结构

　　由于中、下层乳剂也感受蓝光,为阻止蓝光进入,在感蓝层下涂黄色滤色层吸收蓝光. 黄滤色层的颜料在冲洗中自行消除. 于是,黄、品红、青三种单色染料影像以各种密度叠合,产生各种彩色效果.

　　彩色成色剂是一种化学物质,本身并非染料,而是一种能生成染料的中间体. 这种中间体只有在显影过程中与彩色显影剂的氧化物结合,才能生成染料. 再现色彩的染料没有感光能力,不能记录影像,而具有感光能力并能记录影像的银盐却又呈现不出色彩来,故必须互相配合,各自发挥其作用.

　　彩色感光负片成色的过程如图 10.5.3 所示.

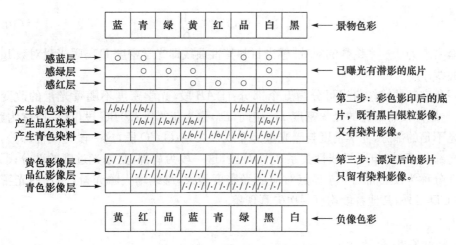

图 10.5.3　彩色感光负片成色的过程

　　第一步,曝光.设景物具有蓝、青、绿、黄、红、品红、白、黑各种色调,银盐感应形成潜影.图中青色为白光中减去红光,余下蓝、绿光,故蓝绿层都感光.同理,黄色使绿红层感光,品红使蓝红层感光,即彩色感光材料以减色法原理为基础.自然,白光使三层都感光,而黑色三层都不感光.

　　第二步,彩色显影.显影使银盐还原为金属银,同时生成的氧化物使已还原为金属银的周围的成色剂转变为染料,于是出现银粒影像的同时,还出现彩色染料影像,被还原的银越多,产生的染料也越多,成正比关系.

　　第三步,漂白定影.定影去掉未感光的溴化银,漂白去掉金属银,仅留下由纯染料构成的彩色影像,且为原彩色的补色.所以,在彩色感光片中,银盐只是起到桥梁作用.对于彩色正片,感色层排列不同,但仍应用的是减色法原理.

10.5.3　感光材料的感光特性

1. 感光乳剂的特性曲线

　　图 10.5.4 绘出了典型的感光乳剂特性曲线,由该曲线可获得许多感光特性.

　　曲线的横坐标是曝光量的对数.曝光量 $H=$ 像面照度 $E \times$ 曝光时间 t,单位为勒克斯·秒.

　　底片银盐黑点起着阻光作用,设入射到胶片某处的光通量为 Φ_0,透过该处的光通量为 Φ,则底片的透过率 $K=\Phi/\Phi_0$,底片的阻光率 $Q=1/K=\Phi/\Phi_0$,定义光学密度

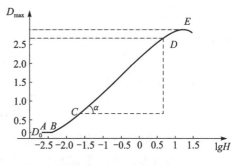

图 10.5.4　感光乳剂特性曲线

$$D = \lg Q = \lg \frac{1}{K} \tag{10.5.1}$$

即光学密度为透过率倒数的对数. 感光材料特性曲线即光学密度 D 与曝光量对数 $\lg H$ 的关系曲线.

一条完整的特性曲线可分为五个部分: ①AB 段, 光学密度不随曝光量的改变而改变, 它与底片没有曝光的光学密度 D_0 相同, D_0 称为灰雾度; ②BC 段, 这一段称为趾部, 是曝光不足的部分, 光学密度与曝光量为非线性关系; ③CD 段, 这一段为线性部分, 是正常曝光部分, D 与 $\lg H$ 呈线性关系; ④DE 段, 这一段为肩部, 是曝光过度的部分; ⑤E 以后的部分称为反转部分, 与 E 点对应的光密度最大, 继续增大曝光量, 底片的光密度下降. 除 CD 段外, 其他各段均有层次失真现象.

2. 感光材料感光特性

由于不同材料有不同的特性曲线, 因此, 特性曲线决定了材料的感光特性和摄影效果, 感光材料的感光特性可用如下特性参量来描述.

1) 感光度

感光度是材料光学灵敏度的指标. 如达到一定光密度所需曝光量越小, 则材料的感光度越高, 即感光度与所需的曝光量成反比. 以 S 表示感光度, H_0 表示达到某种光学密度的曝光量, K 为比例系数, 则

$$S = \frac{K}{H_0} \tag{10.5.2}$$

在各国的标准中, K 值和标定光密度的选择各不相同, 举例如下.

GB 制: 我国标记法, GB21 读作 GB21 度.

DIN 制: 德国标记法, 21DIN 读作 21 定.

$$S_{GB} = S_{DIN} = 10\lg \frac{1}{H_{D_0+0.1}} \tag{10.5.3}$$

即以产生超过灰雾 0.1 的密度 $(D_0+0.1)$ 所需的曝光量作为测量感光度的基准密度.

ASA 制: 美国标记法.

$$S_{ASA} = \frac{0.8}{H_{D_0-0.1}} \tag{10.5.4}$$

有互换公式

$$S_{DIN} = 10\lg S_{ASA} + 1 \tag{10.5.5}$$

ГОСТ 制: 前苏联标记法.

$$S_{ГОСТ} = \frac{1}{H_{D_0+0.2}} \tag{10.5.6}$$

ISO 制: 国际标准组织标记, 同时标出 ASA 与 GB 值, 如 ISO100/21°.

各国感光度标准对照如表 10.5.1 所示.

表 10.5.1　各国感光材料的感光度标准

国别	感光度								
中国 GB	9	12	15	18	21	24	27	30	33
德国 GIN	9	12	15	18	21	24	27	30	33
美国 ASA	6	12	25	50	100	200	400	800	1600
前苏联 ГOCT	5	11	22	45	90	180	360	720	1440
国际 ISO	6/9°	12/12°	25/15°	50/18°	100/21°	200/24°	400/27°	800/30°	1600/33°

表 10.5.1 中每一档感光度相差一倍.

2）反差系数 γ

被摄景物中主要景物明暗的差别称为"景物反差",可用景物亮度比的对数值表示. 景物亮度比正比于像面照度比,而在同一曝光时间里,它又正比于曝光量比,故有如下关系

$$\lg \frac{L_M}{L_N} = \lg \frac{E'_M}{E'_N} = \lg \frac{H'_M}{H'_N} = \lg H'_M - \lg H'_N$$

式中,L_M、L_N、E'_M、E'_N、H'_M、H'_N 分别表示景物 M、N 点的亮度,像面共轭点 M'、N' 的照度和曝光度.

在一张底片上主要景物影像的明暗差别称为"影像反差". 底片上 M'、N' 点的影像反差可直接用这两点的光学密度差 $D'_M - D'_N$ 表示.

底片反差系数 γ 定义为

$$\gamma = \frac{影像反差}{景物反差} = \frac{D'_M - D'_N}{\lg H'_M - \lg H'_N} \qquad (10.5.7)$$

由图 10.5.4 可知,反差系数就是特性曲线的斜率,即 $\gamma = \tan\alpha$.

底片的反差系数与乳剂颗粒有关,均匀而细小晶体粒组成的感光乳剂具有较高的反差系数. 一般全色片反差系数在 0.70～0.85.

3）宽容度

感光材料能按正比例关系记录景物反差的范围称为它的宽容度,通常用特性曲线中直线部分对应的横坐标范围表示. 令图 10.5.4 中直线两端横坐标是 $\lg H_C$ 和 $\lg H_D$,则宽容度表示为

$$L = \lg H_D - \lg H_C \qquad (10.5.8)$$

材料的宽容度越大,按比例记录下来的层次越丰富. 景物上最亮最暗部位的光亮度比达到 10^L 时,必须用宽容度为 L 的材料才有可能按比例地记录景物. 宽容度越大,使用越方便. 例如,材料的宽容度为 2,景物的亮度比为 100 时,就只有一种曝光方案,即最暗部位在底片上造成的曝光量只能与 H_C 对应,否则最亮部位的曝光量就会超出 H_D. 如果选用宽容度超过 2 的材料,曝光方案的选择就自由多了.

4）灰雾度

未经曝光,显影后的阻光作用称为灰雾,用光学密度表示为灰雾度 D_0. 灰雾现象与乳剂的化学稳定性、材料的密封方式和保存时间有关. 灰雾现象影响画面对比度,当 $D_0 \ll 0.2$ 时,对摄影无多大影响.

5）最大密度

底片能达到最"黑"的程度称为最大密度. 反转点 E 所代表的光学密度就是底片的最

大密度. 一般胶片要求最大密度在 1.8 或 2 以上,若小于 1.6,影像亮部层次不足,影响底片质量.

　　6) 分辨率

　　底片所能分辨的条纹密度称为它的分辨率. 通常以每毫米内能分辨的黑白条纹线对作为分辨率指标. GB21 胶片的分辨率为 80~90 线对/毫米.

　　底片的分辨率与材料的颗粒度和乳剂层的厚度有关. 颗粒越细,乳剂层越薄,底片分辨率越高.

　　7) 颗粒度

　　底片洗印后形成的银粒大小称为颗粒度,银粒细,表现景物细部层次丰富,分辨率发挥越理想.

　　8) 感色性

　　底片对色光的敏感程度和敏感范围称为感色性. 如图 10.5.5 所示,色盲片只能感受紫色,加入染料后感光范围扩大,成为分色片和全色片.

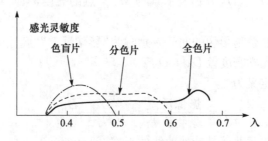

图 10.5.5　底片的感色性

10.6　光电传感器

　　数码相机的问世是 20 世纪摄影技术的一大创新,它以固体图像传感器替代了摄影系统中的感光胶片,以扫描的方式把景物信息记录下来,然后以数字信号的方式传递到存储介质中储存起来的一种新型图像记录方式. 固体图像传感器件中的电耦合器件 CCD(charge coupling device)和互补金属氧化物半导体器件 CMOS(complementary metal-oxide semiconductor)是数码相机和数码摄像机中常用的光电转换器件. 本节主要介绍这两种传感器的特性.

10.6.1　CCD 与 CMOS 图像传感器

　　CCD 和 CMOS 是一种新型的光电转换器件,它能存储光产生的电信号,当对这个电荷施加特定时序脉冲时,它就可以在器件中转移,从而实现图像的记录. 结构上,CCD 和 CMOS 主要由光敏器件、传输电路、A/D 转换电路等单元组成. 当光入射到它们的光敏面时,便产生光电荷,其值与入射光强有关,光强越强,CCD 和 CMOS 产生的电荷越多. 而且,在同一个时间段里,电荷是以积分的形式积累的,这一过程称为电荷积分. 因此,CCD

和 CMOS 的积分电荷与光强和时间乘积有关,在它们未达到饱和状态时这个关系是线性的,这就是 CCD 或 CMOS 阵列可以记录图像的原因.CCD 的单元电容也称为光电二极管.

CMOS 每个单元电路中包含两个互补的晶体管:N 型金属氧化物半导体晶体管(NMOS)和 P 型金属氧化物半导体晶体管(PMOS).由于两种晶体管的互补性,使得 CMOS 的功耗低、速度快;因为生产工艺很成熟,所以成本也很低.但用 CMOS 工艺制成的图像传感器,噪声比 CCD 传感器大很多,只能用于一些低端产品中.CMOS 的每个像素都附加有降噪和执行其他功能的电路,使每个像素用于感光的有效面积下降.

作为图像传感器的 CCD 和 CMOS 器件是将每个二极管单元组成面阵阵列,形成二维面阵 CCD 和 CMOS,每一个二极管单元形成图像中的一个像素.数码相机的图像传感器 CCD 和 CMOS 并不能直接识别彩色.为了记录彩色图像,需要在二极管单元前面加滤色片,如红(R)、绿(G)、蓝(B)三色滤色片.有时为了使颜色记录更真实,增加一个绿色滤光片单元,从而形成传感器的一个 GRGB 成像单元.以补色混合的颜色减色原理构成的图像传感器是在二极管单元前面设置了青(C)、品红(M)、黄(Y)滤色片,同样的原因,它也增加一个绿色滤光片单元来形成传感器的一个 CYMG 成像单元.

对于单片式图像传感器数码相机,通过彩色滤镜阵列,生成的图像颜色是分离的,需要将几个不同的像素组合起来构成一个彩色像素.对于排列成矩形阵列的图像传感器,不管其阵列是 GRGB 或 CYMG,其合成方法是:将四个像素合成为一个来计算,每个像素和它周围的 8 个像素可分别计算 4 次,颜色平均后得到该像素的 RGB 值.依次类推,可以有效利用 CCD 的像素资源.此外,有的图像传感器利用棱镜分光系统将白光分成红、绿、蓝三原色光,分别用三片 CCD 来接收,分别得出红、绿、蓝三原色图像,再合成起来形成最后的图像.这种方式彩色图像质量最好,但价格也最高.

10.6.2　CCD 与 CMOS 图像传感器的技术特性

图像传感器的技术特性可以用光电转换灵敏度、量子效率(量子效率表示入射光子转换为光电子的效率,它定义为单位时间内产生的光电子数与入射光子数之比)、电荷转移效率、光谱响应、噪声和动态范围、暗电流、分辨率等参数描述.从图像接收器件成像的观点考虑,它的技术性能以分辨率、灵敏度、信噪比、动态范围和光谱灵敏度等参数描述更为恰当.下面就对成像的技术参数作一些介绍.

1. 分辨率

CCD 和 CMOS 图像传感器对细节的分辨能力与该器件基本单元——像素的尺寸有关,像素的尺寸越小,对细节的分辨能力越高.现在技术上生产的 CCD 和 CMOS 图像传感器以 $3\sim40\mu m$ 的尺寸不等.表 10.6.1 给出了国际上标准 CMOS/CCD 传感器类型.

表 10.6.1　标准 CMOS/CCD 传感器尺寸及参数

参数　　　　　尺寸	1/2.5″	1/2″	1/1.8″	1/1.7″	2/3″	1″	4/3″	1.8″	35mm 胶片
屏幕高宽比	4:3	4:3	4:3	4:3	4:3	4:3	4:3	3:2	3:2
对角线/mm	7.182	8.000	8.933	9.500	11.000	16.000	22.500	28.400	43.300
宽/mm	5.760	6.400	7.176	7.600	8.800	12.800	18.000	23.700	36.000
高/mm	4.290	4.800	5.319	5.700	6.600	9.600	13.500	15.700	24.000

2. 灵敏度

灵敏度是光电传感器光电转换能力的技术指标. 它可以用两个物理参数表示,一种是用单位光功率所产生的信号电流表示,单位是 nA/lx 或 V/W,有的用 mV/(lx. s)表示,这是单位曝光量所得到的有效信号电压;另一种是用器件所能传感的最低光信号值表示,单位是 lx 或 W. 表 10.5.1 是为感光胶片定义的感光度标准. 仿照这一标准,用光电器件所能感知的最低照度定义的感光度,称为相当感光度.

影响感光灵敏度的因素很多,最主要的是光电二极管的量子效率、光电二极管的尺寸、感光器件的结构和信号电荷转移效率等.

在结构上,光电转换二极管和信号转换转移电路及其他附件组成了一个像素单元,在光线射入的方向上,光电二极管的迎光面只占了一部分,这一部分才是有效的受光面积,形成一个受光窗口,该窗口的面积对像素迎光面积的比值称为传感器的开口率. 显然,在光电二极管尺寸一定的条件下,开口率越大,受光量越多,感光灵敏度越高. 另外,为了充分利用光能量,在光电二极管的窗口上方安装了一个微型聚光镜. 透镜的直径视光电二极管的大小选在几微米到几百个微米之间,其数值孔径为 0.05~0.4,大孔径透镜聚光性能更好,但球差大也会降低它的作用. 由于使用了微型透镜,成像光束接近 100%得到利用,从而提高了光电二极管的灵敏度,同时可以进一步缩小光电二极管的尺寸,进而在不降低灵敏度的条件下,有利于分辨率的提高、噪声的减小,也有利于响应速度的提高和光电二极管的布局,使得图像传感器的整体性得到提高.

3. 光谱响应

CCD 或 CMOS 的光谱响应是指 CCD 或 CMOS 对不同波长光线的响应能力,CCD 或 CMOS 的光谱响应范围为 300~1100nm,平均量子效率为 20%~40%.

图 10.6.1 为 CCD 芯片的光谱响应曲线. 由于 CCD 的正面布置了一些电极,电极的散射与反射使得正面的光谱灵敏度有所下降,所以出现了正照射与背照射在光谱响应上的差异.

对于彩色 CCD 或 CMOS,由于加了滤色片,各个单元的光谱响应特性也有所不同,如图 10.6.2 所示. 该图是三补色 CCD 图像传感器的光谱感光度特性曲线,其中输出是以相对值表示.

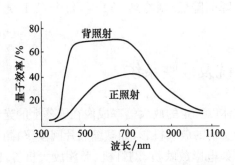

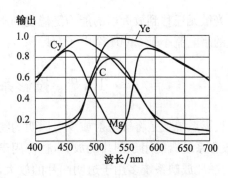

图 10.6.1　CCD 芯片的光谱响应曲线　　　图 10.6.2　三补色 CCD 图像传感器
的光谱感光度特性

与感光胶片比,CCD 或 CMOS 图像传感器有更宽的光谱响应范围,特别是长波段甚至接近红外波段都有较高的光谱响应.普通照相机和摄影机中,在图像传感器的前面增加了红外截止滤光片,降低了红外波段的光谱响应.

4. 动态范围和噪声

CCD 或 CMOS 图像传感器动态范围的数值可以用输出端的信号峰值与均方根噪声电压之比表示,用符号 DR 表示,其值为

$$DR = V_{sat}/V_{drk}$$

式中,V_{sat} 是像元的饱和输出电压;V_{drk} 是有效像元的平均暗电流输出电压.CCD 或 CMOS 的动态范围非常大,可达 10 个数量级,有资料介绍:CCD 对 750nm 红光的响应范围由 5×10^9 个光子/秒到 7×10^{-2} 个光子/秒,这一响应可在 1ms 积分时间里完成.

CCD 和 CMOS 的满阱容量是指 CCD 和 CMOS 势阱(势阱就是该空间区域的势能比附近的势能都低的特定空间区域)中可容纳的最大信号电荷量,它取决于 CCD 和 CMOS 电极的面积、器件的结构、时钟驱动方式和驱动脉冲电压等因素.目前的技术可以使满阱电子容量达到十万个电子以上.

光电器件的噪声源于热噪声、散粒噪声、产生复合噪声、电流噪声、复位噪声和空间噪声等.

提高电子阱的容量和电子的转移效率及降低噪声是提高信噪比和器件动态范围的关键,如使用半导体冷却技术有利于动态范围的扩大.

5. 暗电流

暗电流的概念和胶片中的灰雾度概念相似.在没有光照或其他方式对器件进行电荷注入时,器件中也会有电流,从而在图像上形成一定的灰度,影响着图像的对比.

产生暗电流的原因与半导体器件的本征特性和晶体的缺陷有关,同时与热激发效应有关,采用冷却技术会使热生电荷的生成速率降低,但是冷却温度不能太低,因为光生电

荷从光敏元迁移到放大器的能力随温度的下降而降低. 制冷到 150°时, 每个 CCD 光敏元产生的暗电流小于 0.001 个电子/秒.

10.7 投影系统及放映系统

投影系统就是将被透射或反射照明的物体以一定的放大倍率成像在屏幕上的光学系统. 投影系统既能用于图片的放大, 也能用于实物的放大投影, 如微缩胶片阅读仪、测量用投影仪等. 放映系统多用于透明图片的放大, 如电影放映机、幻灯机、照相放大机等. 图片投影仪要求较强的照明, 而测量投影仪则要求像面无畸变.

10.7.1 投影与放映物镜

投影与放映物镜类似于倒置的照相物镜.

1. 投影与放映物镜的光学特性

投影物镜的放大率是关系到测量精度、孔径大小、观测范围和结构尺寸的重要参数. 放大率越大, 投影仪的测量精度越高, 物镜孔径越大. 当工作距一定时, 放大率越大, 共轭距越大, 投影系统结构尺寸越大; 当屏幕尺寸一定时, 放大率越大, 观察范围越小. 常用的放大率有多种, 放映系统中, 银幕尺寸对图片尺寸的比值就是它的放大率.

投影物镜的视场由投影屏的直径决定, 投影系统的视场角在 10° 左右, 放映物镜视场角不超过 20°. 投影和放映物镜都是起放大作用的, 由光度学知识可知, 像面中心照度与相对孔径的平方成正比, 可用增大放映物镜相对孔径和投影物镜数值孔径的方法来增加像面照度.

根据几何成像关系, 物镜焦距 f' 与放大率 m、共轭距 l 的关系为

$$f' = \frac{-m}{(m-1)^2}l \tag{10.7.1}$$

对于放映物镜, l 表示放映空间; 对于投影物镜, l 既与放大率有关, 又与仪器的结构要求有关. 物体到物镜第一面的距离称为工作距, 投影物镜与观察实物应有一定的工作距. 当 m 一定时, 增大物镜的工作距离, 势必增大系统的共轭距, 显然将影响系统的轴向尺寸.

2. 投影物镜

常用的投影物镜有两种结构形式, 一种是在反远距结构的基础上发展起来的"负-正-负"结构, 如图 10.7.1(a) 所示, 它是获得长工作距离的理想结构. 光阑放在中间组透镜上, 前两组构成伽利略望远镜的形式, 若使后组前焦点与光阑位置重合, 就能组成物方远心光

路. 整个结构看成是伽利略望远镜与照相物镜组合成的结构.

另一种为"正-负-正"结构,适用于较大孔径的结构形式. 在这三组中,后组承担了绝大部分的光焦度. 为了校正球差、彗差和色差,后组的具体结构较为复杂,如图 10.7.1(b) 所示 10× 投影物镜. 有些投影物镜没有工作距的特殊要求,可以选用对称的结构,如用照相物镜代替.

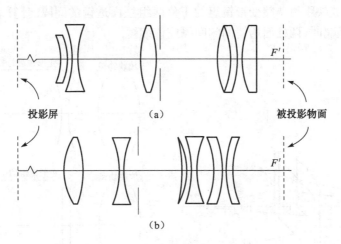

图 10.7.1　投影物镜的两种结构形式

3. 普通放映物镜

简单的放映物镜可用正、负两片透镜组成,适合小视场的情况,放映物镜最普通的形式是匹兹万物镜,如图 10.3.2 所示,使用时要倒置,即原来放照相底片的位置,要放置电影胶片,该物镜的优点是孔径大,可使屏幕光照度提高. 普通照相物镜倒置使用时,也可作放映物镜.

4. 宽银幕放映物镜

宽银幕摄影物镜由普通摄影物镜和变形镜组合而成,宽银幕放映物镜同样由普通放映物镜和变形镜组合而成. 宽银幕电影胶片的画面是由宽银幕摄影物镜摄制的"变形的"画面. 变形镜组在子午方向和弧矢方向有不同的放大率. 设子午方向的放大率为 m_t,弧矢方向的放大率为 m_s,$K = m_s/m_t$ 称为变形比. 若摄影时 $K = 1/2$,则放映时 $K = 2$,$|m_s| > |m_t|$,因此放映出的图像与原物相似. 通常,放映物镜 $K = 2$,也可取 $K = 1.5 \sim 2$.

用柱面透镜和棱镜均可以构成变形镜组,简单的柱透镜可看成圆柱沿母线切割的一部分. 如图 10.7.2 所示的柱面透镜,一面是平面,一面是柱面,它之所以在子午面和弧矢面有不同的放大率,是因为在这两个不同的截面内有不同的焦距. 设弧矢焦距为 f'_s,子午焦距 $f'_t = \infty$,当柱透镜对同一物面成像时,其像面位置由高斯公式确定,即

$$\frac{1}{f'_s} = \frac{1}{l'_s} - \frac{1}{l'}, \quad \frac{1}{f'_t} = \frac{1}{l'_t} - \frac{1}{l'} \tag{10.7.2}$$

选两个焦距 f'_s 不同的正负柱面透镜组成伽利略望远镜即可作为简单的变形透镜,如图 10.7.3 所示,并设 $f'_{2s}=-2f'_{1s}$,若物体在无限远,则子午像面和弧矢像面均在无限远,重合在一起. 但 $m_t=1,m_s=-f'_{2s}/f'_{1s}=2$,变形镜组接收到的光束是普通放映物镜射出的光束,它近似于平行光,所以二像面基本重合在一起. 但实际上,放映机和银幕之间的距离是有限远,通过变形镜组后的子午像面和弧矢像面将会不同. 为了消除两个方位上的像面差异,需要根据放映距离调整变形镜组的正负两组柱面透镜的间隔. 计算表明,当放映机与银幕为有限距离时,两柱面透镜间的间隔应该缩短.

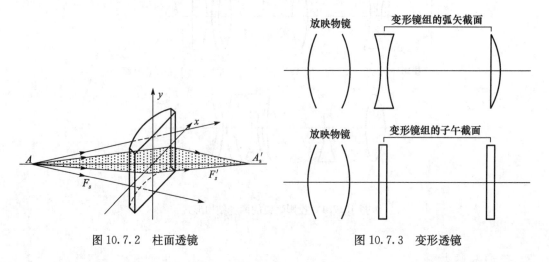

图 10.7.2　柱面透镜　　　　　　　　　图 10.7.3　变形透镜

10.7.2　放映与投影系统的照明

为了在银幕上有足够的光照度,放映与投影系统都要设置专门的照明系统. 类似于显微系统的照明,分为临界照明和柯拉照明两种照明方式.

放映系统如电影放映机,多采用临界照明,即要求光源通过聚光镜成像在放映物面上,且要求光源像的面积大于放映物的面积. 它的优点是被照物面上可以获得最大的亮度,缺点是光源亮度不均匀性将直接反映在物面上. 为了充分利用光能,一般在灯泡后面安放球面反射镜,如图 10.7.4 所示.

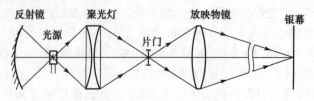

图 10.7.4　放映和投影系统的照明

电影放映系统常采用冷反光碗,如图 10.7.5 所示. 卤钨灯或氙光灯置于椭球的第一焦点位置,胶片置于第二焦点附近. 光源经椭球反光碗反射后,会聚于第二焦点并和光源的直射光共同照明胶片. 反光碗内表面镀有反射可见光而透过红外线的多层介质膜,以降低片门温度.

　　投影系统多采用柯拉照明方式,即要求光源通过聚光系统后成像在投影物镜的入瞳上. 它的优点是获得充分均匀的照明和充分利用光能,如图 10.7.6 所示. 对于某些用于计量的投影仪器,为了避免调焦不准而引起的测量误差,投影物镜采用的是物方远心光路,相应的照相系统则应采用像方远心光路. 柯拉照明能实现均匀的照明场,但如果要在成像放大很多倍的屏幕上有足够的照度,必须采用高亮度的强光源,同时在光源后面增设球面反射镜以提高光源的利用率. 这样一来,强光源带来的高温会损坏待投影物面. 为此,在投影仪的柯拉照明系统中,需要注意隔热、冷却和通风散热.

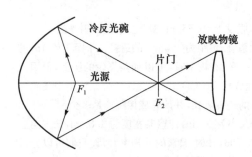

　　图 10.7.5　照明系统中的冷反光碗　　　　　　图 10.7.6　投影系统中的柯拉照明

　　照明系统设计时应考虑像面照度和照度均匀性. 像面照度 $E'=E_0'\cos^4\omega'=\pi KLu'^2\cos^4\omega'$,即光源亮度 L(发光强度)不仅和光源尺寸有关,也与系统的光学特性(孔径角)以及光能的传递效率(透过率)有关. 或者可以说,照明系统提供给屏幕的能量,随着拉赫不变量 $\mathcal{K}_1=n_1u_1h_1$ 的增大而增大,其中 h_1、u_1 分别是光源的垂轴半径和聚光镜的孔径角.

　　照明系统提供的能量要能全部进入光学系统,与照明系统的衔接有直接的关系,即成像系统的拉赫不变量 $\mathcal{K}_2=n_2u_2h_2$ 应等于照明系统的拉赫不变量 $\mathcal{K}_1$. 其中,h_2、u_2 分别是成像物体的高度和成像系统的孔径角. 图 10.7.6 简单表明了其物像关系,所有进入聚光系统的光线包括在光管 $L_1L_1'L_2L_2'$ 以内,光能得到充分利用.

习　　题

　　1. 一照相物镜相对孔径 $D_{EP}/f'=1/2$,其理论分辨率为多少? 采用其分辨率为 80 线对/毫米,这个摄影系统的理论分辨率又为多少? 测得该摄影系统像面中心实际分辨率为 37 线对/毫米,造成此差异的原因有哪些?

　　2. 照相时光圈数 $F=8$,速度取 1/50s,为拍摄运动目标,将速度改为 1/200s,应取多大光圈数?

　　3. 使用照相机时,底片位置不动,物镜前后移动进行调焦以拍摄不同距离物体. 拍摄无限远物体时,底片处于像方焦平面位置,物镜与底片位置最近. 设 $f'=75$mm,试求:当 $L=-20$m,-5m,-1m 时,物镜的移动量 x'.

　　4. 用一焦距 $f'=135$mm 的照相物镜拍摄 10m 远处的运动列车,列车运动方向与光轴垂直,如果底片像的位移不超过 0.1mm 时不致模糊,若曝光时间为 1/500s,求列车运动速度.

　　5. 某闪光灯对 GB21 胶片的闪光指数为 32m,该灯对 GB18 的闪光指数为多少? 若用该灯作光源,当用 $F=4$ 的光圈数拍摄时,两种胶片拍摄距离为多少恰当.

　　6. 用 1/200s,$F=8$ 拍摄某物时,ASA100 胶片效果良好,当用 GB24 胶片,且光圈数又需改为 $F=11$

时,问快门速度应选用多大值?

7. 假设需要设计一个侦察照相机. 要求设计的相机能记录计算机的敲键次数,并且安装在键盘和桌面上方 2.3m 的天花板上. 照相机中 CCD 的尺寸为 1/3in,传感器尺寸为 4.8mm×3.6mm,分辨率为 1024×768 个像素. 键盘大小为 440mm×150mm,键盘上字母键为 18mm 的正方形. 假设采用薄透镜系统,完成以下问题:

(1) 要使键盘全部成像在传感器上,放大率是多少?

(2) 侦察相机需要多大焦距的透镜?

(3) 透镜和相机传感器之间的距离为多少?

(4) 传感器上像素的尺寸是多大?

(5) 在图像中,一个字母键宽度相当于多少个像素?

(6) 如果我们需要衍射光斑的尺寸与像素尺寸匹配,假设 $\lambda = 0.55\mu m$,需要多大的入射光瞳?

8. 为实现检查一个直径为 39.6mm 飞轮的机器视觉系统. 焦距为 100mm 的透镜位于距飞轮 1m 的工作距离上,相机的 CCD 直径为 1/3in(3.6mm),且位于像平面. 现 CCD 可以捕获飞轮的图像,但因工作距离的限制,飞轮的上下部分受到了限制而不能完整地成像在 CCD 上. 试设计一个允许整个飞轮加上其直径 10% 的部分均能在垂直方向实现完整成像的新的透镜焦长,并计算成像距离是多少?

9. 请你估计目标的测量精度. 设相机 CCD 传感器的大小为 1/3in,传感器宽度为 4.8mm,该方向上放大率 $m = -0.0826$,设其能实现 648×488,1036×776,1296×964 像素的分辨率,假设我们可以分辨图像的精度到 0.5 个像素,那么 CCD 不同分辨率下对应的目标测量精度是多少?

10. 已知一个放映物镜的焦距 $f' = 170mm$,该物镜是一薄透镜,孔径光阑与之重合,物方视场角 $2\omega = 8°44'$,屏幕离开放映物镜距离 30m,试求屏幕和电影胶片的对角线各为多少?

11. 图 10.1 为一读数投影系统,投影物镜通过孔径 $D = 20mm$,物镜离屏幕距离 1m,灯丝双面发光并在其后加反光镜,提高光源平均亮度 50%. 采用柯拉照明系统,照明系统的放大率为 2 倍,屏幕中心照度要求 100lx,设系统透过率 $K = 0.6$,问该系统应选用怎样的光源?

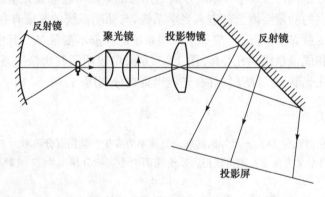

图 10.1

第 11 章　光学系统初始结构计算

光学系统的设计过程一般分为两步:①根据使用要求拟制光学系统原理图,确定系统整体结构尺寸,称为光学系统的外形尺寸计算;②根据初级像差理论,通过像差计算确定出光学零件的曲率半径、透镜的厚度和间隔以及选择玻璃的折射率和色散等,这一步也称为光学系统的初始结构计算,进一步通过像差校正设计出成像质量符合要求的光学系统.因此,光学系统根据其使用要求进行了外形尺寸计算后,再由选定的结构形式进行初始结构参数求解的方法称为代数法.代数法不仅对小视场小孔径光学系统的设计有效,而且对于比较复杂的光学系统初始结构的求解也很容易实现.但在解初始结构参数时,没有考虑高级像差,又略去了透镜的厚度,因此它只是一个近似解,其近似程度取决于所要求的视场和孔径的大小.

当今被广泛使用的另一种初始结构计算方法是试验法.它是从已有的技术资料和专利文献中选出光学特性接近要求的光学结构作为初始结构,计算机通过像差自动校正与平衡算法逐步修改初始结构,设计完成满足成像质量的光学系统.

为了使初级像差系数和系统的结构有紧密的关系,我们把初级像差系数变换成以像差参量 P 和 W 表示的形式.本章介绍用 P、W 形式的初级像差系数进行光学设计的一般方法.

11.1　光学系统的基本像差参量

11.1.1　P、W 形式的初级像差系数

为导出 P、W 形式的初级像差系数,将式(7.7.16)中 $\sum S_I$ 的相关项作如下替换

$$\left.\begin{array}{l} P = ni(i-i')(i'+u) \\ W = (i-i')(i'+u) \end{array}\right\} \tag{11.1.1}$$

下面进一步变换成 u 和 u' 表示的形式,以便于应用,即把式(11.1.1)中的 i 和 i' 用 u 和 u' 来表示

$$i - i' = i - \frac{ni}{n'} = ni\left(\frac{1}{n} - \frac{1}{n'}\right)$$

因 $i-i'=u-u'$,式中 ni 可写为

$$ni = \frac{u'-u}{\dfrac{1}{n'}-\dfrac{1}{n}} = \frac{\delta u}{\delta\left(\dfrac{1}{n}\right)}$$

代入 P 的表达式,得

$$P = \left[\frac{\delta u}{\delta\left(\frac{1}{n}\right)}\right]^2 (i' + u)\left(\frac{1}{n} - \frac{1}{n'}\right)$$

而

$$(i' + u)\left(\frac{1}{n} - \frac{1}{n'}\right) = \left[\frac{i' + u}{n} - \frac{i + u'}{n'}\right] = -\left[\frac{u'}{n'} - \frac{u}{n}\right] = -\delta\left(\frac{u}{n}\right)$$

由此可得 P 和 W 的表达式为

$$P = -\left[\frac{\delta u}{\delta\left(\frac{1}{n}\right)}\right]^2 \delta\left(\frac{u}{n}\right) \tag{11.1.2}$$

$$W = \frac{P}{ni} = -\frac{\delta u}{\delta\left(\frac{1}{n}\right)}\delta\left(\frac{u}{n}\right) \tag{11.1.3}$$

将上面的 P、W 表示式及公式 $\dfrac{\bar{i}}{i} = \dfrac{\bar{y}}{y} + \dfrac{Ж}{yni}$ 代入式(7.7.16)的初级赛德尔像差系数中,可得

$$\sum S_{\mathrm{I}} = \sum_{i=1}^{k} yP$$

$$\sum S_{\mathrm{II}} = \sum_{i=1}^{k} \bar{y}P + Ж\sum_{i=1}^{k} W$$

$$\sum S_{\mathrm{III}} = \sum_{i=1}^{k} \frac{\bar{y}^2}{y}P + 2Ж\sum_{i=1}^{k} \frac{\bar{y}}{y}W - Ж^2\sum_{i=1}^{k} \frac{1}{y}\delta\left(\frac{u}{n}\right)$$

$$\sum S_{\mathrm{IV}} = Ж^2\sum_{i=1}^{k} \frac{n' - n}{n'nr}$$

$$\sum S_{\mathrm{V}} = \sum_{i=1}^{k} \frac{\bar{y}^3}{y^2}P + 3Ж\sum_{i=1}^{k} \frac{\bar{y}^2}{y^2}W + Ж^2\sum_{i=1}^{k} \frac{\bar{y}}{y}\left[-\frac{3}{y}\delta\left(\frac{u}{n}\right) + \frac{n' - n}{n'nr}\right] - Ж^3\sum_{i=1}^{k} \frac{1}{y^2}\delta\left(\frac{1}{n^2}\right)$$

$$\tag{11.1.4}$$

这是按折射面的 P 和 W 表示的初级像差系数表示式.

11.1.2　薄透镜系统初级像差的 P、W 表示式

薄透镜系统由若干个薄透镜光组组成,光组之间有一定的间隔,而每个薄透镜光组由几个相接触的薄透镜组成. 每个薄透镜光组中各个折射面上的 y 和 $\bar{y}$ 相等,并将同一个薄透镜光组中各个折射面的 P 和 W 之和作为该透镜组的 P 和 W. 这样,每个透镜组在公式中对应一项,而不是原来每个折射面对应一项. 设第 j 个薄透镜光组有 k 个折射面,其 P、W 可表示为

$$P_j = \sum_{i=1}^{k} P = -\sum_{i=1}^{k} \left[\frac{\delta u}{\delta \left(\frac{1}{n} \right)} \right]^2 \delta \left(\frac{u}{n} \right), \quad W_j = \sum_{i=1}^{k} W = -\sum_{i=1}^{k} \frac{\delta u}{\delta \left(\frac{1}{n} \right)} \delta \left(\frac{u}{n} \right)$$

式(11.1.4)中,对 $\sum S_{\text{III}}$ 的最后一项中的 $-\sum\limits_{i=1}^{k} \frac{1}{y} \delta \left(\frac{u}{n} \right)$ 进行简化,得

$$-\sum_{i=1}^{k} \frac{1}{y} \delta \left(\frac{u}{n} \right) = -\frac{1}{y_j} \sum_{i=1}^{k} \delta \left(\frac{u}{n} \right) = \frac{1}{y_j} \left[\left(\frac{u_1'}{n_1'} - \frac{u_1}{n_1} \right) + \left(\frac{u_2'}{n_2'} - \frac{u_2}{n_2} \right) + \cdots + \left(\frac{u_k'}{n_k'} - \frac{u_k}{n_k} \right) \right]$$

由于 $u_i' = u_{i+1}, n_i' = n_{i+1}$,方括弧内各项两两相消,只剩下 $\left[\left(\frac{u_k'}{n_k'} - \frac{u_1}{n_1} \right) \right]$. 若系统在空气中 $n_k' = n_1 = 1$,则可得

$$-\sum_{i=1}^{k} \frac{1}{y} \delta \frac{u}{n} = -\frac{1}{y_j} (u_k' - u_1) = \Phi \tag{11.1.5}$$

其中, Φ 是第 j 个薄透镜组的光焦度.

式(11.1.4)中,对 $\sum S_{\text{IV}}$ 中的 $\sum\limits_{i=1}^{k} \frac{n'-n}{n'nr}$ 进行简化,对单薄透镜的两个折射面有如下关系

$$\sum_{1}^{2} \frac{n'-n}{n'nr} = \frac{n_1'-n_1}{n_1'n_1r_1} + \frac{n_2'-n_2}{n_2'n_2r_2}$$

若薄透镜在空气中, $n_1' = n_2 = n, n_1 = n_2' = 1$,上式变为

$$\sum_{1}^{2} \frac{n'-n}{n'nr} = \frac{n-1}{nr_1} + \frac{1-n}{nr_2} = \frac{n-1}{n} \left(\frac{1}{r_1} - \frac{1}{r_2} \right) = \frac{\phi}{n}$$

式中, ϕ 为单薄透镜在空气中的光焦度.

对整个薄透镜光组,有

$$\sum_{i=1}^{k} \frac{n'-n}{n'nr} = \sum_{m=1}^{M} \frac{\phi}{n} \tag{11.1.6}$$

式中, m 为光组所包括的单薄透镜数目. 令 $\mu = \left(\sum\limits_{m=1}^{M} \frac{\phi}{n} \right) \Big/ \Phi$,若略去各薄透镜玻璃的折射率,则 $\mu \simeq \frac{1}{n}$,得

$$\sum_{i=1}^{k} \frac{n'-n}{n'nr} = \sum_{m=1}^{M} \frac{\phi}{n} = \mu \Phi \tag{11.1.7}$$

对于一般光学玻璃, $n = 1.5 \sim 1.7$,则 $\mu = 0.6 \sim 0.7$.

可以证明,式(11.1.4)中 $\sum S_{\text{V}}$ 的最后一项为 $-\mathcal{K}^2 \sum\limits_{i=1}^{k} \frac{1}{y^2} \delta \left(\frac{1}{n^2} \right) = 0$. 这是因为同一薄透镜光组中折射面上的 y 都相同, y 可以提到求和符号 $\sum$ 之外,且 $n_i' = n_{i+1}, n_1 = n_k' = 1$. 设薄透镜在空气中,所以 $\sum \delta \left(\frac{1}{n^2} \right) = 0$,即该项为零.

经过以上简化,薄透镜系统的初级像差公式变为如下形式

$$-2n'u'^2 LA_0 = \sum S_{\mathrm{I}} = \sum yP$$

$$2n'u'C_{S0} = \sum S_{\mathrm{II}} = \sum \bar{y}P + \mathcal{K}\sum W$$

$$-n'u'^2 z_{ts0} = \sum S_{\mathrm{III}} = \sum \frac{\bar{y}^2}{y}P + 2\mathcal{K}\sum \frac{\bar{y}}{y}W + \mathcal{K}^2 \sum \phi$$

$$-2n'u'^2 z'_p = \sum S_{\mathrm{IV}} = \mathcal{K}^2 \sum \mu\phi$$

$$2n'u'\delta\bar{h}' = \sum S_{\mathrm{V}} = \sum \frac{\bar{y}^3}{y^2}P + 3\mathcal{K}\sum \frac{\bar{y}^2}{y^2}W + \mathcal{K}^2 \sum \frac{\bar{y}}{y}\phi(3+\mu)$$

$$(11.1.8)$$

其中,LA_0、C_{S0},z_{ts0},z'_p 和 $\delta\bar{h}'$ 分别对应于表 7.7.3 中的 LSPH、TSCO、LAST、LPFC 和 TDIS 表示的像差.

由式(11.1.8)可知,当 y、$\bar{y}$、ϕ 确定时,五种单色初级像差系数就只随 P、W 两个量变化,因此 P、W 被看成光学的像差参量.

11.1.3　像差参量 P、W 的规化

当光学系统的各个薄透镜组的光焦度及它们互相间的位置为已知时,近轴边光线和主光线在各个光组上的入射高度 y 和 $\bar{y}$ 也就确定了.根据式(11.1.8)可知,每个薄透镜组的初级像差由 P、W 两个参量确定,故称 P、W 为薄透镜组的像差参量,或像差特征参数.

利用 P、W 求薄透镜系统的初始解的过程为:首先对整个光学系统作外形尺寸计算,求出各个光组上的光线的入射高度 y 和 $\bar{y}$、光焦度 ϕ 和拉赫不变量 $\mathcal{K}$ 等;再根据对各个薄透镜组的像差要求按薄透镜系统像差公式(11.1.8)求出各薄透镜组的像差参量 P、W;最后,由 P、W 确定各个薄透镜组的结构参数.

任何光学系统或光组的像差参量均可分为两部分.一部分称为内部参数,是指光组各个折射面的曲率半径 r、折射面间的间隔 t 和折射面间介质折射率 n;另一部分参数称为外部参数,是指物距 L、焦距 f'、半视场角 ω 和相对孔径 D_{EP}/f' 等.

上述 P、W 不仅和内部参数有关,而且和外部参数也有关,即 P、W 值还随外部参数的变化而变化.为使 P、W 值只决定于内部参数以便由它决定光学系统的结构,故对光学系统的 P、W 值的计算给以特定条件,称之为规化条件,即令 $u_1 = 0$,$y_1 = 1$,$f'_1 = 1$ 和 $u'_k = -1$.把任何焦距的光学系统缩放到 $f'_1 = 1$ 后,按规化条件作光线的光路计算,所求得的像差参数以 $\bar{P}^{\infty}$ 和 $\bar{W}^{\infty}$ 表示,称为光学系统的基本像差参量.这样,任何光学系统的基本像差参量 $\bar{P}^{\infty}$、$\bar{W}^{\infty}$ 只和系统的内部参数有关,而不再受外部参数的影响.任何光学系统的 P、W 转化为基本像差参量 $\bar{P}^{\infty}$、$\bar{W}^{\infty}$,包含如下两个步骤.

1. 规化条件 $y_1 = 1$,$f'_1 = 1$ 时 P、W 的规化

由薄透镜的焦距公式可知:将各个折射面曲率半径除以 f',则系统的焦距规化为 1.再取 $y = 1$,这样的薄透镜的系统的像差参量用 $\bar{P}$、$\bar{W}$ 表示.现在求 P、W 和 $\bar{P}$、$\bar{W}$ 的关系.

由高斯公式得

$$u - u' = y\phi$$

上式两边除以 $y\phi$ 得

$$\frac{u}{y\phi} - \frac{u'}{y\phi} = 1$$

设 $\bar{u}' = \dfrac{u'}{y\phi}$，$\bar{u} = \dfrac{u}{y\phi}$，代入上式，得

$$\bar{u} - \bar{u}' = 1$$

从以上关系可知，当取 $y_1 = 1$，$f'_1 = 1$ 时，$\bar{u}'$ 和 $\bar{u}$ 为原来的 u' 和 u 乘以 $1/y\phi$，再由式(11.1.2)和式(11.1.3)可知，P 与 u'、u 的三次方成比例，W 与 u'、u 的二次方成比例. 所以，进行规化时有如下的关系

$$\left.\begin{aligned}\bar{u} &= \frac{u}{y\phi}\\[2pt]\overline{P} &= \frac{P}{(y\phi)^3}\\[2pt]\overline{W} &= \frac{W}{(y\phi)^2}\end{aligned}\right\} \tag{11.1.9}$$

对于负透镜，只需将 ϕ 以负值代入以上公式就得到规化的 $\overline{P}$、$\overline{W}$.

由于 $m = \dfrac{u}{u'} = \dfrac{u}{y\phi} \Big/ \dfrac{u'}{y\phi} = \dfrac{\bar{u}}{\bar{u}'}$，所以焦距规化后，放大率不变，即物像的相对位置不变.

2. 规化条件 $u_1 = 0$，$u'_k = -1$ 时 P、W 的规化

实际光学系统中，物体可能在不同位置，现在来分析物体位置改变时，P、W 的变化，再进一步分析物体位于无穷远（$u_1 = 0$，$u'_k = -1$）的情况. 图 11.1.1 所示为一折射面，当物体位于 A 时，近轴边光线与光轴的物方夹角为 u_{A1}，像差参量为 P_A、W_A；当物体移至 B 时，相应的夹角为 u_{B1}，像差参量为 P_B、W_B. $u_{B1} - u_{A1} = \alpha$，表示物体移动时 u 角的变化量.

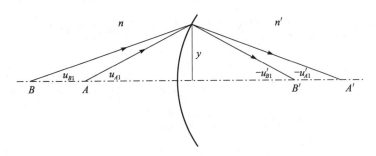

图 11.1.1　像差参量 P、W 的规化

根据球面近轴折射公式，有

$$nu - n'u' = \frac{y(n' - n)}{r}$$

分别由 A、B 发出的光线，对应的 n、n'、r 是相同的，而 y 也相等，因此有

$$nu_A - n'u'_A = nu_B - n'u'_B$$

$$n(u_A - u_B) = n'(u'_A - u'_B)$$

对整个透镜组来说，由于 $u'_i = u_{i+1}, n'_i = n_{i+1}$，则

$$n_1(u_{A1} - u_{B1}) = n'_1(u'_{A1} - u'_{B1}) = n_2(u_{A2} - u_{B2}) = n'_2(u'_{A2} - u'_{B2}) = \cdots = n'_k(u'_{Ak} - u'_{Bk})$$

式中，$u_{A1} - u_{B1} = \alpha, n_1 = 1$，则对任一折射面，以下关系成立

$$u_A - u_B = \frac{\alpha}{n}, \quad u'_A - u'_B = \frac{\alpha}{n'}$$

将 $u_B = u_A - \dfrac{\alpha}{n}, u'_B = u'_A - \dfrac{\alpha}{n'}$ 代入 $W = -\dfrac{\delta u_B}{\delta\left(\frac{1}{n}\right)} \delta\left(\dfrac{u_B}{n}\right)$，可得

$$W_B = -\sum \frac{u'_A - \frac{\alpha}{n'} - u_A + \frac{\alpha}{n}}{\frac{1}{n'} - \frac{1}{n}} \left(\frac{u'_A}{n'} - \frac{\alpha}{n'^2} - \frac{u_A}{n} + \frac{\alpha}{n^2}\right)$$

$$= -\sum \frac{\delta u_A - \alpha\delta\left(\frac{1}{n}\right)}{\delta\left(\frac{1}{n}\right)} \left[\delta\left(\frac{u_A}{n}\right) - \alpha\delta\left(\frac{1}{n^2}\right)\right]$$

$$= -\sum \left[\frac{\delta u_A}{\delta\left(\frac{1}{n}\right)} \delta\left(\frac{u_A}{n}\right) - \alpha\delta\left(\frac{u_A}{n}\right) - \frac{\delta u_A}{\delta\left(\frac{1}{n}\right)} \alpha\delta\left(\frac{1}{n^2}\right) + \alpha^2\delta\left(\frac{1}{n^2}\right)\right]$$

式中

第一项 $\quad -\sum \dfrac{\delta u_A}{\delta\left(\frac{1}{n}\right)} \delta\left(\dfrac{u_A}{n}\right) = W_A$

第二项

$$\sum \alpha\delta \frac{u_A}{n} = \alpha\left[\left(\frac{u'_{A1}}{n'_1} - \frac{u_{A1}}{n_1}\right) + \left(\frac{u'_{A2}}{n'_2} - \frac{u_{A2}}{n_2}\right) + \cdots + \left(\frac{u'_{Ak}}{n'_k} - \frac{u_{Ak}}{n_k}\right)\right] = \alpha(u'_{Ak} - u_{A1}) = -\alpha y \Phi$$

第三项

$$\sum \frac{\delta u_A}{\delta\left(\frac{1}{n}\right)} \alpha\delta\left(\frac{1}{n^2}\right) = \alpha\sum \frac{\delta u_A}{\frac{1}{n'} - \frac{1}{n}} \left(\frac{1}{n'^2} - \frac{1}{n^2}\right) = \alpha\sum \delta u_A\left(\frac{1}{n'} + \frac{1}{n}\right)$$

$$= \alpha\sum (u'_A - u_A)\left(\frac{1}{n'} + \frac{1}{n}\right) = \alpha\sum \left[\left(\frac{u'_A}{n'} - \frac{u_A}{n}\right) + \left(\frac{u'_A}{n} - \frac{u_A}{n'}\right)\right]$$

$$= \alpha\sum \delta\left(\frac{u_A}{n}\right) + \alpha\sum \frac{n'u'_A - nu_A}{nn'}$$

$$= -\alpha y \Phi - \alpha\sum (n' - n) \frac{y}{r} \frac{1}{nn'}$$

$$= -\alpha y \Phi - \alpha y \sum_{m=1}^{M} \frac{\phi}{n}$$

令 $\mu = \dfrac{1}{\Phi} \displaystyle\sum_{m=1}^{M} \dfrac{\phi}{n}$，代入上式得第三项的最终表达式，为

$$\sum \frac{\delta u_A}{\delta\left(\frac{1}{n}\right)} \alpha\delta\left(\frac{1}{n^2}\right) = -\alpha y\Phi - \alpha y\Phi\mu = -\alpha y\Phi(1+\mu)$$

第四项

$$-\sum \alpha^2 \delta \frac{1}{n^2} = -\alpha^2 \left[\left(\frac{1}{n_1'^2} - \frac{1}{n_1^2}\right) + \left(\frac{1}{n_2'^2} - \frac{1}{n_2^2}\right) + \cdots + \left(\frac{1}{n_k'^2} - \frac{1}{n_k'^2}\right) \right]$$

$$= \alpha^2 \left[\left(\frac{1}{n_k'^2} - \frac{1}{n_1^2}\right) \right] = 0$$

将以上各式代入 W_B 中得

$$W_B = W_A - \alpha y\Phi - \alpha y\Phi(1+\mu) = W_A - \alpha y\Phi(2+\mu) \qquad (11.1.10)$$

用同样的方法推导可得

$$P_B = P_A - \alpha[4W_A - y\Phi(u_{Ak}' + u_{A1})] + \alpha^2 y\Phi(3+2\mu) \qquad (11.1.11)$$

由式(11.1.10)和式(11.1.11)可求得任意物面位置 B 的 P_B 和 W_B. 若 B 位于无穷远,则 $u_{B1}=0$, $\alpha=u_{A1}$,这样的像差参量以 P^∞、W^∞ 表示如下

$$\left. \begin{array}{l} P^\infty = P_A - u_{A1}[4W_A - y\Phi(u_{Ak}' + u_{A1})] + u_{A1}^2 y\Phi(3+2\mu) \\ W^\infty = W_A - u_{A1} y\Phi(2+\mu) \end{array} \right\} \qquad (11.1.12)$$

当要由 P^∞、W^∞ 求得任意物面位置 B 的 P_B、W_B 时,$u_{A1}=0$, $u_{Ak}'=-y\Phi$, $\alpha=-u_{B1}$,则式(11.1.10)和式(11.1.11)分别为

$$\left. \begin{array}{l} P_B = P^\infty + u_{B1}[4W^\infty + (y\Phi)^2] + u_{B1}^2(3+2\mu)y\Phi \\ W_B = W^\infty + u_{B1} y\Phi(2+\mu) \end{array} \right\} \qquad (11.1.13)$$

11.1.4 薄透镜组的基本像差参量

将上述 P、W 规化步骤综合如下:

第一步:按式(11.1.9)将 P、W 规化为 $\bar{P}$、$\bar{W}$.

第二步:将 $\bar{P}$、$\bar{W}$ 规化为 $\bar{P}^\infty$、$\bar{W}^\infty$,由于 $\bar{P}$、$\bar{W}$ 对应的 $y\Phi = \bar{u}_1 - \bar{u}_k' = 1$,所以 $\bar{u}_k' + \bar{u}_1 = 2\bar{u}_1 - 1$,这样式(11.1.12)变为

$$\left. \begin{array}{l} \bar{P}^\infty = \bar{P} - \bar{u}_1(4\bar{W}+1) + \bar{u}_1^2(5+2\mu) \\ \bar{W}^\infty = \bar{W} - \bar{u}_1(2+\mu) \end{array} \right\} \qquad (11.1.14)$$

如由规化条件下的 $\bar{P}^\infty$、$\bar{W}^\infty$ 求 $\bar{P}$、$\bar{W}$,可将 $y\Phi=1$ 代入式(11.1.13),得

$$\left. \begin{array}{l} \bar{P} = \bar{P}^\infty + \bar{u}_1(4\bar{W}^\infty + 1) + \bar{u}_1^2(3+2\mu) \\ \bar{W} = \bar{W}^\infty + \bar{u}_1(2+\mu) \end{array} \right\} \qquad (11.1.15)$$

$\bar{P}^\infty$、$\bar{W}^\infty$ 成为薄透镜组的基本像差参量,它们是在规化条件 $y_1=1$, $f_1'=1$, $u_1=0$, $u_k'=-1$ 时的 P、W 值. $\bar{P}^\infty$、$\bar{W}^\infty$ 只和光组内部参数有关,而和外部参数无直接关系.

此时的位置色差系数以 $\sum \bar{C}_{\mathrm{I}}$ 表示,当相接触薄透镜系统在空气中时,有

$$\delta l_{FC}' = -\frac{1}{n'u'^2} \sum \bar{C}_{\mathrm{I}} = -\sum \bar{C}_{\mathrm{I}}$$

式中,$\sum \bar{C}_{\mathrm{I}} = \sum \dfrac{\bar{\phi}}{\nu}$, $\bar{\phi}$ 为薄透镜组的总光焦度 $\Phi=1$ 时各个薄透镜的光焦度. 所以,在

规化条件下,相接触薄透镜组的位置色差等于负的位置色差系数 $-\sum \overline{C}_{\mathrm{I}}$.

规化和不规化的相接触的薄透镜系统的位置色差系数有如下关系

$$\frac{\sum C_{\mathrm{I}}}{\Phi} = \frac{y^2}{\Phi} \sum \frac{\phi}{\nu} = y^2 \sum \frac{\phi}{\Phi} \cdot \frac{1}{\nu} = y^2 \sum \frac{\overline{\phi}}{\nu} = y^2 \sum \overline{C}_{\mathrm{I}}$$

故

$$\sum C_{\mathrm{I}} = y^2 \Phi \sum \overline{C}_{\mathrm{I}} \qquad (11.1.16)$$

式中,$\Phi = \sum \phi$,为薄透镜组的实际光焦度;$\sum \overline{C}_{\mathrm{I}}$ 称为规化色差,与 $\overline{P}^\infty$、$\overline{W}^\infty$ 同样是薄透镜组的基本像差参量之一,习惯上用 $\overline{C}_{\mathrm{I}}$ 和 C_{I} 来表示.

相应地,可得倍率色差系数 $\sum C_{\mathrm{II}}$ 和 $\sum \overline{C}_{\mathrm{I}}$ 的关系,为

$$\sum C_{\mathrm{II}} = y\overline{y}\Phi \sum \overline{C}_{\mathrm{I}} \qquad (11.1.17)$$

11.1.5　用 $\overline{P}$、$\overline{W}$、$\overline{C}_{\mathrm{I}}$ 表示的初级像差系数

将式(11.1.9)代入式(11.1.8)可得到用 $\overline{P}$、$\overline{W}$ 表示的单色初级像差公式,同时把式(11.1.16)和式(11.1.17)的两个色差系数也列在一起,得

$$\left.\begin{aligned}
\sum S_{\mathrm{I}} &= \sum y^4 \Phi^3 \overline{P} \\
\sum S_{\mathrm{II}} &= \sum y^3 \overline{y} \Phi^3 \overline{P} + \text{Ж} \sum y^2 \Phi^2 \overline{W} \\
\sum S_{\mathrm{III}} &= \sum y^2 \overline{y}^2 \Phi^3 \overline{P} + 2\text{Ж} \sum y\overline{y}\Phi^2 \overline{W} + \text{Ж}^2 \sum \Phi \\
\sum S_{\mathrm{IV}} &= \text{Ж}^2 \sum \mu \Phi \\
\sum S_{\mathrm{V}} &= \sum y\overline{y}^3 \Phi^3 \overline{P} + 3\text{Ж} \sum \overline{y}^2 \Phi^2 \overline{W} + \text{Ж}^2 \sum \frac{\overline{y}}{y} \Phi(3+\mu) \\
\sum C_{\mathrm{I}} &= \sum y^2 \Phi \overline{C}_{\mathrm{I}} \\
\sum C_{\mathrm{II}} &= \sum y\overline{y}\Phi \overline{C}_{\mathrm{I}}
\end{aligned}\right\} \qquad (11.1.18)$$

由式(11.1.18)可知,根据设计时实际要求的初级像差系数值可解得各薄透镜组的 $\overline{P}$、$\overline{W}$ 值,它就是各光组在规化条件下的值,将其代入式(11.1.14),就可求得各光组在规化条件下的基本像差参量 $\overline{P}^\infty$ 和 $\overline{W}^\infty$.

11.2　双胶合透镜组的 $\overline{P}^\infty$、$\overline{W}^\infty$、$\overline{C}_{\mathrm{I}}$ 与结构参数的关系

薄透镜中用的最多的是双胶合透镜组,它是能满足一定的 P、W、C_{I} 要求的最简单的形式. 当设计一个要求给定的 f'、y 和 P、W、C_{I} 的双胶合透镜组时,首先利用 11.1 节的规化公式求出相应的 $\overline{P}^\infty$、$\overline{W}^\infty$ 和 $\overline{C}_{\mathrm{I}}$,再求解透镜组的结构参数. 本节讨论由 $\overline{P}^\infty$、$\overline{W}^\infty$ 和 $\overline{C}_{\mathrm{I}}$ 来求解双胶合透镜的结构参数.

双胶合透镜的结构参数包括三个折射面的曲率半径(r_1, r_2, r_3)、两种玻璃材料的折射

率 (n_1, n_2) 和平均色散 (ν_1, ν_2). 在规化条件下，双胶合透镜的 $f' = 1$，则有 $\Phi = \phi_1 + \phi_2 = 1$，$\phi_1$ 和 ϕ_2 分别为两个透镜的光焦度. 因此，$\phi_2 = 1 - \phi_1$. 显然，ϕ_1 和 ϕ_2 只有一个独立参数，现取 ϕ_1 作为独立参数.

若在玻璃材料已选定，光焦度也确定的情况下，只要确定三个折射面的曲率半径之一，其余两个也就确定了. 这是因为

$$\phi_1 = (n_1 - 1)\left(\frac{1}{r_1} - \frac{1}{r_2}\right)$$

$$\phi_2 = (n_2 - 1)\left(\frac{1}{r_2} - \frac{1}{r_3}\right) \tag{11.2.1}$$

当 n_1、n_2 和 ϕ_1、ϕ_2 确定以后，如给定胶合面的半径 r_2，则由式 (11.2.1) 中的第一式可确定 r_1，第二式可确定 r_3. 因此，三个半径只有一个独立参数. 双胶合透镜通常以 r_2 或 $C_2 = 1/r_2$ 为独立变数，并以 Q 来表示，即

$$Q = \frac{1}{r_2} - \phi_1 = C_2 - \phi_1 \tag{11.2.2}$$

透镜弯曲的形状由 Q 决定，所以 Q 称为形状系数.

综上所述，用以表示双胶合透镜的全部独立结构参数为：n_1、ν_1、n_2、ν_2、ϕ_1、Q.

至于球面半径或其曲率，可从上述结构参数求得. 计算公式如下

$$\frac{1}{r_2} = C_2 = \phi_1 + Q \tag{11.2.3}$$

将上式代入公式 $C_1 - C_2 = \phi_1/(n_1 - 1)$，可得

$$\frac{1}{r_1} = C_1 = \frac{\phi_1}{n_1 - 1} + C_2 = \frac{n_1 \phi_1}{n_1 - 1} + Q \tag{11.2.4}$$

同理，可以得到

$$\frac{1}{r_3} = C_3 = \frac{1}{r_2} - \frac{1 - \phi_1}{n_2 - 1} = \frac{n_2}{n_2 - 1}\phi_1 + Q - \frac{1}{n_2 - 1} \tag{11.2.5}$$

下面，进一步导出 $\overline{P}^\infty$、$\overline{W}^\infty$、$\overline{C}_\mathrm{I}$ 与结构参数的关系.

对于规化的色差系数 $\overline{C}_\mathrm{I}$，可写成如下形式

$$\overline{C}_\mathrm{I} = \sum \frac{\phi}{\nu} = \frac{\phi_1}{\nu_1} + \frac{\phi_2}{\nu_2}$$

将 $\phi_2 = 1 - \phi_1$ 代入上式，得

$$\overline{C}_\mathrm{I} = \phi_1\left(\frac{1}{\nu_1} - \frac{1}{\nu_2}\right) + \frac{1}{\nu_2} \tag{11.2.6}$$

$\overline{P}^\infty$、$\overline{W}^\infty$ 除了与玻璃折射率 n_1、n_2 有关外，还与近轴边光线和光轴的夹角 u、u' 有关. 为此，将 u、u' 表示为结构参数的函数.

根据规化条件，对于第一折射面有：$u_1 = 0$，$n = 1$，$n' = n_1$，$y = 1$，再把式 (11.2.4) 中的 $\frac{1}{r_1}$ 代入单个折射球面的近轴光计算公式 $nu - n'u' = (n' - n)\dfrac{y}{r}$，得

$$u_1' = -\left[Q\left(1 - \frac{1}{n_1}\right) + \phi_1\right] \tag{11.2.7}$$

对于第二折射面，$u = u_2 = u_1'$，$n = n_1$，$n' = n_2$，$y = 1$，用式 (11.2.3) 代入单个折射面的

近轴计算公式,得

$$u'_2 = -\left[Q\left(1 - \frac{1}{n_2}\right) + \phi_1 \right] \qquad (11.2.8)$$

根据规化条件可得

$$u'_3 = -1$$

将上面所得的 u_1、u'_1、$u'_2 = u_3$ 和 u'_3 代入式(11.1.2)和式(11.1.3)中,此时 P 为 $\bar{P}^\infty$,W 为 $\bar{W}^\infty$,即

$$\bar{P}^\infty = \sum_1^3 \left[\frac{u'-u}{\frac{1}{n'} - \frac{1}{n}} \right]^2 \left(\frac{u'}{n'} - \frac{u}{n} \right)$$

$$\bar{W}^\infty = -\sum_1^3 \left[\frac{u'-u}{\frac{1}{n'} - \frac{1}{n}} \right] \left(\frac{u'}{n'} - \frac{u}{n} \right)$$

则经展开化简整理后可得

$$\bar{P}^\infty = AQ^2 + BQ + C \qquad (11.2.9)$$

$$\bar{W}^\infty = KQ + L = \frac{A+1}{2}Q + \frac{B-\phi_2}{3} \qquad (11.2.10)$$

式中

$$\left.\begin{aligned}
A &= 1 + 2\frac{\phi_1}{n_1} + 2\frac{1-\phi_1}{n_2} \\
B &= \frac{3}{n_1-1}\phi_1^2 - \frac{3}{n_2-1}(1-\phi_1)^2 - 2(1-\phi_1) \\
C &= \frac{n_1}{(n_1-1)^2}\phi_1^3 + \frac{n_2}{(n_2-1)^2}(1-\phi_1)^3 + \frac{n_2}{n_2-1}(1-\phi_1)^2
\end{aligned}\right\} \qquad (11.2.11)$$

如果将 $\bar{P}^\infty$ 对 Q 配方,则

$$\bar{P}^\infty = A(Q-Q_0)^2 + P_0 \qquad (11.2.12)$$

$$\bar{W}^\infty = K(Q-Q_0) + W_0 \qquad (11.2.13)$$

式中

$$\left.\begin{aligned}
P_0 &= C - \frac{B^2}{4A} \\
Q_0 &= -\frac{B}{2A} \\
W_0 &= \frac{A+1}{2}Q_0 - \frac{1-\phi_1-B}{3} \\
K &= \frac{A+1}{2}
\end{aligned}\right\} \qquad (11.2.14)$$

以上就是双胶合透镜组的结构参数和基本像差参量的关系式. $\bar{P}^\infty$ 是关于 Q 的抛物线函数,P_0 是抛物线的顶点,当 $Q=Q_0$ 时,P_0 即 $\bar{P}^\infty$ 的极小值. $\bar{W}^\infty$ 是关于 Q 的线性函数,不存在极值点,当 $\bar{P}^\infty$ 为极小值 P_0 时,$\bar{W}^\infty$ 的值为 W_0,这时双胶合透镜组的形状系数为 Q_0,而 Q_0、P_0、W_0 是 n_1、n_2 和 ϕ_1 的函数. 按式(11.2.6),ϕ_1 是 $\bar{C}_I$ 和 ν_1、ν_2 的函数,所以 Q_0、P_0、

W_0 与玻璃材料及位置色差有关.

如果把常用光学玻璃进行组合,并按不同的 $\overline{C}_{\mathrm{I}}$ 值计算其 A 值,A 值的变化范围不大,取平均值 $A=2.35$,由此可得 $K=(A+1)/2=1.67$. 为了讨论 $\overline{P}^{\infty}$、$\overline{W}^{\infty}$ 与玻璃材料的关系,从式(11.2.12)和式(11.2.13)中消去与形状有关的因子 $(Q-Q_0)$,得

$$\overline{P}^{\infty} = P_0 + \frac{4A}{(A+1)^2}(\overline{W}^{\infty} - W_0)^2 \qquad (11.2.15)$$

当值 $A=2.35$ 时,$\dfrac{4A}{(A+1)^2}=0.85$. W_0 的变化范围很小,当冕牌玻璃在前时,$W_0=-0.1$;当火石玻璃在前时,$W_0=-0.2$. 将这些值代入式(11.2.15),得

$$\left.\begin{array}{c}\overline{P}^{\infty} = P_0 + 0.85(\overline{W}^{\infty} + 0.1)^2 \\ \overline{P}^{\infty} = P_0 + 0.85(\overline{W}^{\infty} + 0.2)^2\end{array}\right\} \qquad (11.2.16)$$

从以上公式可知,对于不同的玻璃组合和不同的 $\overline{C}_{\mathrm{I}}$ 值,将有不同的 P_0 值. 由于 $\overline{P}^{\infty}$ 和 $\overline{W}^{\infty}$ 是抛物线函数关系,当玻璃材料和 $\overline{C}_{\mathrm{I}}$ 改变时,P_0 也改变,而抛物线的形状不变,只是位置上下移动. 图 11.2.1 所示曲线为 $\overline{C}_{\mathrm{I}}=0$ 时,K9、ZF2 和 K9、F4 两对玻璃的像差特性曲线.

为了便于根据不同的 P_0 值和 $\overline{C}_{\mathrm{I}}$ 值找到所要求的一对玻璃组合,表 11.2.1 和表 11.2.2 中对常用玻璃按冕牌玻璃在前和火石玻璃在前的两种组合方式进行计算,并列出了有关值. 这只是表格的一部分,全表见《光学仪器设计手册》上册(见参考文献 11). 表中分别按七个不同的 $\overline{C}_{\mathrm{I}}$

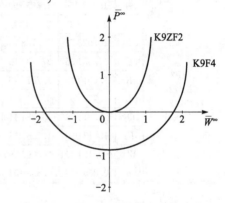

图 11.2.1　K9/ZF2 和 K9/F4
两对玻璃的像差特性曲线

(表中规化色差系数以 C_{I} 表示)值计算出 P_0 以及它们的 ϕ_1、Q_0、P_0、W_0 和式(11.2.10)中的系数值(其中:$L=(B-\phi_2)/3,p=4A/(A+1)^2$).

表 11.2.1　不同玻璃组合的 P_0 和 C_{I}（一）

n_2 ＼ P_0 ＼ n_1	K7(冕牌玻璃在前)						
	$C_{\mathrm{I}}=0.010$	$C_{\mathrm{I}}=0.005$	$C_{\mathrm{I}}=0.002$	$C_{\mathrm{I}}=0.001$	$C_{\mathrm{I}}=0.000$	$C_{\mathrm{I}}=-0.0025$	$C_{\mathrm{I}}=-0.005$
ZF1	1.762	0.770	−0.281	−0.722	−1.212	−2.671	−4.495
ZF2	1.812	0.971	0.083	−0.289	−0.702	−1.928	−3.458
ZF3	1.886	1.257	0.595	0.319	0.012	−0.894	−2.022
ZF5	1.918	1.380	0.814	0.578	0.317	−0.456	−1.414
ZF6	1.934	1.438	0.917	0.700	0.459	−0.252	−1.134

n_2 ＼ P_0 ＼ n_1	K9(冕牌玻璃在前)						
ZF1	1.885	1.184	0.410	0.082	−0.284	−1.383	−2.766
ZF2	1.913	1.306	0.637	0.354	0.038	−0.906	−2.093
ZF3	1.955	1.490	0.977	0.760	0.518	−0.202	−1.104
ZF5	1.974	1.572	1.129	0.941	0.733	0.111	−0.666
ZF6	1.984	1.612	1.201	1.027	0.834	0.258	−0.461

$\diagdown$ P_0 n_1 n_2	F3（火石玻璃在前）						
QK3	2.176	1.560	0.771	0.422	0.025	−1.192	−2.771
K3	1.975	1.139	0.162	−0.260	−0.736	−2.179	−4.024
K7	1.771	0.625	−0.639	−1.176	−1.778	−3.585	−5.872
K9	1.912	1.149	0.268	−0.112	−0.539	−1.833	−3.483
K10	1.654	0.311	−1.137	−1.750	−2.433	−4.479	−7.057

表 11.2.2　不同玻璃组合的 P_0 和 $C_{\rm I}$（二）

$\diagdown$ 参数 n_1,ν_1 n_2,ν_2	K9　1.5163　64.1（冕牌玻璃在前）						
	符号	$C_{\rm I}=0.010$	$C_{\rm I}=0.005$	$C_{\rm I}=0.002$	$C_{\rm I}=0.001$	$C_{\rm I}=0.000$	$C_{\rm I}=-0.0025$	$C_{\rm I}=-0.005$
	ϕ_1	1.362 376	1.685 890	1.879 998	1.944 701	2.009 404	2.171 161	2.332 918
	A	2.363 639	2.403 492	2.427 403	2.435 373	2.443 344	2.463 270	2.483 196
	B	10.923 78	15.788 10	18.842 30	19.882 97	20.934 93	23.614 29	26.364 27
	C	14.534 35	27.233 12	37.202 43	40.936 61	44.881 73	55.688 57	67.884 49
ZF2	K	1.681 819	1.701 746	1.713 701	1.717 686	1.721 672	1.731 635	1.741 598
1.6725	L	3.762 052	5.491 332	6.574 101	6.942 557	7.314 780	8.261 817	9.232 396
32.2	Q_0	−2.310 796	−3.284 410	−3.881 164	−4.082 119	−4.284 074	−4.793 280	−2.308 535
	P_0	1.913 030	1.305 813	0.637 388	0.354 292	0.038 319	−0.906 382	−2.093 331
	W_0	−0.124 291	−0.097 899	−0.077 057	−0.069 244	−0.060 990	−0.038 395	−0.012 938
	p	0.835 646	0.829 952	0.826 554	0.825 425	0.824 297	0.821 484	0.818 681

$\diagdown$ 参数 n_1,ν_1 n_2,ν_2	F3　1.6164　36.6（火石玻璃在前）						
	ϕ_1	−0.328 742	−0.712 275	−0.942 395	−1.019 101	−1.095 808	−1.287 574	−1.479 341
	A	2.379 905	2.421 063	2.445 757	2.453 988	2.462 220	2.482 798	2.503 377
	B	−12.998 69	−19.001 44	−22.784 99	−24.076 49	−25.383 15	−28.716 12	−32.143 83
	C	19.925 37	38.842 32	53.838 04	59.476 81	65.444 75	81.840 31	100.4119
QK2	K	1.689 953	1.710 531	1.722 878	1.726 994	1.731 110	1.741 399	1.751 688
1.4874	L	−4.775 813	−6.904 573	−8.242 464	−8.698 533	−9.159 655	−10.334 56	−11.541 05
70.0	Q_0	2.730 926	3.924 194	4.658 066	4.905 584	5.154 526	5.783 015	6.420 093
	P_0	2.176 125	1.559 637	0.771 035	0.422 169	0.025 670	−1.192 584	−2.771 220
	W_0	−0.160 675	−0.192 114	−0.217 181	−0.226 616	−0.236 602	−0.264 027	−0.295 053
	p	0.833 317	0.827 454	0.823 955	0.822 793	0.821 632	0.818 737	0.815 854

　　由要满足的 $\bar{P}^\infty$、$\bar{W}^\infty$、和 $\bar{C}_{\rm I}$，利用前面的公式和表格，求玻璃组合，并计算双胶合透镜的结构参数，其步骤如下：

　　（1）由 $\bar{P}^\infty$、$\bar{W}^\infty$ 按式（11.2.16）求 P_0

　　（2）由 P_0 和 $\bar{C}_{\rm I}$ 查表 11.2.1 找出需要的玻璃组合，再查表 11.2.2 按所选玻璃组合找出 ϕ_1、Q_0、P_0、W_0

　　（3）由式（11.2.12）和式（11.2.13）求 Q

$$Q = Q_0 \pm \sqrt{\frac{\bar{P}^\infty - P_0}{A}} \tag{11.2.17}$$

$$Q = Q_0 + \frac{\overline{W}^\infty - W_0}{K} \tag{11.2.18}$$

从式(11.2.17)求得的两个 Q 值和式(11.2.18)求得的 Q 值比较,取其接近的一个值.

(4) 根据 Q 求折射面的曲率 C_1、C_2、C_3,计算公式为式(11.2.3)、式(11.2.4)、式(11.2.5).

(5) 由上面求得的曲率是在总焦距为 1 的规化条件下的曲率. 从薄透镜的焦距公式可知,如果实际焦距为 f',则半径和 f' 成正比,即得

$$r_1 = \frac{f'}{C_1}, \quad r_2 = \frac{f'}{C_2}, \quad r_3 = \frac{f'}{C_3} \tag{11.2.19}$$

11.3　单薄透镜的 $\overline{P}^\infty$、$\overline{W}^\infty$、$\overline{C}_\mathrm{I}$ 与结构参数的关系

任何透镜组都由单透镜组成,本节讨论如何由 $\overline{P}^\infty$、$\overline{W}^\infty$、$\overline{C}_\mathrm{I}$ 求单透镜的结构参数.

单透镜可作为双胶合透镜组的特例. 当 $\phi_1 = 1, \phi_2 = 0, n_1 = n$ 时,双胶合透镜组就变成单透镜. 将以上数据代入双胶合透镜组的有关公式中,并去掉不必要的下标"1",即得单透镜的公式. 由式(11.2.3)和式(11.2.4)得

$$\left.\begin{array}{l} C_2 = 1 + Q \\[2mm] C_1 = \dfrac{n}{n-1} + Q \end{array}\right\} \tag{11.3.1}$$

由 $\overline{C}_\mathrm{I} = \dfrac{\overline{\phi}_1}{\nu_1} + \dfrac{\overline{\phi}_2}{\nu_2}$ 可得

$$\overline{C}_\mathrm{I} = \frac{1}{\nu} \tag{11.3.2}$$

同样,由式(11.2.11)和式(11.2.14)得单透镜的各系数如下

$$\left.\begin{array}{l} A = 1 + \dfrac{2}{n} \\[3mm] B = \dfrac{3}{n-1} \\[3mm] C = \dfrac{n}{(n-1)^2} \end{array}\right\} \tag{11.3.3}$$

$$\left.\begin{array}{l} K = 1 + \dfrac{1}{n} \\[3mm] L = \dfrac{1}{n-1} \end{array}\right\} \tag{11.3.4}$$

表 11.3.1 是单透镜参数的一部分(全表见《光学仪器设计手册》上册).

表 11.3.1　单透镜参数表

玻璃	K6	K7	K8	K9	K10	K11	K12	PK1
n	1.5111	1.5147	1.5159	1.5163	1.5181	1.5263	1.5335	1.5190
ν	60.5	60.6	56.8	64.1	58.9	60.1	55.5	69.8

玻璃	K6	K7	K8	K9	K10	K11	K12	PK1
a	2.323 539	2.320 393	2.319 348	2.319 000	2.317 436	2.310 358	2.304 206	2.316 655
b	5.869 693	5.828 638	5.815 080	5.810 575	5.790 388	5.700 171	5.623 234	5.780 347
c	5.784 708	5.717 659	5.695 600	5.688 279	5.655 528	5.510 274	5.387 843	5.639 272
k	1.661 769	1.660 196	1.659 674	1.659 500	1.658 718	1.655 179	1.652 103	1.658 327
l	1.956 564	1.942 879	1.938 360	1.936 858	1.930129	1.900 057	1.874 414	1.926 782
Q_0	−1.263 093	−1.255 959	−1.253 602	−1.252 819	−1.249 309	−1.233 611	−1.220 212	−1.247 562
P_0	2.077 723	2.057 394	2.050 701	2.048 479	2.038 536	1.944 374	1.957 067	2.033 599
W_0	−0.142 405	−0.142 259	−0.142 211	−0.142 194	−0.142 122	−0.141 791	−0.141 502	−0.142 085
p	0.841 411	0.841 865	0.842 015	0.842 066	0.842 291	0.843 314	0.844 203	0.842 404

玻璃	QF5	F1	F2	F3	F4	F5	F6	F7
n	1.5820	1.6031	1.6128	1.6164	1.6199	1.6242	1.6248	1.6362
ν	42.0	37.9	36.9	36.6	36.3	35.9	35.8	35.3
a	2.264 222	2.247 582	2.240 079	2.237 317	2.234 644	2.231 375	2.230 920	2.222 344
b	5.154 639	4.974 299	4.895 561	4.866 969	4.839 490	4.806 152	4.801 536	4.715 498
c	4.670 469	4.407 395	4.294 800	4.254 256	4.215 460	4.168 617	4.162 151	4.042 491
k	1.632 111	1.623 791	1.620 039	1.618 658	1.617 322	1.615 687	1.615 460	1.611 172
l	1.718 213	1.658 099	1.631 853	1.622 323	1.613 163	1.602 050	1.600 512	1.571 832
Q_0	−1.138 280	−1.106 588	−1.092 720	−1.087 679	−1.082 832	−1.076 948	−1.076 133	−1.060 928
P_0	1.736 757	1.655 143	1.620 060	1.607 403	1.595 281	1.580 628	1.578 604	1.541 087
W_0	−0.139 586	−0.138 769	−0.138 396	−0.138 259	−0.138 125	−0.137 961	−0.137 938	−0.137 506
p	0.850 001	0.852 423	0.853 516	0.853 919	0.854 309	0.854 786	0.854 853	0.856 105

由式(11.2.9)和式(11.2.10)可得

$$\left.\begin{array}{l} \bar{P}^\infty = AQ^2 + BQ + C \\ \bar{W}^\infty = KQ + L \end{array}\right\} \tag{11.3.5}$$

由式(11.2.12)和式(11.2.13)可得

$$\left.\begin{array}{l} \bar{P}^\infty = A(Q - Q_0)^2 + P_0 \\ \bar{W}^\infty = K(Q - Q_0) + W_0 \end{array}\right\} \tag{11.3.6}$$

由式(11.2.15)可得

$$\bar{P}^\infty = P_0 + p(\bar{W}^\infty - W_0)^2 \tag{11.3.7}$$

再由式(11.2.14),可得

$$\left.\begin{array}{l} P_0 = C - \dfrac{B^2}{4A} = \dfrac{n}{(n-1)^2}\left[1 - \dfrac{9}{4(n+2)}\right] \\[3mm] Q_0 = -\dfrac{B}{2A} = -\dfrac{3n}{2(n-1)(n+2)} \\[3mm] \bar{W}_0 = KQ_0 + L = -\dfrac{1}{2(n+2)} \\[3mm] p = \dfrac{4A}{(A+1)^2} = 1 - \dfrac{1}{(n+1)^2} \end{array}\right\} \tag{11.3.8}$$

当玻璃选定后,P_0、Q_0、W_0 及 p 即为定值. 弯曲透镜(改变形状系数 Q)只能满足 $\bar{P}^\infty$、

$\overline{W}^{\infty}$ 两者之一. 从式(11.3.6)可知：$\overline{W}^{\infty}$ 和 Q 是线性关系；$\overline{P}^{\infty}$ 和 Q 是抛物线函数, 当 $Q=Q_0$ 时, P_0 是 $\overline{P}^{\infty}$ 的极小值. 必须指出, Q 变化时, $\overline{P}^{\infty} \geqslant P_0$, $\overline{W}^{\infty}$ 没有界限. 图 11.3.1 表示 K9 玻璃的 $\overline{P}^{\infty}$、$\overline{W}^{\infty}$ 和 Q 的变化曲线.

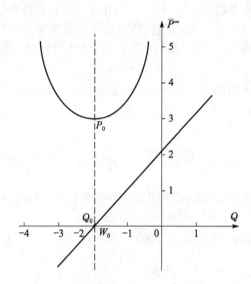

图 11.3.1　K9 玻璃的 $\overline{P}^{\infty}$、$\overline{W}^{\infty}$ 和 Q 的变化曲线

11.4　用 PW 方法求解初始结构的实例

本节举例说明 PW 方法的应用.

例 11.4.1　设计一个焦距为 1000mm, 相对孔径为 $1：10$ 的望远物镜, 像高 $h' = 13.6$mm, 令物镜框作为孔径光阑(尺寸单位为 mm).

解　(1) 选型. 这个物镜的视场角很小, 所以轴外像差不大. 主要校正的像差为球差、正弦差和位置色差. 相对孔径也不大, 可选用双胶合或双分离的类型. 本例题中采用双胶合型, 孔径光阑与物镜框重合.

(2) 确定基本像差参量. 根据设计要求, 设像差的初级量为零, 则按表 7.7.3 有

$$LA_0 = -\frac{1}{2n'u'^2} \sum S_{\mathrm{I}} = 0, \quad C_{S0} = \frac{1}{2n'u'} \sum S_{\mathrm{II}} = 0, \quad \Delta l'_{FC} = \frac{-1}{n'u'^2} \sum C_{\mathrm{I}} = 0$$

即

$$\sum S_{\mathrm{I}} = y^4 \Phi^3 \overline{P}^{\infty} = 0, \quad \sum S_{\mathrm{II}} = \cancel{K} y^2 \Phi^2 \overline{W}^{\infty} = 0, \quad \sum C_{\mathrm{I}} = y^2 \left(\frac{\phi_1}{\nu_1} + \frac{\phi_2}{\nu_2} \right) = 0$$

由此可得基本像差参量为

$$\overline{P}^{\infty} = 0, \quad \overline{W}^{\infty} = 0, \quad C_{\mathrm{I}} = 0$$

(3) 求 P_0. 由式(11.2.16)可得

$$P_0 = \overline{P}^{\infty} - 0.85 \left(\overline{W}^{\infty} + \frac{0.1}{0.2} \right)^2$$

因玻璃未选好, 前片暂按选用冕牌玻璃进行计算. 取 $W_0 = -0.1$, 并将 $\overline{P}^{\infty}$ 和 $\overline{W}^{\infty}$ 的值

代入上式得

$$P_0 = 0 - 0.85(0 + 0.1)^2 = -0.0085$$

(4) 根据 P_0 和 C_1 从表 11.2.1 查玻璃组合. 由于 K9 玻璃性能好和熔炼成本低,应优先选用. 可选它和 ZF2 玻璃组合,当 $C_1 = 0$ 时,由表 11.2.1 查得 $P_0 = 0.038$. 若选 K7、ZF3,$P_0 = 0.012$ 也和 $P_0 = -0.0085$ 接近,所以可根据光学玻璃的现有情况选用.

从表 11.2.2 查得 K9($n_1 = 1.5163$)和 ZF2($n_2 = 1.6725$)组合的双胶合薄透镜组的各系数如下

$$P_0 = 0.038\ 319, \qquad Q_0 = -4.284\ 074, \qquad A = 2.44$$

$$W_0 = -0.060\ 99, \qquad K = 1.72, \qquad \phi_1 = 2.009\ 404$$

(5) 求形状系数 Q.

$$Q = Q_0 \pm \sqrt{\frac{\overline{P^\infty} - P_0}{A}}, \quad Q = Q_0 + \frac{\overline{W^\infty} - W_0}{K}$$

由于 $\overline{P^\infty} < P_0$,不存在严格的消球差解,但因 P_0 值接近于 $\overline{P^\infty}$,可认为 $\sqrt{(\overline{P^\infty} - P_0)/A} \approx 0$,因此可得 $Q = Q_0 = -4.284\ 074$,$\overline{W^\infty} = W_0 = -0.060\ 99$.

(6) 求透镜各面的曲率(规化条件下的). 由式(11.2.4)、式(11.2.3)和式(11.2.5)得

$$C_1 = Q + \frac{n_1 \phi_1}{n_1 - 1} = -4.284\ 074 + \frac{1.5163 \times 2.009\ 404}{1.5163 - 1} = 1.617\ 26$$

$$C_2 = Q + \phi_1 = -2.274\ 64$$

$$C_3 = Q + \frac{n_2 \phi_1}{n_2 - 1} - \frac{1}{n_2 - 1} = -0.773\ 703$$

(7) 求薄透镜各面的球面半径和像差.

$$r_1 = \frac{f'}{C_1} = \frac{1000}{1.617\ 26} = 618.33, \quad r_2 = \frac{f'}{C_2} = -438.624, \quad r_3 = \frac{f'}{C_3} = -1292.486$$

现将该薄透镜系统结构数据整理如下:$\tan\omega = 0.0136$,物距 $L = -\infty$,入瞳半径 $\eta = 50\text{mm}$,入瞳距第一折射面距离 $\overline{L} = 0$.

r/mm	d/mm	玻璃牌号
$r_1 = 618.33$		
	$d_1 = 0$	K9
$r_2 = -439.624$		
	$d_2 = 0$	ZF2
$r_3 = -1292.486$		

经光线光路计算,得焦距和像方孔径角以及要校正的像差数据如下.

$$f' = 997.191\ 89, \qquad u_3' = -0.050\ 14$$

边光轴向球差: $\quad LA_m = -0.0305$

带光轴向球差: $\quad LA_{0.707} = -0.000\ 75$

边光正弦差: $\quad OSC_m = -0.000\ 07$

带光正弦差: $\quad OSC_{0.707} = -0.000\ 03$

轴上点边光波色差: $\quad W_{FCm} = \sum (D_{Ci} - D_i)(n_F - n_C) = 0.000\ 19$

轴上点带光波色差: $\quad W_{FC0.707} = \sum (D_{Ci} - D_i)(n_F - n_C) = 0.000\ 05$

由此可见,像差都比较小.接下来将薄透镜换成厚透镜,变换时尽可能使光焦度及初级像差系数变化不大.

(8) 求厚透镜各面的球面半径.为了计算方便,在光学系统初始计算时,往往把透镜看成是没有厚度的薄透镜,在初始计算得到结果以后,再把薄透镜换成厚透镜,换算步骤如下.

① 光学零件外径的确定.根据设计要求 $f'=1000\text{mm}$,$D_{EP}/f'=1/10$,则通光口径 $D=f'/10=100\text{mm}$.薄透镜用压圈固定,其所需余量查《光学仪器设计手册》得 3.5mm,由此得透镜外径为 103.5mm.

② 光学零件中心厚度及边缘最小厚度的确定.有两种方法,其一是查手册,其二是根据计算.为保证透镜在加工中不易变形,其中心厚度及边缘最小厚度以及透镜外径之间必须满足一定的比例关系.

对凸透镜：　高精度　　　　　　　　$3d+7t\geqslant D$

　　　　　　中精度　　　　　　　　$6d+14t\geqslant D$

　　　　　　其中还必须满足　　　　$d>0.05D$

对凹透镜：　高精度　　　　　　　　$8d+2t\geqslant D$,且 $d\geqslant0.05D$

　　　　　　中精度　　　　　　　　$16d+4t\geqslant D$,且 $d\geqslant0.03D$

其中,d 为中心厚度,t 为边缘厚度.由图 11.4.1 可知 $d_1=t_1-z_2+z_1$,对凸透镜：$3d_1+7t_1=D$,由此得

$$t_1=\frac{D+3z_2-3z_1}{10} \tag{11.4.1}$$

其中,z_1、z_2 为球面矢高,由下式求得

$$z=r\pm\sqrt{r^2-\left(\frac{D}{2}\right)^2} \tag{11.4.2}$$

式中,r 为折射球面半径,D 为透镜外径.将已知数据代入式(11.4.2)可求得 $z_1=2.17\text{mm}$,$z_2=-3.056\text{mm}$.然后,再将其代入式(11.4.1)得凸透镜最小边缘厚度,为

$$t_1=\frac{D+3z_2-3z_1}{10}=\frac{103.5-3\times5.226\,48}{10}=8.782(\text{mm})$$

由图 11.4.1 得凸透镜最小中心厚度为

$$d_1=t_1-z_2+z_1=8.782+5.226=14.01(\text{mm})$$

对凹透镜,有

$$t_2=\frac{D+8z_3-8z_2}{10} \tag{11.4.3}$$

z_3 的求法同上,将已知数据代入式(11.4.2)得 $z_3=-1.03\text{mm}$.然后,再将它代入式(11.4.3),便可得凹透镜最小边缘厚度为

$$t_2=\frac{103.5+8\times3.056\,48-8\times1.03}{10}=11.97(\text{mm})$$

凹透镜最小中心厚度为

$$d_2=t_2-z_3+z_2=11.97-3.056\,48+1.03=9.94(\text{mm})$$

在最小中心厚度基础上,根据工艺条件,可适当加厚些.最后,用作图法检查计算是否有误.

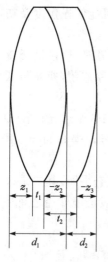

11.4.1　厚透镜的
几何尺寸确定

③ 在保持 u 和 u' 角不变的条件下,把薄透镜变换成厚透镜,薄透镜变换成厚透镜时,要保持近轴边光线在每面上的 u 和 u' 不变. 由式(11.1.2)和式(11.1.3)可知,当 u 和 u' 不变时,P、W 在变换时可保持不变,放大率也保持不变. 当透镜由薄变厚时,近轴边光线在主面上入射高度不变,则光学系统的光焦度也保持不变.

　　例 11.4.2　设计一个共轭距离为 195mm,垂轴放大率为 $-3\times$,数值孔径为 0.1 的显微物镜,物镜框为孔径光阑,物高为 1mm,用 PW 方法求其初始解,并进行像差较正.

　　解　(1) 列方程组. 按题意,可列出如下方程

$$m = \frac{l'}{l} = -3, \quad l' - l = 195, \quad \frac{1}{l'} - \frac{1}{l} = \frac{1}{f'}$$

解此方程组求得

$$f' = 36.5625\text{mm}, \quad l = -48.75\text{mm}, \quad l' = 146.25\text{mm}$$

　　(2) 选择结构形式并确定基本像差参量. 低倍显微物镜视场很小,数值孔径也不大,只要求出校正球差、正弦差和位置色差即可,故选取双胶合型物镜就可满足要求.

　　取共轭位置的像差参量为

$$C_\mathrm{I} = 0, \quad P = 0, \quad W = 0$$

必须把像差参量进行规化. 已知数值孔径 $NA = n_1\sin u_1 = 0.1$,由于物方是空气,故

$$u_1 = n_1\sin u_1 = 0.1, \quad u_3' = \frac{u_1}{m} = \frac{0.1}{-3} = -0.033333$$

$$y\Phi = \frac{-l_1 u_1}{f'} = \frac{48.75 \times 0.1}{36.5625} = 0.133333, \quad \bar{u}_1 = \frac{u_1}{y\Phi} = \frac{0.1}{0.133333} = 0.75$$

由式(11.1.16)、式(11.1.9)和式(11.1.14)分别得

$$\overline{C_\mathrm{I}} = \frac{C_\mathrm{I}}{y^2\Phi} = 0, \quad \overline{P} = \frac{P}{(y\Phi)^3} = 0, \quad \overline{W} = \frac{W}{(y\Phi)^2} = 0$$

于是有

$$\overline{P}^\infty = \overline{P} - \bar{u}_1(4\overline{W}+1) + \bar{u}_1^2(5+2\mu) = 0 - 0.75 + 0.5625(5 + 2\times0.7) = 2.85$$

$$\overline{W}^\infty = \overline{W} - \bar{u}_1(2+\mu) = 0 - 0.75(2+0.7) = -2.025$$

　　(3) 选择玻璃. 根据 $\overline{W}^\infty$ 数值,尽量取火石玻璃在前为宜,可以使双胶合物镜胶合面半径较大,从而可以使得高级像差小一些. 由式(11.2.16)可知

$$P_0 = \overline{P}^\infty - 0.85(\overline{W}^\infty + 0.2)^2 = 2.85 - 0.85(-2.025 + 0.2)^2 = 0.01896875$$

　　根据 P_0 和 C_1 值,由表 11.2.1 可选取 F3 和 QK2 两种玻璃组成双胶合物镜. 再由表 11.2.2 中查得有关参数

$$\phi_1 = -1.095808, \quad A = 2.462220, \quad B = -25.38315$$

$$C = 64.44475, \quad K = 1.731110, \quad L = -9.159655$$

$$Q_0 = 5.154526, \quad P_0 = 0.025670, \quad W_0 = -0.236602$$

$$p = 0.821632, \quad n_1 = 1.6164, \quad n_2 = 1.4874$$

（4）求形状系数.

$$Q = Q_0 \pm \sqrt{\frac{\overline{P^\infty} - P_0}{A}} = 5.154\,526 \pm \sqrt{\frac{2.85 - 0.025\,67}{2.462\,220}} = 4.083\,514 \text{ 或 } 6.225\,538$$

$$Q = Q_0 + \frac{\overline{W^\infty} - W_0}{(A+1)/2} = 5.154\,526 + \frac{(-2.025 + 0.236\,602) \times 2}{2.462\,220 + 1} = 4.121\,433$$

比较三个值,取 $Q = 4.083\,514$.

（5）由 Q 求透镜各面曲率(规化的).

$$C_1 = Q + \frac{n_1}{n_1 - 1}\phi_1 = 4.083\,514 + \frac{1.6164}{1.6164 - 1} \times (-1.095\,808) = 1.209\,951$$

$$C_2 = Q + \phi_1 = 4.083\,514 - 1.095\,808 = 2.987\,706$$

$$C_3 = Q + \frac{n_2}{n_2 - 1}\phi_1 - \frac{1}{n_2 - 1}$$

$$= 4.083\,514 + \frac{1.4874}{1.4874 - 1} \times (-1.095\,808) - \frac{1}{1.4874 - 1} = -1.312\,269$$

（6）计算各面曲率半径.

$$r_1 = \frac{f'}{C_1} = \frac{36.5625}{1.209\,951} = 30.2187\,(\text{mm})$$

$$r_2 = \frac{f'}{C_2} = \frac{36.5625}{2.987\,706} = 12.237\,65\,(\text{mm})$$

$$r_3 = \frac{f'}{C_3} = \frac{36.5625}{-1.312\,269} = -27.862\,05\,(\text{mm})$$

（7）像差计算. 将以上结果整理如下:

$$h = -1\text{mm},\quad L_1 = -48.75\text{mm},\quad \sin u_1 = 0.1,\ \overline{L}_1 = -0.001\text{mm}$$

r/mm	d/mm	n_D	n_F	n_C
30.218 17				
	0	1.6164	1.628 54	1.611 60
12.237 65				
	0	1.4874	1.492 27	1.485 31
−27.862 03				

经过光线光路计算,求得焦距、像方孔径角以及要校正的像差数据如下:

$$f' = 36.5625\text{mm},\qquad u_3' = -0.033\,333$$

边光轴向球差: $\qquad LA_m = 4.209\,61\text{mm}$

带光轴向球差: $\qquad LA_{0.707} = 1.157\,02\text{mm}$

边光正弦差: $\qquad OSC_m = 0.001\,26$

带光正弦差: $\qquad OSC_{0.707} = 0.000\,39$

轴上点边光波色差: $\qquad W_{FC_m} = 0.000\,42\text{mm}$

轴上点带光波色差: $\qquad W_{FC_{0.707}} = 0.000\,10\text{mm}$

而像差容限 $LA_m = \Delta L_{FC}' = \dfrac{\lambda}{n_3' \sin^2 u_3'} = \dfrac{0.000\,589\,3}{0.033\,333^2} = 0.5304\,(\text{mm})$,由此可知,球差需继续

进行校正.

（8）校正像差. 在计算实际像差的同时,求得各面初级像差分布系数列于表 11.4.1. 由此可求得初级球差 $LA_0=0.842\,04\text{mm}$,相应高级球差 $LA_m=LA_m(\text{实际})-LA_0(\text{初级})=4.209\,61\text{mm}-0.842\,04\text{mm}=3.356\,57\text{mm}$,而波色差对于很靠近光轴的光束有如下关系, 即

$$W_{FC_m}=\sum_1^3(D_{Ci}-D_i)dn=-\frac{1}{2}\sum_1^3 C_\mathrm{I}$$

表 11.4.1　初始结构参数时的初级像差分布系数

折射面序号	S_I	S_II	C_I
1	0.033 221	0.002 607	0.013 272
2	$-0.047\,109$	$-0.001\,499$	$-0.018\,030$
3	0.012 017	$-0.001\,183$	0.004 751
总和	$-0.001\,871$	$-0.000\,075$	$-0.000\,006$

现在波色差 $W_{FC_m}=0.000\,42\text{mm}$,为此系统需要有意识地产生负的初级球差及 $\sum_1^3 C_\mathrm{I}$ 负值降低下来,从而使实际球差和波色差 W_{FC_m} 降低下来. 由表 11.4.1 知,第二面对 S_I 和 C_I 均为最灵敏面（该面贡献最大）,而且都是负值. 所以,只要改变该面曲率半径,使两者同时降低下来,即可达到校正像差的目的. 第二面的 S_I 可写成如下形式

$$S_\mathrm{I}=-l_2 u_2 n_2 i_2(i_2-i_2')(i_2'+u_2)$$
$$=-l_2 u_2^4 n_2\left(\frac{r_2-l_2}{r_2}\right)^2\left(1-\frac{n_2}{n_2'}\right)\left(\frac{n_2}{n_2'}\frac{r_2-l_2}{r_2}+1\right)$$

由上式可知,增大第二面曲率半径就可使 S_I 负值降低下来,同时为了保证倍率不变,用对 S_I、C_I 贡献最小的面保证 u_3' 不变（保证放大率不变）. 经过修改后的结构参数和经过光路计算求得的焦距、像方孔径角及要校正的像差数据如下:

$$y=-1\text{mm},\quad L_1=-48.75\text{mm},\quad \sin u_1=-0.1,\quad \overline{L}_1=-0.001\text{mm}$$

r/mm	d/mm	n_D	n_F	n_C
30.218 17				
	0	1.6164	1.628 44	1.611 60
13				
	0	1.4874	1.492 27	1.485 31
$-28.882\,05$				

$$f_3'=6.5620\text{mm},\qquad u_3'=-0.033\,335$$

边光轴向球差:　　　　　　　$LA_m=-0.104\,50\text{mm}$

带光轴向球差:　　　　　　　$LA_{0.707}=-0.640\,94\text{mm}$

边光正弦差:　　　　　　　　$OSC_m=-0.000\,11$

带光正弦差:　　　　　　　　$OSC_{0.707}=-0.000\,23$

轴上点边光波色差:　　　　　$W_{FC_m}=-0.000\,12\text{mm}$

轴上点带光波色差:　　　　　$W_{FC_{0.707}}=-0.000\,15\text{mm}$

高级孔径球差:　　　　　　　$LA_m(\text{高级})=2.126\,688\text{mm}$

初级像差分布系数见表 11.4.2.

表 11.4.2　结构参数修改后的初级像差分布系数

折射面序号	S_{I}	S_{II}	C_{I}
1	0.033 221	0.002 607	$-0.013\ 272$
2	$-0.039\ 306$	$-0.001\ 329$	$-0.016\ 973$
3	0.011 044	$-0.001\ 120$	0.004 610
总和	0.004 958	0.000 157	0.000 909

　　由上述计算知:带光轴向球差是由于孔径高级球差所造成的,其量稍大于像差容限,所以这个系统可以认为像差基本上校正好了.接下来薄透镜变换成厚透镜后,如果像差变化较大,则还需要进一步校正.

<h2 style="text-align:center">习　　题</h2>

　　1. 双胶合透镜组共有几个变量? 其中独立连续变量是哪几个?

　　2. 经计算得到一双胶合物镜的 $n_1 = 1.6475, n_2 = 1.5406, \phi_1 = -1.0857, Q = 4.8976$.

　　(1) 计算其曲率 C_1, C_2, C_3;

　　(2) 若该物镜焦距为 23.196mm,实际半径 r_1, r_2, r_3 为多少?

　　3. 设计一个望远物镜,焦距 $f' = 200$mm,相对孔径 $D_{\mathrm{EP}}/f' = 1/5$,用 PW 方法求初始解.

　　4. 设计一个共轭距为 200mm,垂轴放大率 $m = -4\times$,数值孔径 $NA = 0.1$ 的显微物镜,用 PW 方法求初始解.

第 12 章　像质评价、零件的技术要求与检验

前面我们已从理论上讨论了光学系统的成像原理和特性,以及系统初始结构的设计方法.当然,作为光学设计还应参阅专门的书籍.如何将已设计好的系统作成具体的仪器,自然有材料品种和质量的选择(本书在光学材料内容中作了介绍),零件加工、整机装校等过程.仪器制作好了,其成像质量是否符合设计要求,这属于像质评价和像质检验的问题.

本章简要讨论上述内容.

12.1　像 质 评 价

对光学系统的成像质量需要进行评价.首先,在加工前的设计阶段,通过光学设计软件对系统的成像情况进行模拟分析;其次,在样品加工装配之后,投入大批量生产之前,需要通过严格的实验来检测其实际成像质量.

在不考虑衍射时,光学系统的成像质量主要与系统的像差大小有关.这时,可以利用几何光学方法,通过大量的光线追迹计算来评价成像质量,如绘制点列图、各种像差曲线、RMS 波前误差、赛德尔像差等.此外,由于衍射存在,用几何方法不能完全描述光学系统的成像质量.因此,人们提出了基于衍射理论的评价方法.例如,点扩展函数、光学传递函数曲线、包围能量比和中心点亮度(Strehl ratio)等参数.各种方法都有其优点、缺点和适用范围,针对某一类光学系统,往往需要综合使用多种评价方法,才能客观、全面地反映其成像质量.本节主要介绍几种常见的像质评价方法.

12. 1. 1　波像差的均方根值

任何像差都会降低图像质量,像差越大,成像质量下降越严重.因此,满足成像质量要求的像差范围被称为"像差容限".

对于参考球面,瑞利标准或瑞利极限不允许像点的波前像差(OPD)容限大于 1/4 波长.通常,用一倍瑞利限制表示波像差为 1/4 波长.由理想透镜所形成的像是一个衍射光斑,84%的能量集中于中央光斑,剩余的 16%分布在衍射斑的旁瓣中.当波像差小于几倍瑞利限制时,中央光斑的尺寸基本不变,但中央光斑的能量已转移到周围旁瓣中.

我们讨论的波前像差是指实际波前偏离参考波前的最大值,它通常是指波前畸变的峰-峰或峰-谷(P-V)的波像差值.当波像差的形状相当光滑时,P-V 值能对成像质量进行很好的评价,而当波前出现不规则或陡变缺陷时,波像差的均方根值(RMS 值)能更准确地对波前畸变进行评价.RMS 代表"均方根",是系统全孔径上所有抽样点的波像差值平方的算术平均值的平方根.例如,元件表面上有一个凸起,而这个凸起只占一个很小的面积,即使波像差的 P-V 值很大,它对成像质量的影响也不会太大.因此,在这种情况下波

像差的 RMS 值会很小,比波像差的 P-V 值更能准确地反映这个凸起对成像质量的影响.

由离焦引起的光滑波前畸变时,波像差的 RMS 值与其 P-V 值之间的关系可近似表示为

$$\text{RMS OPD} = \frac{\text{P-V OPD}}{3.5} \tag{12.1.1}$$

对一个不太平滑的畸变波前来说,表达式的分母会更大些,尤其是由高阶像差或制造误差引起的畸变更是如此. 当含有随机误差时,实际中分母通常取 4 或 5. 此时,瑞利 1/4 波长标准就对应于 RMS OPD 的 1/14 或 1/20 波长.

12.1.2　斯特列尔比——中心点亮度

斯特列尔比(Strehl ratio),如图 12.1.1 所示,是有像差系统与理想系统的艾里斑中心强度之比. 当光学系统的像差得到很好的校正时,斯特列尔比是一种很好的成像系统像质评价方式. 对系统的大多数像差而言,斯特列尔比为 80% 与波像差 P-V 值为 1/4 波长的像质评价方式是等效的.

当系统有一定的波像差时,斯特列尔比和波像差的 RMS 值之间的关系可近似为

$$\text{Strehl Ratio} = e^{-(2\pi\sigma)^2}$$

其中,σ 是畸变波前的 RMS 值. 将上式展开成多项式,可以写为

$$\text{Strehl Ratio} = e^{-(2\pi\sigma)^2} \approx 1 - (2\pi\sigma)^2 + \frac{(2\pi\sigma)^4}{2!} + \cdots \tag{12.1.2}$$

不同的波像差值与斯特列尔比像质评价之间的关系如表 12.1.1 所示(假设波像差由离焦引起). 波像差的 P-V 值以瑞利限制(RL)和波长两种方式表示.

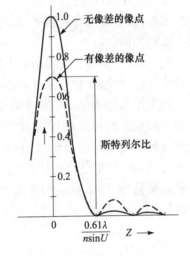

图 12.1.1　斯特列尔比(Strehl ratio)

表 12.1.1　瑞利极限与斯特列尔比的关系

P-V 值	RMS 值	斯特列尔比	能量百分比/%	
			艾里斑	外环
0.0	0.0	1.00	84	16
$0.25RL=\lambda/16$	0.018λ	0.99	83	17
$0.5RL=\lambda/8$	0.036λ	0.95	80	20
$1.0RL=\lambda/4$	0.07λ	0.80	68	32
$2.0RL=\lambda/2$	0.14λ	0.4*	40	60
$3.0RL=0.75\lambda$	0.21λ	0.1*	20	80
$4.0RL=\lambda$	0.29λ	0.0*	10	90

*小的斯特列尔比(strehl ratio)并不反映真实的图像质量.

从表 12.1.1 中可以看出,一倍瑞利限制的波前像差已造成像质下降. 但是对大多数系统而言,如果像差能减小到一倍瑞利限制,系统的性能已经达到比较好的程度. 少数系统需要将像差控制在一倍瑞利限制的几分之一以内,如显微镜和望远镜对光轴上的物点,像差经常会被校正满足一倍瑞利限制或更小,摄影物镜有时也要求达到该校正水平.

12.1.3　点列图

当像差超过瑞利限制几倍时,相对于通过衍射来分析成像质量的方法,几何光线追迹更能准确地评价成像质量. 它是将光学系统的入瞳分成相同大小的区域,然后从物点追迹一条光线通过每个小区域的中心,每条光线与像面的交点可以通过光线追迹求出. 因为每条光线代表相同的能量,像面上描绘出来的点密度表示图像中的功率密度(辐照度、光照度). 显然,被追迹的光线越多,几何像就越精确. 这种类型的光线截面图被称为点列图(见第 7 章相关内容).

图 12.1.2 列举了入瞳面上小区域的选取方法,可以按直角坐标或极坐标来确定每条光线的坐标. 对轴外物点发出的光束,当存在渐晕时,只追迹通光面积内的光线.

利用点列图法来评价照相物镜等的成像质量时,通常是利用集中 30% 以上的点或光线所构成的图形区域作为其实际有效弥散斑,弥散斑直径的倒数为系统的分辨率. 利用点列图法来评价成像质量时,需要做大量的光路计算,一般要计算上百条甚至数百条光线,因此其工作量非常之大,只有利用计算机才能实现上述计算任务. 但它又是一种简便易行、形象直观的像质评价方法,因此常应用于像差较大的照相物镜等设计的评价.

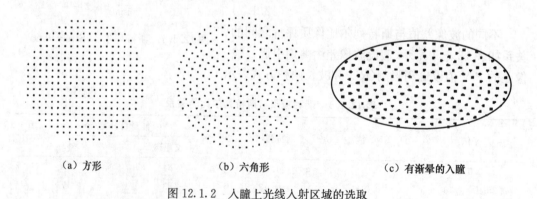

　　(a) 方形　　　　　　　(b) 六角形　　　　　　　(c) 有渐晕的入瞳

图 12.1.2　入瞳上光线入射区域的选取

12.1.4　点扩展函数

由于物点不可能成数学上的几何像点,因此引入点扩展函数(PSF)的概念来描述物点因像差和衍射而导致像面上像点扩散的能量分布. 点扩展函数的数据可来自于点列图计算或者是更准确的衍射计算. 点扩展函数可以是三维形式,也可以是横截面图,如图 12.1.3 所示.

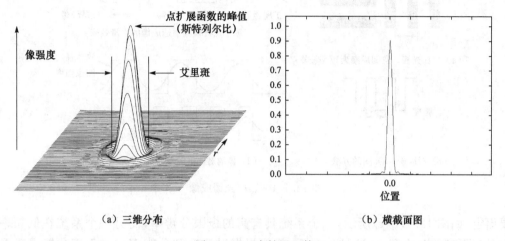

（a）三维分布　　　　　　　　　　　　（b）横截面图

图 12.1.3　点扩展函数

12.1.5　调制传递函数(MTF)

通常用等间距的黑白光栅来测试光学系统的性能,如图 12.1.4(a)所示. 光学系统所能分辨间距为最小的光栅被认为是系统的极限分辨率,用每毫米的线数表示,或"线对". 当黑白光栅通过一个光学系统成像时,每一条光栅都成像为一模糊图案,它的横截面就是线扩展函数. 图 12.1.4(b)表示黑白光栅的透过率横截面,图 12.1.4(c)表示扩展函数如何使像变得平滑,图 12.1.4(d)表示频率越高的光栅,其像的对比度将产生更明显下降. 因此,当光栅像的对比度小于系统可以检测的最小值时,光栅像不再能被分辨.

若我们将图像的对比度用调制度 M 表示,如下式

$$M = \frac{I_{\max} - I_{\min}}{I_{\max} + I_{\min}} \tag{12.1.3}$$

其中,$I_{\max}$ 和 $I_{\min}$ 是图 12.1.4(d)中像的最大和最小强度. 因此,根据式(12.1.3)得出的数据可以绘制调制度随空间频率变化的函数,如图 12.1.5(a)所示. 调制度曲线与探测器件最小调制度曲线的交点确定了系统的极限分辨率. 某系统或传感器响应能达到的最小调制度值所构成的曲线被称为空间像调制度(aerial image modulation, AIM)曲线. 人眼、胶片、显像管、CCD 等器件的响应特性都可以通过 AIM 曲线来描述. 一般情况下,调制度阈值随空间频率的上升而增加. 但在空间频率非常低时,人眼的实际 AIM 曲线的对比度阈值反而略微上升.

很明显,极限分辨率并不能完全表示系统的性能. 图 12.1.5(b)表示两个极限分辨率相同但性能完全不同的调制度函数曲线. 频率低而调制度大的曲线更有优势,因为它将产生更清晰、对比度更高的图像. 但是在两个系统之间进行最终选择时,也得视需

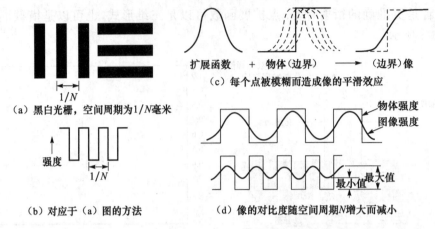

（a）黑白光栅，空间周期为1/N毫米

（b）对应于（a）图的方法

（c）每个点被模糊而造成像的平滑效应

（d）像的对比度随空间周期N增大而减小

图 12.1.4　黑白光栅成像

要而定. 如图 12.1.5(c)所示,一个系统具有高的极限分辨率,而另一个系统在低频率时具有更高的对比度. 在这种情况下,需要根据对比度和分辨率中对系统功能更重要的因素来确定.

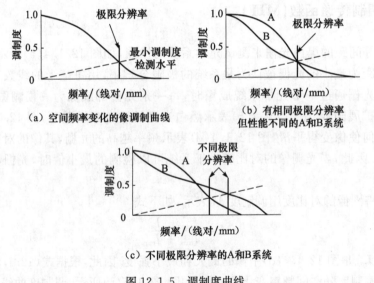

（a）空间频率变化的像调制曲线

（b）有相同极限分辨率
但性能不同的A和B系统

（c）不同极限分辨率的A和B系统

图 12.1.5　调制度曲线

若物的强度分布是正弦波的形式,无论点扩展函数具有何种形式,那么像的分布也是一个正弦波. 因此,调制传递函数(MTF)被广泛应用于描述镜头的性能. 此时,调制传递函数是像的调制度和物的调制度的比值,是正弦条纹频率的函数.

$$\mathrm{MTF}(\nu) = \frac{M_i}{M_o} \qquad (12.1.4)$$

采用调制传递函数作为频率 ν 的函数曲线来评价成像系统性能,现在已不只应用于镜头,还有胶片、荧光屏、显像管和眼睛等,甚至整个系统. MTF 的另一个好处是可以通过两个或多个元件的 MTF 相乘的方式获得整个系统的 MTF. 例如,如果一个相机物镜在空间频率为 20 线对/mm 时的 MTF 为 0.5,记录胶片在该频率的 MTF 为 0.7,那么这个组合系统的 MTF 就为 $0.5 \times 0.7 = 0.35$. 若对比度为 0.1 的物体被该相机拍摄,像的调制度就为 $0.1 \times 0.35 = 0.035$.

需要注意的是,系统中的前后元件有关联时,光学系统的 MTF 不能通过元件的 MTF 直接相乘的方式获得. 这是因为一个元件的像差可能会补偿另一个元件的像差,它使得元件组合后的像质优于其中任何一个元件. 像差校正后的光学系统就说明了这个问题.

现在我们假设一个物体具有余弦(或正弦)函数的强度分布,如图 12.1.6(a)所示,在数学上可表示为

$$G(x) = b_0 + b_1 \cos(2\pi\nu x) \tag{12.1.5}$$

其中,ν 是空间频率,$(b_0 + b_1)$ 和 $(b_0 - b_1)$ 分别为最大强度和最小强度,x 是垂直于条纹方向上的空间坐标. 因此,条纹的调制度为

$$M_0 = \frac{(b_0 + b_1) - (b_0 - b_1)}{(b_0 + b_1) + (b_0 - b_1)} = \frac{b_1}{b_0} \tag{12.1.6}$$

当这个正弦条纹通过光学系统成像时,物上的每一点都会成像为模糊斑,这个模糊斑的能量分布取决于系统的相对孔径和像差. 对该线性物体,每一个线元的像可以用线扩展函数描述,如图 12.1.6(b)所示的 $A(\delta)$.

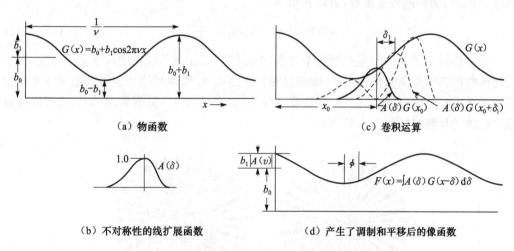

图 12.1.6　物强度分布函数和线扩展函数的卷积

我们现在假设等式(12.1.5)中 x 和 $(1/\nu)$ 在物像空间具有对应关系,因此,在 x 位置处像的能量分布是 $G(x)$ 和 $A(\delta)$ 的卷积,表示为

$$F(x) = \int A(\delta)G(x - \delta)\mathrm{d}\delta \tag{12.1.7}$$

联立式(12.1.5)和式(12.1.7)得

$$F(x) = b_0 \int A(\delta)\mathrm{d}\delta + b_1 \int A(\delta)\cos[2\pi\nu(x - \delta)]\mathrm{d}\delta \tag{12.1.8}$$

在通过除以 $\int A(\delta)\mathrm{d}\delta$ 进行归一化以后,式(12.1.8)可变化为

$$
\begin{aligned}
F(x) &= b_0 + b_1 \mid A(\nu)\mid \cos(2\pi\nu x - \varphi) \\
&= b_0 + b_1 A_c(\nu)\cos(2\pi\nu x) + b_1 A_s(\nu)\sin(2\pi\nu x)
\end{aligned} \tag{12.1.9}
$$

其中

$$
\mid A(\nu)\mid = [A_c^2(\nu) + A_s^2(\nu)]^{1/2}, \quad A_c(\nu) = \frac{\int A(\delta)\cos(2\pi\nu\delta)\mathrm{d}\delta}{\int A(\delta)\mathrm{d}\delta}
$$

$$
A_s(\nu) = \frac{\int A(\delta)\sin(2\pi\nu\delta)\mathrm{d}\delta}{\int A(\delta)\mathrm{d}\delta}, \quad \cos\varphi = \frac{A_c(\nu)}{\mid A(\nu)\mid}, \quad \tan\varphi = \frac{A_s(\nu)}{A_c(\nu)}
$$

可以看出,像能量分布 $F(x)$ 依然受到相同频率 ν 的余弦函数调制,表明具有余弦分布的物体总是成余弦分布的像.若线扩展函数 $A(\delta)$ 不对称,将引入相移 φ,它将造成像位置的横向偏移.

根据式(12.1.6),像的调制度 M_i 表示为

$$
M_i = \frac{b_1}{b_0} \mid A(\nu)\mid = M_0 \mid A(\nu)\mid \tag{12.1.10}
$$

其中,$\mid A(\nu)\mid$ 为调制传递函数,可以表示为

$$
\mathrm{MTF}(\nu) = \mid A(\nu)\mid = \frac{M_i}{M_0} \tag{12.1.11}
$$

光学传递函数(OTF)是描述这个过程的复函数,是正弦条纹空间频率 ν 的函数.光学传递函数的实部是调制传递函数,虚部是相位传递函数.如果相位传递函数随频率变化为线性关系,将造成像的横向位移;若是非线性关系,将对成像质量有影响.180°的相移将造成对比度的反转,如图 12.1.7 所示.

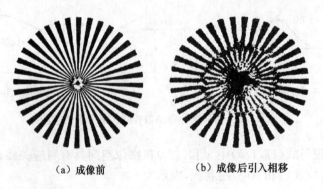

（a）成像前　　　　　　　　　（b）成像后引入相移

图 12.1.7　辐射式分辨率板

12.1.6　包围能量比

为评价光学系统所成的"点像"是否达到所需要的信噪比,引入包围能量比的概念进

行描述. 对已确定的点列图或点扩展函数, 包围能量比是指圆形或方形探测器上收集到的能量与到达像平面上总能量的比值, 也称其为探测器上的能量, 如图 12.1.8(a) 所示. 如果弥散的点是对称的, 一般情况下圆形孔径探测器内采集到的能量只是整个弥散斑能量的一部分, 探测器的直径越大收集到的能量越多. 因此, 点列图或点扩展函数的能量分布情况可以表示为径向能量归一化分布的形式. 作出以探测器孔径半径为横坐标, 归一化能量为纵坐标的曲线, 该曲线也被称为径向能量分布曲线, 如图 12.1.8(b) 所示.

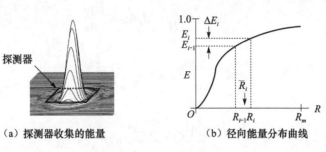

（a）探测器收集的能量　　　　　（b）径向能量分布曲线

图 12.1.8　包围能量比

　　虽然径向能量分布关系只对旋转对称系统轴上物点所成的点像有意义, 但是它可以用来预测轴外物点像的平均分辨率, 让设计者粗略判断系统的像差校正情况.

12.2　光学系统的像差公差

　　对于一个光学系统来说, 一般不可能也没有必要消除各种像差, 那么, 多大的剩余像差被认为是允许的呢? 这是一个比较复杂的问题. 因为光学系统的像差公差不仅与像质的评价方法有关, 而且还随系统的使用条件、使用要求和接收器性能等的不同而不同. 像质评价的方法很多, 它们之间虽然有直接或者间接联系, 但都是从不同的观点、不同的角度来加以评价的, 因此其评价方法均具有一定的局限性, 使得其中任何一种方法都不可能评价所有的光学系统. 此外, 有些评价方法的数学推导复杂、计算量大, 实际上也很难从像质判据直接得出像差公差.

　　由于波像差和几何像差之间有着较为方便和直接的联系, 因此以最大波像差作为评价依据的瑞利标准是一种方便而实用的像质评价方法. 利用它可由波像差的允许值得出几何像差公差, 但它只适用于评价望远镜和显微镜等小像差系统. 对于其他系统的像差公差, 则是根据长期设计和实际使用要求得出的. 这些公差虽然没有理论证明, 但实践证明是可靠的.

12.2.1　望远物镜与显微物镜的像差公差

　　由于这类物镜视场小、孔径角较大, 应保证其轴上物点和近轴物点有很好的成像质量, 因此必须校正球差、色差和正弦差, 使其符合瑞利标准的要求.

1. 球差公差

对于球差可直接应用波像差理论中推导的最大波像差公式导出球差像差公差计算公式.

当光学系统仅有初级球差时,经 $\frac{1}{2}LA_m$ 离焦后的最大波像差为

$$W_{\max} = \frac{n'}{16}u_m'^2 LA_m \leqslant \frac{\lambda}{4} \tag{12.2.1}$$

所以

$$LA_m \leqslant \frac{4\lambda}{n'u_m'^2} \tag{12.2.2}$$

严格的表达式为

$$LA_m \leqslant \frac{4\lambda}{n'\sin^2 u_m'} \tag{12.2.3}$$

当系统的球差由三级和五级构成时,并在边缘孔径光线球差校正后,0.707 带上有最大剩余球差,公差的表达式为

$$LA_{0.707} \leqslant \frac{6\lambda}{n'\sin^2 u_m'} \tag{12.2.4}$$

实际上,边缘孔径处的球差未必正好校正到零,可控制在焦深以内,故边缘孔径处的球差公差为

$$LA_m \leqslant \frac{\lambda}{n'\sin^2 u_m'} \tag{12.2.5}$$

2. 彗差公差

小视场光学系统的彗差通常用正弦差 OSC 来表示,其公差值根据经验取

$$OSC \leqslant 0.0025 \sim 0.00025 \tag{12.2.6}$$

3. 色差公差

通常取

$$\Delta L'_{FC} \leqslant \frac{\lambda}{n'\sin^2 u_m'} \tag{12.2.7}$$

按波色差计算为

$$\delta W_\lambda = W_{FC} = \sum (D_{Ci} - D_i)\delta n_{FC} \leqslant \frac{\lambda}{4} \sim \frac{\lambda}{2} \tag{12.2.8}$$

12.2.2 望远目镜与显微目镜的像差公差

目镜的视场较大,一般应校正其轴外点像差,因此本节主要介绍其轴外点的像差公

差,轴上点的像差公差可参考望远物镜和显微物镜的像差公差.

1. 子午彗差公差

$$C_T \leqslant \frac{1.5\lambda}{n' \sin^2 u'_m}$$ (12.2.9)

2. 弧矢彗差公差

$$C_S \leqslant \frac{\lambda}{n' \sin^2 u'_m}$$ (12.2.10)

3. 像散公差

$$z_{ts} \leqslant \frac{\lambda}{n' \sin^2 u'_m}$$ (12.2.11)

4. 场曲公差

因为像散和场曲都应在眼睛的调节范围之内,可允许有$(2\sim4)D$(屈光度),因此场曲为

$$\left. \begin{array}{c} z'_t \leqslant \dfrac{4f'^2_{目}}{1000} \\[2mm] z'_s \leqslant \dfrac{4f'^2_{目}}{1000} \end{array} \right\}$$ (12.2.12)

目镜视场角 $2\omega<30°$时,公差缩小一半.

5. 畸变公差

$$q' = \frac{\bar{h}-h'}{h'} \times 100\% \leqslant 5\%$$ (12.2.13)

当 $2\omega=30°\sim60°$时,$q'\leqslant7\%$;$2\omega>60°$时,$q'\leqslant12\%$.

6. 倍率色差公差

目镜的倍率色差常用目镜焦平面上的倍率色差与目镜的焦距的比值来表示,即用角像差来表示其大小,即

$$\frac{\Delta\bar{h}'_{FC}}{f'} \times 3440' \leqslant 2' \sim 4'$$ (12.2.14)

12.2.3　照相物镜的像差公差

照相物镜属大孔径、大视场的光学系统,应校正全部像差.但作为照相系统接收器的感光胶片或光电接收器有一定的颗粒度,在很大程度上限制了系统的成像质量,因此照相物镜无需有很高的像差校正要求,往往以像差在像面上形成的弥散斑大小(能分辨的线对)来衡量系统的成像质量.

照相物镜所允许的弥散斑大小应与光能接收器的分辨率相匹配.例如,荧光屏的分辨率为 $4\sim6$ 线对/mm,光电变换器的分辨率为 $30\sim40$ 线对/mm,常用照相胶片的分辨率为 $60\sim80$ 线对/mm,微粒胶片的分辨率为 $100\sim140$ 线对/mm,超微粒干板的分辨率为 500 线对/mm.所以,不同的接收器有不同的分辨率,照相物镜应根据使用的接收器来确定其像差公差.此外,照相物镜的分辨率 N_L 应大于接收器的分辨率 N_P,即 $N_L \geqslant N_P$,所以照相物镜所允许的弥散斑直径应为

$$2\Delta h' = 2 \times (1.5 \sim 1.2)/N_L \tag{12.2.15}$$

其中,系数(1.5~1.2)是考虑到弥散斑的能量分布,也就是把弥散斑直径的 $60\%\sim65\%$ 作为影响分辨率的亮核.

对一般的照相物镜来说,其弥散斑的直径在 0.03~0.05mm 以内是允许的.对以后需要放大的高质量照相物镜,其弥散斑直径要小于 0.01~0.03mm.倍率色差最好不超过0.01mm,畸变要小于 $2\%\sim3\%$.以上只是一般的要求,对一些特殊要求的高质量照相物镜,如投影光刻物镜、微缩物镜、制版物镜等,其成像质量要比一般照相物镜高得多,其弥散斑的大小要根据实际使用分辨率来确定,有些物镜的分辨率高达衍射分辨极限.

12.3　光学零件的加工与技术要求

在完成光学系统像差校正后,需要绘制光学系统图和光学零件图,以便进行光学仪器的光学零件的加工制造.光学零件加工一般由光学厂对光学材料冷加工而成,即将材料切割成一定形状后,表面经金刚砂粗磨、细磨再经抛光剂(如氧化铈)抛光而成.有的零件还需进行胶合或表面镀膜处理.光学制图应按照相应的国家标准进行,如图 12.3.1 所示.图中除绘出零件图及其尺寸外,左上角还给出了对玻璃的要求和对零件的要求以及零件焦距 f'、截距 S_f、S'_f 及有效通光孔径 $\varphi_{有效}$ 等值.

图 12.3.1 中的各种技术要求如下所述.

(1) 对玻璃的要求,可根据表 12.3.1 选择.

(2) 各类等级的具体标准可查阅《光学仪器手册》.

(3) 对光学零件的要求中,各量的含义如下:

N 和 ΔN——光圈数,表示零件表面偏离样板的允许偏差.

C——透镜的中心偏差.

ΔR——玻璃样板精度等级.

P——光学零件的表面光洁度.

$Q=\Phi0.5/\Phi50$——表示在有效通光口径 50mm 内,允许气泡总面积不大于 0.5mm 的圆面积.

若是棱镜还应有:

$\bar{\theta}_{\text{I}}$ 和 $\bar{\theta}_{\text{II}}$——光学平行差,在子午面内和弧矢面内展开成平板不平行性的角度误差.

S——屋脊棱镜的双像差.

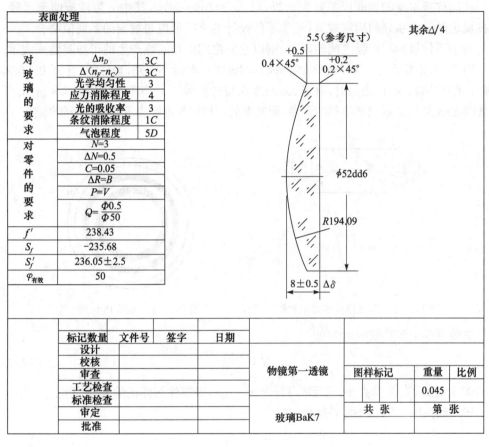

图 12.3.1

表 12.3.1　对光学玻璃的要求

技术指标	物镜			目镜		分划板	棱镜	不在光路中的零件
	高精度	中精度	一般精度	$2\omega>50°$	$2\omega<50°$			
Δn_D	1B	2C	3D	3C	3D	3D	3D	3D
$\Delta(n_F-n_C)$	1B	2C	3D	3C	3D	3D	3D	3D
均匀性	2	3	4	4	4	4	3	5
双折射	3	3	3	3	3	3	3	4
光吸收系数	4	4	5	3	4	4	3	5
条纹度	1C	1C	1C	1B	1C	1C	1A	2C
气泡度	3C	3C	4C	2B	3C	1C	3C	8E

对各类零件加工的具体要求仍查阅《光学仪器设计手册》或由使用要求决定.

对光圈数 N 和 ΔN 再作如下解释:光学零件按照设计要求研磨成具有一定曲率半径 r 的球面或平面. 在生产中,通常以具有一定精度的玻璃样板来检验光学零件的表面误差. 所谓表面误差主要指,球面半径误差、平面的平行性偏差及局部误差等. 此时,光学零件的误差包括两部分:一是玻璃样板本身的表面误差,二是零件表面与样板表面之间的误差.

玻璃样板本身的表面误差分为三级,以 $\Delta C = \Delta r / r$ 表示,其中 r 为样板曲率半径,它是按规定的一定系列的确定数值,光学零件设计的半径值应与规定的系列值吻合.

对于零件表面与样板之间的误差,则以它们之间空气间隙产生的干涉圈数来表示.

图 12.3.2 表示用一块样板检验零件时,两者半径有微小差别,当样板(有 r_2 值)与零件(有 r_1 值)紧密接触,用光照射,由于 Δh 的存在将产生等厚干涉环,如图 12.3.3 所示. 干涉环数即光圈数 N 表示表面半径的误差,而光圈的不规则程度则表示表面的局部误差.

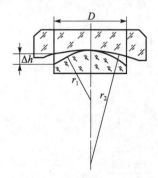

图 12.3.2 样板检验零件示意图

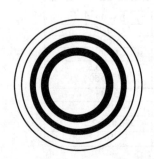

图 12.3.3 等厚干涉条纹图

牛顿等厚干涉环数为

$$N = \frac{\Delta h}{\lambda / 2} \tag{12.3.1}$$

N 的多少反映了 Δh 的大小,也反映了 $r_1 = r_2 - \Delta r$,即零件与样板的表面误差.

当条纹为图 12.3.4 时,条纹数

$$N = \frac{h}{H} \tag{12.3.2}$$

式中,h 为条纹弯曲量,H 为相邻同色条纹的中心间距.

局部误差 ΔN 是指表面不规则的程度,如图 12.3.5 所示,ΔN 数值反映了局部误差大小,计算 ΔN 可用公式(12.3.2).

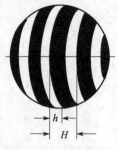

图 12.3.4 条纹图

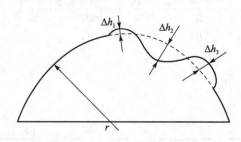

图 12.3.5 表面不规则示意图

光学零件表面误差精度分类见表 12.3.2.

表 12.3.2　光学零件表面误差精度分类

零件精度等级	精度性质	公差	
		N	ΔN
1	高精度	0.1～2.0	0.05～0.5
2	中精度	2.0～6.0	0.5～2.0
3	一般精度	6.0～15.0	2.0～5.0

单个光学零件加工好后,还可能有镀膜、胶合或者多片透件安装成共轴的整件以及整个仪器装校等工序.各工序都有相应的工艺标准和要求,可查阅相应的技术标准获得.

12.4　常用的像质检验方法

光学系统加工好后,成像质量是否达到设计要求,除用户直接实践鉴定外,还得进行一定的像质评价和像质检验.

评价一个光学系统的质量,一般是根据物空间的一点发出的光能量在像空间的分布状况来决定的.按几何光学的观点,理想光学系统对点物成点像,在像空间中光能量集中在一个几何点上.光学系统的像差使光能量分散,因此,认为理想光学系统可以分辨无限细的物体结构.而实际上由于衍射现象的存在,这是不可能的,所以几何光学的方法是不能描述能量的实际分布的.于是,人们先后提出许多种对光学系统的像质评价方法,如斯特列尔判断法、瑞利的波像差判断法、点列图法、边界曲线评价法、阴影法(刀口仪法)、分辨率法、星点法等.

光学系统的质量评价方法应和光学仪器产品的检验方法相对应.目前各种评价方法均有相应的检验方法和仪器.我国光学工厂中,对光学系统质量检验,采用较多的是分辨率法和星点法.

12.4.1　分辨率检验法

光学系统分辨率在本书中曾多次用到,系统的理论分辨率由衍射理论决定于孔径大小.由于剩余像差和加工带来的缺陷,实际分辨率将小于理论分辨率,故实际分辨率在一定程度上反映了系统成像质量.图 12.4.1 为测量分辨率所用的光学装置.该系统由平行光管、夹持器和观测系统三部分组成.三者均安装在同一光具座上,以保证三部分的光轴重合.

平行光管物镜的物方焦平面上安装有专门设计制作的分辨率图案,根据被测系统的要求和用途不同,世界各国设计了许多种分辨率图案.图 12.4.2 为我国所普遍采用的WT1005-62 型标准图案.这种图案由黑白相间、线宽相等的短形光栅状线条组成,整套图案的线宽由细到粗按公比 1.059 的几何级数规律依次递增,共有 73 个等级,依次分布在从 $N_1 \sim N_5$ 五块分辨率板上,每块板上有 25 个单元(25 个等级),其中前 13 个单元与下

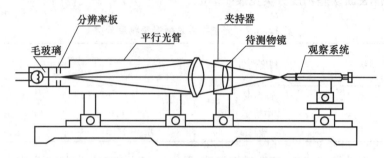

图 12.4.1　物镜分辨率的测量装置

一个板的后 13 个单元相同,每个单元中又由四个不同方向的线条组成. 全套分辨率板的各单元的线条宽度可在《光学仪器设计手册》上查到.

图 12.4.3 为辐射式分辨率图案,它通常由大小相同,黑白相间的 72 个扇形条组成. 相邻两黑白条纹的中心距 σ 随直径 D 而连续改变,即有 $\sigma = \pi D / m$,m 为黑白扇形条数.

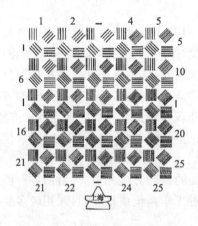

图 12.4.2　黑白光栅分辨率图案

图 12.4.3　辐射式分辨率图案

光源照明毛玻璃板,再照明分辨率板. 分辨率图案经平行光管物镜后,产生一个无穷远的像,作为夹持器上待测系统的物. 若待测系统为有焦系统(如照相物镜等),则在其像方焦面产生一个分辨率图案的像;若待测系统为无焦系统(如望远镜或玻璃板等),则又在无穷远产生一个分辨率图案的像.

对照相物镜等有焦系统所成分辨率板图案像的观测,采用显微系统,要求显微物镜的物方孔径角(数值孔径 $NA = n \sin u$ 中的 u 角)应大于被测物镜的像方孔径角. 对望远镜等无焦系统所成分辨率图案像的观测,采用望远系统,要求观察望远镜物镜口径大于待测望远镜出瞳直径.

当用图 12.4.2 的图案作分辨率测量时,应依次从粗到细观察各组图案,直到在四个方向上能分辨的最后一组为止. 根据该组号数,查其线条宽度,然后由下列公式计算,即

对照相物镜

$$N = \frac{f'_k}{2Lf'}, (线对 / mm) \tag{12.4.1}$$

对望远系统

$$a = \frac{2L}{f'_k} 206\ 265'' \tag{12.4.2}$$

式中,L 为线条宽度,f'_k 为平行光管物镜焦距,f' 为被测物镜焦距.

当待测系统为大视场光学系统时,还要对轴外的分辨率进行测量.其方法是,调整夹持器,使被测系统的后节点与摆动中心重合,当被测光组转过一个角度后,观察仪器也后移一段距离 Δ,且有

$$\Delta = \frac{f'(1 - \cos\omega)}{\cos\omega} \tag{12.4.3}$$

式中,f' 为被测光组焦距,ω 为被测光组转角.

相应地,分辨率计算公式为

在子午面内　　　　　　$$N_{子午} = \frac{f'_k}{2Lf'}\cos^2\omega (线对 /mm) \tag{12.4.4}$$

在弧矢面内　　　　　　$$N_{弧矢} = \frac{f'_k}{2Lf'}\cos\omega (线对 /mm) \tag{12.4.5}$$

用分辨率法评价像质,其优点是测量方便,并能用一个数字来表示像的好坏,被光学工厂广泛采用.但它只能评价一个系统分辨景物细节的能力,而不能对在可分辨范围内的像质好坏做出评价;而且分辨率的等级完全由检验者的主观判断来决定,若由不同的人来检验同一物镜,有可能会得到不同的分辨率等级;另外,分辨率主要和相对孔径、照明条件、观测对象、光能接收器有关,而和像差的关系并不密切,故只能当系统的像差很大时,才能使系统的分辨率降低,这就大大限制了分辨率作为像质评价方法之一的应用范围.由于分辨率法不易找出像质变坏的原因,工厂中对系统进行分辨率测量的同时,常辅以星点检验法.

12.4.2　星点检验法

星点检验法是通过考查一个点光源经光学系统后,在像面及像面前后不同截面上所成衍射像(通常称为星点像)的光强分布来定性地评价光学系统成像质量好坏的一种方法.

由光的衍射理论知道,一个光学系统对一个无限远的点光源成像,其实质就是光波在光瞳面上的衍射结果.在焦面上衍射像的振幅分布就是光瞳面上振幅分布函数(也称光瞳函数)的傅里叶变换,光强分布则是振幅模的平方.对于一个具有圆形光瞳的理想光学系统,经计算,其光强分布为

$$\frac{I}{I_0} = \left[\frac{2J_1(\chi)}{\chi}\right]^2 \tag{12.4.6}$$

式中,$\chi = \frac{2\pi}{\lambda}y\theta$,$J_1$ 为一阶贝塞尔函数.式(12.4.6)所代表的几何图形及各个量的物理意义,如图 12.4.4 所示.

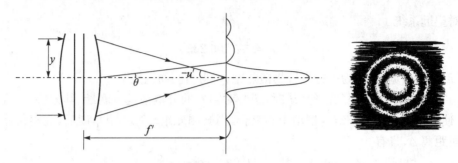

图 12.4.4　星点检验法及星点像

　　可以证明,位于焦面前后不同截面内的光强分布,也具有类似的表达形式. 在实际光学系统中,由于剩余像差及各种工艺疵病的存在,将使光瞳的波面产生变形,其必然结果是使瞳函数变成一个任意可能的复函数. 相应地,星点像也将在不同程度上偏离理想的形状而具有各自的特征. 将观察到的实际系统的星点像与理想系统的星点像进行比较,就可以达到由点到面地评价被测光学系统成像质量的目的. 结论是:如果衍射图形小,能量集中,那么系统的成像质量就好.

　　进行星点检验的光学装置与测量分辨率的装置相同,但有两点不同. 第一点不同是,将分辨率板换为星孔板,星孔在被检系统像面所成像的直径应满足

$$d \leqslant \frac{0.61\lambda}{n'\sin u_{max}}$$

式中,λ 为波长,u_{max} 为被检系统像方孔径角,一般 $n'=1$. 第二点不同在于,星孔照明不通过毛玻璃,照明光源强,以使有一个较亮的星点衍射图像. 星点检验对观测系统的要求与测分辨率的要求相同.

　　星点检验法能够分析与光束结构有关的各种几何像差和加工装配的某些误差,且该方法灵敏度较高,因此多用于光学系统的最后装配(如显微物镜多片透镜的组装)和某些光学零件(如大型球面反射镜和非球面光学零件)的精密加工中.

　　星点法仍用主观判断,且与个人经验密切相关. 同时,其检验结论也是定性的. 为在一定程度上弥补其不足,往往与分辨率法、阴影法配合使用. 为了真正克服常用像质检验方法的缺陷,应采用光学传递函数法.

主要参考文献

1. 周焜,李继陶,陈祯培. 应用光学. 四川:四川大学出版社,1995
2. 张以谟主编. 应用光学(第 3 版). 北京:电子工业出版社,2008
3. Smith W J. Modern Optical Engineering(3rd). New York:McGraw-Hill,2004
4. Greivenkamp J E. Field Guide to Geometrical Optics. SPIE Press,2004
5. Walther A. The Ray and Wave Theory of Lenses. Cambridge:Cambridge University Press,1995
6. 郁道银,谈恒英. 工程光学(第 3 版). 北京:机械工业出版社,2011
7. 安连生,李林,李全臣. 应用光学. 北京:北京理工大学出版社,2002
8. 胡玉禧编著. 应用光学(第 2 版). 合肥:中国科学技术大学出版社,2009
9. 汤顺青主编. 色度学. 北京:北京理工大学出版社,1990
10. 余丽华编著. 电气照明(第 2 版). 上海:同济大学出版社,2001
11. 胡维生. 颜色物理和CIE标准色度系统. 物理,1982,(1-2):202
12. Born M,Wolf E. 光学原理(上册). 北京:电子工业出版社,2007
13. Welford W T. Aberration of Optical Systems. Adam Higer Ltd,1986
14. Zhao C Y. The Criteria for Correction of Quadratic Field-Dependent Aberrations. Phd Dissertation, University of Arizona,2002
15. Robert E. Hopkins,MIL-HDBK-141,Optical Design,1962
16. Greivenkamp J E. Introduction to Aberrations (notes). University of Arizona,2011
17. Sasian J,Introduction to Aberrations (notes). University of Arizona,2011
18. Schwiegerling J. Optical Specifications,Fabrication & Testing (notes). University of Arizona,2011
19. Kidger M J. Fundamental Optical Design. Bellingham,Washington,USA:SPIE Press,2001
20. Kinslake R. Lens Design Fundamentals. New York,San Francisco,London:Academic press,1978
21. Smith W J,Modern Lens Design(2nd). New York:McGraw-Hill,2005
22. Geary J M,Introduction to Lens Design:With Practical ZEMAX Examples. USA:Willmann-Bell, 2002
23. Shannon R. The Art and Science of Optical Design. Cambridge:Cambridge University Press,1997
24. Hopkins H H. Wave Theory of Aberration. Oxford:Oxford University Press,1950
25. ZEMAX Development Corporation. Optical Design Program User's Guide,2005
26. 袁旭沧主编. 光学设计. 北京:北京理工大学出版社,1988
27. 萧泽新. 工程光学设计(第 2 版). 北京:电子工业出版社,2007
28. 钱元凯. 现代照相机的原理与使用. 杭州:浙江摄影出版社,2006
29. 《光学仪器设计手册》编辑组编. 光学仪器设计手册(上册). 北京:国防工业出版社,1971
30. 章志鸣,沈元华,陈惠芬. 光学. 北京:高等教育出版社,2003
31. 顾培森编. 应用光学例题与习题集. 北京:机械工业出版社,1985
32. 蔡怀宇. 工程光学复习指导与习题解答. 北京:机械工业出版社,2009

主 要 公 式

一般公式、定理和原理

$$n\sin I = n'\sin I', \quad n = \frac{c}{\upsilon}, \quad \sin I_m = \frac{n'}{n}, \quad n_0\sin I_1 = \sqrt{n_1^2 - n_2^2},$$

费马原理：$OPL = \int_{AB} n(x,y,z)\,dl$；马吕斯-杜平定理；等光程条件：$[AA'] = $ 常数；光

学正弦定理：$nh\sin U = n'h'\sin U'$, $nhu = n'h'u'$；阿贝正弦条件：$\dfrac{\sin U'}{\sin U} = \dfrac{u'}{u}$；赫谢尔条件：

$$\frac{n'}{n'}\left(\frac{1-\cos U}{1-\cos U'}\right) = \frac{n}{n'}\left(\frac{\sin U/2}{\sin U'/2}\right)^2 = \bar{m}, \bar{m} = \frac{nu^2}{n'u'^2}$$

近轴光线追迹与放大率

$$n'u' = nu - y(n'-n)C, \quad y_k = y_{k-1} + t_{k-1}\frac{n'_{k-1}u'_{k-1}}{n'_{k-1}}, \quad -l'u' = -lu = y$$

$$\frac{n'}{l'} - \frac{n}{l} = \frac{n'-n}{r}, \quad l_k = l'_{k-1} - t_{k-1}, \quad m = \frac{h'}{h} = \frac{nl'}{n'l}\text{（单折射面）}$$

$$m = \frac{h'_k}{h_1} = m_1\cdots m_k = \frac{n_1 u_1}{n'_k u'_k}, \quad \bar{m} = \frac{n'_k}{n_1}m_1^2\cdots m_k^2 = \frac{n'_k}{n_1}m^2, \quad \gamma = \frac{n_1}{n'_k}\frac{1}{m_1\cdots m_k} = \frac{n_1}{n'_k}\frac{1}{m}$$

理想光学系统的有效焦距、焦点位置与主点位置

$$f' = -y_1/u'_k, \quad l'_F = -y_k/u'_k, \quad l'_P = l'_F - f', \quad l_P = l_F - f, \quad \frac{f'}{f} = -\frac{n'}{n}$$

牛顿成像公式、高斯成像公式

$$xx' = ff', \frac{f'}{l'} + \frac{f}{l} = 1, xx' = -f'^2, \quad \frac{1}{l'} - \frac{1}{l} = \frac{1}{f'}, \quad l' = f'(1-m), \quad l = f'\left(\frac{1}{m} - 1\right)$$

$$m = \frac{h'}{h} = -\frac{f}{x} = -\frac{x'}{f'} = \frac{nl'}{n'l}, \quad \bar{m} = \frac{n'}{n}m^2, \quad \gamma = \frac{1}{m} = \frac{x}{f'} = \frac{f}{x'}$$

光焦度

$$\phi = \frac{n'-n}{R} = (n'-n)C, \quad \phi = \frac{n'}{f'} = -\frac{n}{f}, \quad \phi = \frac{1}{f'} = -\frac{1}{f}$$

理想两光组组合的有效焦距、焦点位置

$$\frac{1}{f'} = \phi_{12} = \phi_1 + \phi_2 - d\phi_1\phi_2 = \frac{1}{f'_1} + \frac{1}{f'_2} - \frac{d}{f'_1 f'_2}, \quad f'_1 = \frac{df'}{f'-l'_F}, \quad f'_2 = \frac{-dl'_F}{f'-l'_F-d}$$

$$l'_F = f'\left(1 - \frac{d}{f'_1}\right), \quad l_F = f\left(1 + \frac{d}{f_2}\right), \quad \phi = \phi_1 + \phi_2\text{（两薄透镜组）}$$

透镜的有效焦距、焦点及主点位置

$$\phi = \frac{1}{f'} = (n-1)\left[\frac{1}{r_1} - \frac{1}{r_2} + \frac{d(n-1)}{r_1 r_2 n}\right]\text{（厚）}$$

$$\phi = \frac{1}{f'} = (n-1)(C_1 - C_2) = (n-1)\left(\frac{1}{r_1} - \frac{1}{r_2}\right)\text{（薄）}$$

$$l'_F = f' - \frac{f'd(n-1)}{nr_1}, \quad l'_P = -\frac{f'd(n-1)}{nr_1}$$

$$l_F = -f' - \frac{f'd(n-1)}{nr_2}, \quad l_P = -\frac{f'd(n-1)}{nr_2}$$

光楔与棱镜

$$\delta = \alpha(n-1), \quad \Delta l' = d\left(1-\frac{1}{n}\right), \quad \bar{d} = d/n, \quad \sin\left[\frac{1}{2}(\alpha+\delta_m)\right] = n\sin\frac{\alpha}{2}$$

光的色散

$$\nu_d = \frac{n_d-1}{n_F-n_C}, \quad P = P_{dC} = \frac{n_d-n_C}{n_F-n_C}$$

$$\delta\phi_{dC} = \frac{(P_1-P_2)}{(\nu_1-\nu_2)}\phi = \frac{\Delta P}{\Delta\nu}\phi, \quad \delta f = f'_C - f'_F = \frac{f'_d}{\nu_d}$$

光阑、光瞳与景深

$$f/\# = f'/D_{EP}, \quad NA = n'\sin U', \quad f/\# \approx \frac{1}{2NA}, \quad n(u\bar{y}-\bar{u}y) = n'(u'\bar{y}-\bar{u}'y) = Ж$$

$$\bar{u} = \tan\omega, \quad DOF = 2b' \approx 2B'f/\# = \frac{B'}{NA}, \quad \Delta = L_{近} - L_{远} = \frac{2(L_0 f')^2 FB'}{(f')^4 - (FL_0 B')^2}$$

放大镜、望远镜与显微镜的公式

$$\Gamma = \frac{250mm}{f'}, \quad \Gamma = -\frac{D}{D'} = -\frac{f'_1}{f'_2}, \quad \psi = \frac{140''}{D}, \quad \tan\omega = \frac{h'}{f'_1},$$

$$\Gamma_{显} = m_{物} \cdot \Gamma_{目}, \quad \sigma = \frac{0.61\lambda}{n\sin u} = \frac{0.61\lambda}{NA}, \quad 500NA \leqslant \Gamma \leqslant 1000NA$$

光度的计算公式

$$I = \frac{d\Phi}{d\omega}, \quad L = \frac{d\Phi}{dS\cos i d\omega}, \quad E = \frac{d\Phi}{dS} = \frac{I\cos\theta}{r^2}, \quad I = I_0\cos i$$

$$E' = K\pi L\sin^2 U'\frac{n'^2}{n^2}, \quad E'_\omega = E'_0\cos^4\omega'$$

$$\rho = \left(\frac{n'-n}{n'+n}\right)^2, \quad \Phi' = K^{k_1}\Phi, \quad \Phi' = \rho^{k_2}\Phi, 或(1-\alpha)^d$$

反、折射球面及矢高

$$\frac{1}{l'} + \frac{1}{l} = \frac{2}{r}, \quad f' = \frac{r}{2}, \quad f = -\frac{nr}{n'-n}, \quad f' = \frac{n'r}{n'-n}, \quad z \approx \frac{y^2}{2R}$$

像质评价

$$RMS\ OPD = \frac{P-V\ OPD}{3.5}, \quad Strehl\ Ratio = e^{-(2\pi\sigma)^2}$$

$$MTF(\nu) = \frac{M_i}{M_o}, \quad RMS_R^2 = RMS_{y'}^2 + RMS_{x'}^2$$

几何像差与波像差

$$\left.\begin{array}{l}
\varepsilon_{x'}(x_P, y_P) = -\frac{R}{n'r_P}\frac{\partial W(x_P, y_P)}{\partial x_P} = \frac{1}{n'u'}\frac{\partial W(x_P, y_P)}{\partial x_P} \\[3mm]
\varepsilon_{y'}(x_P, y_P) = -\frac{R}{n'r_P}\frac{\partial W(x_P, y_P)}{\partial y_P} = \frac{1}{n'u'}\frac{\partial W(x_P, y_P)}{\partial y_P}
\end{array}\right\}, \quad \frac{R}{r_P} = -\frac{1}{u'}$$

$$TA = -LA\tan U'$$

$$W(H^2, \rho^2, H\rho\cos\theta) = \sum_{i,j,k=0}^{\infty} W_{2i+k,2j+k,k} H^{2i+k} \rho^{2j+k} \cos^k\theta$$

$$\text{OPD}_{AA'P_1-BB'B_1} = [P_2A'] - [A'P_1] = [P_1P_2] = \text{OPD}$$

$$\frac{n'\cos^2\overline{I}'}{t'} - \frac{n\cos^2\overline{I}}{t} = \frac{n'\cos\overline{I}' - n\cos\overline{I}}{r}, \quad \frac{n'}{s'} - \frac{n}{s} = \frac{n'\cos\overline{I}' - n\cos\overline{I}}{r}$$

$$\Delta L'_{FC} = L'_F - L'_C, \quad \Delta \overline{H}'_{FC} = \overline{H}'_F - \overline{H}'_C$$

初级波像差系数

$$\sum S_{\mathrm{I}} = -\sum_{i=1}^{k} A_i^2 y_i \delta_i \left(\frac{u}{n}\right), \quad \sum S_{\mathrm{II}} = -\sum_{i=1}^{k} A_i \overline{A}_i y_i \delta_i \left(\frac{u}{n}\right),$$

$$\sum S_{\mathrm{III}} = -\sum_{i=1}^{k} \overline{A}_i^2 y_i \delta_i \left(\frac{u}{n}\right),$$

$$\sum S_{\mathrm{IV}} = -\sum_{i=1}^{k} \mathbb{K}^2 C_i \delta_i \left(\frac{1}{n}\right), \quad \sum S_{\mathrm{V}} = \sum_{i=1}^{k} \frac{\overline{A}_i}{A_i} \left(\sum S_{\mathrm{III}} + \sum S_{\mathrm{IV}}\right),$$

$$\sum C_{\mathrm{I}} = \sum_{i}^{k} A_i y_i \delta_i \left(\frac{\delta n}{n}\right), \quad \sum C_{\mathrm{II}} = \sum_{i}^{k} \overline{A}_i y_i \delta_i \left(\frac{\delta n}{n}\right)$$

$$W_{040} = \frac{1}{8} S_{\mathrm{I}}, \quad W_{131} = \frac{1}{2} S_{\mathrm{II}}, \quad W_{222} = \frac{1}{2} S_{\mathrm{III}}, \quad W_{220P} = \frac{1}{4} S_{\mathrm{IV}}, W_{311} = \frac{1}{2} S_{\mathrm{V}}$$

$$W_{220P} = \frac{1}{4} [S_{\mathrm{IV}}] = W_{220} - \frac{1}{2} W_{222}$$

$$W_{220S} = \frac{1}{4} [S_{\mathrm{IV}} + S_{\mathrm{III}}] = W_{220}$$

$$W_{220M} = \frac{1}{4} [S_{\mathrm{IV}} + 2S_{\mathrm{III}}] = W_{220} + \frac{1}{2} W_{222}$$

$$W_{220T} = \frac{1}{4} [S_{\mathrm{IV}} + 3S_{\mathrm{III}}] = W_{220} + W_{222}$$

$$R_P = -\frac{1}{n'} \frac{h'^2_{\max}}{16(f/\#)^2 W_{220}}, \quad W_{220P} = -\frac{1}{4} \mathbb{K}^2 \sum C_i \delta_i \left(\frac{1}{n}\right)$$

中英文对照表

180° deviation prism 180° 偏向棱镜

45° deviation prism 45° 偏向棱镜

45° prism 45° 棱镜

90° deviation prism 90° 偏向棱镜

A

Abbe number 阿贝数

Abbe sine condition 阿贝正弦条件

aberration balancing 像差平衡

aberration theory 像差理论

accommodation 调节

achromatic doublet 消色差双胶合透镜

achromatization 消色差

acid resistance 耐酸性

aerial image 空间像

afocal system 无焦系统

Airy disk 艾里斑

Amici prism 阿米西棱镜

anamorphic system 变形系统

anastigmat 理想（无像散）像点

angle of minimum deviation 最小偏向角

angle of incidence 入射角

angle of refraction 折射角

angular field of view 视场角

angular resolution 角分辨率

angular magnification 角放大率

aperture stop 孔径光阑

aplanatic surface 不晕面

apochromat 复消色差（镜头）

apodization 切趾

aspheric surface 非球面

astigmatism 像散

astronomical telescope 天文望远镜

autocollimating microscope 自准直显微镜

axial chromatic aberration 轴向色差

B

back focal distance(BFD) 后焦距

baffle 挡板

barrel distortion 桶形畸变

beam expander 扩束器

beam splitter prism 分束棱镜

binary optics 二元光学

binocular 双目镜，望远镜

blackbody source 黑体辐射源

blind spot 盲点

borosilicate glass 硼硅酸盐玻璃

C

cardinal points and planes 基点和基面

Cassegrain objective 卡塞格林物镜

Cassegrain telescope 卡塞格林望远镜

catadioptric system 折反射系统

Cauchy dispersion equation 柯西色散方程

chief ray 主光线

chromatic aberration 色差

clear aperture 净口径

climatic resistance 耐候性

coefficients of thermal expansion 热膨胀系数

collimated light 准直光

coma 彗差

complementary colors 互补色

compound microscope 复合显微镜

compound eyepiece 复合（组合）目镜

concave lens 凸透镜

concave mirror 凹面镜

concentric 共心的

condenser 聚光镜

conic constant 圆锥常数

conjugate 共轭

convergence angle 会聚角

convex lens 凸透镜

Cooke triplet 库克三片式物镜

coordinate system 坐标系统

corner cube 角锥棱镜

cosine fourth law 余弦四次方定律

critical angle 临界角

critical illumination 临界照明

cubic coma 三次彗差

crown glass 冕牌玻璃

cylindrical lens 柱面透镜

curvature 曲率

D

damped least squares 阻尼最小二乘

dark adaptation 暗适应

dark field illumination 暗场照明

defocus 离焦

depth of field 景深

depth of focus (DOF) 焦深

diffraction 衍射

diffraction limited 衍射受限

diffraction limited system 衍射受限系统

diffuse illumination 漫射照明

dihedral angle 二面角

dihedral line 二面线

diode laser 二极管激光器

diopter 屈光度

direct vision prism 直视棱镜

direction cosine 方向余弦

dispersing prism 色散棱镜

dispersion 色散

distortion 畸变

double telecentricity 双远心

Dove prism 道威棱镜

E

eccentricity 偏心度

effective focal length (EFL) 有效焦距

electromagnetic spectrum 电磁波谱

emittance 出射度

empty magnification 无效放大

endoscope 内窥镜

entrance pupil (EP) 入瞳

equivalent focal length 等效焦长(距)

equivalent air thickness 等效空气厚度

erecting prism system 正像棱镜系统

erector lens 正像透镜

excess power 过剩光焦度

exit pupil (XP) 出瞳

exit window 出射窗

exposure 曝光

extended object 扩展物体

eyepiece 目镜

eye relief (ER) 出瞳距/镜目镜

F

faceted parabolic reflector 多面抛物面反射器

far point 远点

Fermat's principle 费马原理

field curvature 场曲

field flattener 平场元件

field lens 场镜

field of view (FOV) 视场

field stop 视场光阑

fifth-order astigmatism 五级像散

fifth-order distortion 五级畸变

fifth-order field curvature 五级场曲

fifth-order linear coma 五级线性彗差

fifth-order spherical aberration 五级球差

first-order optics 一阶光学(高斯光学)

first principal plane 第一主平面

first principal point 第一主点

fish-eye lens 鱼眼镜头

flint glass 火石玻璃

flux 流量,通量

F-number (f/♯) F 数

focal length 焦距,焦长

focal point 焦点

focal system 有焦系统

Fourier transform lens 傅里叶变换透镜

Fresnel lens 菲涅耳透镜

Fresnel reflection coefficient 菲涅耳反射系数

front focal length 前焦距,前焦长

front cardinal points 前基点

front focal distance (FFD) 前焦距

front focal plane 前焦面

front focal point 前焦点

front principal plane 前主平面

full field of view (FFOV) 全视场

fused silica 熔融石英

f-theta lens f-θ 透镜

G

Galilean telescope 伽利略望远镜

Gaussian equation 高斯公式

Gaussian region 高斯区域

geometrical aberration 几何像差

generalized asphere 广义非球面

geometrical approximation 几何近似

geometrical modulation transfer function (MTF) 几何调制传递函数

geometrical optics 几何光学

geometrical wavefront 几何波前

glass code 玻璃代码

glass map 玻璃图

Gregorian telescope 格里高里望远镜

gradient index 梯度折射率

H

half field of view (HFOV) 半视场

heat absorbing glass 热吸收玻璃

higher-order aberration 高级像差

Huygens eyepiece 惠更斯目镜

Huygens principle 惠更斯原理

hyperboloid 双曲面

hyperfocal distance 超聚焦距离,超焦距

hyperopia 远视

I

illuminance, illumination (光)照度

illumination system 照明系统

image blur 像模糊

image erection prism 正像棱镜

image evaluation 像质评价

image rotation (旋)转像

image rotation prism (旋)转像棱镜

image space 像空间

image-space telecentric 像方远心

immersion lens 浸没透镜

index of refraction 折射率

infrared afocal system 红外无焦系统

infrared detector 红外探测器

integrating bar 集光棒

integrating sphere 积分球

interference 干涉

intensity 强度

invariant 不变量

inverse square law 平方反比定律

inversion prism 倒像棱镜(上下颠倒)

iris 虹膜

irradiance 辐照度

isoplanatism 等晕

K

Keplerian telescope 开普勒望远镜

keystone distortion 梯形畸变

Kohler illumination 柯拉照明

L

Lagrange invariant 拉格朗日不变量

Lambertian source 朗伯光源

laser rangefinder 激光测距仪

lateral chromatic aberration 倍率色差

lateral aberration 横向(垂轴)像差

lateral magnification 横向(垂轴)放大率

law of reflection 反射定律

lens bending 透镜弯曲

light pipe 光管

line spread function 线扩展函数

long focus lens 长焦距镜头

longitudinal 纵向、轴向

longitudinal aberration 轴(纵)向像差

longitudinal magnification 纵向放大率

longitudinal ray error 轴向光线误差

low dispersion 低色散

low-expansion glass 低膨胀玻璃

lumens 流明

luminance 光亮度

luminuous efficiency 发光效率

luminous intensity 发光强度

luminous flux 光通量

luminous power 光功率

M

magnifier 放大镜

Malus and Dupin theorem 马吕斯-杜平定理

marginal focus 边光焦点

marginal ray 边光线

medial focus 中间焦点

medial surface 中间面

meridian plane 子午面

meridional ray 子午光线

merit function 优化函数

metrology 测量学

microscope 显微镜

minimum circle 最小圆

minimum deviation 最小偏离

minimum wavefront variance 最小波前方差

modulation transfer function(MTF) 调制传递函数

monochromatic aberration 单色像差

myopia 近视

N

near point 近点

Newtonian equation 牛顿公式

Newtonian telescope 牛顿望远镜

Newton's rings 牛顿环

nodal point 节点

normalized image height 归一化像高

normalized pupil coordinates 归一化光瞳坐标

numerical aperture(NA) 数值孔径

O

object space 物空间

object-image conjugate 物像共轭

objective 物镜

object-space telecentric 物方远心

object-to-image distance 物像距

offense against sine condition(OSC) 违背正弦条件

off-axis aberration 轴外像差

optical axis 光轴

optical density 光密度

optical glass 光学玻璃

optical invariant 光学不变量

optical path difference (OPD) 光程差

optical path length(OPL) 光程

optical transfer function 光学传递函数

overhead projector 投影仪

overcorrected aberration 过校正像差

overcorrected astigmatism 过校正像散

overcorrected distortion 过校正畸变

overcorrected spherical aberration 过校正球差

P

paraboloid 抛物面

parallax 视差

paraxial ray 近轴光线

paraxial chief ray 近轴主光线

paraxial focus 近轴焦点

paraxial marginal ray 近轴边光线

paraxial optics 近轴光学

paraxial raytrace 近轴光线追迹

paraxial region 近轴区

partial dispersion 部分色散

peak-to-valley (P-V) 峰谷值 PV

penta prism 五角棱镜

Pechan prism 别汉棱镜

Pechan-roof prism 别汉屋脊棱镜

periscope 潜望镜

Petzval objective 匹兹万物镜

Petzval surface 匹兹万面

Petzval sum 匹兹万和

photometry 光度学

photopic response 视觉响应

pincushion distortion 枕形畸变

piston 常数项

plane mirror 平面镜

plane parallel plate 平面平行板

point spread function(PSF) 点扩展函数

polishing 抛光

Porro prism 普罗棱镜

power 光焦度

power of an optical surface 光学面的光焦度

presbyopia 远视眼

primary aberration 初级像差

prism diopter 棱镜屈光度

prism dispersion 棱镜色散

prism system 棱镜系统

principal plane 主平面

projection lens 投影镜头

projection screen 投影屏

projector 投影仪

pupil (of the eye) 瞳孔

pupil aberration 光瞳像差

R

radiance 辐射亮度

radiometry 辐射测量学

radius of curvature 曲率半径

rare earth glass 稀有玻璃

ray bundle 射线束

ray fans 光线扇面(像差)图

Rayleigh criterion 瑞利标准

Rayleigh scattering 瑞利散射

real image 实像

real object 实物

rear cardinal point 后基点

rear focal length 后焦距

rear focal point/plane 后焦点/面

rear principal plane 后主面

reduced diagram 简化图

reference image point 参考像点

reference sphere 参考球

reference wavefront 参考波前

reflectance 反射率

reflex prism 反射棱镜

reflex viewfinder 反射取景器

refraction matrix 折射矩阵

refraction invariant 折射不变量

refractive index 折射率

refractivity 折射,折射率

relative aperture 相对孔径

relative partial dispersion ratio 相对部分色
散率

relay lens 中继透镜

residual aberration 剩余像差

reticle 分划板

reverse Galilean viewfinder 逆伽利略取景器

reverse raytrace 逆光线追击

reverse telephoto zoom 逆摄远变焦

reverse Galilean telescope 逆伽利略望远镜

reversion prism 反像棱镜(水平翻转)

right angle prism 直角棱镜

roof mirror 屋脊反射镜

roof prism 屋脊棱镜

root-mean-squared spot size 均方根光斑尺寸

S

sag 矢高

sagittal coma 弧矢彗差

sagittal focus 弧矢焦点

sagittal ray fan 弧矢光线扇面

schematic eye 简化眼

Schott optical glass 肖特光学玻璃

scotopic response 暗视觉响应

secondary spectrum 二级光谱

Seidel aberration 赛德尔像差

Seidel aberration coefficients 赛德尔像差系数

shape factor 形状因子

sign convention 符号法则

single lens reflex system 单反透镜系统

skew ray 空间光线

Snell's law of refraction 斯涅耳折射定律

spatial filtering 空间滤波

spatial frequency 空间频率

spherical aberration 球差

spherochromatism 色球差

splitting lens 分裂透镜

spot diagram 点列图

stain resistance 耐污染性

star test 星点检验

Strehl ratio 斯特列尔比

surface vertex 表面顶点

T

tangential coma 子午彗差

tangential focus 子午焦点

tangential image 子午像

tangential ray or meridional ray 子午光线

telecentricity 远心度

telephoto objective 摄远物镜

telephoto zoom 摄远变焦

telescope 望远镜

thick lens 厚透镜

thin lens 薄透镜

thin prism 光楔

third-order aberration 三级像差

third-order optics 三级光学

total internal reflection(TIR) 全反射

transmittance 透过率

transverse aberration 垂轴像差

transverse axial chromatic aberration 垂轴色差

transverse magnification 垂轴放大率

tunnel diagram (棱镜)展开图

U

unfolding prism 展开棱镜

undercorrected spherical aberration 欠校正球差

V

vertex distance 顶点距离

viewfinder 取景器

vignetting 渐晕

virtual image 虚像

virtual object 虚物

visual acuity 视锐度

V-value V 值

W

wave aberration polynomial 波像差多项式

wavefront 波前

wavefront aberration 波前像差

wavefront expansion 波前展开

wavefront tilt 波前倾斜

wavelength 波长

wavenumber 波数

wide angle lens 广视角镜头

working distance(WD) 工作距离

working f-number 工作 F 数

Y

ynu raytrace ynu 光线追迹

Z

zonal aberration 带光像差

zoom lens 变焦镜头

TSPH 垂轴球差

TSCO 垂轴弧矢彗差

TTCO 垂轴子午彗差

TAST 垂轴像散

TPFC 垂轴匹兹万场曲

TSFC 垂轴弧矢场曲

TTFC 垂轴子午场曲

TDIS 垂轴畸变

TAXC 垂轴位置色差

TLAC 垂轴倍率色差

LSPH 轴向球差

LSCO 轴向弧矢彗差

LTCO 轴向子午彗差

LAST 轴向像散

LPFC 轴向匹兹万场曲

LSFC 轴向弧矢场曲

LTFC 轴向子午场曲

LDIS 轴向畸变

LAXC 轴向位置色差

LLAC 轴向倍率色差

部分习题答案

第1章

3. 提示:利用矢量形式的反射定律进行计算.

4. $N = \dfrac{A - A''}{\sqrt{2(1 - A \cdot A'')}}$

$= \dfrac{\cos\alpha i + \cos\beta j + \cos\gamma k - \cos\alpha'' i + \cos\beta'' j + \cos\gamma'' k}{\sqrt{2[1 - (\cos\alpha i + \cos\beta j + \cos\gamma k)(\cos\alpha'' i + \cos\beta'' j + \cos\gamma'' k)]}}$

$= \dfrac{(\cos\alpha - \cos\alpha'')i + (\cos\beta - \cos\beta'')j + (\cos\gamma - \cos\gamma'')k}{\sqrt{2[1 - (\cos\alpha \cos\alpha'' + \cos\beta \cos\beta'' + \cos\gamma \cos\gamma'')]}}.$

5. $n' = 2\cos i$; $n_1 = 2$.

6. 入射角不超过 $64.34°$, $L' = 116.7 \mathrm{m}$, $N = 150\ 231\ 3$ 次.

7. 不需要再镀金属膜.

8. 纸片的最小直径 $d = 358.7709 \mathrm{mm}$.

9. 入射角 $I_1 = 56.374$.

10. 提示:利用离轴光线光程与沿轴光线光程相等进行计算. $n_r = n_0 - r^2(n_0 - n_R)/R^2$, $f' = R^2/2(n_0 - n_R)b$.

12. 抛物面镜.

15. 提示:光线反射到某一角度后会返回,故不可能聚集到一点.

第2章

2. (1) $l' = 0$;

(2) 共轭像在无限远处;

(3) $L' = 299.33 \mathrm{mm}$, 像高 $y' = 0.022 \mathrm{mm}$, 该值说明点物的像是一个弥散斑.

3. 一个实际位置在球心,另一个实际位置离球心 $39.53 \mathrm{mm}$.

4. $n = 1.5036$, $r = 75.276 \mathrm{mm}$.

5. 距透镜第二面 $309.75 \mathrm{cm}$ 处.

6. 金鱼像仍在球心,但放大 $4/3$ 倍.

7. $S > 4r$ (S 和 r 均为负值).

8. $L_1 = -300 \mathrm{mm}$, $U_1 = -2°$ 时, $t_3 = 146.84 \mathrm{mm}$; $L_1 = \infty$, $y = 10 \mathrm{mm}$ 时, $t_3 = 97.50 \mathrm{mm}$.

9. $48.237\ 837 \mathrm{mm}$.

10. $l_1 = \dfrac{5}{8}r, l_2 = \dfrac{3}{8}r, l_3 = \dfrac{5}{2}r, l_4 = -\dfrac{3}{2}r$ 时可分别得到放大 4 倍的实像、放大 4 倍的虚像、缩小 4 倍的实像和缩小 4 倍的虚像.

11. 最后成像于透镜左方 $80 \mathrm{mm}$ 处,倒立、缩小($2 \mathrm{mm}$)、实像.

12. 在第二面定点右侧 $15 \mathrm{mm}$ 处,成实像.

13. $n = 1.6$.

14. 成 7cm 大小的正立的像.

15. $r_1=3d, r_2=2d.$

第 3 章

2. $f'=3r/2, l_P=-l_{P'}=r.$

4. $f'=-90.725\,989mm, l_F'=-84.274\,364mm, l_P'=6.451\,625mm$, 反向追迹光线与此相同.

5. (1) $f'=32.130\,062mm, l_F'=41.808\,806mm, l_P'=9.678\,744mm.$

   (2) $f=-32.130\,062mm, l_F=-13.363\,745mm, l_P=18.766\,316mm.$

9. $f'=600mm, x=-60mm, x'=6\,000mm.$

11. (1) $f'=100mm,$ (2) $h'=5mm,$ (3) $h=2m.$

12. (1) $x'=2.5cm, h'=-1.25cm;$ (2) $x'=-50cm, h'=25cm.$

13. $l_3'=8.197cm,$ 所以像位于第一透镜左侧 8.197cm 处.

14. $\Delta X_i=\Delta X_L(1-m),$ 当物位于无穷远时, $\Delta X_i=\Delta X_L.$

15. $\Delta z_f=\Delta z_L(1-m^2),$ 当物体位于无穷远时, $\Delta z_f=\Delta z_L.$ 放大率 $m=-1$ 时, $\Delta z_f/\Delta z_L=0.$

16. $f'=80mm, d=300mm.$

17. $f'=1.5a, l_P=3a, l_P'=-a, l_F=1.5a, l_F'=0.5a.$

18. $f'=2.25a, l_P=1.5a, l_P'=-1.5a, l_F=-3a/4, l_F'=3a/4.$

19. $d=300mm, f_1'=450mm, f_2'=-240mm, l_P=-1500mm, l_P'=-800mm.$

20. $d=15mm, f_1'=-35mm, f_2'=25mm, l_P=21mm, l_P'=15mm.$

21. $m=-0.0428, x'=3.21mm.$

22. $f'=-f=54mm, l_P=45mm, l_P'=-30mm, l_F=-9mm, l_F'=24mm.$

24. $f'=-1440mm, l_P=-80mm, l_P'=-120mm, l_F=1360mm, l_F'=-1560mm.$

25. $f'=60.61mm, l_P'=-101.01mm.$

26. (1) 若 d 不变时, x_1 变而 m 不变, 则 $\Delta=0.$ 系统构成无焦系统, 此时 $m=f_2/f_1'=-f_2'/f_1';$

    (2) 若 x_1 不变, d 改变时而 m 不变, 则 $x_1=0,$ 即物体位于第一透镜的物方焦平面上.

27. 不能得到一个实的、亮的焦点.

   注: l_P' 和 l_P 分别是像(物)方主平面到最后(第一)透镜第二(第一)主平面的距离.

   l_F' 和 l_F 分别是像(物)方焦平面到最后(第一)透镜第二(第一)主平面的距离.

28. 提示: 入射平行光线与出射边光线的交点确定主平面的位置.

第 4 章

2. $1'43''.$

3. α 角等于 $60°.$

5. 侧向位移 $CD=d\sin\varphi\left(1-\dfrac{\cos\varphi\,\sqrt{n^2-\sin^2\varphi}}{n^2-\sin^2\varphi}\right),$ 即旋转中心 O 点位置对侧向位移没有影响.

6. 右手坐标系.

8. 直角屋脊棱镜.

9. 转角 $\alpha=1°.$

10. (1) $SS'=2l+2d/n;$ (2) $886.7mm.$

11. $l=1\,383.3mm.$

12. $d=26mm.$

13. $L=40mm.$

14. (1) 两反射面的夹角 $\alpha=22.5°$,另外两角分别为 $45°,112.5°$;(2) 结构常数 $K=L/D=1.707$.

15. $n=1.589\,98$.

16. $\Delta\delta_m=0.878\,4°=52'42''$,即夹角为 $52'42''$.

17. 平面镜顺时针旋转 $1.033\,6°$ 即可使入射光线与出射光线成 $90°$.

18. $t=3\,\overline{pp'}$.

第 5 章

2. (1) 第三面为孔径光阑,第六面为渐晕光阑.(2)入射光束主光线的延长线与光轴的交点是入瞳所在的位置;出射光束主光线的反向延长线与光轴的交点是出瞳所在的位置.

4. 提示:先作出射主光线,它是入射主光线经物镜后过 B' 点的连线.

5. $2\omega=0.78°,20.56°,74.15°$.

6. $l=-\infty$ 时,光孔为孔径光阑和入瞳,出瞳位置 $l'=-100\mathrm{mm}$,直径 $D'=70\mathrm{mm}$;$l=-500\mathrm{mm}$ 时,情况与 $l=-\infty$ 时相同;$l=-300\mathrm{mm}$ 时,透镜框为孔径光阑、入瞳和出瞳.

7. 眼瞳是孔径光阑和出瞳,入瞳位置 $l'=-50\mathrm{mm}$,直径 $D'=2\mathrm{mm}$.放大镜框是视场光阑、入窗和出窗.

8. 透镜 O_1 是孔径光阑和入瞳,出瞳离透镜 O_2 $16.25\mathrm{mm}$,直径 $0.33\mathrm{mm}$;光孔 D_3 为视场光阑,入窗与物面重合,直径 $2.5\mathrm{mm}$,出窗在像方无限远.

9. L_1 为孔径光阑,同时 L_1 也为入瞳,出瞳位于 L_2 左边 $6\mathrm{cm}$ 处.

10. D_2 为孔径光阑和出瞳,光孔 D_2 通过前面透镜所成的像为入瞳,位于透镜右方 $20\mathrm{mm}$ 处,直径 $44\mathrm{mm}$.D_2 被后面透镜成像为出瞳,因为其后无透镜,所以出瞳与光孔重合.

11. 前组透镜为孔径光阑、入瞳,离后组透镜 $22\mathrm{mm}$,直径 $4\mathrm{mm}$;光孔为视场光阑;后组透镜是渐晕光阑.

12. $f'=111.1\mathrm{mm}$;入瞳在第一透镜右边 $22.2\mathrm{mm}$ 处,其直径为 $44.4\mathrm{mm}$;$D_{EP}/f'=1/2.5$,不存在渐晕时的视场角 $2\omega=38.718°$,渐晕系数为 0 时的视场角 $2\omega=106.942°$.

13. 瞳孔为孔径光阑,放大镜为渐晕光阑.入瞳在镜后 $33.33\mathrm{mm}$ 处,直径 $6.67\mathrm{mm}$.出瞳为眼瞳,在镜后 $20\mathrm{mm}$ 处,直径为 $4\mathrm{mm}$.渐晕光阑即为放大镜本身,其像也为其本身,直径为 $40\mathrm{mm}$,视场范围为 $100\mathrm{mm}$.

14. (1) 平面镜:眼瞳在物方空间的像为入瞳,相应眼瞳为孔径光阑和出瞳,因为系统只有二个光孔,所以平面镜必为视场光阑,同时入窗与出窗也为平面镜.物方视场角 $2\omega=53.13°$,物方线视场为 $200\mathrm{mm}$.(2) 球面镜:眼瞳在物方空间的像为入瞳,位于球面镜左方 $44.44\mathrm{mm}$ 处,直径 $1.78\mathrm{mm}$,相应眼瞳为孔径光阑和出瞳.球面镜为视场光阑,同时也是入窗与出窗.物方视场角 $2\omega=96.74°$,物方线视场为 $2800\mathrm{mm}$.

15. $L_0=-\infty$ 时,$L_{近}=34.5\mathrm{m}$;

　　$L_{远}=-\infty$ 时,$L_0=34.5\mathrm{m}$,$L_{近}=17.24\mathrm{m}$;

　　$L_0=10\mathrm{m}$ 时,$L_{远}=14.08\mathrm{m}$,$L_{近}=7.75\mathrm{m}$;

　　$\Delta_1=4.08\mathrm{m},\Delta_2=2.25\mathrm{m},\Delta=6.33\mathrm{m}$.

16. $F=2.8$,景深 $8.007\sim13.31\mathrm{m}$;$F=5.6$,景深 $6.677\sim19.912\mathrm{m}$;$F=11$,景深 $5.056\mathrm{m}\sim\infty$.

第 6 章

1. 907.76J.

2. 14lm/W.

3. (1) 210lm,3.36lm;(2) 16.7cd.

5. (1) $E=\dfrac{I}{h^2+b^2}\cos\theta=\dfrac{Ih}{(h^2+b^2)^{3/2}}$;(2) $h=\dfrac{b}{\sqrt{2}},E_{max}=\dfrac{2\sqrt{3}I}{9b^2}$.

6. (1) 9.6lx;(2) 2.65lx.

7. $E'=1500$lx.

8. 分别为 40lx,10lx,4.4lx.

9. 9.200 65×10^8 lx.

10. 距离 100W 灯泡为 0.3333m,距离 25W 灯泡为 0.6667m.

11. $L=1.99\times10^{11}$ cd/m^2.

12. $L=101.86\times10^4$ cd/m^2.

14. 6.7%.

15. (1) 孔径光阑、入瞳、出瞳:放映物镜框;视场光阑、出窗:屏幕;入窗与底面重合;
(2) 120.75mm,19.413m;(3) −15.43°,0.0984°,12.21°,12.21°;(4) 3.566;(5) 1;(6) 48.711lx;
(7) 0.9775 倍;(8) 6.67%.

16. (1) 106.67mm;(2) 100mm,1.0541;(3) 3 808.83×10^4 cd/m^2;(4) 232.37lm;(5) 436.85lm.

17. $\bar{x}=0.0049,\bar{y}=V=0.3230,\bar{z}=0.2720$.

18. $X=39.4613,Z=24.1465$.

19. $X=30,Y=26,Z=54,x=0.2727,y=0.2364$.

第7章

1. 2.86μm.

2. (1) 主光线的初始数据为:$X_1=0,Y_1=-6.27791,Z_1=0$,
$\qquad\qquad\qquad K_1=0,L_1=0.358\ 37,M_1=0.933\ 58$.
　上光线的初始数据为:$X_1=0,Y_1=3.722\ 09,Z_1=0$,
$\qquad\qquad\qquad K_1=0,L_1=0.358\ 37,M_1=0.933\ 58$.
　下光线的初始数据为:$X_1=0,Y_1=-16.277\ 91,Z_1=0$,
$\qquad\qquad\qquad K_1=0,L_1=0.358\ 37,M_1=0.933\ 58$.

(2) 主光线的初始数据为:$X_1=0,Y_1=-20,Z_1=0,K_1=0,L_1=0.169\ 40\quad M_1=0.985\ 55$.
　上光线的初始数据为:$X_1=0,Y_1=-20,Z_1=0,K_1=0,L_1=0.249\ 67,M_1=0.968\ 33$.
　下光线的初始数据为:$X_1=0,Y_1=-20,Z_1=0,K_1=0,L_1=0.085\ 63,M_1=0.996\ 33$.

3. (1) $L=16.354\ 52$mm(以第一折射面为参考),$L'=-77.953\ 48$mm(以高斯像面为参考);
(2) −19.184 716λ,0.337 290λ;(3) 1.470 554λ,1.470 554λ.

5. (1) $W=W_{442}H^4(x_p^2+y_p^2)y_p^2$;
(2) $\varepsilon_{y'}=-R/r_p\cdot W_{442}H^4(2x_p^2y_p+4y_p^3),\varepsilon_x=-R/r_p\cdot W_{442}H^4(2y_p^2x_p)$;
(3) 子午垂轴像差 $\varepsilon_{y'}(x_p=0)=-4R/r_p\cdot W_{442}H^4y_p^3$;弧矢垂轴像差 $\varepsilon_{x'}(y_p=0)=0$.

6. $W_{311}=20\lambda$.

7. (1) 近轴像面:光线 1:$TA=-0.05$mm;光线 2:$TA=-0.175$mm. (2) 靠近近轴像面 0.2mm 处:
光线 1:$TA=-0.04$mm;光线 2:$TA=-0.105$mm.

8. $\delta z=-0.5$mm.

9. $\varepsilon_{z'}=-94\mu m\cdot y_p^2$.

10. (2) $(RMS_R)_{min}=\dfrac{2}{3}\left(\dfrac{R}{r_p}\right)W_{040}$;(3) $RMS_R=2(R/r_p)W_{040}=3(RMS_R)_{min}$.

12. (1) $W_{222} = \pm 4\lambda$；(2) $\delta z = \pm 64\mu m$.

14. (4) y 方向最小尺寸约为 1.2 单位；x 方向最小尺寸约为 0.5 单位.

15. (1) $W = \Delta W_{20}\rho^2 + W_{040}\rho^4 + W_{131}H\rho^3\cos\theta + W_{220}H^2\rho^2 + W_{222}H^2\rho^2\cos^2\theta + W_{311}H^3\rho\cos\theta$；

　　　(2) $\varepsilon_{y'} = -20[4y_p^3 - 8y_p^3 + 3Hy_p^2 - 2H^3]\mu m$；

$\varepsilon_{x'} = -20[4x_p^3 - 8x_p^3 + 6H^2x_p]\mu m$.

16. (1) $\delta_f = 1.56mm$；(2) $f_F = 98.93mm, f_C = 100.48mm$.

17. (1) $f_1 = 96.6mm, f_2 = -186.8mm$；(2) $\delta f_{cd} = 0.094mm$.

18. $\pm 0.02\%, \pm 0.05\%$.

19. F2 在前，$\phi_1 = +1.356\,62, \phi_2 = -2.356\,62$；
　　K9 在前，$\phi_1 = -2.356\,62, \phi_2 = +1.356\,62$.

20. $f_1' = 54.313mm, f_2' = -118.88mm$.

21. $f_1' = 35mm, f_2' = 87.5mm, d = 61.25m$.

第 8 章

1. 3.8 屈光度.

2. $\pm 2mm$.

3. $\delta = 0.000\,822mm$.

4. $0.0007m, 0.0744m$.

5. $\Gamma = 3.5$ 和 5，$2h = 28.57mm$ 和 $20mm$.

6. $f_目' = 16.67mm, l = -51.43mm, l' = 128.57mm$.
　　$f_物' = 36.74mm, \Gamma = -37.5, f_总' = -6.667mm$.

7. $\Gamma = -400$.

8. 出瞳距离 $L_z' = 30.208mm$，出瞳直径 $D_1' = 2.51mm$；
　　物镜口径 $D_1 = 12.06mm$，目镜口径 $D_2 = 19.33mm$；

9. $|\Gamma| = 290, NA = 0.55$.

10. 聚光灯焦距 $f_聚' = 18.75mm$，通光孔径 $D_聚 = 28.87mm$.

第 9 章

1. $|\Gamma| = 5$.

2. $\Gamma = -20.83, f_目' = 48mm$.

3. $f_物' = 50mm, f_目' = -10mm$，筒长 $L = 40mm$.

4. 组成开普勒型：$f_目' = 25mm$，筒长 $L = 175mm$；组成伽利略型：$f_目' = -25mm$，筒长 $L = 125mm$.

5. (1) $\Gamma = -29$；
　　(2) $f_物' = 435mm, f_目' = 15mm$；
　　(3) 物镜通光孔径 $D_1 = 68mm$；
　　(4) 像方视场角 $2\omega' = 53.7°$，观察范围 $2h = 349.1m$，目镜通光口径 $D_2 = 18mm$；
　　(5) $x = \pm 1.125mm$.

第 10 章

1. 737.5 线对/mm，72 线对/mm.

2. $F = 4$.

3. 物镜移动量 $x' = 0.28mm, 1.14mm, 6.08mm$.

4. 3.65m/s.

5. $GN=22.63$m;距离 8m,5.66m.

6. $\dfrac{1}{200}$s.

7. (1) -0.011;(2) 25.025mm;(3) 25.3mm;(4) 4.7μm;(5) 42.13pixels;(6) 7.16mm.

8. 透镜焦长 76.336mm,成像距离为 82.6mm.

9. 44.8μm,28μm,22.4μm.

10. 4.58m,26.12mm.

11. 灯丝半径 $r=5$mm,设发光效率 $\eta=15$lm/W,功率 $W=46.5$W.

第 11 章

2. $C_1=2.135\ 14$,$C_2=3.811\ 9$,$C_3=-0.321\ 47$.

   $r_1=10.864$mm,$r_2=6.085$mm,$r_3=-72.156$mm.

关键词索引